REALSCHULE BAYERN

Mathematik 6

Autoren

Christa Englmaier
Franz-Josef Götz
Bernd Liebau
Katja Mohr
Josef Widl

westermann

Zeichenerklärung

Aufgaben zum Tüfteln (Detektiv Knödelmeier)

Hinweis auf Wiederholungsaufgaben auf S. …

PC-Einsatzmöglichkeit

Suche in geeigneten Medien (z. B. Lexikon, Atlas, Internet, …)

Lösungsstrategie

M – Definition, Merksätze, Regeln

B – Beispiele, Hinweise, Lösungsverfahren

G – historische Exkurse

6 – Aufgaben mit Prüfzahlen zur Selbstkontrolle

8 – Offene Aufgaben

Üben an Stationen

Themenseiten

Methodenseiten

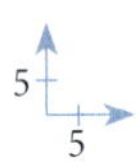

Dieses Zeichen gibt an, wie groß du das Gitternetz zeichnen musst (hier 5 Längeneinheiten [LE] nach rechts, 5 Längeneinheiten [LE] nach oben). In der Regel gilt: 1 LE entspricht 1 cm.

Druck A[1] / Jahr 2010
Alle Drucke der Serie A sind im Unterricht parallel verwendbar.

Lektorat: Ulrike Voigt
Typografie und Layout: Jennifer Kirchhof
Herstellung: Reinhard Hörner

Umschlaggestaltung: Klaxgestaltung, Braunschweig
Satz: media service schmidt, Hildesheim
Repro, Druck und Bindung: westermann druck GmbH, Braunschweig

ISBN 978-3-14-**121756**-8

Natürliche Zahlen

Zahlen kann man auf der **Zahlenhalbgeraden** anordnen.

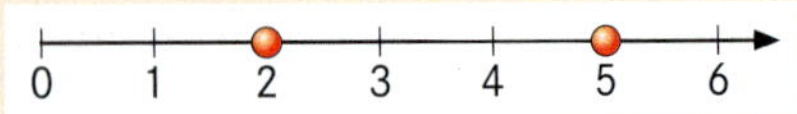

Auf der Zahlenhalbgeraden liegt der Bildpunkt zur Zahl 2 links von dem zur Zahl 5. *Schreibe* 2 < 5.

Bei großen Zahlen genügt es oft, nur einen **gerundeten** Wert anzugeben.
Bei den Ziffern 0, 1, 2, 3, 4 wird abgerundet, bei den Ziffern 5, 6, 7, 8, und 9 wird aufgerundet.

Mit **Balken-** und **Säulendiagrammen** kann man die Ergebnisse von Umfragen übersichtlich darstellen.

1 Lies den Wert der markierten Zahlen ab.

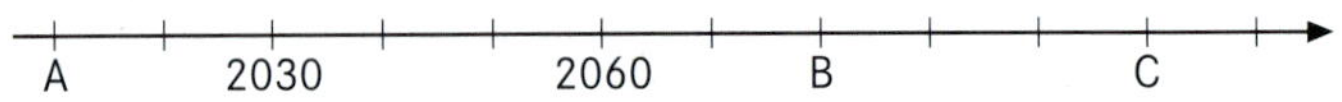

2 Schreibe die nächsten zwei Zahlen der Folge im Heft auf.
3 6 9 18 21 ▢ ▢

3 Welche Zahl liegt genau in der Mitte zwischen 88 und 888?
A 400 **B** 444 **C** 488 **D** 544 **E** 550

4 Nenne alle dreistelligen Zahlen mit der Quersumme 2.

5 Die Zuschauerzahl in einem Stadion wurde gerundet mit 56 000 angegeben. Wie viele könnten es gewesen sein?
A 55 491 **B** 55 601 **C** 56 503 **D** 56 607

6 Das Diagramm zeigt das Ergebnis einer Umfrage zu Außerirdischen. Lukas meint: „Die Hälfte der Kinder ist sich sicher, dass Außerirdische schon einmal auf der Erde waren." Wie kommt Lukas zu dieser Aussage?

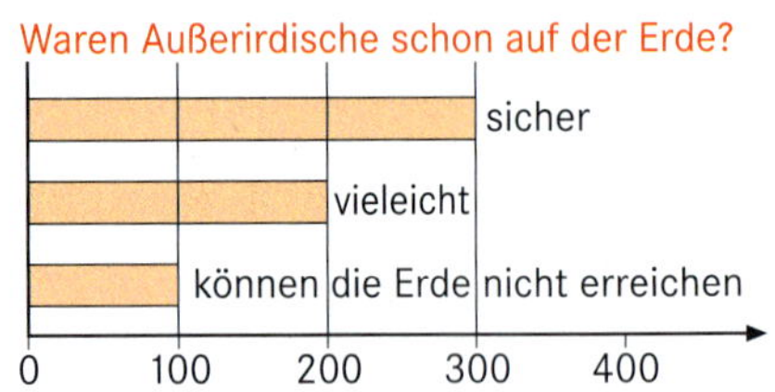

Einfache Zufallsexperimente

Das einmalige Werfen eines Würfels (einer Münze) nennt man einen **einstufigen Zufallsversuch,** das zweimalige Werfen eines Würfels oder das Werfen zweier Münzen einen **zweistufigen Zufallsversuch.**
Verschiedene **Ergebnisse** können ein **Ereignis** bilden, z. B. das Ereignis „Würfeln einer ungeraden Zahl" wird gebildet durch die Würfe: 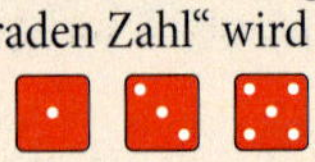

Mit Hilfe eines **Baumdiagramms** kann man Kombinationsmöglichkeiten zeigen. Drei verschiedenfarbige Plättchen in unterschiedlicher Reihenfolge gelegt:

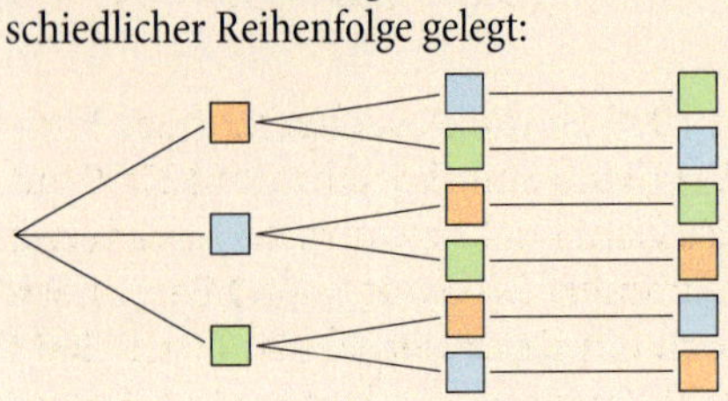

Es gibt 3 · 2 · 1 = 6 Möglichkeiten

1 Gib jeweils die passenden Ergebnisse zu den folgenden Ereignissen an.
a) Mit zwei Würfeln wird ein Pasch geworfen.
b) Mit je einer 1, 2 und 5 Cent-Münze wird Zahl, Zahl, Blatt geworfen.
c) Mit einem normalen Spielwürfel wird ein Vielfaches von drei geworfen.

2 Du hast einen normalen Würfel und einen 8er-Würfel. Welchen Würfel würdest du für das folgende Ereignis wählen? Begründe.
a) eine Sechs würfeln
b) eine Augenzahl größer als vier würfeln

3 Aus einem roten, einem blauen, einem gelben und einem lila Bauklotz soll ein Turm gebaut werden.
Wie viele verschiedene Möglichkeiten gibt es, wenn
a) unten immer der blaue Bauklotz liegen soll,
b) der blaue und der rote Bauklotz immer nebeneinander liegen sollen?

Addition

$$\overbrace{18 + 6}^{\text{Summe}} = 24$$

1. Summand + 2. Summand = Summenwert

Subtraktion

$$\overbrace{24 - 6}^{\text{Differenz}} = 18$$

Minuend – Subtrahend = Differenzwert

Addition und Subtraktion sind Umkehrungen voneinander.

Rechnen mit Klammern
Klammern musst du zuerst berechnen. Sind keine Klammern vorhanden, rechnest du schrittweise von links nach rechts.

Kommutativgesetz der Addition
Bei der Addition darfst du die Reihenfolge der Summanden beliebig vertauschen. Das Ergebnis ändert sich dabei nicht.

Assoziativgesetz der Addition
Bei der Addition darfst du beliebig Klammern setzen oder weglassen. Das Ergebnis ändert sich dabei nicht.

56 + 37 + 24 = 56 + 24 + 37
= (56 + 24) + 37
= 80 + 37 =117

Schriftliches Addieren und Subtrahieren
Achte darauf, dass du immer stellenweise vorgehst.
Untereinander schreiben:

	T	H	Z	E
		8	5	6
+	3	2	7	1
	1	1		
	4	1	2	7

	ZT	T	H	Z	E
		8	16	3	13
–	3	~~9~~	~~6~~	~~4~~	~~3~~
		7	8	2	6
	3	1	8	1	7

Nebeneinander schreiben:

H Z E T H Z E
 1 1
8 5 6 + 3 2 7 1 = 4 1 2 7

ZT T H Z E T H Z E
 8 16 3 13
3 ~~9~~ ~~6~~ ~~4~~ ~~3~~ – 7 8 2 6 = 3 1 8 1 7

1 Schreibe jeweils einen Term auf und berechne.
a) Der erste Summand ist 351, der zweite Summand 189. Wie groß ist der Summenwert?
b) Der Minuend ist 175, der Subtrahend ist 49. Wie groß ist der Differenzwert?
c) Addiere den Nachfolger der Zahl 1061 zum Vorgänger der Zahl 389.
d) Subtrahiere von der größten dreistelligen Zahl die kleinste zweistellige Zahl mit der Quersumme 7.

2 Suche dir passende Zahlenbeispiele.
a) Wie ändert sich der Summenwert, wenn man den ersten Summanden um 5 verkleinert und gleichzeitig den zweiten Summanden um 7 vergrößert?
b) Wie ändert sich der Differenzwert, wenn man den Minuenden um 4 vergrößert und gleichzeitig den Subtrahenden um 6 verkleinert?

3 Berechne die Summe und die Differenz aus der größten und kleinsten Zahl, die man aus den gegebenen Ziffern 7, 3, 1 (2, 8, 1, 9) bilden kann.

4 Berechne.
a) (59 + 62) – 27
b) (38 + 64) – (56 – 18)
c) 212 – 91 + 38
d) 87 + (99 – 14) – 63

5 Setze Klammern so, dass die Rechnung stimmt.
a) 98 – 62 – 15 = 51
b) 23 + 54 – 55 – 18 = 40
c) 67 – 38 + 28 = 1
d) 95 – 43 + 19 + 12 = 21

6 Rechne geschickt.
a) 17 + 65 + 83
b) 71 + 27 + 43 + 29
c) 193 + 107 + 403
d) 576 + 148 + 76 + 52

7 Berechne schriftlich.
a) 1307 + 1295
b) 2739 – 1893
c) 416 266 + 82 934
d) 19 520 – 2009
e) 7121 + 5894 + 863
f) 10 081 – 9992

8 Rechne zuerst die innere Klammer aus, dann die äußere Klammer.
a) 67 + [48 – (17 + 29)]
b) [183 – (49 – 18)] + 21
c) 251 – [18 – (75 – 68)]
d) [(188 – 126) + 36] – (42 + 9)

9 Nach der Badesaison 2009 ist die Besucherzahl des Freizeitbades Ardeo im Vergleich zum Vorjahr um 12 850 auf 48 750 gestiegen. Diese Zahl reicht zwar nicht annähernd an den „Jahrhundertsommer" 2003 mit 86 400 Besuchern heran, ist aber dennoch ein Rekordergebnis. Denn 2004 nutzen nur noch 48 800 Personen das Bad und im Folgejahr fiel die Besucherzahl nochmals um 4400.

Wie viele Besucher waren es im Jahr 2008?

Multiplikation

Produkt

7 · 19 = 133

1. Faktor · 2. Faktor = Produktwert

Division

Quotient

63 : 9 = 7

Dividend : Divisor = Differenzwert

Multiplikation und Division sind Umkehrungen voneinander.

Kommutativgesetz der Multiplikation

$2 \cdot 12 = 12 \cdot 2 = 24$

Assoziativgesetz der Multiplikation

$(5 \cdot 2) \cdot 4 = 5 \cdot (2 \cdot 4) = 40$

Distributivgesetz

$(20 + 4) \cdot 8$
$= 20 \cdot 8 + 4 \cdot 8$
$= 160 + 32 = 192$

$(40 + 56) : 8$
$= 40 : 8 + 56 : 8$
$= 5 + 7 = 12$

Potenzen

Basis → 2^5 ← Exponent

Potenz

lies: 2 hoch 5

$2^5 = 2 \cdot 2 \cdot 2 \cdot 2 \cdot 2 = 32$

Quadratzahlen: Exponent ist 2.

Zehnerpotenzen: Basis ist 10.

$45 - 5 \cdot (2 + 2^3 : 2)$
$= 45 - 5 \cdot (2 + 8 : 2)$
$= 45 - 5 \cdot (2 + 4)$
$= 45 - 5 \cdot 6$
$= 45 - 30 = 15$

Potenz vor Punkt vor Strich, doch die Klammer spricht: „Zuerst komm' ich."

Schriftliches Multiplizieren

5	2	3	4	·	6	7
	3	1	4	0	4	
		3	6	6	3	8
	3	5	0	6	7	8

Schriftliches Dividieren

	6	8	4	6	:	2	1	=	3	2	6
−	6	3									
		5	4								
	−	4	2								
		1	2	6							
	−	1	2	6							
				0							

1 Schreibe jeweils einen Term auf und berechne.
a) Verdreifache den Quotienten aus 96 und 3.
b) Dividiere das Produkt aus 12 und 9 durch 18.

2 Suche dir passende Zahlenbeispiele.
a) Wie ändert sich der Produktwert, wenn der erste Faktor vervierfacht wird und der zweite Faktor gleichzeitig halbiert wird?
b) Wie ändert sich der Quotientenwert, wenn der Dividend halbiert und der Divisor verdoppelt wird?

3 Rechne geschickt.
a) $20 \cdot 19 \cdot 5$
b) $125 \cdot 5 \cdot 4 \cdot 2$
c) $14 \cdot 25 \cdot 4$
d) $23 \cdot 52 \cdot 0 \cdot 112$
e) $8 \cdot 6 \cdot 25$
f) $125 \cdot 20 \cdot 5 \cdot 8$

4 Berechne.
a) $12 + 3 \cdot 14$
b) $26 - 6 \cdot 3$
c) $31 + 9 \cdot 12 - 10$
d) $64 - 4 \cdot 11 + 22$
e) $157 - 7 \cdot 13 - 3$
f) $4 \cdot 8 + 3 \cdot (15 - 12)$
g) $95 - (5 + 10 \cdot 4) \cdot 2$
h) $6 + (249 - 49 \cdot 2) - 86$

5 Berechne.
a) $3^4 - 4^3$
b) $5^2 - 4^2 + 3^2$
c) $2^6 + 6^3$
d) $3^2 + 5^3 - 4^1$
e) $14^2 - 9^2$
f) $6^3 - 6^1 + 6^2$

6 Setze Klammern so, dass die Rechnung stimmt.
a) $150 : 15 - 5 \cdot 2 = 10$
b) $46 + 26 : 14 - 8 = 12$
c) $130 - 24 \cdot 44 - 39 = 10$
d) $325 : 13 + 2 \cdot 6 = 13$

7 In einem Raum sind 12 Reihen mit je 15 Stühlen aufgestellt. Wie viele Stühle stehen in einer Reihe, wenn du die Stühle gleichmäßig auf 10 Reihen aufteilst?

8 Multipliziere schriftlich.
a) $682 \cdot 38$
b) $2503 \cdot 41$
c) $738 \cdot 902$
d) $82 \cdot 1729$
e) $46 \cdot 6678$
f) $345 \cdot 8361$

9 Dividiere schriftlich.
a) 2264 : 8
b) 35 628 : 6
c) 4187 : 53
d) 456 470 : 70
e) 11 562 : 94
f) 62 592 : 32

10 Ergänze die fehlenden Ziffern im Heft.

a)
```
4 1 6 8 · 3 ■
■ ■ ■ ■ ■
    8 ■ ■ ■
■ ■ ■ ■ ■ ■
```

b)
```
8 8 4 : ■ ■ = 3 ■
− 7 8
  ■ ■ ■
− ■ ■ ■
      0
```

Angaben wie 120 m, 35 t, 16 h usw. sind **Größen.** Eine Größe besteht immer aus **Maßzahl** und **Maßeinheit**.
Beispiel: 5 t (Tonnen)
120 m (Meter)
Maßzahl Maßeinheit

Wichtige **Maßeinheiten** sind:
Länge: 1 km = 1000 m; 1 m = 10 dm
1 dm = 10 cm; 1 cm = 10 mm
Masse: 1 t = 1000 kg; 1 kg = 1000 g
1 g = 1000 mg
Zeit: 1 Jahr (a) = 365 Tage (d)
1 d = 24 Stunden (h)
1 d = 24 h
1 h = 60 Minuten (min)
1 h = 60 min
1 min = 60 Sekunden (s)

Regeln für das Rechnen mit Größen:
„Größe plus/minus Größe ergibt Größe"
120 kg + 430 kg = 550 kg
„Größe mal Zahl ergibt Größe"
450 · 1852 m = 833 400 m
„Größe geteilt durch Größe ergibt eine Zahl"
30 m : 10 m = 3
Beachte: Alle Größen müssen beim Rechnen die gleiche Maßeinheit besitzen, sonst musst du vorher umrechnen.

Beim Lösen von Sachaufgaben mit dem **Dreisatz** hilft dir eine **Treppenskizze**.
Aufgabe: 5 Stufen sind 80 cm hoch. Wie hoch sind 7 Stufen?

1. Notiere die in der Aufgabe gegebene Information in der Skizze.
   5 Stufen 80 cm
2. Rechne auf die Höhe einer Stufe zurück.
   1 Stufe 80 cm : 5 = 16 cm
3. Rechne auf die Höhe von insgesamt sieben Stufen hoch.
   7 Stufen 16 cm · 7 = 112 cm

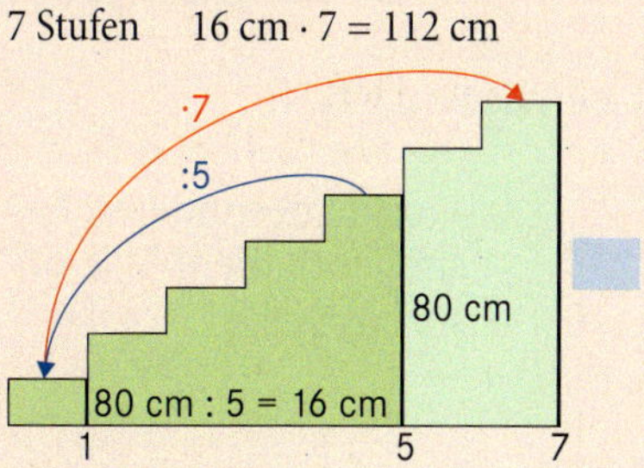

1 Wandle in die angegebene Einheit um.
a) 5000 g (kg) b) 95 g (mg) c) 237 t (kg) d) 15 kg (g)
e) 8 min (s) f) 3 h (min) g) 96 h (d) h) 1 h (s)
i) 4525 kg (t und kg) k) 68 h (d und h)
l) 100 min (h und min) m) 1 d (min)

2 Welche Größe (mit Maßeinheit) gehört zu
a) einer Laufbahn,
b) einem Schuhkarton,
c) einer Kiste Mineralwasser,
d) einem Fußballplatz?

3 Ergänze die Tabelle im Heft.

	Flugstrecke	Abflug	Dauer	Ankunft
a)	München – Berlin	6:55 Uhr	1 h 5 min	
b)	Frankfurt – Madrid	8:30 Uhr		10:25 Uhr
c)	Frankfurt – Paris		1 h 20 min	15:10 Uhr
d)	Hamburg – Tunis	4:55 Uhr	3 h 25 min	

4 Berechne. Achte dabei auf die richtige Angabe des Ergebnisses als Größe oder Zahl. Formuliere dann einen passenden Sachverhalt.
a) 62 € + 16 € b) 8 · 13 € c) 12 m : 300 cm
d) 17 000 Ct − 58 € e) 25 kg : 5 f) 12 · 8 mg
g) 125 km : 5 h) 120 t · 4 i) 324 cm − 2 cm
k) 60 m : 1500 cm

5 Im Fahrzeugschein von Familie Leichts Auto steht: Leergewicht 1175 kg, zulässiges Gesamtgewicht 1560 kg. Lisa wiegt 58 kg, ihr Bruder ist 7 kg schwerer. Vater und Mutter wiegen zusammen 158 kg. Wie schwer dürfen die Koffer für die Urlaubsreise höchstens sein?

6 Luca besorgt fünf Eintrittskarten für die Nachmittagsvorstellung im Kino. Er bezahlt dafür 32,50 €.
a) Laura kauft für die gleiche Vorstellung drei Karten. Wie viel muss sie bezahlen?
b) Emily holt für Ihre Freundinnen Karten und bezahlt 52 €. Wie viele Karten bekommt sie?

7 Fertige zu den folgenden Aufgaben jeweils die fehlenden Teile aus Text, Rechnung oder Treppenskizze.
a) Sieben Packungen Salzstangen „Extra lang" wiegen 1260 g. Wie viel wiegen drei Packungen?
b)

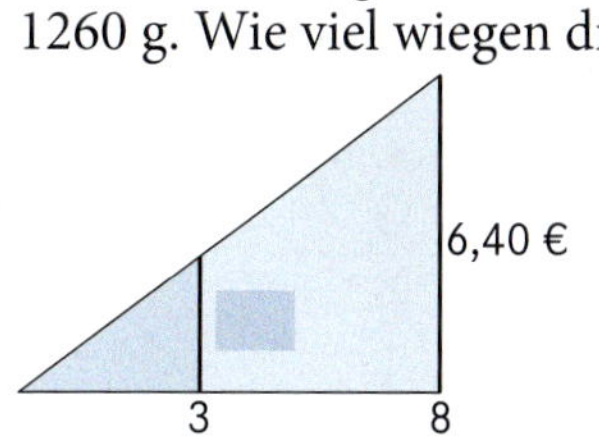

c) 80 cm : 5 = 16 cm
16 cm · 14 = 224 cm

Die **Strecke** [AB] ist die kürzeste Verbindung zwischen zwei Punkten A und B.
Länge der Strecke: $\overline{AB} = a$

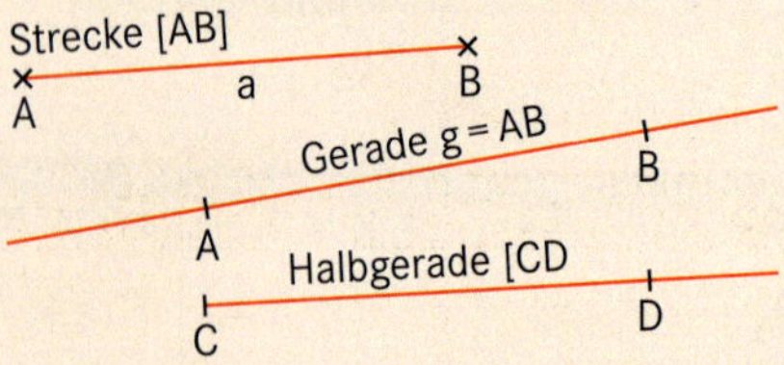

Es gilt:
Der Punkt A liegt auf der Geraden g: $A \in g$
Der Punkt C liegt nicht auf g: $C \notin g$

Gitternetz (Koordinatensystem)

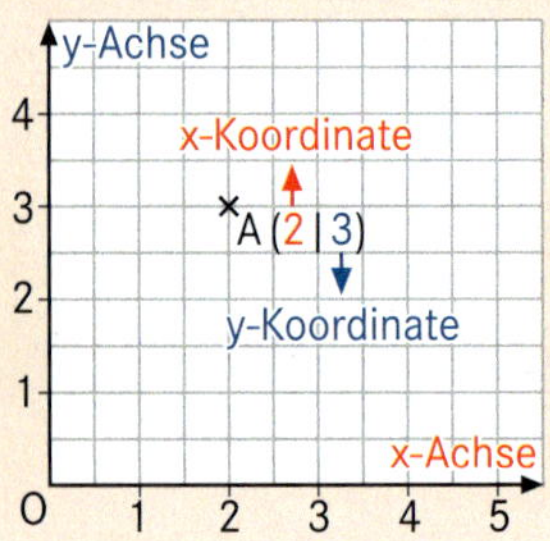

Ursprung: O (0 | 0)
Punktkoordinaten: A (2 | 3)

Die **Gerade** s verläuft **senkrecht** zur Geraden g: $s \perp g$
Die Gerade g verläuft **parallel** zur Geraden h: $g \parallel h$

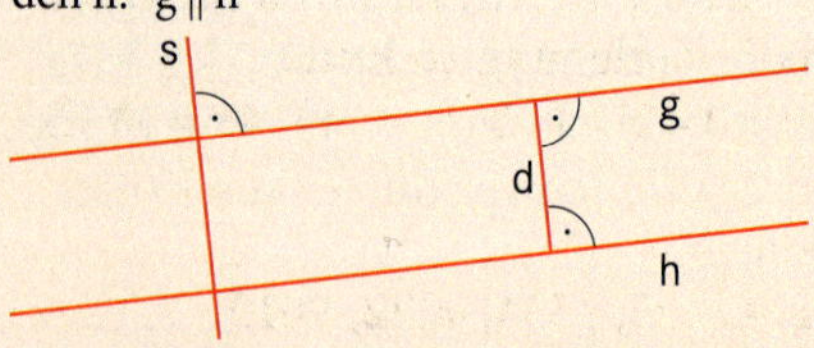

Der **Abstand** der Parallelen heißt d.

Rechteck

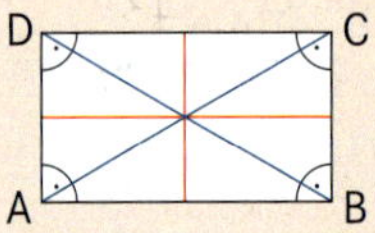

[AC] und [BD] heißen **Diagonalen.**
Mittellinien verbinden die Seitenmitten.

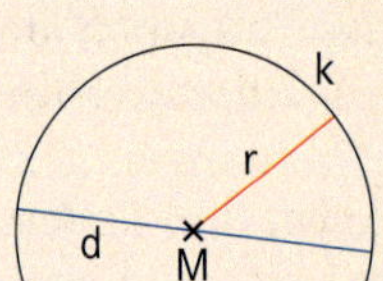

Der **Kreis** k hat den Mittelpunkt M und den **Radius** r. k (M; r)

$d = 2 \cdot r$
heißt **Durchmesser.**

Rechteck, Quadrat und Kreis sind achsensymmetrische Figuren.

1 Für die Streckenlängen gilt:
$\overline{AB} + \overline{BC} = 7$ m und $\overline{AC} - \overline{BC} = 4{,}5$ m

Bestimme die Streckenlänge $\overline{BC}$.

2 Zeichne die Strecke [AB] mit der Länge 6 cm.
Markiere einen Punkt P auf [AB] so, dass gilt:
a) $\overline{AP} = 2 \cdot \overline{BP}$
b) $\overline{AB} - \overline{BP} = 3{,}5$ cm
c) Die Länge $\overline{AP}$ ist um 1 cm größer als $\overline{BP}$.

3 Gegeben sind die Punkte A (2 | 0), B (8 | 4), C (6 | 1), D (2 | 5) und E (10 | 1).
a) Zeichne die Punkte in ein Koordinatensystem. Trage [AB und CD ein.
b) Zeichne den Punkt S ein mit $S \in$ [AB und $S \in$ CD. Gib seine Koordinaten an.
c) Eine Gerade durch die Punkte E und S schneidet die y-Achse im Punkt F. Zeichne, gib die Koordinaten von F an.
d) Miss die Längen $\overline{FS}$, $\overline{ED}$, d (B; ES), d (D; AB)

4 Zeichne drei Geraden, die sich
a) nicht schneiden,
b) in genau einem Punkt schneiden,
c) in zwei Punkten schneiden.

5 Gegeben sind die Punkte A (1 | 6), B (3 | 7) und C (5 | 2).
a) Zeichne die gegebenen Punkte und die Gerade g = AB in ein Koordinatensystem ein. Ergänze eine Gerade s durch den Punkt C mit $s \perp g$.
b) Zeichne eine Gerade $h \parallel s$. Wie verläuft h zu g?
c) Gib die Koordinaten des Schnittpunktes D der Geraden s mit der x-Achse an.

6 Durch die Punkte A (3 | 1) und C (2 | 6) ist die Diagonale [AC] eines Quadrates ABCD festgelegt.
a) Zeichne [AC] in ein Koordinatensystem ein und ergänze zum Quadrat. Gib die Koordinaten der Eckpunkte B und D an.
b) Trage alle Symmetrieachsen farbig ein.

7 Zeichne einen Kreis k (M; r = 3 cm) und markiere einen Punkt P auf der Kreislinie. Ergänze nun eine Symmetrieachse s des Kreises, die durch P verläuft.
Wie viele Symmetrieachsen hat ein Kreis?

8

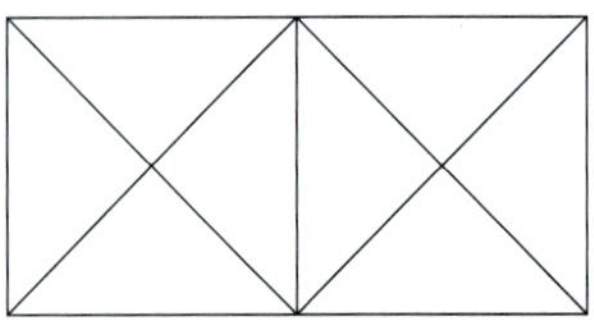

Welche besonderen Figuren sind enthalten? Wie oft sind sie enthalten?

Terme – Gleichungen

Zahlen, Variable und Rechenausdrücke bezeichnet man als **Terme.**
$12;\quad x;\quad y;\quad 7 + 5;\quad 5 \cdot x + 12$
Setzt man in den Term $5 \cdot x + 12$ für die Variable die Zahl 3 ein, so ergibt sich der **Termwert** $5 \cdot 3 + 12 = 27$.

Verbindet man zwei Terme durch das Zeichen = (<, >), so erhält man eine **Gleichung (Ungleichung)**.
$5 \cdot x + 12 = 62;\quad x + 12 < 21$
Alle Zahlen aus einer **Grundmenge** $\mathbb{G}$, die beim Einsetzen für die Variable zu wahren Aussagen führen, fasst man zur **Lösungsmenge** $\mathbb{L}$ der Gleichung (Ungleichung) zusammen.
$5 \cdot x + 12 = 62;\quad \mathbb{G} = \{9; 10\}$
$\mathbb{L} = \{10\}$
Erfüllt keine Zahl aus der Grundmenge $\mathbb{G}$ die Gleichung (Ungleichung), so ist die Lösungsmenge die leere Menge $\varnothing$.
$14 + x = 13\quad \mathbb{G} = \mathbb{N}$
$\mathbb{L} = \varnothing$

1 Mit Hilfe von Hölzchen kann man eine Folge von Figuren legen.

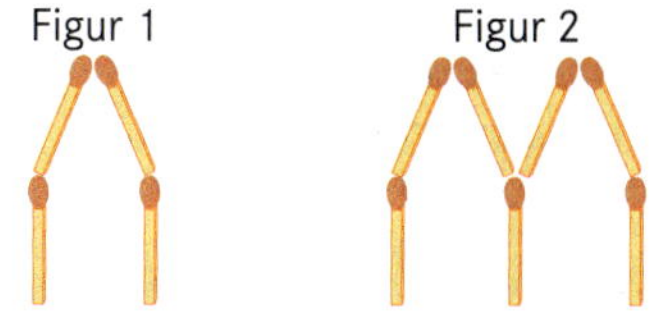

a) Zeichne die Figur 3.
b) Ergänze in deinem Heft die Tabelle.

	Figur 1	Figur 2	Figur 3		Figur x
Anzahl der Hölzchen	4	■	■		■

c) Bestimme die Anzahl der Hölzchen für die Figur 23.

2 Bestimme die Lösung der Gleichung.
a) $47 + x = 120$ b) $47 - x = 12$ c) $x : 47 = 12$

3 Bestimme die Lösung der Gleichung durch Probieren.
a) $5 + 4 \cdot x = 65$ $\mathbb{G} = \{10; 11; \ldots 16\}$
b) $70 - 5 \cdot x = 10$ $\mathbb{G} = \{10; 11; 12\}$

4 Bestimme die Lösungsmenge $\mathbb{L}$. $\mathbb{G} = \{11; 12; 13; 14\}$
a) $26 - x < 15$ b) $26 - x > 15$

Teilbarkeit

Natürliche Zahlen, die nur durch 1 und sich selbst teilbar sind, heißen **Primzahlen.** Die Zahl 1 ist keine Primzahl.

Teilbarkeitsregeln
Eine Zahl ist **durch 4 teilbar,** wenn die beiden letzten Ziffern 0 sind oder eine durch 4 teilbare Zahl bilden.
Eine Zahl ist **durch 3 (9) teilbar,** wenn die Quersumme der Zahl durch 3 (9) teilbar ist.

Größter gemeinsamer Teiler **(ggT)** und kleinstes gemeinsames Vielfache **(kgV)**
Zerlege in Primfaktoren:
$18 = \underline{2} \cdot \underline{3} \cdot \underline{3}$
$54 = 2 \cdot 3 \cdot 3 \cdot \underline{3}$
$90 = 2 \cdot 3 \cdot 3 \cdot \underline{5}$

ggT $(18, 54, 90) = 2 \cdot 3 \cdot 3 = 18$

kgV $(18, 54, 90) = \underline{2} \cdot \underline{3} \cdot \underline{3} \cdot \underline{3} \cdot \underline{5} = 270$

1 Prüfe nach, welche der folgenden Zahlen Primzahlen sind.
1; 8; 21; 23; 31; 67; 69; 98; 101; 245; 1001

2 Welche der Zahlen sind schon in Primfaktoren zerlegt? Führe bei den anderen die Zerlegung zu Ende.
a) $36 = 2 \cdot 2 \cdot 9$ b) $60 = 3 \cdot 4 \cdot 5$ c) $48 = 2^4 \cdot 3$

3 Überprüfe auf Teilbarkeit.
100 , 226, 1325, 142, 1204, 123, 3334, 4122, 9012

4 Sarah hat vier Fehler gemacht. Suche sie heraus.
a) $3 \mid 555$ b) $9 \nmid 8808$ c) $3 \mid 2202$
$3 \nmid 596$ $9 \mid 5436$ $9 \nmid 5409$
$3 \mid 787$ $9 \nmid 1809$ $3 \mid 1004$

5 Bestimme den ggT der beiden Zahlen.
a) 56 und 196 b) 168 und 560 c) 192 und 432
96 und 216 200 und 500 392 und 560

6 Bestimme das kgV der beiden Zahlen.
a) 80 und 100 b) 192 und 144 c) 120 und 450
72 und 324 84 und 126 189 und 441

Flächeneinheiten

$1\,m^2 = 100\,dm^2$
$1\,dm^2 = 100\,cm^2$
$1\,cm^2 = 100\,mm^2$

$1\,km^2 = 100\,ha$ (Hektar)
$1\,ha = 100\,a$ (Ar)
$1\,a = 100\,m^2$

Rechteck

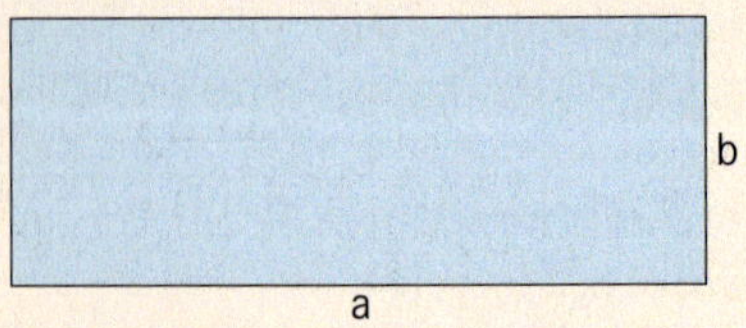

Flächeninhalt = Länge · Breite
$A = a \cdot b$

Umfang = Summe aller Seitenlängen
$u = 2 \cdot a + 2 \cdot b$
$u = 2 \cdot (a + b)$

Länge: $a = 9\,m$
Breite: $b =$ ▢
Umfang: $u =$ ▢
Flächeninhalt: $A = 63\,m^2$
$b = 63\,m^2 : 9\,m$
$b = 7\,m$
$u = 2 \cdot (9\,m + 7\,m)$
$u = 2 \cdot 16\,m$
$u = 32\,m$

Länge: $a = 12\,m$
Breite: $b =$ ▢
Umfang: $u = 40\,m$
Flächeninhalt: $A =$ ▢
$\frac{u}{2} = 40\,m : 2 = 20\,m$
$b = 20\,m - 12\,m$
$b = 8\,m$
$A = 12\,m \cdot 8\,m$
$A = 96\,m^2$

Für ein **Quadrat** ergeben sich wegen $a = b$ für den
Flächeninhalt: $A = a \cdot a = a^2$
Umfang: $u = 4 \cdot a$

1 Wandle in die in Klammern stehenden Einheiten um.
a) $15\,cm^2$ (m^2; dm^2; mm^2) b) $2500\,m^2$ (ha; dm^2; mm^2)

2 Berechne Umfang und Flächeninhalt eines Quadrates mit der Seitenlänge 6 m (8 cm; 15 m; 4 dm; 18 mm).

3 Der Flächeninhalt eines Quadrates beträgt $49\,cm^2$ ($36\,mm^2$; $196\,dm^2$). Gib die Seitenlänge an und berechne den Umfang.

4 Ein Quadrat hat einen Umfang von 48 cm (100 mm; 84 dm). Berechne die Seitenlänge und den Flächeninhalt des Quadrates.

5 Ein Rechteck hat die Seitenlängen 4 cm und 16 cm. Berechne die Seitenlänge eines flächengleichen Quadrates.

6 Wie verändert sich der Flächeninhalt eines Quadrates wenn die Seitenlängen verdoppelt (verdreifacht, vervierfacht) werden?

7 Berechne jeweils Umfang und Flächeninhalt des Rechtecks.

	a)	b)	c)	d)
Länge	4 cm	0,6 m	0,8 dm	60 cm
Breite	45 mm	30 cm	120 mm	0,09 m

8 Gib die Seitenlängen für drei verschiedene Rechtecke mit einem Flächeninhalt von $28\,m^2$ ($14\,mm^2$; 1 ha) an.

9 Gib die Seitenlängen für drei verschiedene Rechtecke mit einem Umfang von 15 dm (20 m; 140 cm) an.

10 Wähle die Punkte Q, R, S im Gitternetz so, dass ein Rechteck PQRS mit einem Umfang von 12 cm (18 cm) entsteht (1 LE = 1 cm). Es gilt P(1 | 2). Gib die Koordinaten der weiteren Punkte an.

11 Berechne den Flächeninhalt und den Umfang der abgebildeten Figuren.

Maße in cm

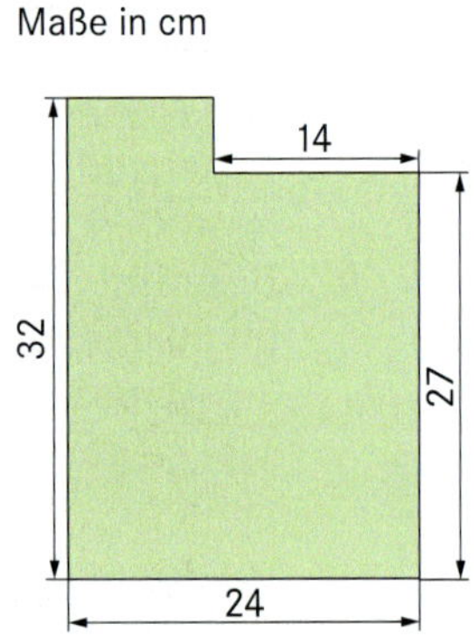

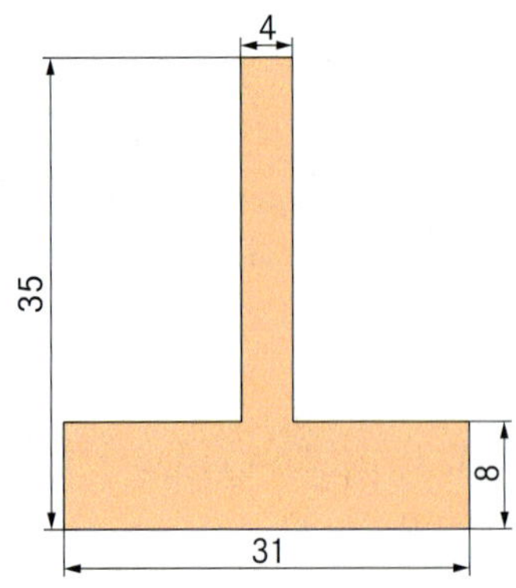

Volumeneinheiten und Hohlmaße
$1\ m^3 = 1000\ dm^3$
$1\ dm^3 = 1000\ cm^3$
$1\ cm^3 = 1000\ mm^3$

$1\ dm^3 = 1\ l$
$1\ l = 1000\ ml$
$1\ ml = 1\ cm^3$

Quader

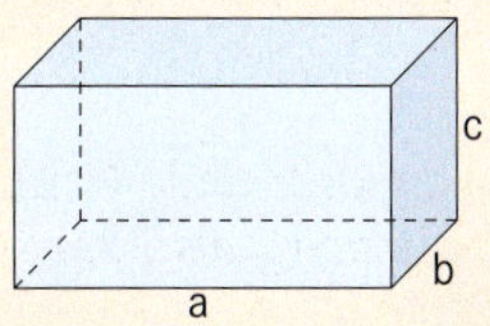

Volumen = Länge · Breite · Höhe
V = a · b · c

Oberfläche = Summe der Flächeninhalte aller Seitenflächen

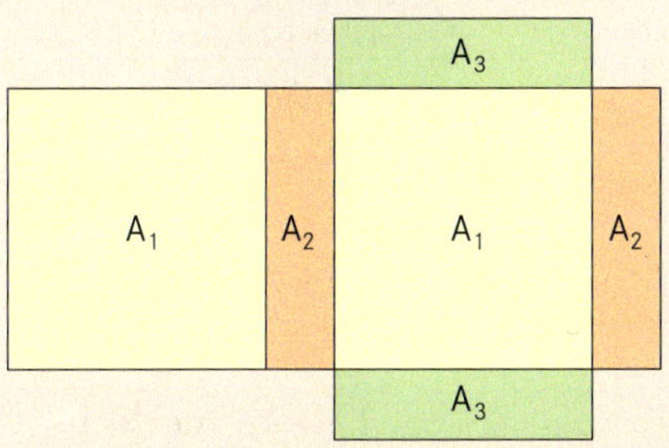

$O = 2 \cdot A_1 + 2 \cdot A_2 + 2 \cdot A_3$
$O = 2 \cdot (A_1 + A_2 + A_3)$

Länge: a = 8 cm
Breite: b = 5 cm
Höhe: c = 2 cm

Volumen: V =
Oberfläche: O =

$V = 8\ cm \cdot 5\ cm \cdot 2\ cm$
$V = 80\ cm^3$

$O = 2 \cdot (8\ cm \cdot 5\ cm + 8\ cm \cdot 2\ cm + 2\ cm \cdot 5\ cm)$
$O = 132\ cm^2$

Für einen **Würfel** ergibt sich wegen a = b = c für das Volumen:
$V = a \cdot a \cdot a = a^3$

1 Wandle in die in Klammern stehenden Einheiten um.
a) $80\ cm^3$ (dm^3; mm^3; l; ml) b) $15\ m^3$ (l; dm^3; cm^3)

2 Ein Würfel hat eine Kantenlänge von 3 cm.
a) Zeichne das Netz und ein Schrägbild des Würfels.
b) Berechne das Volumen und die Größe der Oberfläche.
c) Gib die Gesamtlänge der Kanten an.

3 Ein Würfel hat ein Volumen von $8\ dm^3$ ($125\ mm^3$; $64\ m^3$). Gib die Kantenlänge an.

4 a) Aus wie vielen Würfeln ist das Würfelgebäude zusammengesetzt?
b) Gib das Volumen an.
c) Wie viele kleine Würfel werden mindestens noch benötigt, um einen großen Würfel zu erhalten?

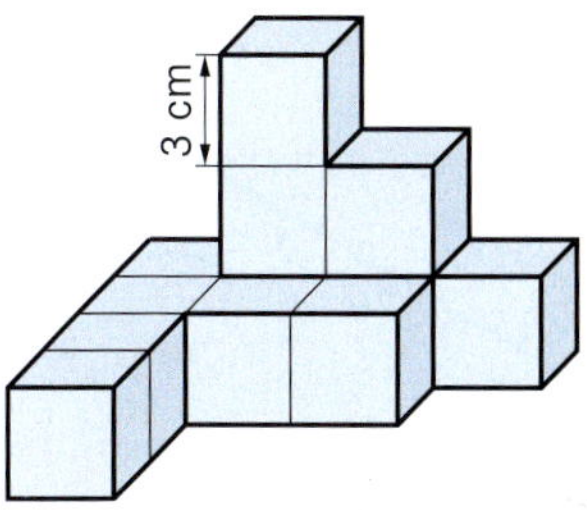

5 Zeichne ein Netz des Quaders. Berechne Oberfläche und Volumen (alle Angaben in cm).
a) a = 2,5; b = 1,0; c = 2,0 b) a = 4,0; b = c = 1,5

6 Berechne jeweils Volumen und Oberfläche des Quaders.

	a)	b)	c)	d)
Länge	5 dm	12 cm	350 cm	24 mm
Breite	4 dm	150 mm	2,5 m	1,5 cm
Höhe	2 dm	1 dm	70 cm	0,8 cm

7 Für das Kantenmodell eines Quaders steht ein starker Draht mit einer Länge von 1,6 m zur Verfügung. Die längste Kante soll 20 cm lang sein. Wie lang könnten die anderen Kanten sein?

8 Ein Wasserbecken soll bis 10 cm unter den Rand gefüllt werden. Wie viel Liter Wasser werden benötigt?
Länge: 2,5 m; Breite: 1,5 m; Höhe 80 cm

9 Ermittle näherungsweise das Volumen eines Standard-Containers.
Wie gehst du vor?

2 Geometrische Grundbegriffe

Die Bilder zeigen verschiedene Winkel.

Ordne den Winkeln die passenden Namen zu:
Steigungswinkel, Höhenwinkel, Abwurfwinkel, Neigungswinkel, Anflugwinkel.

Finde in geeigneten Medien weitere Bezeichnungen für Winkel. Welche Bedeutung haben sie?

(1) Mit einem einfachen Gerät kannst du die Größe des Gesichtsfeldes ermitteln.

a) Fertige dir aus Karton einen Halbkreis und klebe wie in der Skizze „Kimme und Korn" auf. Halte die Scheibe vor ein Auge, blicke über Kimme und Korn geradeaus. Das andere Auge musst du schließen.
Ein Mitschüler oder eine Mitschülerin bewegt einen Bleistift entlang des Kreises von hinten nach vorne und markiert die Punkte, an denen du den Bleistift siehst bzw. nicht mehr siehst. Trage dann das Gesichtsfeld des Auges farbig ein.

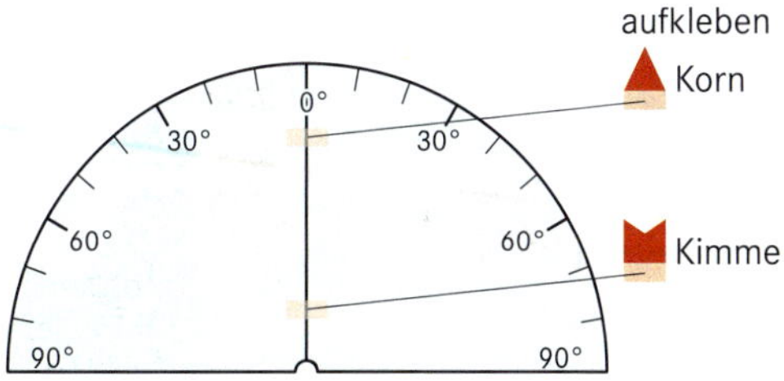

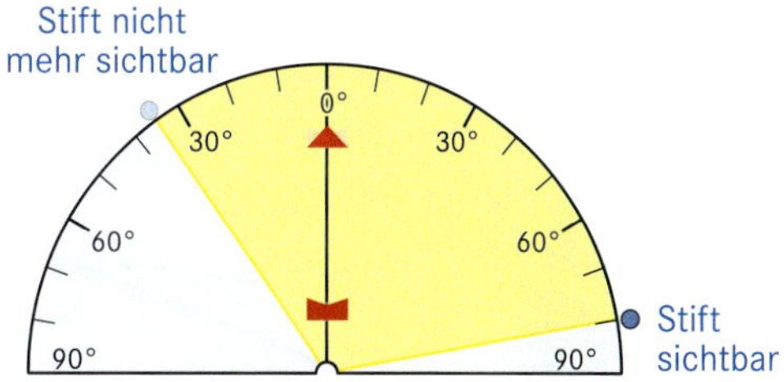

b) Wenn du mit dem anderen Auge den Vorgang ebenso ausführst, kannst du dein gesamtes Sichtfeld darstellen.

Winkel
Scheitelpunkt
Schenkel

(M) Ein Bereich wie das Gesichtsfeld des Auges wird von zwei Halbgeraden begrenzt. Ein solcher Bereich ist ein **Winkel.** Die beiden Halbgeraden heißen Schenkel, der gemeinsame Anfangspunkt der Halbgeraden heißt Scheitelpunkt des Winkels.

(2) Das Bild zeigt das Gesichtsfeld einer Schülerin. Darin sind drei verschiedene Winkel zu erkennen.

a) Wie lauten die Bezeichnungen der Scheitelpunkte?

b) Nenne die Schenkel, die das Gesichtsfeld des linken (rechten) Auges darstellen.

c) Finde heraus, welche Bedeutung der dunkel dargestellte Bereich für das Sehen besitzt.

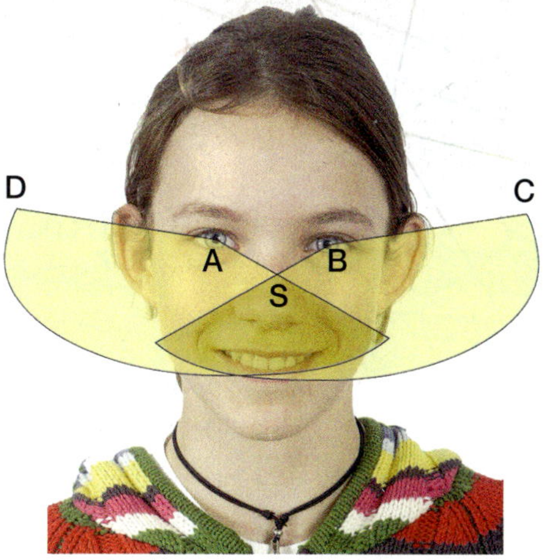

③ „Bayerische Uhr“

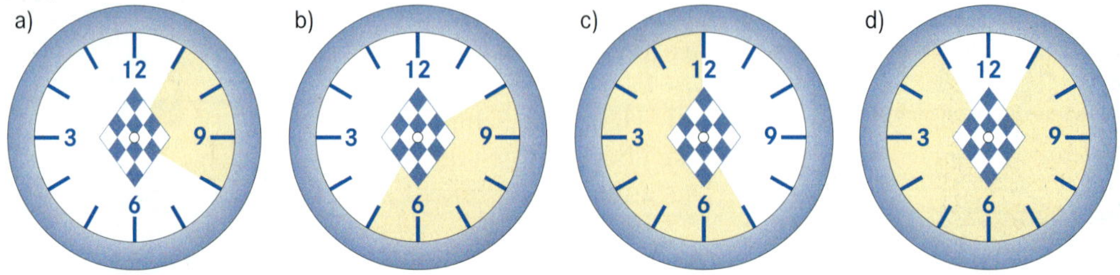

Auf dem Zifferblatt der abgebildeten Uhr ist der Winkel farbig markiert, den der große Zeiger während einer bestimmten Zeitspanne überstrichen hat. Gib die Anzahl der Minuten an.

④ Der rot gefärbte Winkel entsteht, wenn der Schenkel a entgegen dem Uhrzeigersinn (linksherum) auf den Schenkel b gedreht wird.
Beschreibe, wie der grün gefärbte Winkel entsteht.

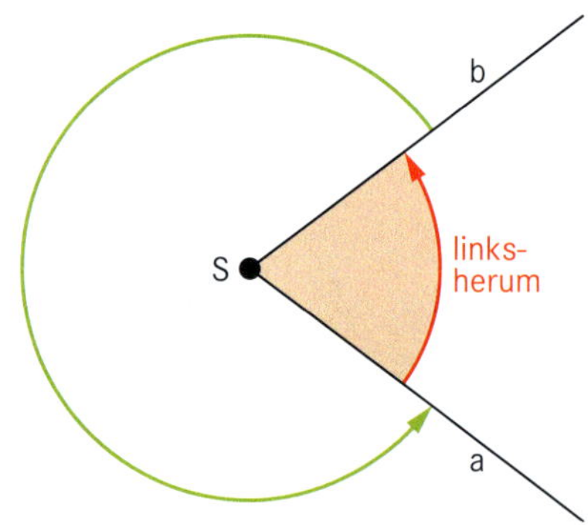

Winkel bezeichnen

Ⓜ Wird eine Halbgerade um ihren Anfangspunkt gegen den Uhrzeigersinn gedreht, so entsteht ein **Winkel.**

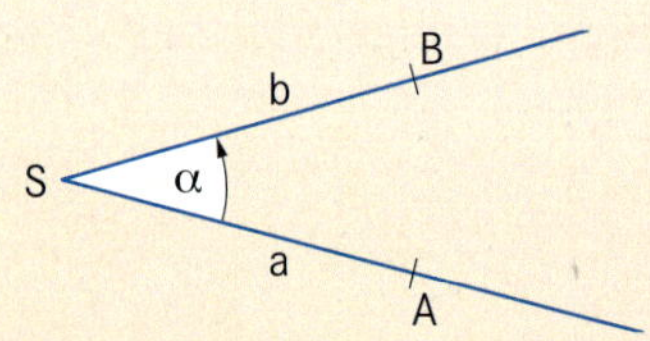

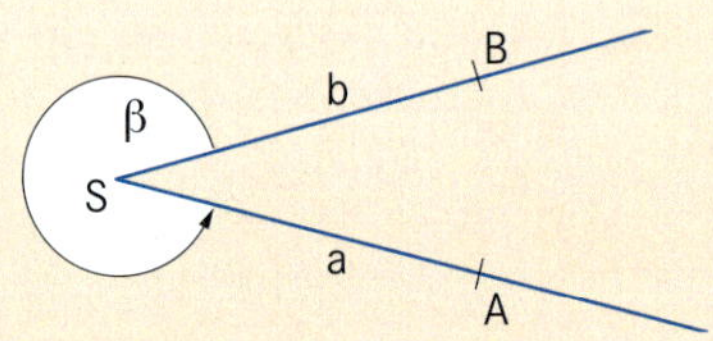

Winkel werden stets gegen den Uhrzeigersinn bezeichnet.

Schreibe:	∢ ASB	∢ BSA
	Halbgerade AS] – Scheitel S – Halbgerade [SB	Halbgerade BS] – Scheitel S – Halbgerade [SA
Lies:	Winkel ASB	Winkel BSA

Winkel werden oft auch mit kleinen griechischen Buchstaben bezeichnet:
α (Alpha), β (Beta), γ (Gamma), δ (Delta), ε (Epsilon), φ (Phi), μ (My)

Übung

⑤ Zwei Halbgeraden [SA und [SB legen stets zwei Winkel fest. Trage die Halbgeraden in ein Gitternetz ein und kennzeichne durch einen Kreisbogen jeweils den angegebenen Winkel.
a) S (1|3) A (4|2) B (2|7) ∢ ASB
b) S (4|7) A (1|4) B (4|1) ∢ BSA
c) S (3|3) A (1|2) B (7|5) ∢ BSA
d) S (5|5) A (7|0) B (1|5) ∢ ASB

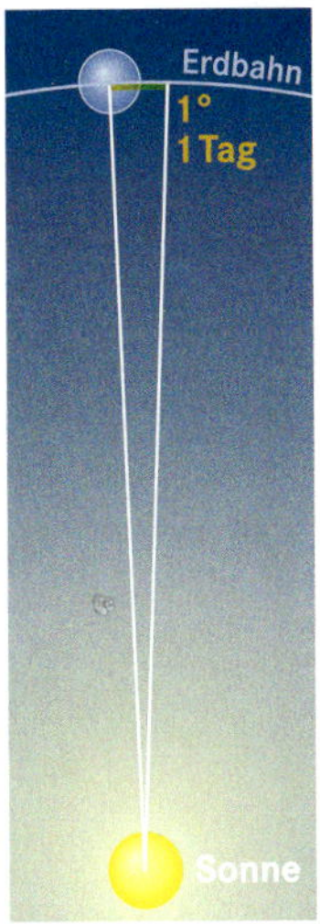

M Zum Messen eines Winkels wird ein Vollwinkel in 360 gleiche Teile geteilt.

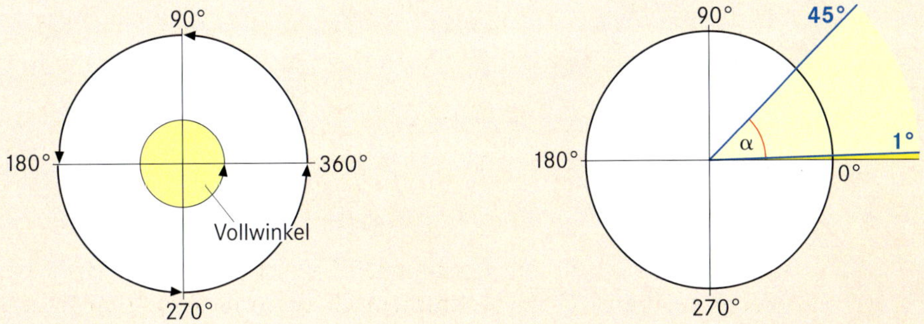

Das Maß eines Winkels wird in der Einheit **Grad** angegeben. 1 Grad (1°) ist der 360. Teil eines Vollwinkels. Unterteilung: 1° = 60' (Minuten).
Lies: α ist 45 Grad groß. *Schreibe:* α = 45°

Es ist nicht klar, woher diese Einteilung kommt. Eine Vermutung ist, dass unsere Vorfahren bei rund 360 Tagen im Jahr den Weg der Erde an einem Tag so festlegten.

Übungen

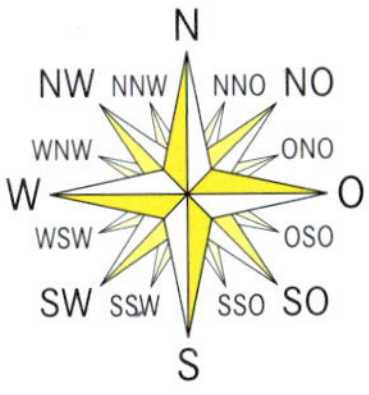

1 Die Abbildung zeigt die Einteilung einer Windrose. Zwischen 2 Himmelsrichtungen ist jeweils ein Winkel messbar.

a) Ergänze im Heft die Tabelle.

	SO – N	O – NO	SW – O	O – NW	NNO – SSW	SW – SO
Winkel	135°					

b) Zwischen welchen Himmelsrichtungen liegt ein Winkel von 45° (135°, 270°, 315°, 225°). Gib jeweils zwei Möglichkeiten an.

2 Fertigt in Partnerarbeit eine Winkelscheibe aus dünnem Karton an.

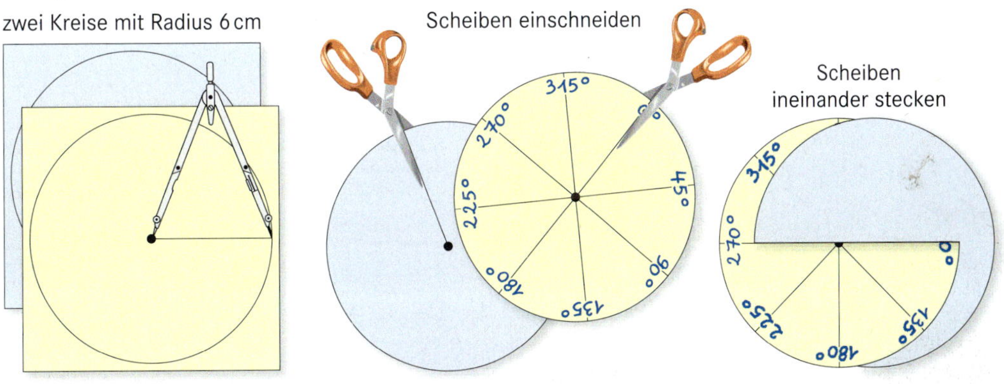

Stelle durch Drehen der einen Scheibe in der anderen einen beliebig großen Winkel ein.
Lass deinen Partner sein Maß schätzen (Beispiel: Das Winkelmaß liegt zwischen 90° und 135°).
Sag deinem Partner anschließend, wie gut er oder sie geschätzt hat.

1 So kannst du mit Hilfe des Geodreiecks das Maß eines Winkels bestimmen.

B

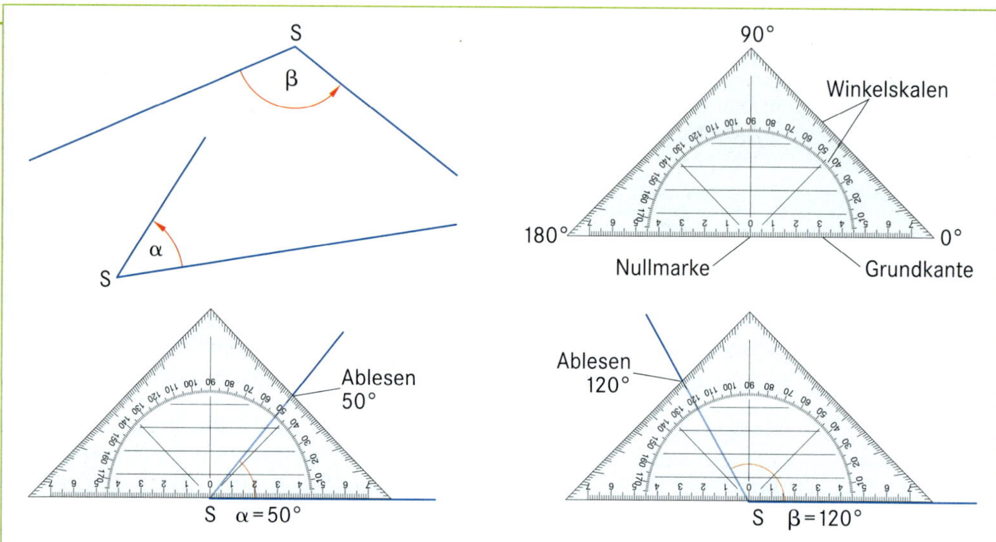

Beschreibe, wie du das Geodreieck zum Messen eines Winkels anlegen musst.

Übungen

2 Schätze die Maße der abgebildeten Winkel. Überprüfe dann durch Messung.

Winkel	α	β	
geschätzt	65°		
gemessen			

a)

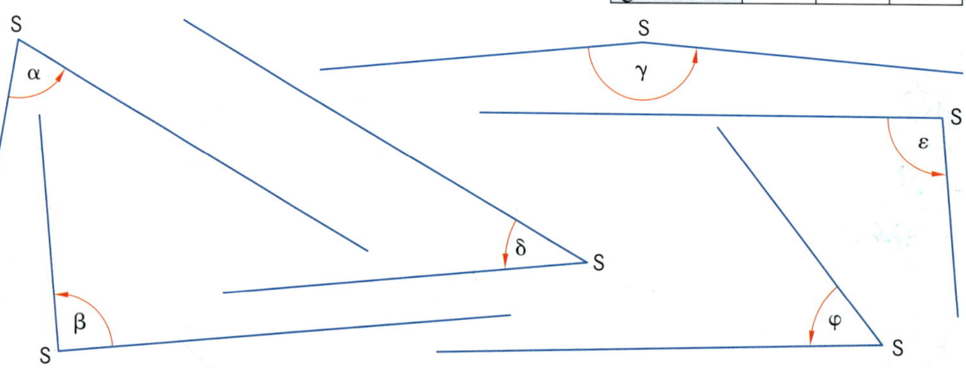

b)

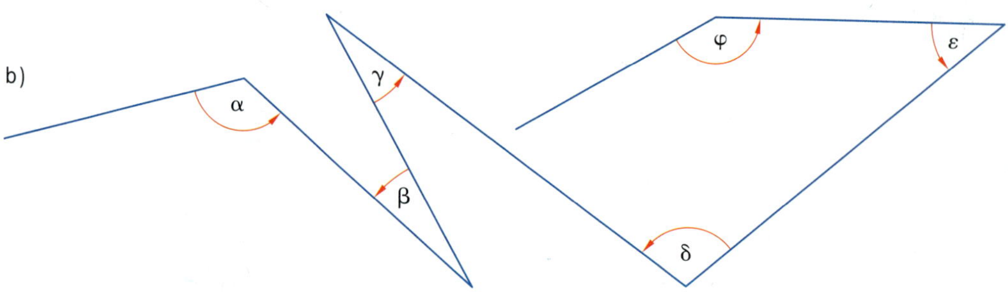

Lösungen: 90°; 105°; 70°; 20°; 95°; 40°; 35°; 125°; 170°; 25°; 53°; 150°

3 Bestimme zu Aufgabe 2 auf Seite 15 das Winkelmaß für das Gesichtsfeld eines Auges (beider Augen) und für den Bereich räumliches Sehen.

4 In den Abbildungen sind zwei Verfahren dargestellt, einen 130° großen Winkel zu zeichnen. Beschreibe die beiden Verfahren und zeichne in dein Heft.

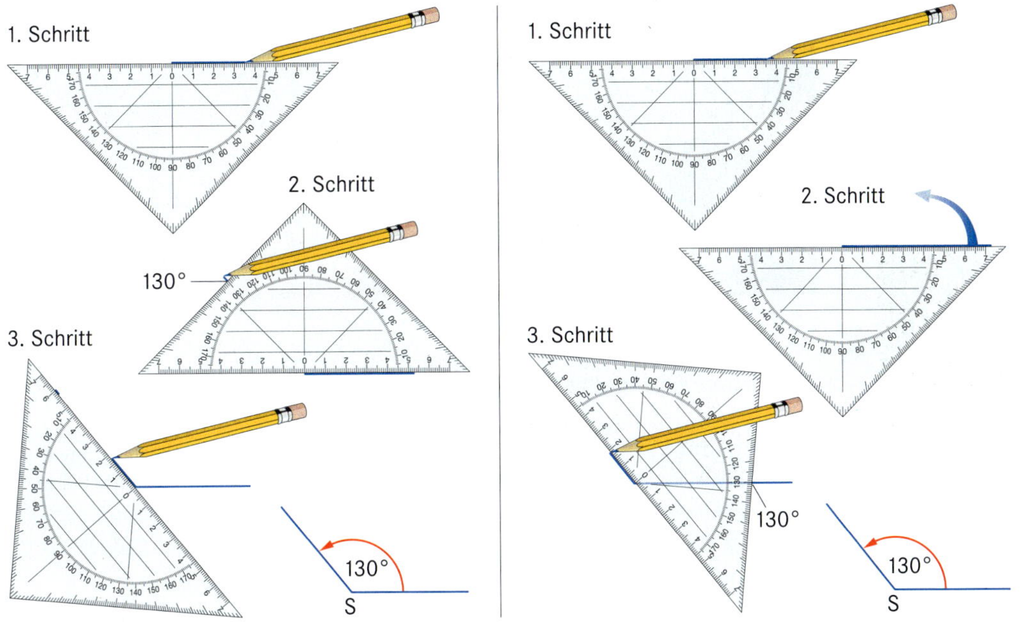

5 Das Maß des abgebildeten Winkels α liegt zwischen 180° und 360°.

a) Erläutere, wie mit Hilfe des Geodreiecks das Winkelmaß bestimmt wird.

b) Finde einen zweiten Lösungsweg. Begründe ihn.

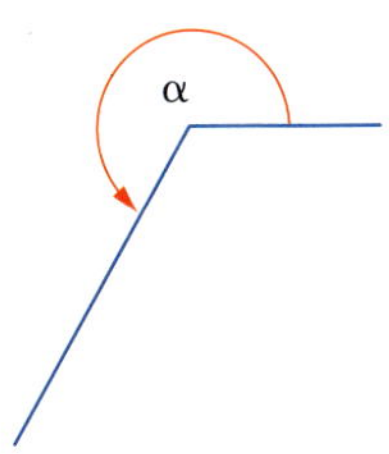

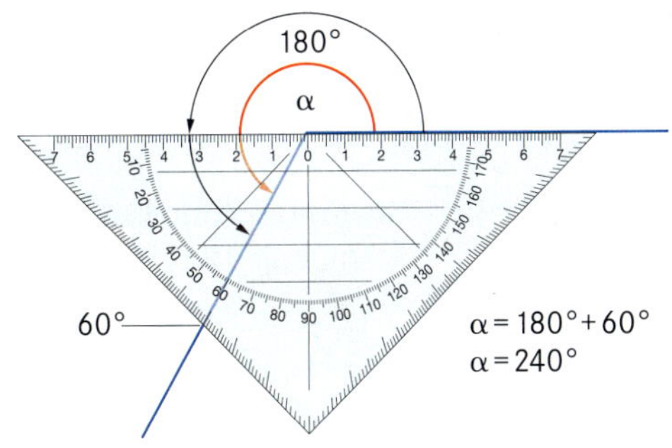

6 In der Figur sind einige Winkel benannt.

a) Bestimme durch Messen diese Winkelmaße.

b) Kannst du ohne Messung die Maße der Winkel neben γ_2 und φ_2 bestimmen?

c) Bilde folgende Summen der Winkelmaße im Viereck $\alpha + \beta + \gamma_1 + (\delta - \varepsilon)$ und im Dreieck $\varepsilon + \varphi_1 + \mu$. Was fällt dir auf?

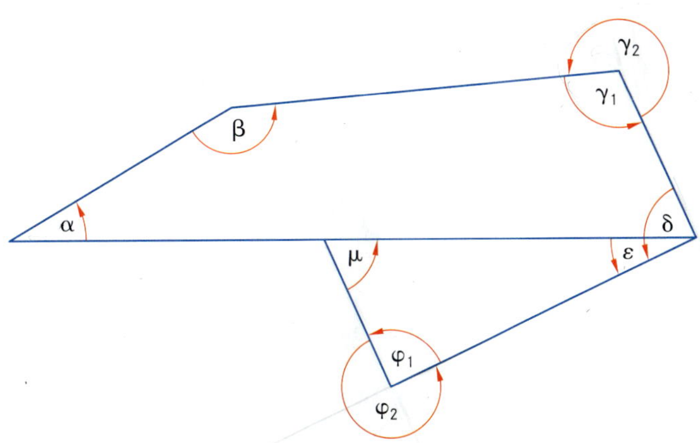

7 Zeichne jeweils einen Winkel mit den vorgegebenen Maßen. Markiere den Winkel mit einem Kreisbogen.

a) 40° 80° 25° 305° 100° 165°

b) 175° 215° 70° 45° 105° 90°

c) 153° 93° 18° 114° 66° 185°

d) 8° 107° 346° 155° 34° 123°

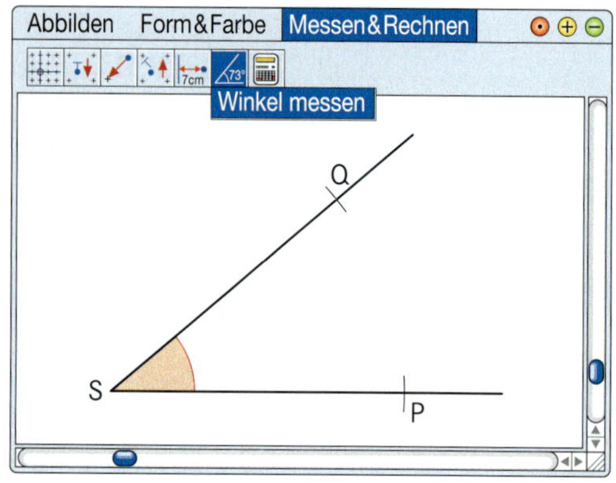

8 Winkel kannst du auch mit einem Geometrieprogramm zeichnen und messen.
a) Zeichne zunächst zwei Halbgeraden mit dem gleichen Anfangspunkt. Benenne die Punkte wie in der Skizze. Schätze die Größe des Winkels.
b) Im Menü Messen kannst du das Winkelmaß bestimmen lassen. Hast du richtig geschätzt?
c) Zeichne jeweils einen neuen Winkel mit dem Maß 40° (30°; 60°, 90°; 120°; 135°; 180°). Überprüfe durch Messen.

M **Winkelarten**

Hier siehst du, wie die Winkel ihrer Größe nach eingeteilt sind.

Spitze Winkel sind kleiner als 90°.

$0° < \alpha < 90°$

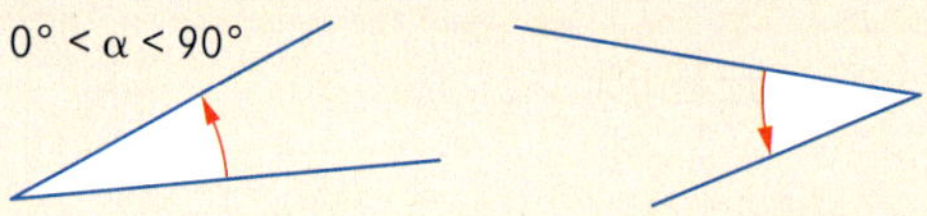

Ein **rechter Winkel** ist 90° groß.

$\alpha = 90°$

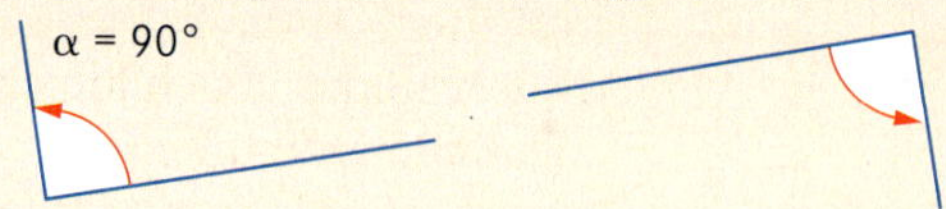

Stumpfe Winkel sind größer als 90° und kleiner als 180°.

$90° < \alpha < 180°$

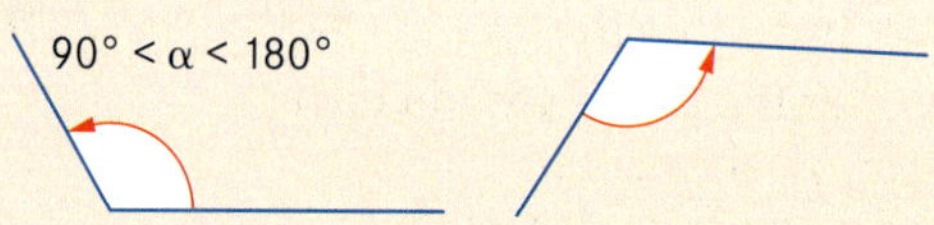

Ein **gestreckter Winkel** ist 180° groß.

$\alpha = 180°$

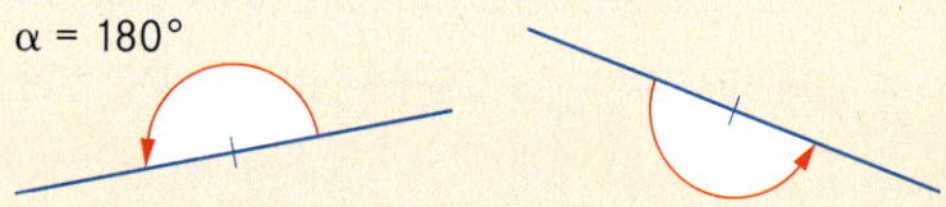

Überstumpfe Winkel sind größer als 180°.

$180° < \alpha < 360°$

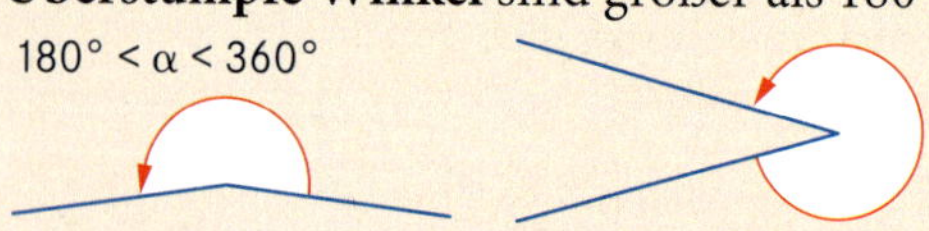

Ein **Vollwinkel** ist 360° groß.

$\alpha = 360°$

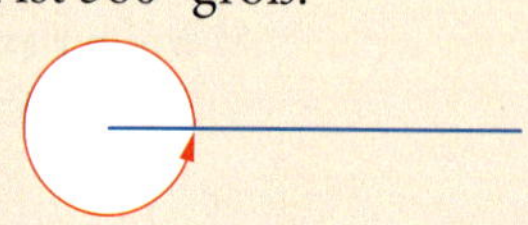

9 a) Von welcher Art ist ein 122° (90°, 47°, 235°, 180°) großer Winkel?
b) Zeichne je einen spitzen, stumpfen und überstumpfen Winkel in dein Heft. Gib jeweils das Winkelmaß an.

10 In einem Gitternetz sind folgende Punkte festgelegt:
S(6|4), A(3|0), B(12|5), C(4|3), D(2|3), E(4|10), F(11|6), G(7|10), H(9|2), I(10|8), K(8|12), L(3|6), M(1|6), N(11|3), P(0|5), Q(8|1), R(3|2), Z(12|4)
Die Halbgerade [SZ ist Schenkel von Winkeln mit dem Scheitel S, der zweite Schenkel verläuft durch einen der Punkte A bis R. Wenn du folgende Winkel richtig einzeichnest, erhältst du den Namen eines berühmten Einwohners von Nürnberg.
10° 108° 326° 233° 45° 158°

11 a) Ergänze die Tabelle in deinem Heft. Bestimme die Maße der in den Bildern markierten Winkel mit Hilfe einer Folie.
b) Welche Sitzhaltung wählst du? Begründe!

Winkel	α	
Winkelart	spitzer W.	
geschätzt	40°	
gemessen		

Griechischer Buchstabe: omega (ω)

12 Die Zeiger einer Uhr überstreichen in bestimmten Zeiten bestimmte Winkel.
a) Bestimme die Maße der markierten Winkel auf der „Bayerischen Uhr“ auf Seite 16.
b) Zeichne einen Kreis mit dem Radius 4 cm. Ergänze die Markierungen für 1:00 Uhr, 2:00 Uhr, …, 12:00 Uhr. Welches Winkelmaß liegt zwischen zwei Stunden (zwei Minuten)?
c) Bestimme das Maß β des Winkels, den der kleine Uhrzeiger in der Zeit von 12:00 Uhr bis 12:20 Uhr überstrichen hat. Die Treppenskizze hilft dir dabei.
d) Berechne das Maß γ des Winkels, den der große und kleine Zeiger um 12:20 Uhr miteinander einschließen.
e) Bestimme das Maß δ des Winkels, den die beiden Uhrzeiger um 12:50 Uhr (um 14:50 Uhr) miteinander einschließen.

W S. 9

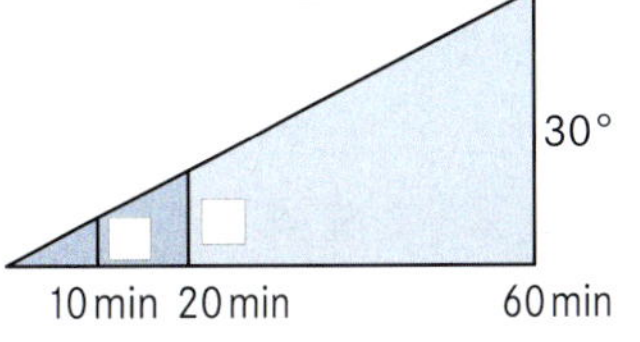

13 Zeichne eine waagerechte Halbgerade mit dem Anfangspunkt S. Trage an dieser Halbgeraden mit S als Scheitel einen Winkel von 60° an. An den entstehenden Schenkel zeichnest du nun einen Winkel von 35°. Fahre so fort mit den Winkel 15° und 70°. Welches Maß hat der gesamte Winkel?

14 a) Ein Baum wirft einen Schatten von 12 m Länge. Die Sonne steht dabei 40° hoch (siehe Skizze). Fertige eine maßstabsgerechte Zeichnung (1:100) an und bestimme die Höhe des Baumes.
b) Stelle im Schulhof einen Stab senkrecht auf und miss die Länge des Schattens. Bestimme in einer maßstäblichen Zeichnung die Höhe des Sonnenstandes.
c) Am Abend steht die Sonne 20° hoch. Wie lang ist der Schatten eines 2 m langen Stabes?

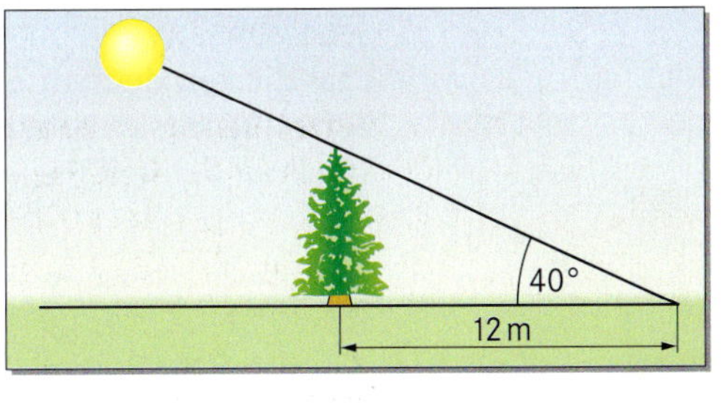

1

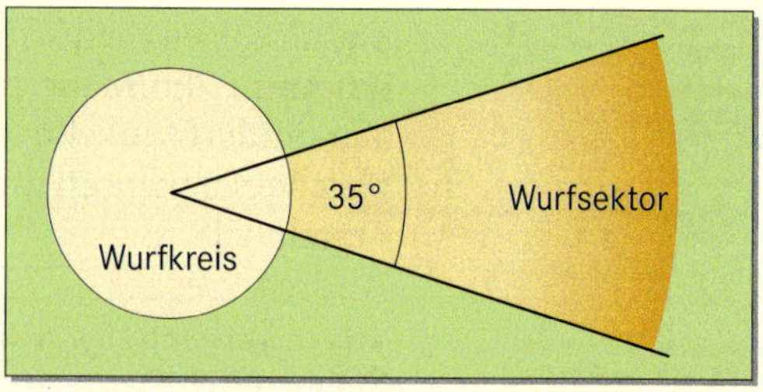

a) Beim Kugelstoßen bewegt sich der Sportler in einem Kreis mit d = 2,135 m. Zeichne die Wettkampfanlage in einem geeigneten Maßstab. Runde sinnvoll.
b) Suche nach den Maßen anderer Sportanlagen mit Winkeln und Kreisen und zeichne in sinnvollem Maßstab.

2 Der Schusswinkel auf das Tor beim Fußballspiel hängt von der Position des Spielers auf dem Feld ab.
a) Schätze mit einem geeigneten Hilfsmittel den Schusswinkel beim Elfmeter ab.
b) Der Strafraum hat die Maße wie in der Skizze. Fertige eine Zeichnung im Maßstab 1 : 200 an und bestimme den Schusswinkel beim Elfmeter (beim Freistoß von der linken Strafraumecke).

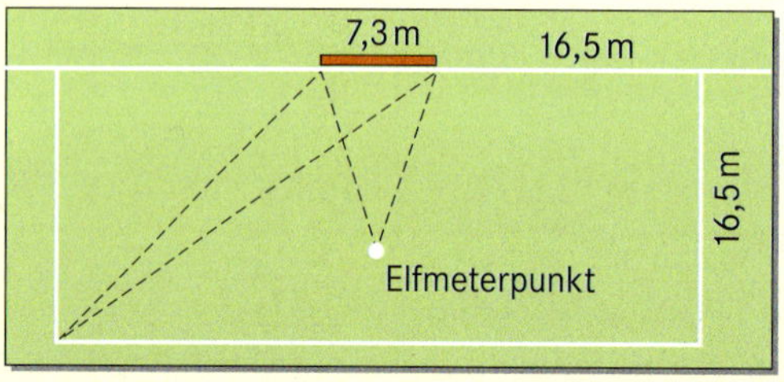

3 Das Bild zeigt ein Spielfeld mit Zielscheiben als Ziele. Die Strecke a liegt auf dem festen Schenkel eines Winkels, b ist variabel. Suche dir eine Scheibe aus, auf die du zielen willst und schätze das Winkelmaß zwischen a und deinem Ziel. Zeichne dann den geschätzten Winkel ein. Wenn du die Scheibe triffst, erhältst du einen Punkt, für das Zentrum gibt es 3 Punkte. Danach ist dein Partner dran.
a) Schätze das Winkelmaß im Bild.
b) Lass dir von deinem Lehrer ein vergrößertes Spielfeld geben und führe das Spiel mit deinem Partner durch.

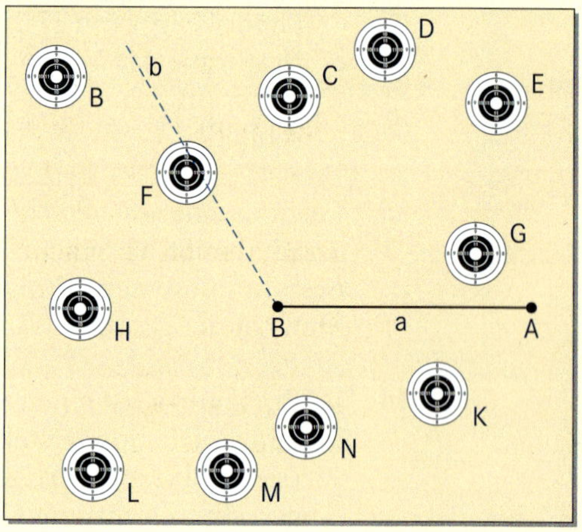

1 a) Das Foto zeigt ein so genanntes Andreaskreuz. Wo findest du ein solches Verkehrszeichen?

b) Durch die Balken des Andreaskreuzes werden vier Winkel gebildet. Stelle eine Vermutung über die Größe dieser Winkel auf.

c) Zeichne zwei Geraden, die sich schneiden, aber nicht senkrecht stehen, in dein Heft. Miss die vier Winkel am Schnittpunkt und notiere ihre Größe.

d) Bilde jeweils die Summe zweier benachbarter Winkel. Was stellst du fest? Vergleiche mit deinem Nachbarn.

M

Scheitelwinkel

An zwei sich schneidenden Geraden gilt: Gegenüber liegende Winkel heißen **Scheitelwinkel;** sie sind maßgleich.

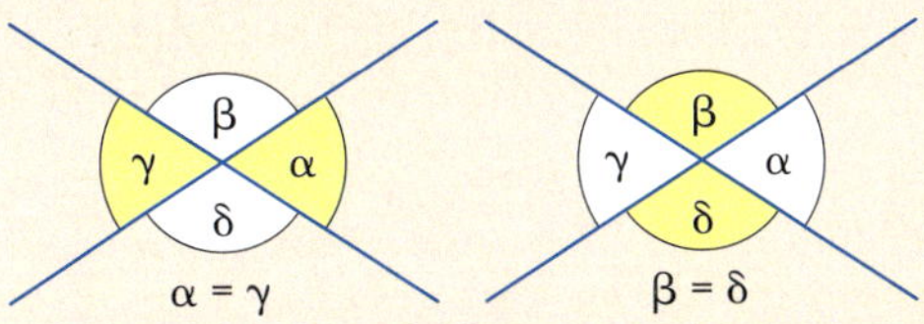

Die Winkel α und γ sowie β und δ sind Scheitelwinkel.

Nebenwinkel

An zwei sich schneidenden Geraden gilt: Nebeneinander liegende Winkel heißen **Nebenwinkel;** sie ergeben zusammen 180°.

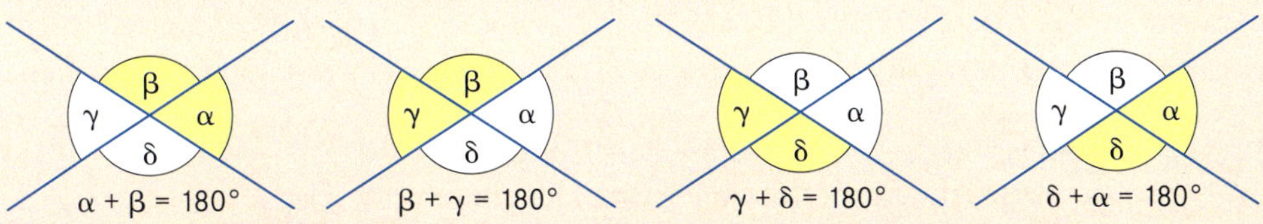

Die Winkel α und β, β und γ, γ und δ sowie δ und α sind Nebenwinkel.

Übung

2 Bestimme die fehlenden Winkelmaße.

a)

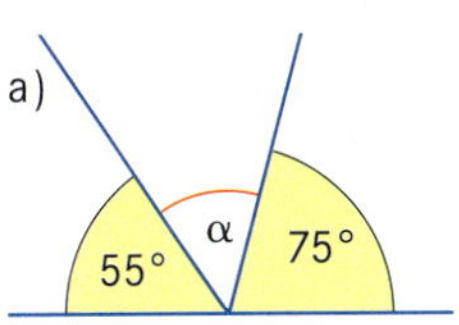

b)

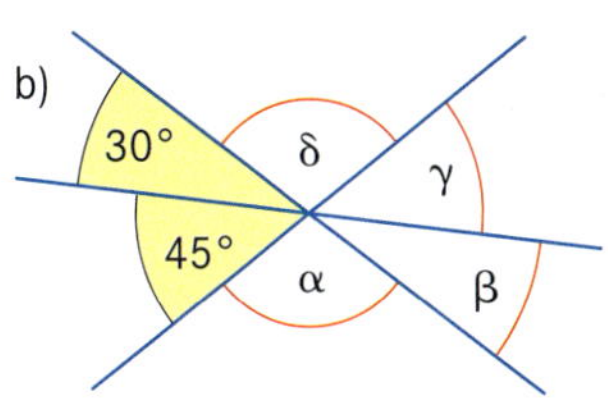

c)

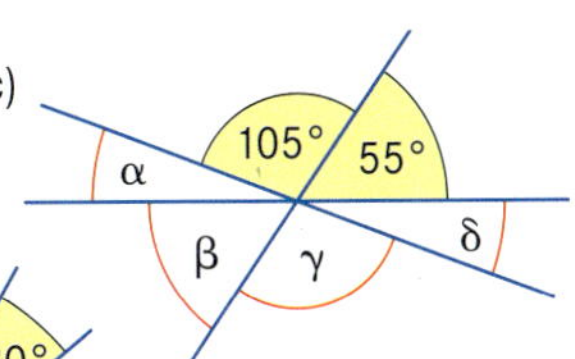

d)

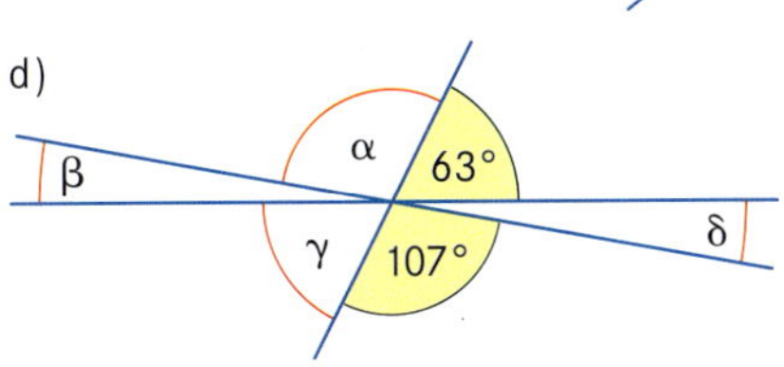

e)

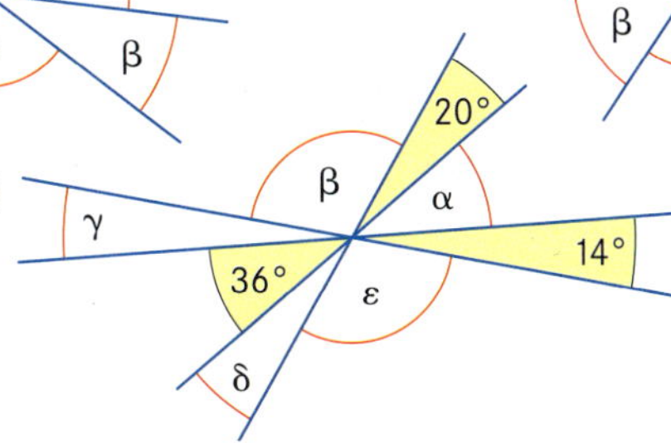

1 Die Geraden g = AB und h = CD schneiden sich im Punkt S. Zeichne die Geraden in ein Gitternetz, gib die Koordinaten von S an und miss den Winkel ASC.
Benenne dann die übrigen Winkel mit dem Scheitel S (z. B. ∢ CSA) und gib ihre Maße an.
a) A(7|3), B(9|7), C(3|3), D(0|5)
b) A(3|5), B(9|2), C(6|1), D(9|7)

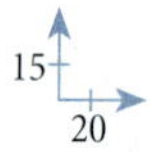

2 Zeichne die Punkte A(3|4), B(19|2), P(3|14) und Q(18|4) in ein Gitternetz. Wähle als Längeneinheit ein Kästchen. Ergänze die Strecken [AB], [AQ], [AP], [BP] und [PQ]. Es entstehen sechs Winkel mit den Scheitelpunkten A, B, P oder Q. Welcher hat das größte, welcher das kleinste Winkelmaß?

3 Bestimme die fehlenden Winkelmaße
a)
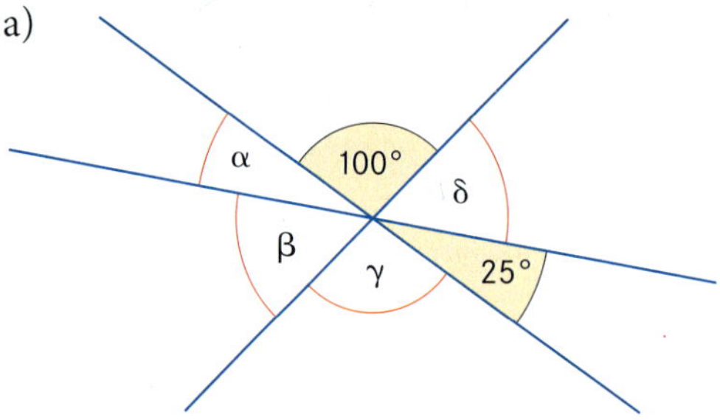

b)
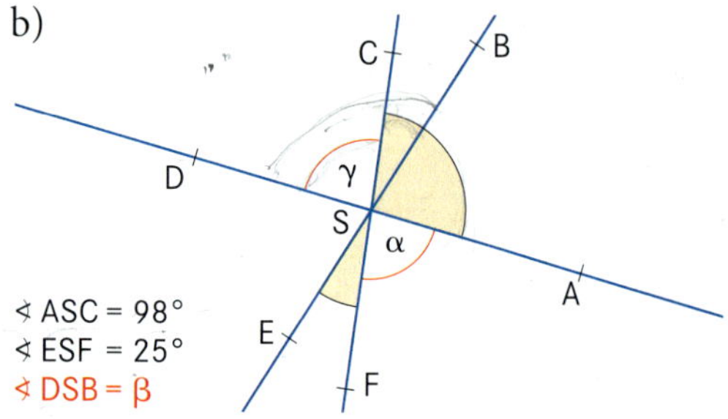

4 Zwei Geraden schneiden sich im Punkt S. Berechne das Maß des Winkels α.
a)
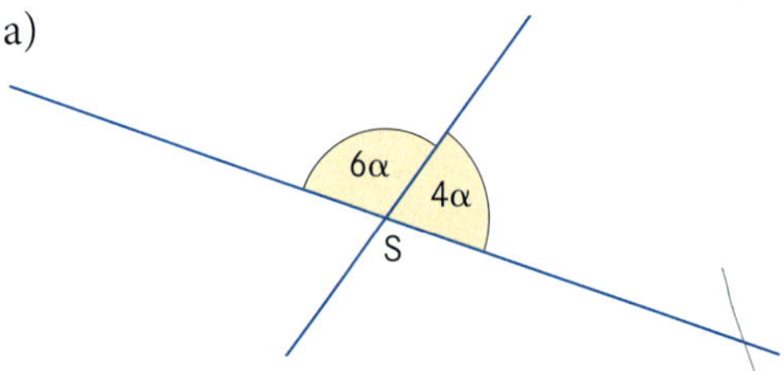

b)
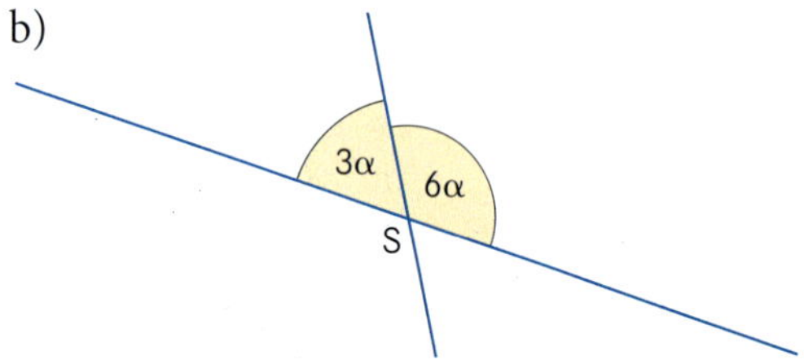

Auswahl zu a):
A 36° **B** 18° **C** 72° **D** 108°

5 S ist Anfangspunkt von vier Halbgeraden. Der Winkel DSB hat das Maß 60°, weiter ist ∢ DSC = 110° und ∢ ASC = 75°.
Welches Maß hat der Winkel ASB?

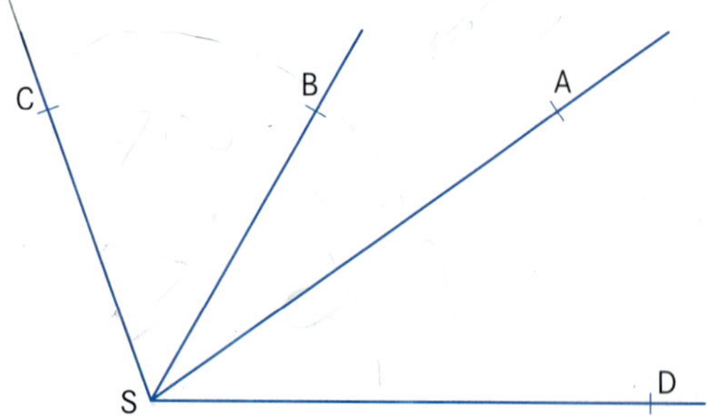

6 Ein Winkel α hat das Maß 37°. Wie groß ist sein Scheitelwinkel β und sein Nebenwinkel γ?

7 Der Winkel α ist doppelt (dreimal) so groß wie sein Nebenwinkel β. Bestimme die Maße der Winkel.

8 a) Der Winkel α ist um 40° größer als sein Nebenwinkel β.
b) Der Nebenwinkel zu α ist um 30° größer als das Doppelte des Winkels α.
c) Der Winkel α und sein Scheitelwinkel ergeben zusammen 116°.

(1) Jessica und Sebastian wollen für ein Basketballspiel anstelle der Freiwurflinie nur einen Freiwurfpunkt markieren. Wie werden sie vorgehen?

(2) Zeichne mit einem Geometrieprogramm eine Gerade g und einen Punkt P außerhalb der Geraden. Lege einen Punkt Z auf die Gerade g und ergänze die Strecke [PZ].

a) Lass die Streckenlänge messen.
b) Verschiebe nun Z auf g und beobachte die Streckenlängen. (Im Bild sind einige dieser Strecken eingezeichnet).
c) Findest du die kürzeste Strecke?
d) Lass den Winkel zwischen der Geraden g und der Strecke [PZ] messen. Welches Maß hat er, wenn die Strecke am kürzesten ist?

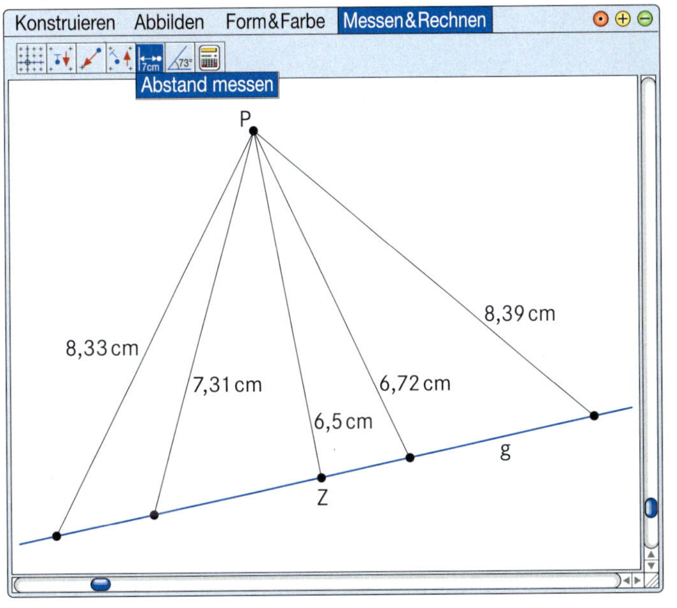

(M) Abstand

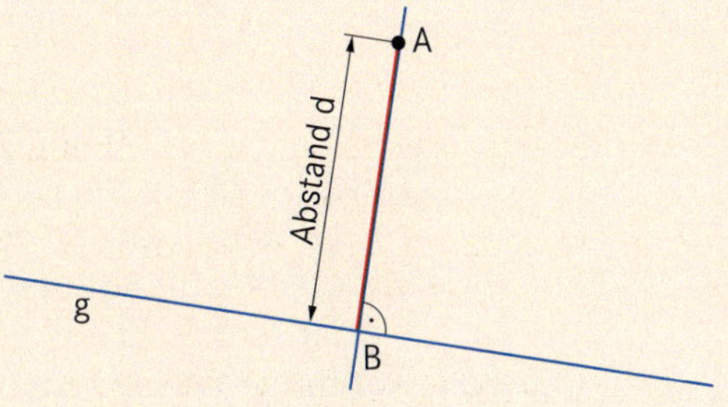

Der **Abstand** d ist die kürzeste Entfernung von A zu einem Punkt der Geraden g und wird auf der Senkrechten zu g durch den Punkt A gemessen. Die Gerade AB heißt **Lotgerade** oder **Lot** von A auf g. Der Punkt B heißt Lotfußpunkt.

Schreibe: d (A; g)
Lies: Abstand von A auf g

(3) Bestimme mit Hilfe des Geodreiecks den Abstand der Punkte P, Q und R (auf der Geraden p) und S, T, U (auf der Geraden s) von der Geraden g. Welche Geraden sind parallel?
Ergänze die Tabelle im Heft.

	P	Q	R	S	T	U
Abstand in mm	▪	▪	▪	▪	▪	▪

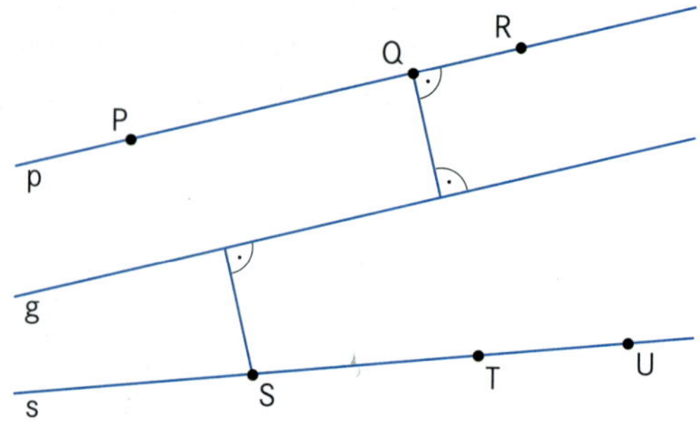

parallele Geraden

(M) Zwei **parallele Geraden** haben überall den gleichen Abstand.

Übungen

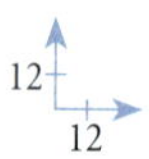

(4) Trage die Gerade g und die Punkte A, B, C und D in ein Gitternetz ein. Bestimme anschließend den Abstand der Punkte von der Geraden g und den Abstand der Geraden g und h.
a) g = PQ mit Q(3|4) und P(10|10); A(4|9), B(8|7)
b) Gerade g durch die Punkte Q(4|8) und P(11|5); A(6|3), B(1|7), C(9|8)
c) g = PQ mit P(7|4) und Q(8|0) und h = RS mit R(1|6), S(2|2)
d) Gerade g durch A(1|0) und B(6|3), Gerade h durch C(0|2) und D(5|5)

(5) Die Punkte P(1|3) und Q(8|4) legen die Gerade g fest. Zeichne g in ein Gitternetz ein. Markiere fünf Punkte A, B, C, D und E so, dass der Punkt A 4,5 cm, Punkt B 38 mm, C 2,8 cm, D 54 mm und der Punkt E 1,8 cm Abstand von der Geraden g hat.

(6) Die Geraden g = PQ und h = RS sind durch P(1|4), Q(10|7), R(10|4) und S(0|10) bestimmt. Trage g und h in ein Gitternetz ein. Zeichne anschließend zwei Punkte A und B ein, die von g und h jeweils 2 cm Abstand haben.

(7) Herr Massl hat sein Auto, einen Turbo Rasant, etwas merkwürdig vor einer Mauer geparkt.
a) Kommt zwischen der Mauer und dem Turbo Rasant noch ein Auto durch? Begründe.
b) Die grau schraffierten Bereiche zeigen, wo dem Autofahrer durch Dachpfosten, Kopfstützen usw. die Sicht verdeckt ist. Bestimme die Maße dieser sogenannten „toten Winkel".
c) Ein Radler fährt in 1 m Abstand zur Mauer. Kann er für den Autofahrer vollständig im „toten Winkel (1)" verschwinden? Begründe.

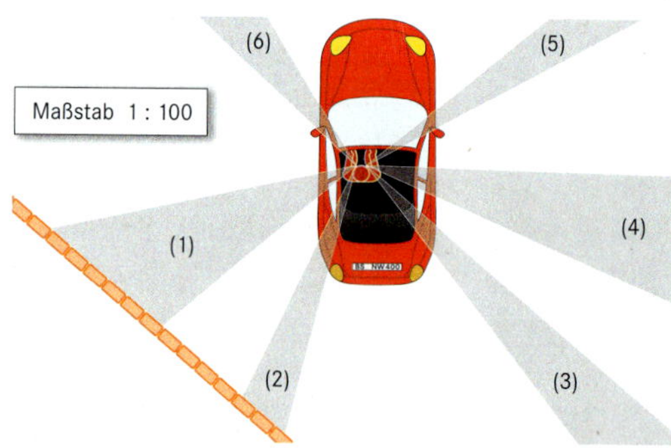

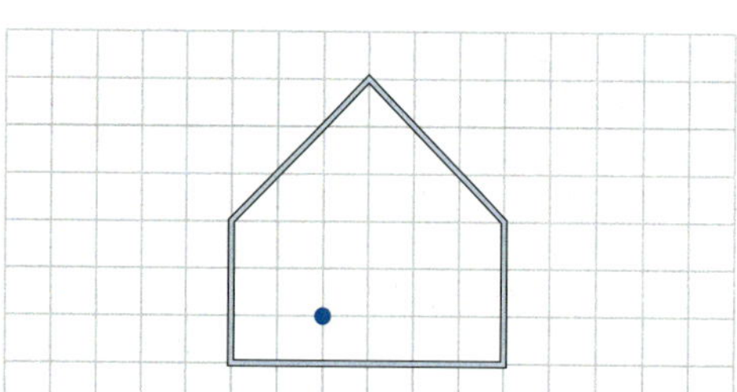

Detektiv Knödlmeier befindet sich in einem Raum mit Spiegelwänden. Er läuft stets senkrecht auf die Wand zu und dann wieder senkrecht auf eine andere usw. Kommt er von seinem markierten Standort zu allen Wänden? Gibt es einen Punkt, von dem aus dies möglich ist?

(1) Das Gesichtsfeld eines Auges (s. auch S. 15) kann man auch als Halbebene betrachten, die durch die beiden Halbgeraden begrenzt ist.

a) Zeichne eine solche Halbebene in ein Koordinatensystem. Es gilt: A (0 | 4), B (6 | 1), S (4 | 5)
b) Ergänze ungefähr das Gesichtsfeld des zweiten Auges.
c) Gib die Koordinaten von jeweils zwei Punkten an, die im Gesichtsfeld des linken, des rechten und beider Augen liegen.
d) Wie könnte man den „Überdeckungsbereich" mathematisch beschreiben?

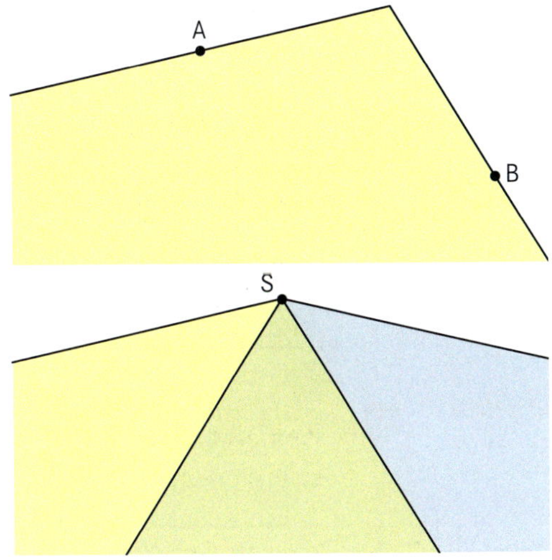

Halbebene

(M) Teilt man eine Ebene durch eine oder mehrere Geraden oder Halbgeraden auf, so entstehen **Halbebenen.**

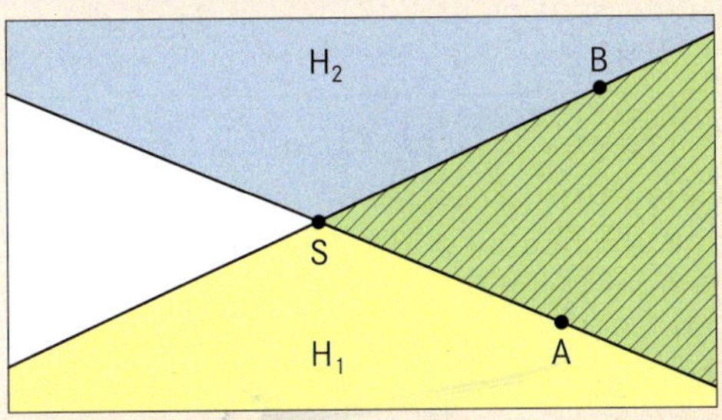

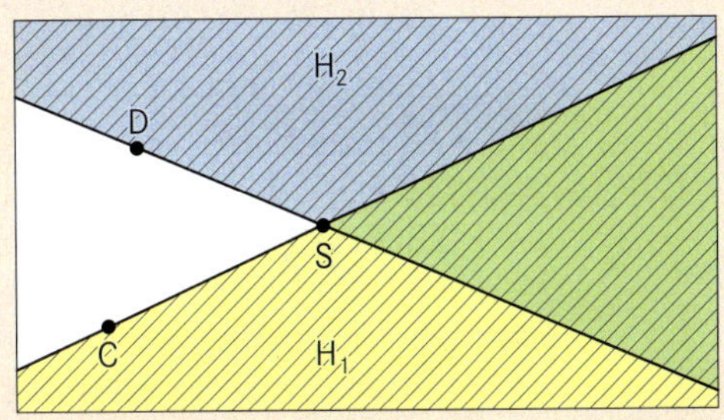

Schnittmenge
Vereinigungsmenge

Die **Schnittmenge** (dunkler Bereich) der Halbebenen H_1 und H_2 enthält alle Punkte, die in beiden Mengen gleichzeitig enthalten sind. Sie ist ebenfalls eine Halbebene.

Die **Vereinigungsmenge** (gesamter farbiger Bereich) der Halbebenen H_1 und H_2 enthält alle Punkte, die zu mindestens einer der Mengen gehören. Sie ist wieder eine Halbebene.

Schreibe: $H_1 \cap H_2 = H_3$ — $H_1 \cup H_2 = H_3$

Lies: H_1 geschnitten mit H_2 — H_1 vereinigt mit H_2

Übungen

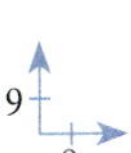

(2) Die Geraden g = AB und h = PQ teilen die Zeichenebene in 4 Halbebenen. Der Punkt T liegt in der Halbebene H_1, die Halbebenen H_2, H_3 und H_4 werden gegen den Uhrzeigersinn bezeichnet. Der Punkt S ist Schnittpunkt der beiden Geraden.
Es gilt: A (2 | 1); B (7 | 6); P (7 | 0); Q (3 | 8); T (5 | 1)

a) Trage die Geraden in ein Koordinatensystem ein und bezeichne die Halbebenen.
b) Ergänze in deinem Heft die Zeichen $\in$ oder $\notin$.
C (3 | 1) □ H4 D (5 | 12) □ H_3 F (6 | 4) □ H_2 G (0 | 4) □ H_4
c) Die vier Halbebenen bilden Winkel. Finde geeignete Bezeichnungen für diese Winkel und gib jeweils das Winkelmaß an.
d) Die Bereiche rechts oberhalb von g und links oberhalb von h sind ebenfalls Halbebenen. Kennzeichne diese mit zwei verschiedenen Farben. Die Schnittmenge dieser beiden Halbebenen bildet einen Winkel. Gib seine Bezeichnung an.

3 Für diese Aufgabe verwendest du am besten buntes durchsichtiges Bastelpapier. Markiere auf farblich verschiedenen Papieren mit Hilfe deines Geodreiecks zwei gleich breite und einen schmaleren Streifen und schneide sie aus. Mit Hilfe dieser Streifen kannst du verschiedene geometrische Figuren legen.

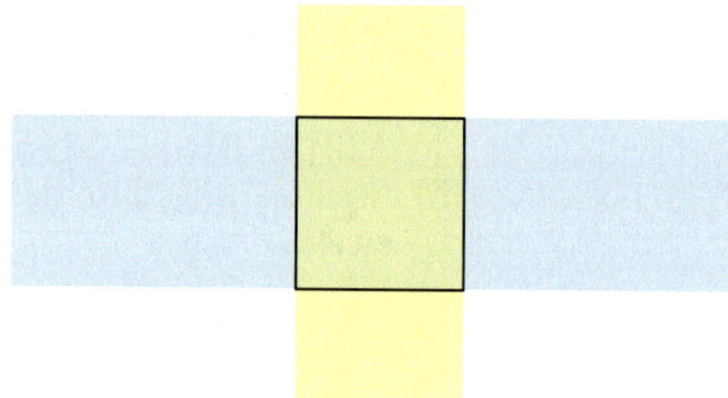

a) Nimm zwei gleich breite Streifen und lege sie so übereinander, dass als Schnittfigur ein Quadrat entsteht. Beschreibe, wie du vorgehst.

b) Mit welchen Streifen kannst du ein Rechteck legen? Begründe.

c) Ordne die folgenden Eigenschaften richtig zu und übertrage sie dann in dein Heft. Schreibe dabei:
Ein Quadrat hat folgende Eigenschaften: …
Ein Rechteck hat folgende Eigenschaften: …

Eigenschaften	Quadrat	Rechteck
Je zwei Seiten sind parallel.		
Alle vier Seiten sind gleich lang.		
Je zwei Seiten sind zueinander senkrecht.		
Es hat vier rechte Winkel.		
Je zwei Seiten sind gleich lang.		

4 Mit Hilfe der Streifen aus Aufgabe 3 kannst du weitere geometrische Figuren legen.

a) Beschreibe, welche Streifen du verwendest und wie die folgenden Figuren entstehen.

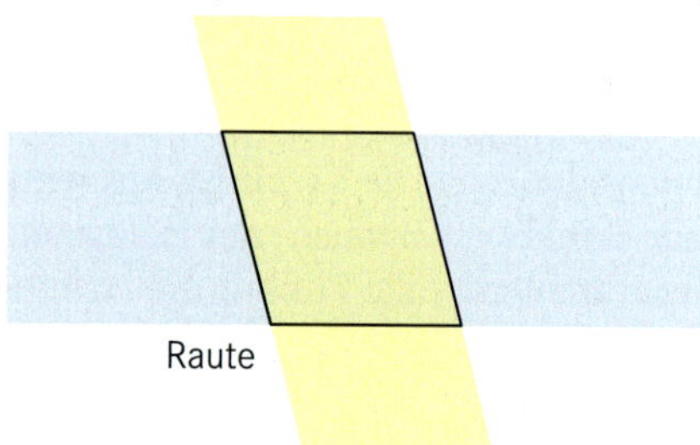

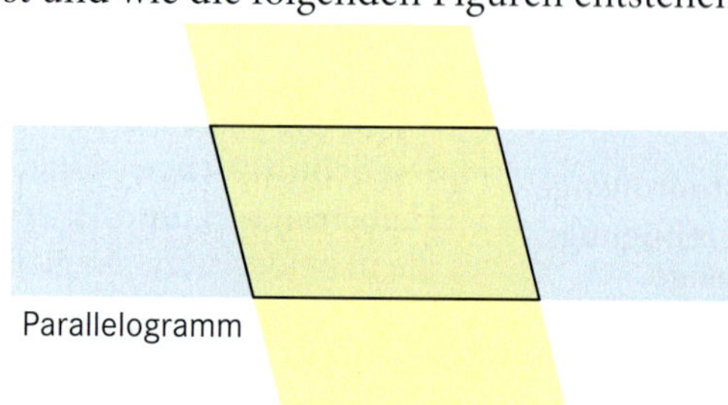

b) Welche Eigenschaften von Quadrat oder Rechteck gelten auch für die Raute oder das Parallelogramm? Notiere in deinem Heft.

5 a) Was sagst du zu diesen Aussagen? Haben die beiden Recht? Erkläre.

b) Erkläre, wie das Rechteck und das Parallelogramm zusammenhängen.

c) Ein Quadrat ist auch ein Rechteck. Erkläre.

1 Erzeuge mit einem Geometrieprogramm eine Gerade und einen Kreis. Ziehe dann einen Punkt der Geraden und stelle fest, welche Lage Kreis und Gerade einnehmen können.

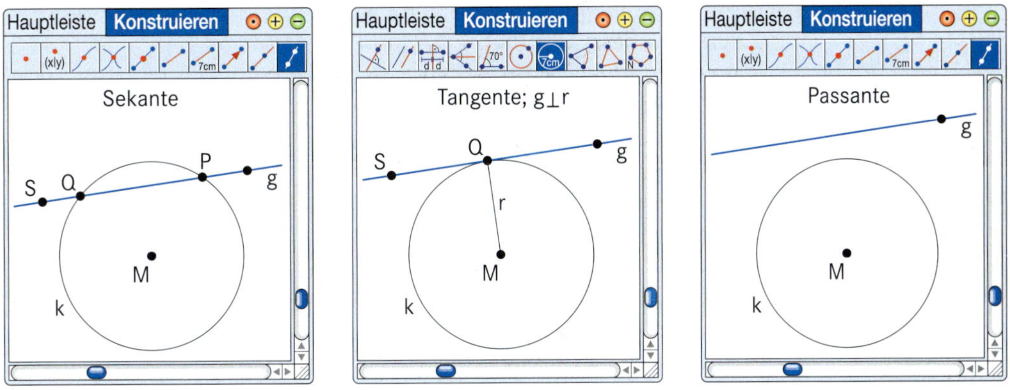

Trage im Heft für den Platzhalter die richtige Lösung ein.

$g \cap k =$ ▭ $g \cap k =$ ▭ $g \cap k =$ ▭

2 Bestätige mit dem Geometrieprogramm, dass die Strecke [MQ] mit $\overline{MQ} = r$ nur im Fall der Tangente senkrecht auf der Geraden steht.

3 Gegeben sind ein Kreis k mit dem Mittelpunkt M (6 | 6) und dem Radius 5 Längeneinheiten (kurz: k (M (6 | 6); r = 5 LE)), sowie die Punkte A (0 | 5), C (3 | 8).

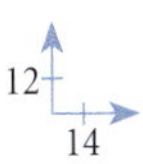

a) Zeichne den Kreis sowie die Gerade AC in ein Gitternetz ein. Bestimme die Schnittpunkte von Kreis und Gerade und gib die x- und y-Werte der Punkte an.
b) Finde weitere Punkte auf dem Kreis k, die ganzzahlige x- und y-Werte haben. Hast du alle gefunden?
c) Die Punkte B_1 und B_2 mit dem x-Wert 10 liegen auf dem Kreis und sind die Berührpunkte von zwei Tangenten t_1 und t_2. Trage diese Punkte ein und ergänze die Tangenten.
d) Bestimme den Schnittpunkt der Tangenten. Gibt es einen Schnittpunkt für jedes Paar von Punkten B?

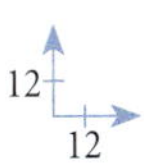

4 Die Punkte A (3 | 8), B (5 | 2), und C (8 | 5) sind Mittelpunkte von Kreisen.
a) Wie viele Schnittpunkte der drei Kreise gibt es, wenn der Radius aller Kreise 3 LE beträgt?
b) Wähle nun für den Kreis um C einen neuen Radius so, dass ein Schnittpunkt weniger entsteht. Finde mehrere Möglichkeiten.
c) Überlege, wie sich für andere Radien die Anzahl der Schnittpunkte ändert. Fertige dann eine neue Zeichnung mit möglichst wenig Schnittpunkten an.

5 Übertrage die Zeichnung in dein Heft.
a) Überprüfe im Heft, welche der folgenden Aussagen wahr ist:
A $C \in AB$ **B** $DE \cap AB = \{B\}$
C $[DE] \cap AB = \emptyset$ **D** $[AB] \cup [DB] = \{B\}$
b) Trage in deine Zeichnung ein:
$[BC] \cap [EF]$;
$[AB] \cup [BC]$;
$[AD] \cup [DE] \cup [AE]$

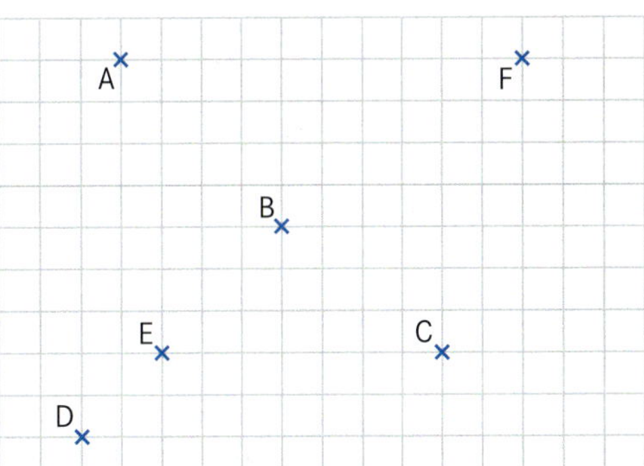

6 Erzeuge zunächst mit einem Geometrieprogramm zwei Strecken. Verschiebe dann im Zugmodus die Punkte und Strecken so, dass folgende Punktmengen dargestellt werden.

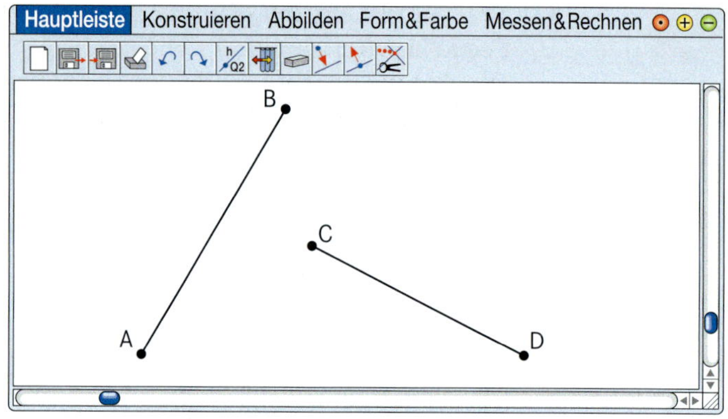

a) [AB] ∩ [CD] = {B}
b) [AB] ∪ [CD] = [AB]
c) [AB] ∩ [CD] = [CD]
d) [AB] ∪ [CD] = [CB]

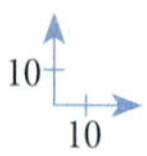

7 a) Trage die Punkte A (4 | 3), B (5 | 4), C (8 | 7), D (2 | 5), E (4 | 8), F (2 | 7), G (0 | 3), H (4 | 7) in ein Gitternetz ein. Ergänze die Punktmengen g = AB, h = HD, s = EF, [BC], [HB]
b) Formuliere Aussagen wie: „Die Geraden … schneiden sich im Punkt …, die Strecke … ist Teilmenge von …, der Punkt … liegt auf …“ und trage diese in dein Heft ein.

8 Vier Geraden g_1 … g_4 können unterschiedliche Lage zueinander haben. Hier siehst du zwei Beispiele.

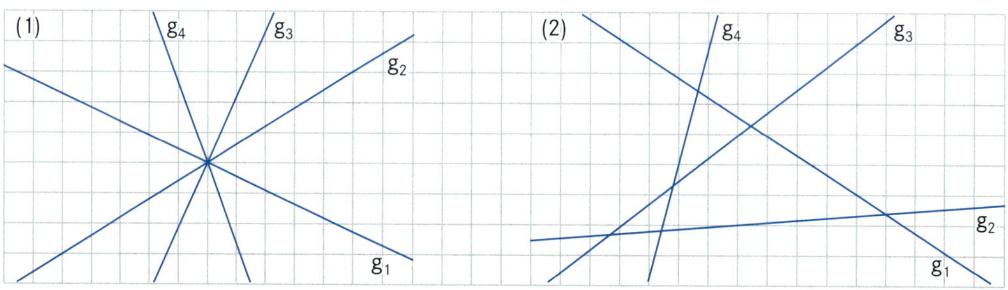

Links schneiden sich die Geraden in einem einzigen Punkt. Sie gehören zu einem **Geradenbüschel.** Rechts gibt es 6 verschiedene Schnittpunkte.
a) Zeichne in dein Heft zwei Beispiele für vier Geraden mit einer anderen Anzahl von Schnittpunkten.
b) Zwei verschiedene Geraden haben höchstens einen Schnittpunkt, drei Geraden höchstens drei. Führe in deinem Heft die Tabelle fort bis zu 10 Geraden. Findest du einen Weg, um die größtmögliche Anzahl der Schnittpunkte bei 20 Geraden zu bestimmen?

Geraden	Schnittpunkte
2	1
3	3
4	6
5	
6	

Zusammenhängende Strecken bilden einen Streckenzug. Übertrage die Punkte in dein Heft und versuche, mit einem einzigen Streckenzug das „Haus vom Nikolaus“ zu bauen.

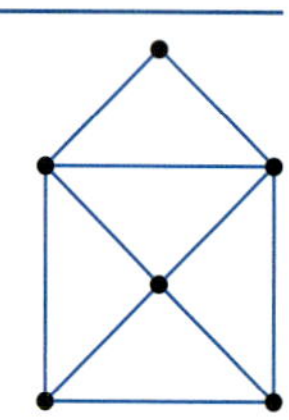

9 Kreis und Gerade können sich in zwei Punkten schneiden.
Was kannst du über die Länge der Strecke [PQ] aussagen? Vergleiche mit der Länge von [ST].

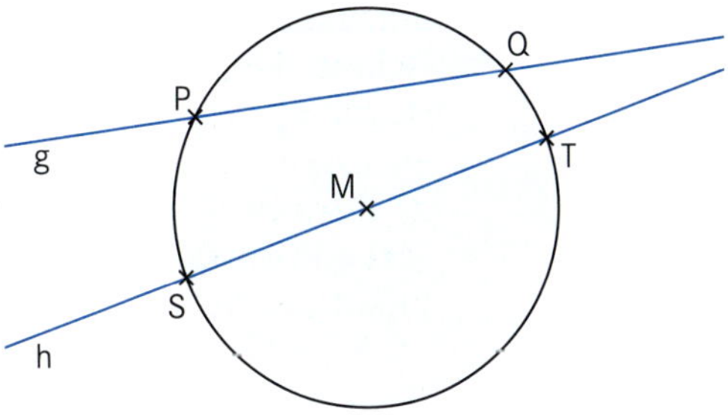

M

Sehne
Durchmesser

Die Gerade g schneidet den Kreis in den Punkten P und Q. Die Strecke [PQ] innerhalb des Kreises heißt **Sehne.** Die längste Sehne des Kreises geht durch den Mittelpunkt. Ihre Länge heißt **Durchmesser.**

10 Schneide von einem Kreis aus Papier wie in der Zeichnung einen Teil ab. Dieses Stück heißt Segment (Abschnitt) des Kreises.
Der Teil der Kreislinie zwischen den Punkten P und Q ist ein Kreisbogen.

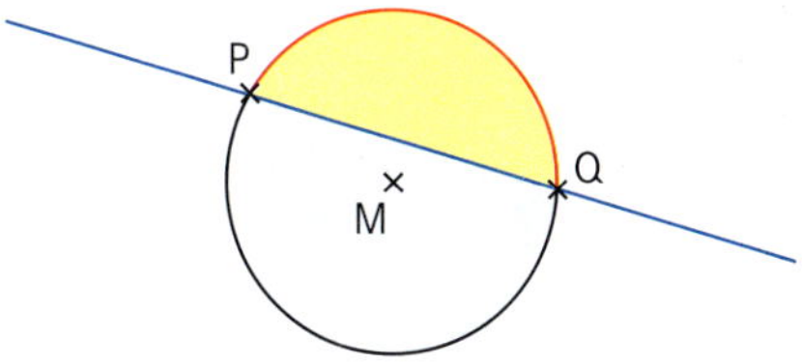

11 a) Schneide aus einem Blatt Papier einen Kreis mit 4 cm Radius aus. Trage wie im Bild zwei beliebige Radien ein. Schneide dann das Stück zwischen den Radien aus. Du erhältst zwei Kreisausschnitte oder Sektoren.
b) Informiere dich, wo im täglichen Leben oder in der Technik Sektoren vorkommen. Nenne drei Beispiele.

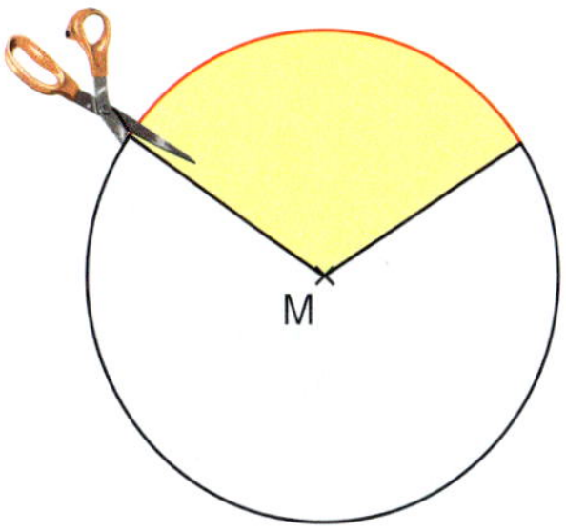

M

Segment
Sektor
Bogen
Mittelpunktswinkel

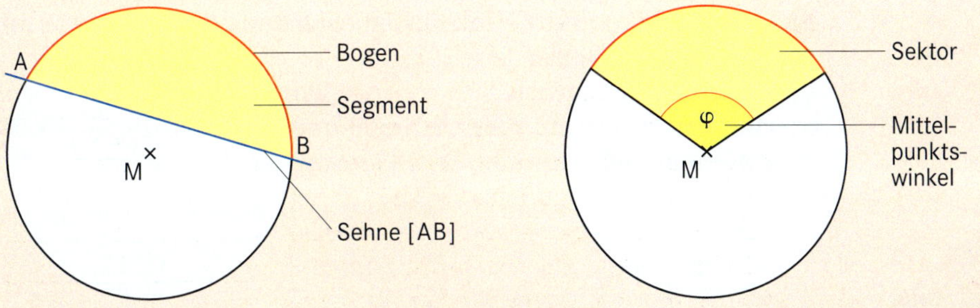

Übungen

12 Zeichne einen Kreis mit 3 cm Radius. Der Punkt A liegt auf der Kreislinie.
a) Trage eine Sehne [AB] mit 5 cm Länge und eine Sehne [AC] mit 3 cm Länge ein.
b) Ist auch die Strecke [BC] eine Sehne? Wie lang ist sie?
c) Gibt es eine Sehne mit 2 cm (7 cm) Länge in diesem Kreis?

13 Schneide von einem Kreis mit 10 cm Durchmesser ein Segment ab, dessen Sehne 7 cm lang ist.

14 Zeichne den Kreis k um M(4|4) mit r = 5 cm in ein Gitternetz. Der Kreis schneidet die Achsen in insgesamt 4 Punkten. Benenne diese Punkte mit A, B, C und D und verbinde sie mit M. Es entstehen 4 Sektoren. Wie groß sind ihre Mittelpunktswinkel? Schreibe so: ∢ AMB = …

15 M(6|5) ist Mittelpunkt eines Kreises mit r = 5 cm. Der Kreis berührt die x-Achse im Punkt A. Zeichne den Kreis in ein Gitternetz und trage die Sektoren mit den Mittelpunktswinkeln AMB = α und DMA = β ein. Es gilt: $\alpha = 37°$, $\beta = 80°$.

16 a) Zeichne einen Kreis k um M(4|3) mit r = 3 cm. Die Gerade g verläuft durch die Punkte A(0|7) und B(8|3) und schneidet den Kreis in den Punkten P und Q.
b) Trage in die Zeichnung den Sektor und das Segment farbig ein, die du erhalten hast.
c) Miss die Länge der Sehne [PQ] und das Maß des Mittelpunktswinkels φ.

17 Auch mit einem Geometrieprogramm kannst du Sehnen und Sektoren zeichnen.

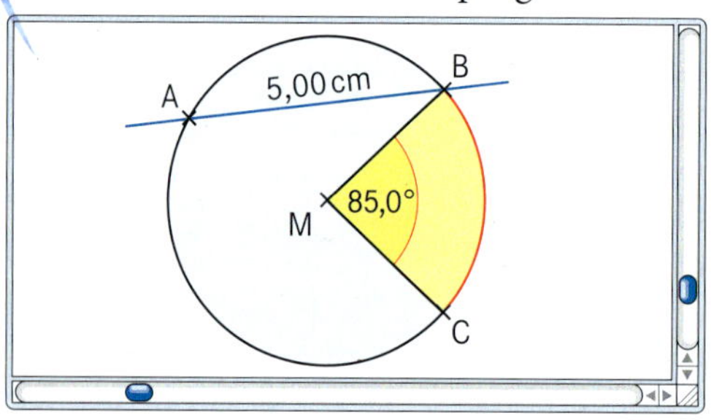

Versuche eine solche Zeichnung mit den angegebenen Maßen anzufertigen. Wähle einen sinnvollen Radius. Achte darauf, dass die Punkte A, B und C genau auf der Kreislinie liegen. Die Maße kannst du im Menü „Messen“ ermitteln. Mit gedrückter Maustaste kannst du Winkelmaß und Sehnenlänge verändern.

18 a) Zeichne einen Kreis mit beliebigem Radius und teile diesen Kreis in 6 (16) gleich große Sektoren ein. Welches Maß hat jeweils der Mittelpunktswinkel der Sektoren? Hat dein Banknachbar oder deine Banknachbarin das gleiche Winkelmaß?
b) Verbinde die Punkte der Kreislinie, die die Sektoren begrenzen, durch Strecken. Du erhältst ein **reguläres Sechseck** (Sechzehneck). Zeichne dann ein reguläres Achteck. Überlege dir zuerst die Maße des Mittelpunktswinkels!

19 Beim Diskuswerfen wird die Weite vom Aufschlagpunkt bis zur Innenkante des Abwurfbalkens gemessen. Das Maßband wird dabei an der Mitte des Abwurfkreises gehalten.
a) Der Diskus von Fritz Flink schlägt bei F und der von Stefan Schlau bei S auf. Vergleiche die beiden Weiten.
b) Michael Meister wirft 57,5 m. Uwe Ungeheuer möchte unbedingt gewinnen. Fertige eine Zeichnung im Maßstab 1:500 und trage den Bereich farbig ein, wo sein Diskus auftreffen muss.

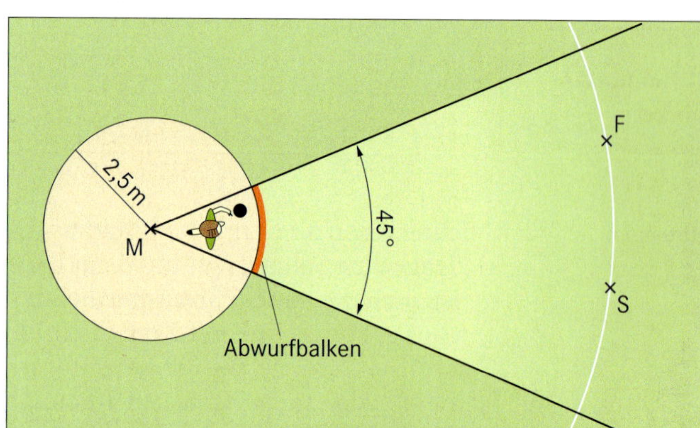

1 Zwei Kreise haben den gemeinsamen Mittelpunkt M.
Es gilt: k_1 (M; 1,5 cm), k_2 (M; 4 cm)
Kreise mit einem gemeinsamen Mittelpunkt heißen **konzentrische Kreise.**
a) Zeichne die beiden Kreise.
b) Die Punktmenge zwischen den beiden Kreislinien heißt Kreisring. Markiere den Kreisring mit Farbe.

2 Zeichne einen Kreis um A mit r = 4 cm. Ergänze nun einen Kreisring, der 1,5 cm „dick" ist.

3 Zeichne die Punkte M_1 und M_2 mit $\overline{M_1M_2}$ = 8 cm und den Kreis k_1 (M_1 ; r = 3 cm). Zeichne einen Kreis k_2 (M_2 ; r) so, dass sich die Kreise nicht schneiden. Miss den Radius r_2. Vergrößere nun den Radius r_2 und beobachte, ob und wie viele Schnittpunkte die Kreise k_1 und k_2 haben. Notiere zu den Teilaufgaben:
a) Welche Werte kann r_2 annehmen, damit sich die Kreise k_1 und k_2 nicht schneiden?
b) Wie groß muss der Radius r_2 sein, damit sich die beiden Kreise berühren? Beachte, dass es zwei Möglichkeiten gibt.
c) Für welche Werte des Radius r_2 haben die Kreise k_1 und k_2 zwei Schnittpunkte?

4 Zwei Kreise k_1 (A; 2 cm) und k_2 (C; 5 cm) berühren sich im Punkt B.
a) Welche Aussage kannst du über die Lage des Berührpunktes B machen?
b) Es gibt zwei verschiedene Möglichkeiten. Fertige jeweils eine Zeichnung an.
c) Setze in deinem Heft für die Platzhalter das richtige Zeichen (+ – = > <)ein und ordne jeder deiner Zeichnungen von b) eine richtige Aussage zu.
$\overline{AC}$ ▢ 5 cm ▢ 2 cm

5 Die Entfernung zweier Punkte A und B beträgt 8 cm. Der Punkt A ist Mittelpunkt des Kreises k_1 (A; 5 cm).
a) Zeichne den Kreis k_2 (B; r_2) , der den Kreis k_1 berührt und gib den Radius r_2 an. Nenne den Berührpunkt C.
b) Die Kreise k_1 und k_2 haben eine gemeinsame Tangente t im Berührpunkt C. Zeichne diese ein. Beschreibe dein Vorgehen.
c) Auf der Strecke [BC] liegt der Mittelpunkt E eines weiteren Kreises k_3, der den Kreis k_1 in zwei Punkten schneidet. Es gilt: $\overline{BE}$ = 1 cm. Zwischen welchen Werten kann der Radius r_3 liegen?

6 Rechts siehst du drei geometrische Figuren.

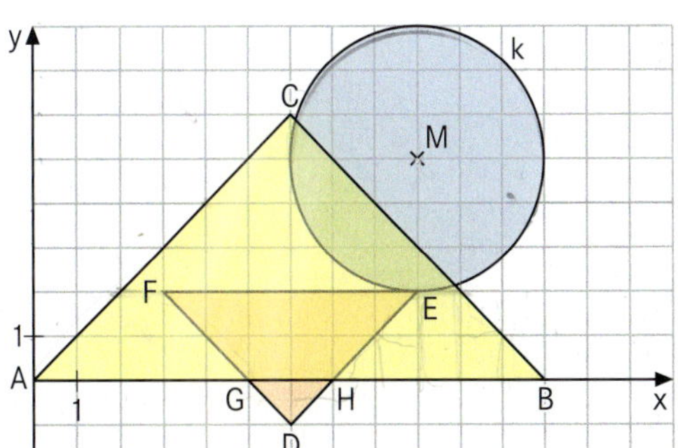

a) Beschreibe folgende Flächen:
(1) Dreieck ABC ∩ Dreieck DEF
(2) Dreieck ABC ∪ Dreieck DEF
(3) Dreieck ABC ∩ Kreis k
b) Bestimme die Inhalte der Flächen 1 und 2 genau und den Inhalt der Fläche 3 näherungsweise durch Auszählen.
c) Der Kreis k wird so verschoben, dass er die Strecke [BC] berührt. Gib die Koordinaten eines möglichen Kreismittelpunktes an.
Hinweis: Der Kreisradius bleibt unverändert.

1 Die Firma Bau & Tief schließt das Reiheneckhaus A der Familie Gais an den Abwasserkanal der Gemeinde an. Der Anschluss muss im Punkt P der Planskizze in das Haus eingeführt werden. Die Firma verlangt einen Grundpreis von 1 550 €, wenn die Hausanschlussleitung nicht länger als zehn Meter ist. Für jeden weiteren Meter Anschlussleitung müssen zusätzlich 225 € bezahlt werden.

a) Ermittle, wie viel Familie Gais im Vergleich zum geplanten Vorschlag sparen könnte.

b) Familie Giornato möchte das Reihenhaus B erwerben. Die Grundfläche beträgt 6,75 m^2 weniger als die des Hauses A. Berechne die Grundfläche der Häuser A und B.

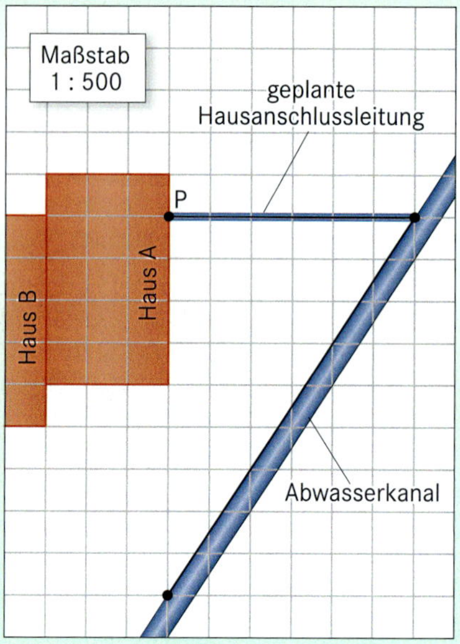

4 a) Übertrage die Zeichnung in dein Heft.

b) Die Schnittmenge der beiden Halbebenen H_1 und H_2 legt einen Winkel W_1 und die Vereinigungsmenge der beiden Halbebenen einen Winkel W_2 fest.
$H_1 \cap H_2 = W_1$
$H_1 \cup H_2 = W_2$
Gib das Maß α des Winkels W_1 und das Maß β des Winkels W_2 an.

c) Der Punkt P_3 liegt auf der Geraden h. Der Winkel P_2SP_3 hat ein Maß von 135°. Ermittle durch Zeichnung die Koordinaten des Punktes P_3.

d) Die Halbebene H_3 wird durch die Randgerade g_3 abgeschlossen. Der Punkt P_3 liegt in der Halbebene H_3. Kennzeichne diese Halbebene H_3 farbig.

e) $H_1 \cap H_2 \cap H_3 = F$. Welche Figur F entsteht als Schnittmenge der drei Halbebenen?

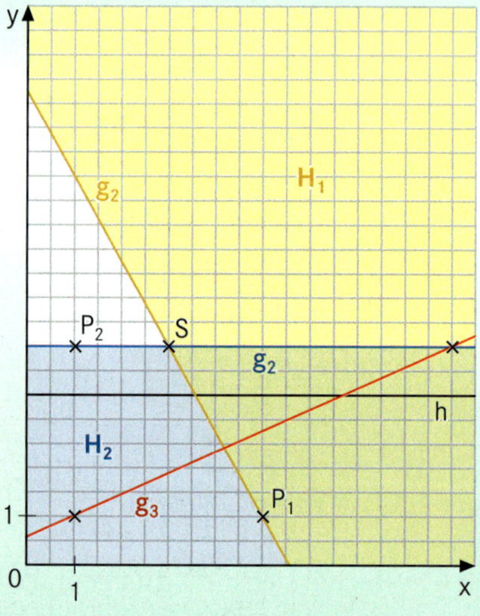

2

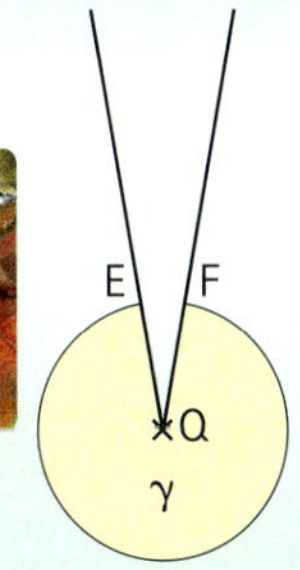

Oben siehst du die Gesichtsfelder von Julian Hell, seinem Hund Rex und seinem Frosch Quak, der sich im Garten von Familie Hell recht wohl fühlt.

a) Was versteht man unter der Bezeichnung „Gesichtsfeld“?
b) Bezeichne die dargestellten Winkel mit Großbuchstaben. Schreibe so: $\alpha = \sphericalangle$ ▒▒▒
Bestimme anschließend die Maße der Winkel.
c) Ein Krokodil hat ein Gesichtsfeld von 290°. Zeichne dieses Gesichtsfeld.

3

Markus fährt auf dem Radweg neben der Oberburger Hauptstraße auf eine Kreuzung zu. Links neben ihm auf der Hauptstraße befindet sich ein Lkw, der nach rechts abbiegen will. Der Lkw-Fahrer kann Markus momentan nicht sehen, da sich Markus im sogenannten „toten Winkel“ befindet (siehe Skizze A und Skizze B).

a) Bestimme das Maß des „toten Winkels“.
b) Die Skizze B ist im Maßstab 1 : 200 dargestellt. Markus fährt vorsichtig. Er legt 2 m pro Sekunde (ca. 7 km pro Stunde) zurück. Ermittle, wie lange Markus sich im „toten Winkel“ befindet, wenn der Lkw steht und Markus im Abstand von 3 m zum Lkw durch den „toten Winkel“ fährt. Gib die richtige Antwort an.
A vier Sekunden **B** eine Sekunde **C** zwei Sekunden
c) Wie lange würde sich Markus im Vergleich zu b) im „toten Winkel“ befinden, wenn der Lkw ebenfalls langsam fährt? Gib die richtige Antwort an. Begründe.
A länger **B** kürzer **C** genau so lang

1. An Kreuzungen und Einmündungen vor dem Überqueren auf rechts abbiegende Fahrzeuge, vor allem auf Lkws achten.
2. Vor einer roten Ampel lieber hinter einem Lkw warten als neben ihm.

3 Brüche – Dezimalbrüche – Prozent

Was ist das Besondere der Hosensorten, über die Lena und Selina sprechen?

Weiße Schokolade
46 % Zucker
26 % Milchzucker
28 % Kakaobutter

Milchschokolade
48 % Zucker
22 % Milchzucker
18 % Kakaobutter
12 % Kakaomasse

Bitterschokolade
48 % Zucker
4 % Kakaobutter
☐ % Kakaomasse

Nenne Gründe für den unterschiedlichen Geschmack und die unterschiedliche Farbe der Schokoladensorten. Finde eine Zahl für den Platzhalter.

Eine Untersuchung ergab: In Deutschland gibt es im Durchschnitt pro Familie 1,3 Kinder. Wie erklärst du dir diesen Wert?

Verordnung

Jedes Schiff, das in Wasserburg ankert, hat einen bestimmten Teil seiner Ladung hier zum Verkauf anzubieten. Derzeitiger Anteil:

Ein Fünftel

Wasserburg *anno 1670*

1 Früher wurden Waren wie Honig, Wachs, Wein, Stoffe von Budapest nach München zum Teil mit Schiffen befördert. Ein Schiff ist auf dem Inn mit 20 Fässern unterwegs und legt in Wasserburg an. Die Verordnung sagt: Ein Fünftel der Fässer muss zum Verkauf angeboten werden. Dieser Anteil „ein Fünftel" ist im Bild unten auf verschiedene Arten dargestellt.

a) Die Verordnung wird geändert. Statt „ein Fünftel" gilt nun ein anderer Anteil. Dieser ist wieder auf verschiedene Arten dargestellt. Finde heraus, um welchen Anteil es sich jetzt handelt.

b) Schreibe zu jeder Darstellung in a) einen Text.

2 Statt der Fässer sind nur noch Punkte gemalt. Beschreibe wie oben jedes Bild. Gib den Anteil der orange markierten Punkte an.

a) 

b) 

c) 

d) 

e) Erstelle eine Aufgabe wie oben in deinem Heft und lasse sie deinen Nachbarn lösen.

3 Bestimme den Anteil der orange markierten Punkte im Bild.

a) 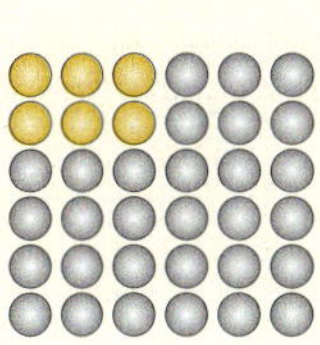

b) 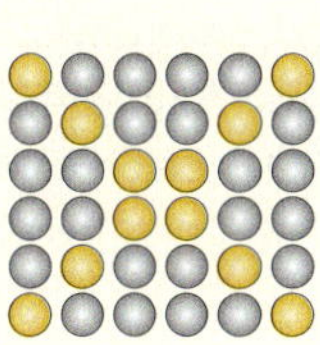

c) 

d) 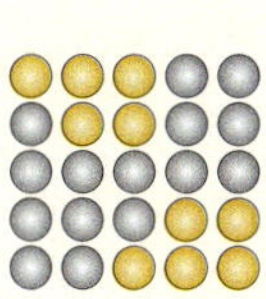

1 a) Falte ein DIN-A4-Blatt so, dass zwei gleich große Teile entstehen. Falte noch einmal, so dass du wieder zwei gleich große Teile erhältst. Wie viele Teilflächen sind entstanden? Wie könntest du sie bezeichnen?
b) Wiederhole den Faltvorgang noch einige Male.

2

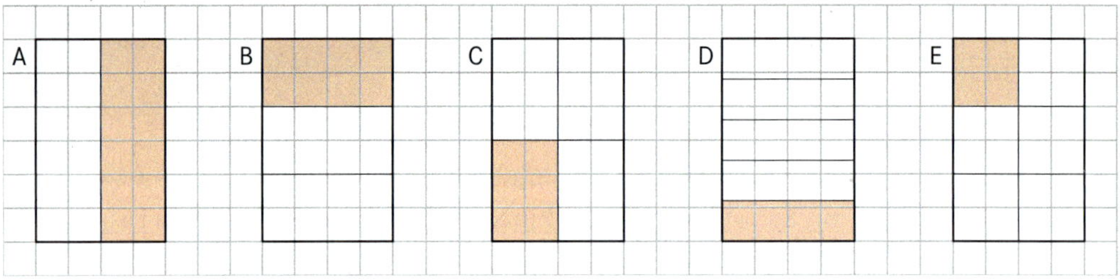

Vervollständige in deinem Heft die folgenden Sätze:
a) Das Rechteck A ist in ▭ gleich große Teile geteilt, ein halbes ($\frac{1}{2}$) Rechteck ist orange.
b) Das Rechteck B ist in ▭ gleich große Teile geteilt, ein drittel (▭) Rechteck ist orange.
c) Das Rechteck C ist in ▭ gleich große Teile geteilt, ein ▭ (▭) Rechteck ist orange.
d) Das Rechteck D ist in ▭ gleich große Teile geteilt, ein ▭ (▭) Rechteck ist orange.
e) Das Rechteck E ist in ...

Bruchteile

M Ein Halb ($\frac{1}{2}$), ein Drittel ($\frac{1}{3}$), ein Viertel ($\frac{1}{4}$), ... sind Bezeichnungen für **Bruchteile.**

3

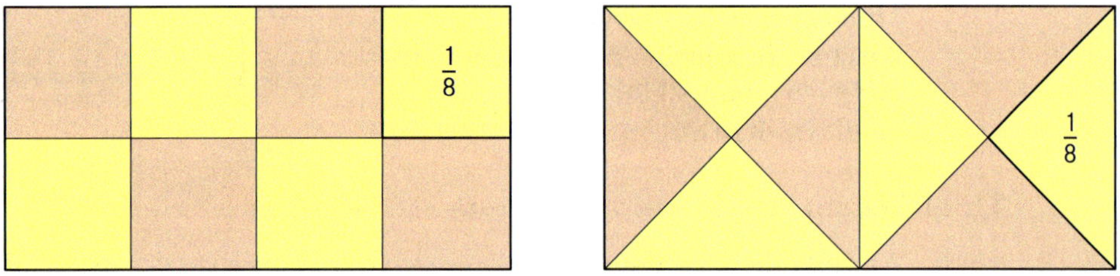

a) Du siehst zwei Faltversuche für ein Achtel. Sind die beiden Teile auch wirklich gleich groß? Begründe.
b) Schneide 12 cm x 6 cm große Rechtecke aus. Stelle durch Falten ein Halb, ein Viertel auf verschiedene Arten dar.
c) Versuche auch Drittel, Sechstel und Zwölftel zu falten. Finde wieder verschiedene Möglichkeiten.

4 Zerschneide zwei 12 x 12 Quadrate in gleich große Dreiecke. Lege damit mehrere Figuren. Klebe diese in dein Heft. Gib jeweils an, welchen Bruchteil vom ganzen Quadrat die Figur ausmacht.

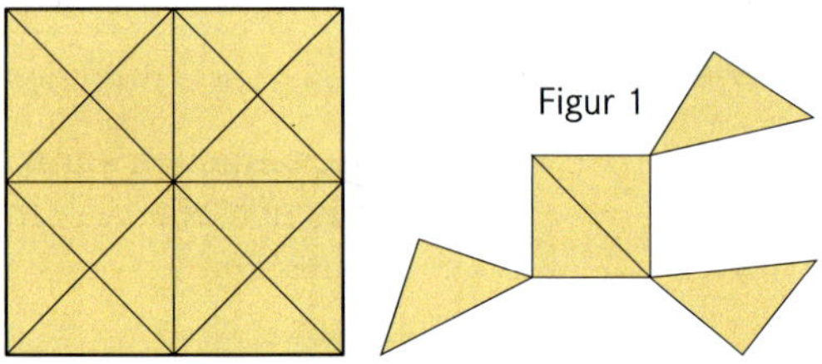

5 In der Aufgabe 2 auf Seite 17 hast du eine Winkelscheibe hergestellt. Mit dieser Scheibe kannst du Winkelmaße, aber auch Zeiten in Minuten darstellen.

a) Gib für den gelben Kreissektor das Winkelmaß und die Zeit in Minuten an.

b) Dem gelb gefärbten Kreissektor kann man die Bruchteile $\frac{1}{3}$, $\frac{20}{60}$ und $\frac{120}{360}$ zuordnen. Begründe.

c) Finde drei Bruchteile wie in b) für den blauen Kreissektor.

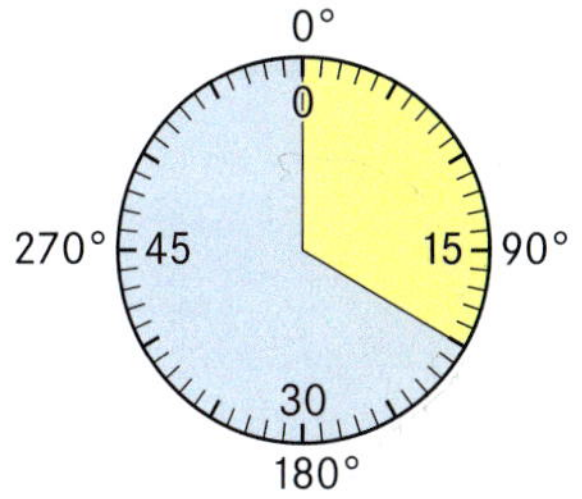

6 Ergänze die Tabelle in deinem Heft.

	a) 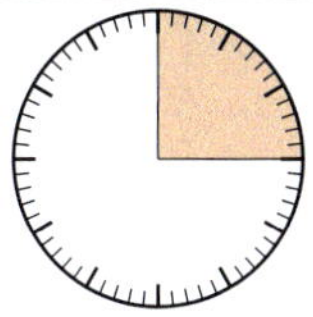	b) 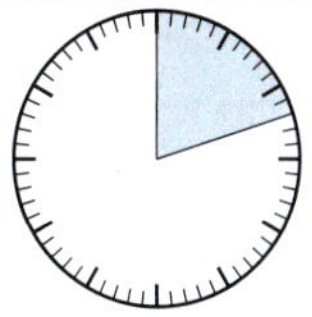	c) 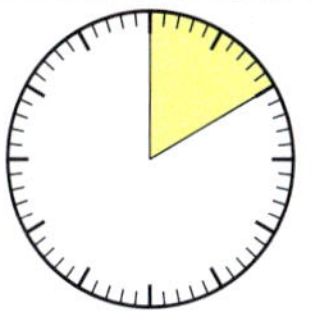
Winkelmaß			
Zeit in Minuten			
Bruchteil			

d) Führe die Aufgaben a) bis c) für die nicht gefärbten Kreissektoren durch.

7 a) Zerlege acht Kreise (r = 4 cm) jeweils in einen der folgenden Bruchteile.

$\frac{1}{2}$; $\frac{1}{3}$; $\frac{1}{4}$; $\frac{1}{5}$; $\frac{1}{6}$; $\frac{1}{10}$; $\frac{1}{12}$; $\frac{1}{15}$

Beschrifte die Bruchteile. Färbe verschiedene Bruchteile unterschiedlich. Klebe sie auf Karton und schneide sie aus. Sammle sie in einer Box.

b) Stelle ein Achtel am Kreismodell her. Erkläre, wie du vorgehst.

c) Felix und Lena haben mehrere gleiche Bruchteile aneinandergelegt. Welcher Bruchteil vom ganzen Kreis ist jeweils dargestellt? Gib jeweils zwei Möglichkeiten an.

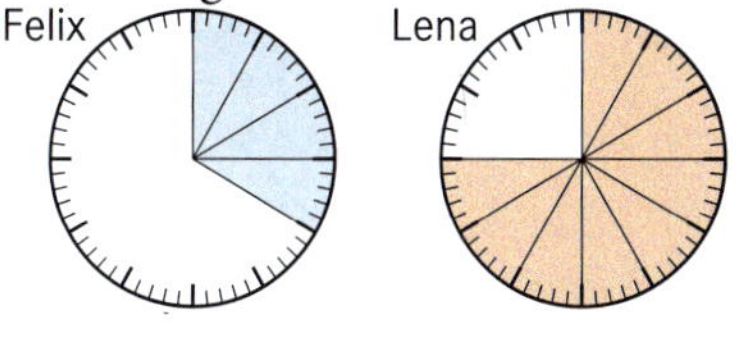

8 a) Warum ist $\frac{1}{12}$ kleiner als $\frac{1}{8}$, warum ist $\frac{1}{8}$ kleiner als $\frac{2}{8}$?

b) Was sagt die Zahl unter dem Bruchstrich, was die Zahl darüber aus?

M

Bruch

Zähler

Nenner

Bruchteile von Ganzen lassen sich durch **Brüche** angeben. Der **Nenner** eines Bruches gibt an, in wie viele gleich große Teile das Ganze eingeteilt wurde. Der **Zähler** gibt an, wie viele dieser gleich großen Teile genommen werden.

Zähler	a	} Bruch	$a \in \mathbb{N}_0$
Bruchstrich	—		
Nenner	b		$b \in \mathbb{N}$

Veranschaulichen kann man Brüche durch Bruchteile, z. B. in Kreisen und in Rechtecken.

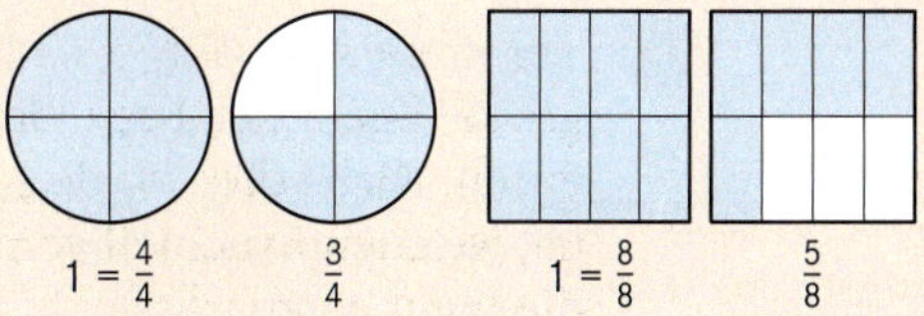

Übungen

9 a) Gib an, welcher Bruchteil gefärbt und welcher nicht gefärbt ist.

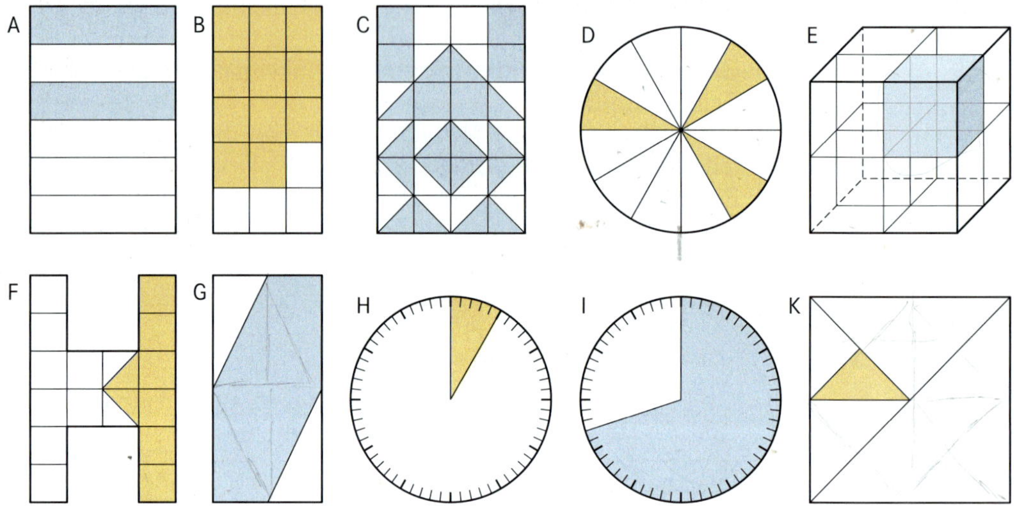

b) Zeichne jeden Bruchteil in a) in einer anderen Form.

10 Das Geobrett kennst du bereits aus der 5. Jahrgangsstufe. Mit zwei verschieden farbigen Gummibändern lassen sich Bruchteile darstellen. In den Abbildungen umspannt das blaue Gummi das Ganze, das rote Gummi einen Teil davon.
Hinweis: Wenn du kein Geobrett hast, kannst du auch zeichnen.

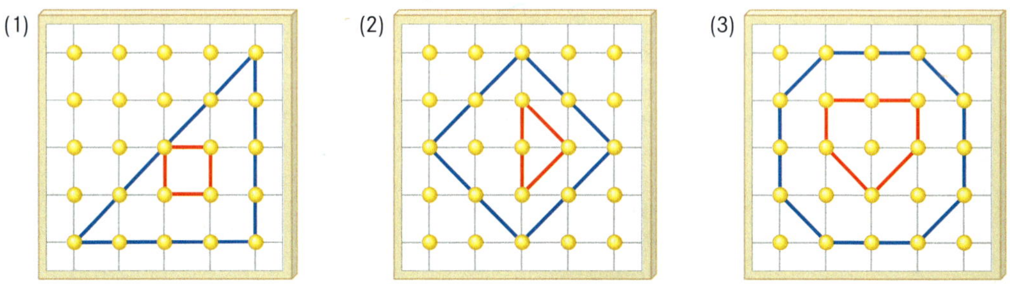

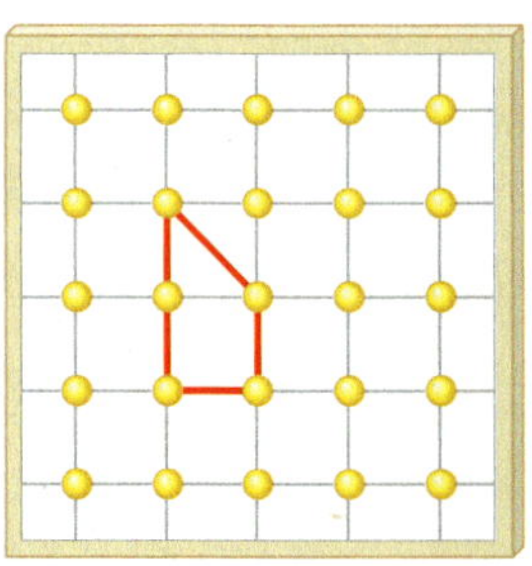

a) Welcher Bruch ist in (1), (2) und (3) jeweils dargestellt?
b) Verändere das Ganze und spanne $\frac{2}{3}$ und $\frac{5}{6}$.
c) Der rot umspannte Bereich rechts im Bild macht $\frac{1}{4}$ des Ganzen aus. Ergänze mit dem blauen Gummi das Ganze.
d) Ergänze das Ganze, wenn der rot umspannte Bereich $\frac{3}{8}$ des Ganzen beträgt.
e) Erfinde weitere Aufgaben. Lasse sie deinen Nachbarn lösen.

11 Du siehst eine Folge von Figuren.
a) Zeichne in deinem Heft die Figur 3.
b) Gib bei jeder Figur an, welcher Anteil orange und welcher Anteil grau gefärbt ist.

Figur 1 Figur 2

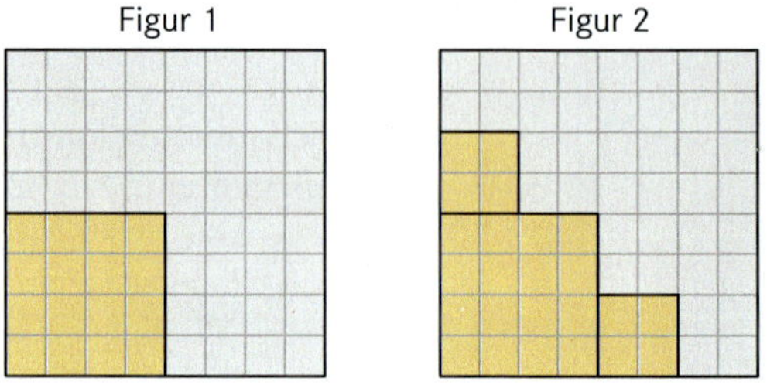

W S. 9

1 Im Alltag findest du oft Größen, deren Zahlenwert ein Bruch ist.

a)

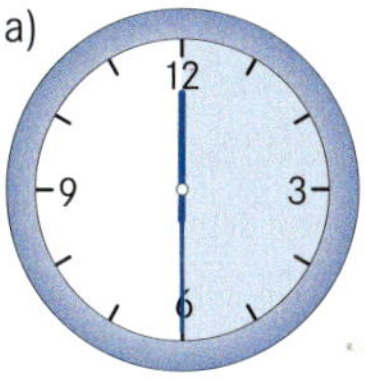

$\frac{1}{2}$h = ☐ min

b)

$\frac{1}{4}$kg = ☐ g

c)

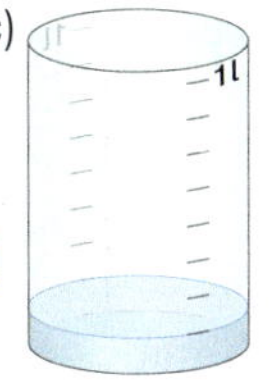

$\frac{1}{8}$l = ☐ ml

2 So kannst du $\frac{5}{8}$ kg ohne Bruch schreiben.

B

Möglichkeit 1: Dreisatz

acht Achtel sind 1 kg = 1000 g

Zurückrechnen auf ein Achtel:
1000 g : 8 = 125 g

Hochrechnen auf fünf Achtel:
125 g · 5 = 625 g

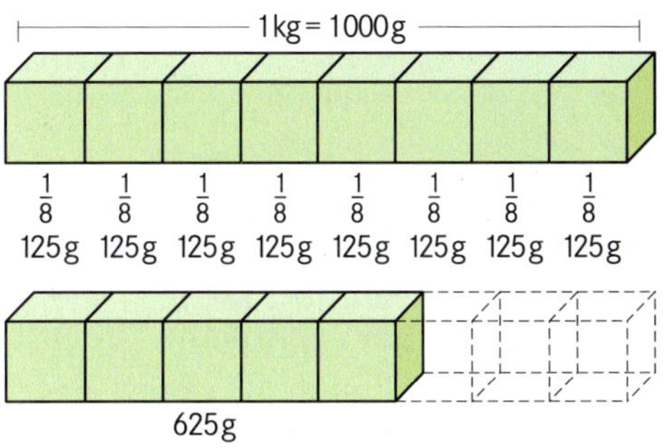

Möglichkeit 2: Treppenskizze

1000 g $\xrightarrow{:8}$ 125 g $\xrightarrow{\cdot 5}$ 625 g

Ergebnis: $\frac{5}{8}$ kg = 625 g

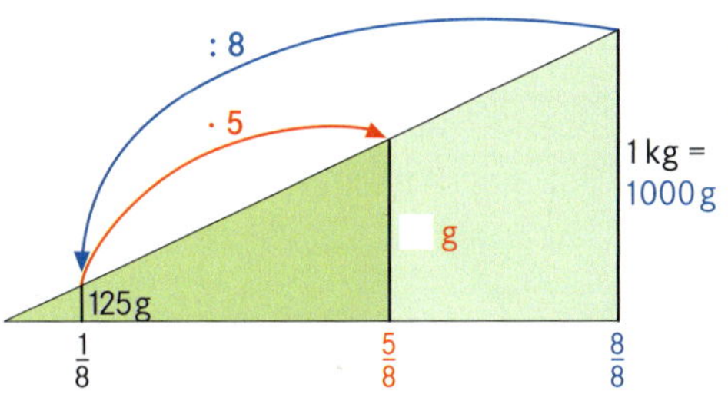

Strategie Lösung

Schreibe ohne Bruch.

W S. 9

a)	b)	c)	d)	e)	f)	g)
$\frac{3}{5}$ m	$\frac{1}{2}$ m	$\frac{1}{200}$ m	$\frac{3}{4}$ kg	$\frac{1}{2}$ t	$\frac{3}{4}$ l	$\frac{3}{4}$ h
$\frac{3}{4}$ m	$\frac{1}{50}$ m	$\frac{1}{1000}$ m	$\frac{3}{5}$ kg	$\frac{1}{4}$ t	$\frac{6}{8}$ l	$\frac{6}{10}$ h
$\frac{3}{10}$ m	$\frac{1}{100}$ m	$\frac{100}{100}$ m	$\frac{3}{10}$ kg	$\frac{3}{4}$ t	$\frac{6}{10}$ l	$\frac{6}{12}$ h

3 Berechne.

a)	b)	c)	d)
$\frac{2}{3}$ von 18 m	$\frac{3}{4}$ von 32 m	$\frac{2}{7}$ von 35 m	$\frac{4}{5}$ von 45 m
$\frac{4}{5}$ von 55 g	$\frac{5}{6}$ von 120 kg	$\frac{3}{8}$ von 24 l	$\frac{5}{12}$ von 60 min
$\frac{11}{15}$ von 75 ml	$\frac{15}{20}$ von 200 ha	$\frac{12}{25}$ von 100 €	$\frac{3}{125}$ von 1000 h

4 Bestimme die Platzhalter.

a) $\frac{1}{2}$ kg = $\square$ g	b) $\square$ t = 500 kg	d) $\frac{1}{2}$ hl = $\square$ l	d) $\frac{1}{2}$ h = $\square$ min
$\square$ kg = 250 g	$\frac{1}{4}$ t = $\square$ kg	$\square$ hl = 25 l	$\square$ h = 20 min
$\frac{1}{8}$ kg = $\square$ g	$\frac{3}{8}$ t = $\square$ kg	$\frac{3}{5}$ hl = $\square$ l	$\frac{5}{6}$ h = $\square$ min

5 Der Leuchtturm hat mit Fundament eine Gesamthöhe von 60 m.

a) Wie hoch ragt er aus dem Wasser?
b) Wie tief steckt er im Meeresboden?
c) Wie tief ist das Wasser an seinem Standort?

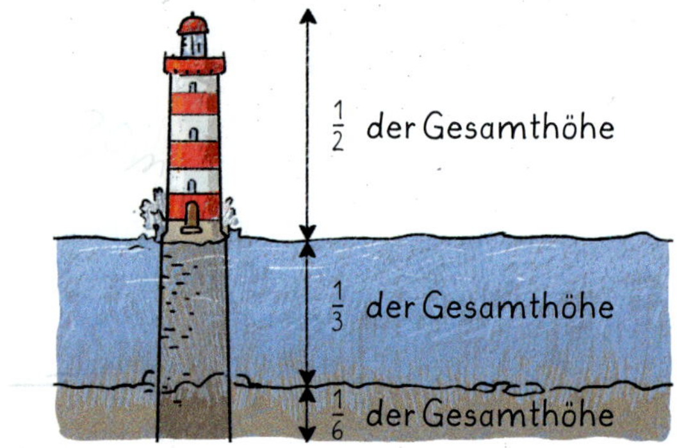

6 Wale können 100 Jahre alt werden. Im Vergleich dazu schafft der Igel $\frac{14}{100}$, der Goldhamster $\frac{4}{100}$, der Uhu $\frac{7}{10}$, der Schwan $\frac{3}{10}$, die Klapperschlange $\frac{1}{5}$, der Goldfisch $\frac{2}{5}$, die Vogelspinne $\frac{3}{20}$, der Regenwurm $\frac{1}{10}$. Berechne das Höchstalter der Tiere.

7 Eine Schwalbe fliegt in der Sekunde etwa 54 m weit, eine Brieftaube schafft etwa $\frac{1}{3}$ dieser Strecke, ein Pferd im Galopp $\frac{5}{27}$ und der Mensch im schnellen Lauf $\frac{1}{6}$ der Strecke.

8 Pro Kopf verbraucht ein Bundesbürger täglich ungefähr 120 Liter Wasser. Davon entfallen auf Baden und Duschen $\frac{1}{4}$, auf die Toilettenspülung $\frac{3}{10}$, $\frac{1}{6}$ auf das Wäschewaschen. Der Rest wird wie im Diagramm dargestellt verwendet.

a) Wie viel Liter Wasser entfallen auf Baden und Duschen und das Wäschewaschen?
b) Maxi behauptet: Für die Toilettenspülung wird mehr Wasser verbraucht als für die im Diagramm aufgelisteten Tätigkeiten zusammen. Stimmt das? Begründe.

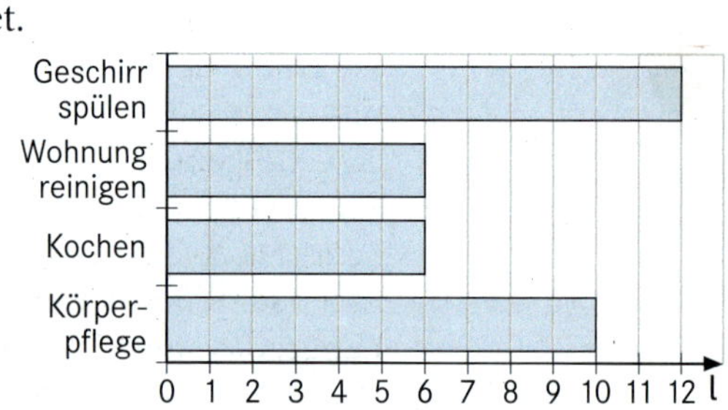

W S.6

9 In einer Realschule wurde 160 Schülerinnen und Schülern der sechsten Klassen die Frage gestellt: „Was ist dein Lieblingsfach?“ Das Streifendiagramm zeigt das Ergebnis.
Hinweis: Der Streifen z. B. für Biologie ist 12 mm lang, der gesamte Streifen hat eine Länge von 120 mm. Somit beträgt der Anteil für Biologie $\frac{12}{120}$.

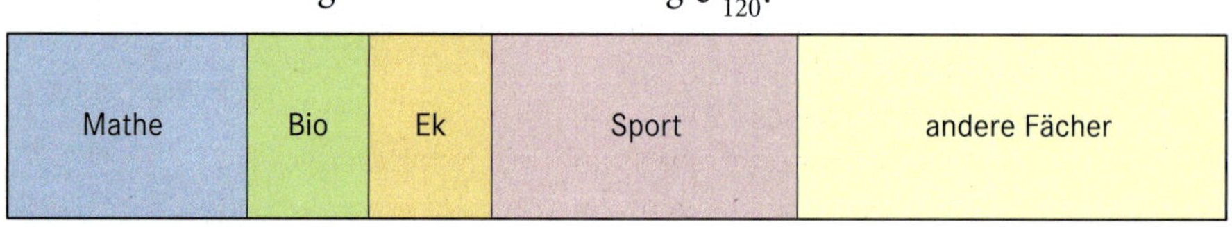

a) Bestimme die Anteile für Mathe, Erdkunde, Sport andere Fächer.
b) 56 Schüler stimmten für „andere Fächer“. Stimmt das? Begründe.
c) Führt eine Umfrage zu „Was ist dein Lieblingsfach“ in eurer Klasse durch und stellt das Ergebnis in einem Diagramm dar.

1 Maren und Paul machen eine Fahrradtour.
Wie lang ist die gesamte Fahrstrecke?
Wie viele Kilometer müssen sie noch bis zu ihrem Zielort fahren?

2 Berechne das Ganze.

$\frac{7}{10}$ von ▢ sind 21 m

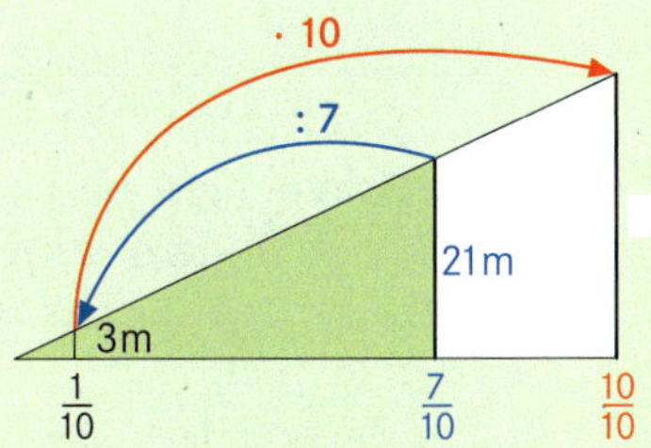

21 m $\xrightarrow{:7}$ 3 m $\xrightarrow{\cdot 10}$ 30 m

Ergebnis:
$\frac{7}{10}$ von 30 m sind 21 m

a) $\frac{3}{4}$ von ▢ sind 60 km
b) $\frac{4}{9}$ von ▢ sind 60 km
c) $\frac{4}{5}$ von ▢ sind 80 g
d) $\frac{14}{10}$ von ▢ sind 2,8 kg
e) $\frac{7}{10}$ von ▢ sind 280 €
f) $\frac{8}{15}$ von ▢ sind 280 €
g) $\frac{3}{4}$ von ▢ sind 15 ml
h) $\frac{5}{9}$ von ▢ sind 5,5 *l*
i) Wie heißt die Aufgabe? Berechne.

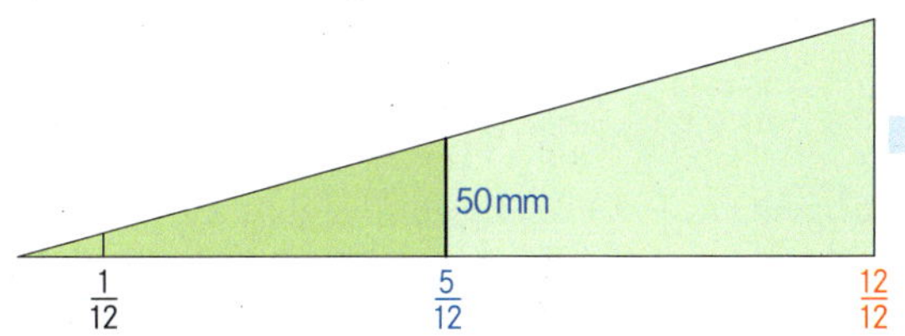

3 a) Die Donau ist auf $\frac{9}{10}$ ihrer Länge schiffbar, das sind 2565 km. Bestimme die Länge der Donau.
b) Berechne die Gesamtlänge folgender Flüsse:
Rhein (schiffbar auf $\frac{3}{4}$ der Länge, das sind 990 km),
Elbe (schiffbar auf $\frac{4}{5}$ der Länge, das sind 932 km).

c) Suche den vollständigen Verlauf der Flüsse.
d) Ungefähr $\frac{3}{10}$ der Erdoberfläche sind Land. Das sind 153 Millionen Quadratkilometer. Wie groß ist die gesamte Oberfläche der Erde? Wie viel Quadratkilometer der Erde werden von Wasserflächen bedeckt?

4 In einem Kreisdiagramm ist erfasst, wie die Schülerinnen und Schüler der Klasse 6a zum Unterricht kommen.
a) Wahr oder falsch?
A Es kommen doppelt so viele Schüler zu Fuß wie mit dem Fahrrad.
B 10 Schüler kommen mit der Bahn.
C Ein Zehntel kommt mit der Bahn.
D Ein Drittel kommt mit dem Bus.
E Die Klasse hat 27 Schüler.
b) Führt eine entsprechende Umfrage in eurer Klasse durch und wertet sie aus.

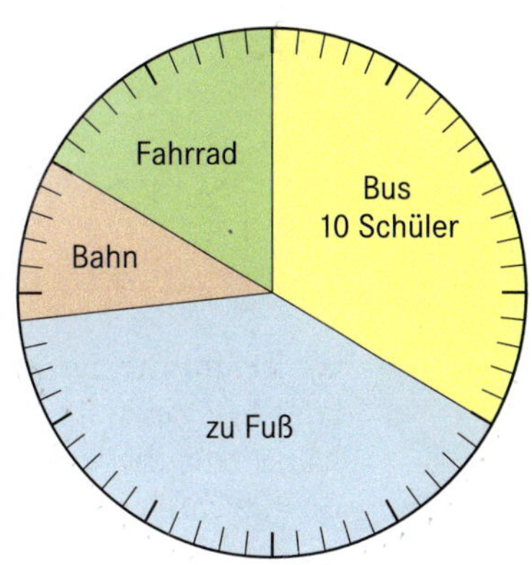

1 Für Ninas Geburtstagsfeier hat ihre Mutter fünf Schokoladentorten gebacken.
Nach der Feier stellen Nina und Benjamin die restlichen Kuchenstücke auf großen Tellern zusammen.

a) In wie viele gleich große Stücke hat ihre Mutter die einzelnen Torten geschnitten?

b) Warum benötigt Nina für die Schokoladentorten einen dritten Teller?

c) Bestimme anhand des Bildes den Platzhalter. $2\frac{3}{12} = \frac{\square}{12}$

M **Gemischte Zahl**

$2\frac{1}{5} = \frac{11}{5}$

natürliche Zahl — Bruchzahl

gemischte Zahl

$2\frac{1}{5}$ bedeutet $2 + \frac{1}{5}$. Zwei Ganze sind $\frac{10}{5}$. $\frac{10}{5}$ und $\frac{1}{5}$ ergibt $\frac{11}{5}$.

Eine **gemischte Zahl** besteht aus einer **natürlichen Zahl** und **einer Bruchzahl.** Sie ist eine andere Schreibweise für eine Bruchzahl, bei der der Zähler größer ist als der Nenner.

Übungen

2 Welche gemischten Zahlen sind hier dargestellt? Gib als gemischte Zahl und als Bruch an.

a)

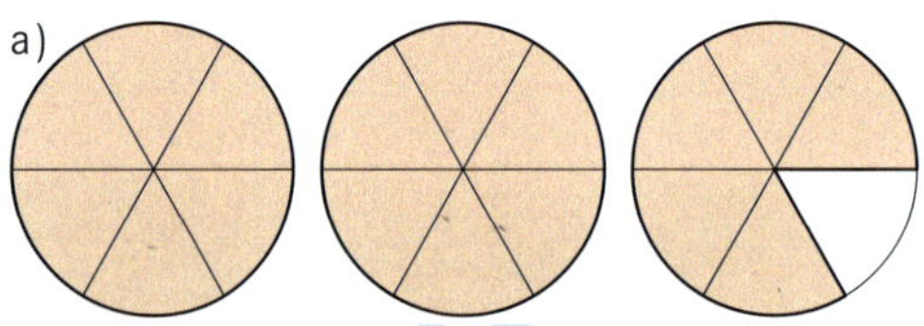

$2\frac{\square}{6} = \frac{\square}{6}$

b)

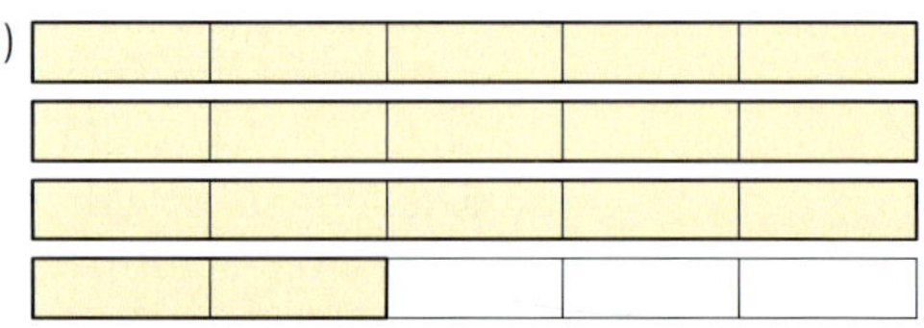

c)

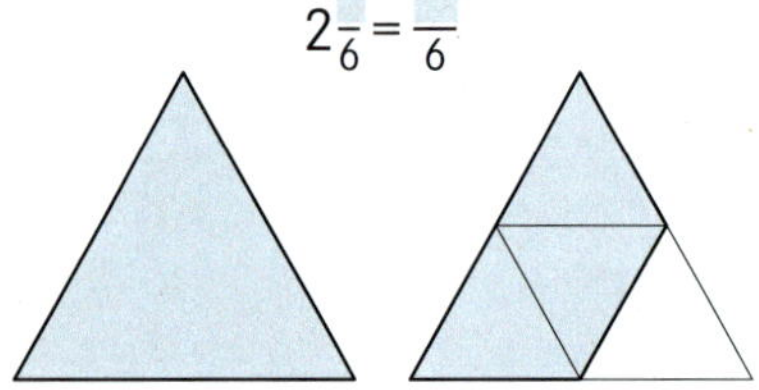

d)

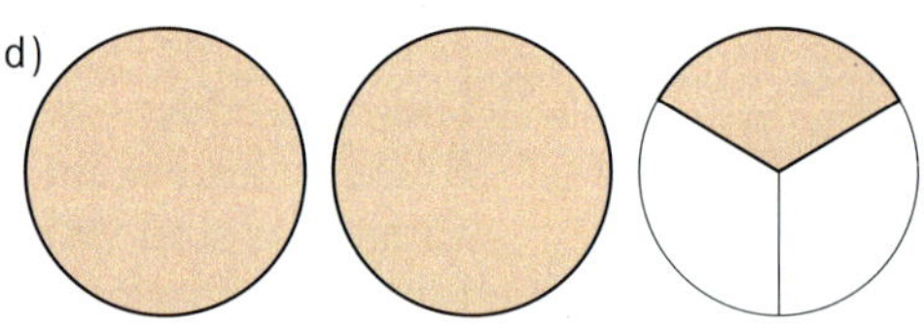

3 Schreibe als gemischte Zahl. Was fällt dir auf?

a) $\frac{5}{2}$	b) $\frac{9}{4}$	c) $\frac{43}{11}$	d) $\frac{13}{10}$	e) $\frac{29}{12}$	f) $\frac{4}{3}$	g) $\frac{45}{8}$	h) $\frac{14}{9}$
$\frac{6}{2}$	$\frac{12}{4}$	$\frac{44}{11}$	$\frac{30}{10}$	$\frac{36}{12}$	$\frac{9}{3}$	$\frac{24}{8}$	$\frac{72}{9}$

4 Rechne wie im Beispiel.

$\frac{9}{2}\,l = 4\frac{1}{2}\,l = 4\,l\ 500\ \text{ml}$

a) $\frac{15}{4}$ € b) $\frac{15}{4}$ m c) $\frac{15}{4}$ km d) $\frac{15}{4}$ h e) $\frac{15}{4}\ \text{m}^2$

f) $\frac{7}{6}$ h g) $\frac{7}{5}$ hl h) $\frac{7}{5}\,l$ i) $\frac{7}{5}$ min k) $\frac{7}{5}$ g l) $\frac{9}{8}$ t m) $\frac{9}{8}\,l$

An der Tafel stehen die Zahlen 1, 2, …, 20. Du darfst immer drei Zahlen wegwischen, wenn eine dieser Zahlen die Summe der beiden anderen ist. Bis zu welcher Zahl kannst du alle Zahlen wegwischen? **A** bis 20 **B** bis 18 **C** bis 16 **D** bis 15

1 Familie Bruch bestellt drei Pizzen für vier Personen. Die Pizzen sollen so aufgeschnitten werden, dass jeder gleich viel bekommt.

Timo meint:
„Wenn man die drei Pizzen übereinander legen würde, dann hätte man ein Ganzes bestehend aus drei Schichten.
Teilt man dieses in vier gleiche Teile, dann bekommt jeder von jeder Schicht ein Viertel. Das ist so viel wie drei Viertel von einer Pizza."

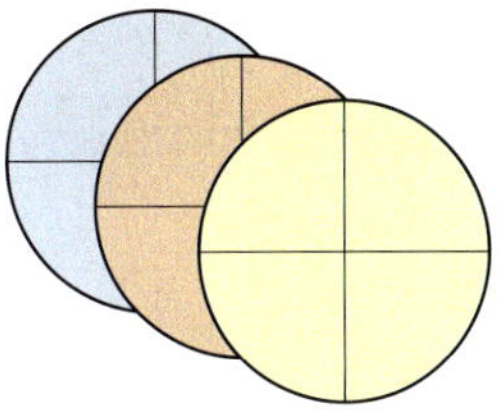

3 : 4

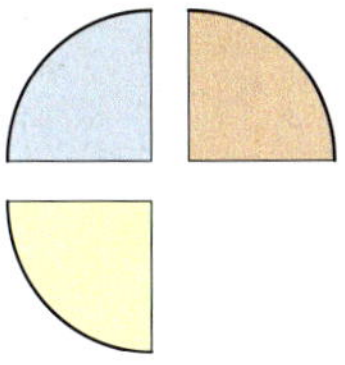

$\frac{3}{4}$

a) Zeichne auf, wie man nach dem oben dargestellten Verfahren zwei Pizzen auf fünf Personen aufteilen könnte. Notiere die passende Rechnung.
Wie hätte man die Teilung noch vornehmen können?

b) Wie könnte man drei Pizzen auf acht Personen verteilen?

c) Ergänze folgende Aussagen: „Bei drei Pizzen für acht Personen bekommt jeder halb so viel wie bei drei Pizzen für…"
„ Bei drei Pizzen für vier Personen bekommt jeder genau so viel wie bei sechs Pizzen für…"

Bruch als Quotient

M Einen Bruch kann man auch als Quotienten schreiben z. B. $\frac{2}{3} = 2 : 3$
Der Bruchstrich bedeutet dasselbe wie das Divisionszeichen.
$\frac{2}{3}$ kann bedeuten: (1) Von zwei Ganzen je ein Drittel. (2) Von einem Ganzen zwei Drittel.

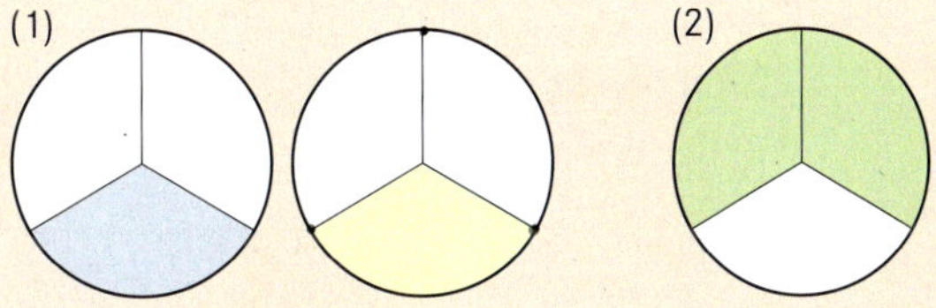

Geht die Division auf, so ergibt sich eine natürliche Zahl.

Übungen

2 Schreibe als Bruch oder als Quotient. Erfinde jeweils eine Geschichte, z. B. mit Pizzen.

a) 1 : 7 b) 5 :11 c) 3 : 1 d) 0 : 5 e) $\frac{3}{10}$ f) $\frac{5}{9}$ g) $\frac{9}{13}$ h) $\frac{10}{10}$ i) 15 : 3

3 Gib das Ergebnis in einer kleineren Einheit an.

$\frac{5}{8}\,l = 5\,l : 8 = 5000\text{ ml} : 8 = 625\text{ ml}$

a) $\frac{15}{50}$ € b) $\frac{15}{50}$ m c) $\frac{15}{50}$ km
d) $\frac{15}{50}$ km e) $\frac{15}{50}$ min f) $\frac{15}{50}\,\text{m}^2$ g) $\frac{15}{50}$ hl h) $\frac{15}{50}\,l$

1

2 Ergänze die Platzhalter in deinem Heft. Zeichne jeweils ein passendes viertes Bild. Gib den zugehörigen Bruch an.

a)

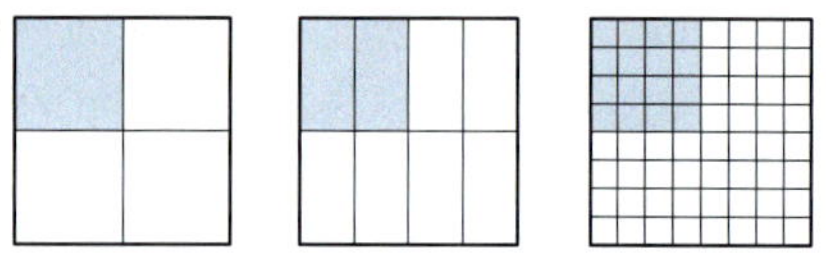

$\frac{1}{4} = \frac{\square}{\square} = \frac{\square}{\square}$

b)

$\frac{2}{5} = \frac{\square}{\square} = \frac{\square}{\square}$

c)

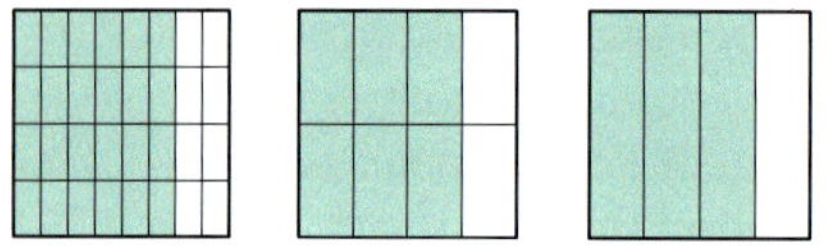

$\frac{24}{32} = \frac{\square}{\square} = \frac{\square}{\square}$

d)

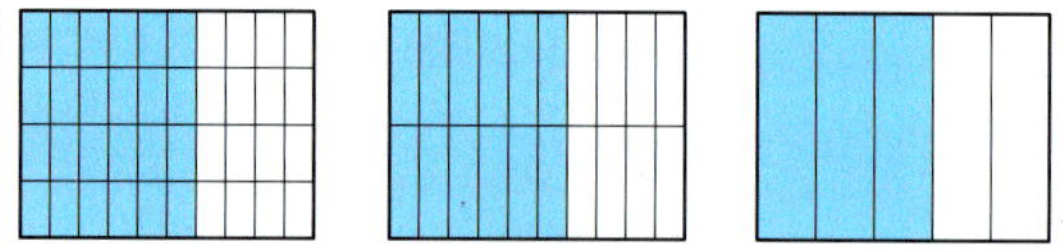

$\frac{\square}{\square} = \frac{\square}{\square} = \frac{\square}{\square}$

M

Brüche mit gleichem Wert

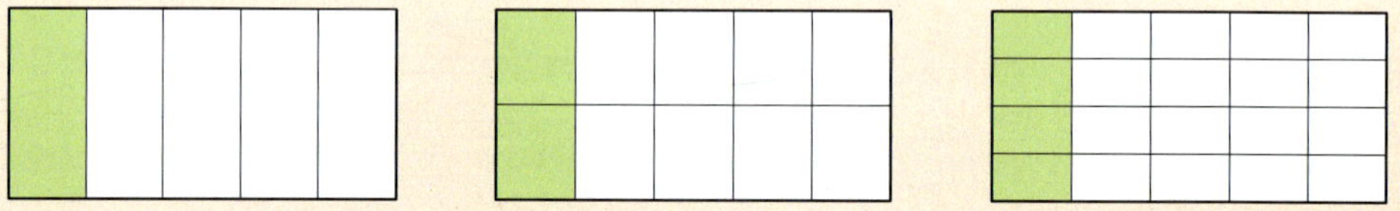

$\frac{1}{5}$ des Rechtecks = $\frac{2}{10}$ des Rechtecks = $\frac{4}{20}$ des Rechtecks

Die Brüche $\frac{1}{5}$, $\frac{2}{10}$ und $\frac{4}{20}$ haben den gleichen Wert.

3 Welcher Bruchteil ist gefärbt, welcher ungefärbt? Mehrere Antworten sind richtig.

a) b) c) d)

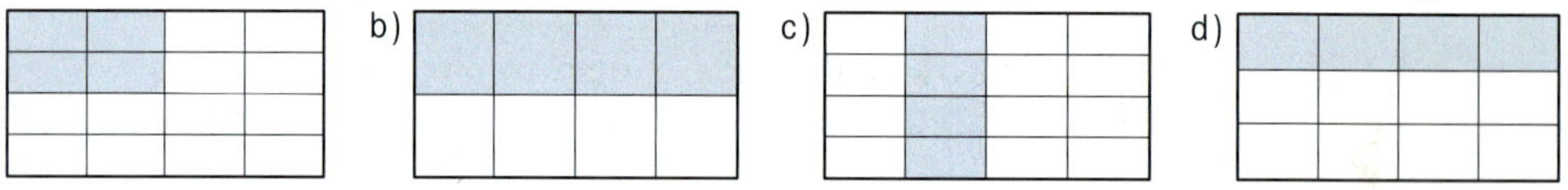

e) f) g) h)

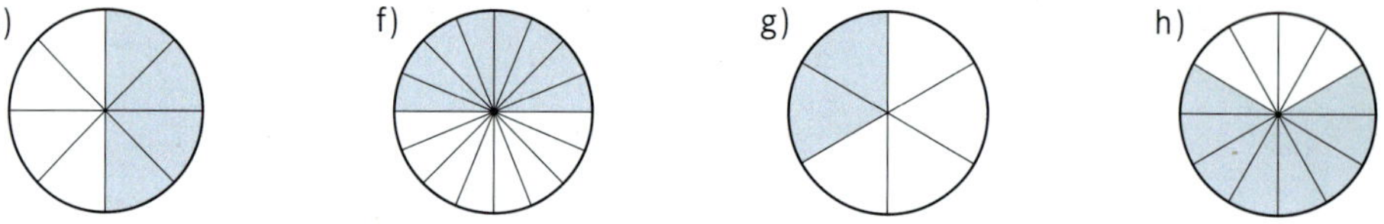

4 a) Suche vier Brüche mit dem Wert $\frac{3}{8}$. Schreibe eine Regel auf.

b) Suche vier Brüche mit dem Wert $\frac{24}{36}$, die aber einfacher sind. Gib eine Regel an.

Erweitern

Kürzen

M

Bruch erweitern

$\frac{2}{3} = \frac{2 \cdot 6}{3 \cdot 6} = \frac{12}{18}$

Zähler und Nenner werden **mit der gleichen** Zahl multipliziert.

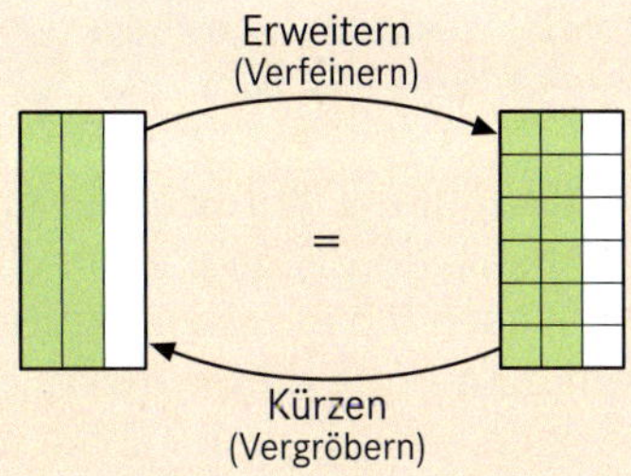

Bruch kürzen

$\frac{12}{18} = \frac{12 : 6}{18 : 6} = \frac{2}{3}$

Zähler und Nenner werden **durch die gleiche** Zahl dividiert.

Durch Erweitern und Kürzen erhält man Brüche mit gleichem Wert.

Übungen

5 Erweitere. $\frac{2 \cdot 5}{7 \cdot 5} = \frac{10}{35}$

										a)	b)	c)	d)
$\frac{2}{5}$	$\frac{1}{4}$	$\frac{3}{7}$	$\frac{4}{9}$	$\frac{4}{10}$	$\frac{5}{11}$	$\frac{6}{13}$	$\frac{7}{15}$	$\frac{8}{17}$	mit	5	7	9	11

6 Wie wurde erweitert? Berechne den Platzhalter.

a) $\frac{5}{6} = \frac{\square}{30}$ b) $\frac{11}{6} = \frac{55}{\square}$ c) $\frac{35}{80} = \frac{70}{\square}$ d) $\frac{6}{7} = \frac{\square}{21}$ e) $\frac{3}{4} = \frac{27}{\square}$ f) $\frac{5}{13} = \frac{\square}{65}$

g) $\frac{20}{47} = \frac{80}{\square}$ h) $\frac{21}{30} = \frac{\square}{150}$ i) $\frac{16}{20} = \frac{48}{\square}$ k) $\frac{4}{15} = \frac{16}{\square}$ l) $\frac{12}{18} = \frac{\square}{108}$ m) $\frac{7}{17} = \frac{42}{\square}$

7 Erweitere schrittweise.

a) $\frac{2}{3} = \frac{\square}{6} = \frac{\square}{12} = \frac{\square}{24} = \frac{\square}{48}$ b) $\frac{4}{5} = \frac{\square}{15} = \frac{\square}{75} = \frac{\square}{150} = \frac{\square}{600}$ c) $\frac{1}{4} = \frac{\square}{12} = \frac{\square}{36} = \frac{\square}{72} = \frac{\square}{360}$

8 Kürze. $\frac{10 : 2}{36 : 2} = \frac{5}{18}$

											a)	b)	c)
$\frac{6}{12}$	$\frac{6}{18}$	$\frac{12}{30}$	$\frac{18}{24}$	$\frac{30}{42}$	$\frac{36}{48}$	$\frac{48}{54}$	$\frac{42}{72}$	$\frac{60}{96}$	$\frac{54}{120}$	mit	2	3	6

9 Wie wurde gekürzt? Berechne den Platzhalter.

a) $\frac{15}{35} = \frac{\square}{7}$ b) $\frac{16}{20} = \frac{8}{\square}$ c) $\frac{21}{36} = \frac{7}{\square}$ d) $\frac{32}{48} = \frac{\square}{24}$ e) $\frac{26}{39} = \frac{\square}{3}$ f) $\frac{64}{96} = \frac{16}{\square}$

10 Bestimme den Platzhalter.

a) $\frac{24}{\square} = \frac{72}{96}$ b) $\frac{\square}{16} = \frac{90}{96}$ c) $\frac{13}{17} = \frac{65}{\square}$ d) $\frac{60}{84} = \frac{\square}{7}$ e) $\frac{96}{\square} = \frac{8}{9}$ f) $\frac{52}{88} = \frac{13}{\square}$

11 Gib drei verschiedene Brüche mit dem Nenner 36 an,
a) die sich nicht mehr kürzen lassen. b) die sich nur durch 3 kürzen lassen.

12 Erweitere oder kürze die beiden Brüche so, dass sie den gleichen Nenner haben.

$\frac{2}{3} = \frac{2 \cdot 7}{3 \cdot 7} = \frac{14}{21}$; $\frac{4}{7} = \frac{4 \cdot 3}{7 \cdot 3} = \frac{12}{21}$

a) $\frac{1}{3}$; $\frac{3}{4}$ b) $\frac{50}{75}$; $\frac{8}{24}$ c) $\frac{5}{6}$; $\frac{4}{9}$ d) $\frac{13}{15}$; $\frac{11}{12}$ e) $\frac{25}{45}$; $\frac{12}{27}$ f) $\frac{8}{75}$; $\frac{3}{50}$

13 Schreibe als Bruch.

a) 75 cm b) 0,65 m c) 0,8 cm d) 8 mm
e) 0,5 km f) 0,64 € g) 300 ml h) 200 g
i) 0,200 kg k) 0,125 kg l) 0,125 t m) 0,375 t

$60\text{ cm} = \frac{60}{100}\text{ m} = \frac{6}{10}\text{ m} = \frac{3}{5}\text{ m}$

(1) Bei einer Verkehrszählung wurde auch untersucht, wie viele Personen sich in einem Pkw befinden. Die Auswertung ergab: In einem Auto befinden sich durchschnittlich 1,2 Personen. Dies trifft auch für die oben dargestellten Autos zu.

a) Was versteht man unter dieser Aussage? Wie könnte dieser Wert entstanden sein?
b) Was könntest du an Stelle von 1,2 noch schreiben?
c) Bei 100 gezählten Autos soll sich ebenfalls der Wert 1,2 ergeben. Wie viele Personen sitzen insgesamt in den 100 Autos? Was könntest du jetzt an Stelle von 1,2 schreiben?

(2) Das Rad für die Benzinanzeige dreht sich zunächst um 5 und anschließend nochmals um 10 Stellen weiter. Was wird jeweils angezeigt?

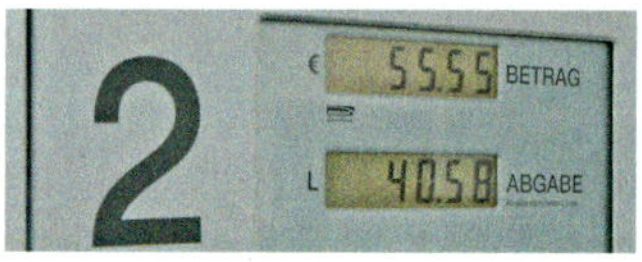

(3) Wir stellen Kommazahlen in der Stellenwerttafel dar. Dazu erweitern wir die Stellenwerttafel über die Einer hinaus nach rechts. Hinzu kommen Zehntel (z), Hundertstel (h), Tausendstel (t), … .

H 100	Z 10	E 1	z $\frac{1}{10}$	h $\frac{1}{100}$	t $\frac{1}{1000}$	Bruch bzw. gemischte Zahl	Dezimalbruch	*lies:*
		0	7			$\frac{7}{10}$	0,7	*Null Komma sieben*
		0	0	7		$\frac{7}{100}$	0,07	*Null Komma null sieben*
		0	0	0	7	$\frac{7}{1000}$	0,007	*Null Komma null null sieben*
		6	0	3	4	$6\frac{34}{1000}$	6,034	*Sechs Komma null drei vier*

a) Unser Zahlensystem wird als Zehner- oder Dezimalsystem bezeichnet. Wie erhält man rechnerisch Zehntel, Hundertstel, Tausendstel, …?
b) Maxi behauptet: „Dezimalbrüche sind besondere Brüche.“ Was meinst du?

(4) Hier siehst du in einer Stellenwerttafel Zahlen verschieden dargestellt.

a) Ergänze in deinem Heft die fehlenden Darstellungen.

	H	Z	E	z	h	t	Bruch bzw. gemischte Zahl	Dezimalbruch
	○		○		○○	○	$101\frac{21}{1000}$	101,021
(1)	○	○		○○			■	■
(2)		○	○		○○		■	■
(3)	■	■	■	■	■	■	■	1,102
(4)				○	○	○○	■	■
(5)	■	■	■	■	■	■	$\frac{11}{1000}$	■

b) Verschiebe in (4) ein Plättchen so, dass der Wert der Zahl möglichst groß wird.
c) Verschiebe in (4) ein Plättchen so, dass der Wert der Zahl möglichst klein wird.

Dezimalbruch

M Einen Bruch mit dem Nenner 10, 100, 1000, … kann man auch als **Dezimalbruch** schreiben. Der Bruch $\frac{8}{10}$ und der Dezimalbruch 0,8 sind nur verschiedene Namen für dieselbe Bruchzahl $\frac{8}{10} = 0{,}8$.

Beachte: $\frac{4}{5}$, $\frac{16}{20}$, $\frac{12}{15}$, $\frac{80}{100}$, … sind auch Namen für die Bruchzahl 0,8.

Dezimalbrüche haben ein Komma. Vor dem Komma stehen die Ganzen, hinter dem Komma die Bruchteile des Ganzen. Diese nennt man **Dezimalen.**

9, 7 0 3
- 9: Ganze
- 7: Zehntel
- 0: Hundertstel
- 3: Tausendstel

Übungen

5 Schreibe als Dezimalbruch.

a) $\frac{7}{10}$; $\frac{17}{10}$; $1\frac{7}{10}$; $\frac{70}{100}$; $\frac{7}{100}$; $1\frac{7}{100}$

b) $\frac{9}{100}$; $\frac{90}{1000}$; $\frac{9}{1000}$; $\frac{960}{100}$; $9\frac{6}{100}$; $9\frac{6}{10}$

c) $\frac{207}{100}$; $20\frac{7}{10}$; $2\frac{70}{100}$; $2\frac{7}{100}$; $\frac{27}{10}$; $\frac{2070}{1000}$

d) $12\frac{60}{1000}$; $12\frac{6}{10}$; $\frac{126}{10}$; $\frac{1260}{1000}$; $\frac{1206}{100}$; $\frac{1260}{100}$

6 Schreibe als Bruch oder gemischte Zahl. Kürze, falls möglich.

$1{,}8 = 1\frac{8}{10} = 1\frac{4}{5}$

a) 0,8; 0,08; 0,008
b) 22,5; 2,25; 0,225
c) 0,69; 6,9; 6,09
d) 0,045; 0,044; 4,04
e) 5,400; 5,040; 5,004
f) 6,30; 6,03; 3,06
g) 21,25; 2,125; 0,2125
h) 43,75; 4,375; 4,075
i) 1,3; 1,33; 1,033

7 Übertrage die Tabelle in dein Heft und fülle aus. Kürze nicht.

		a)	b)	c)	d)	e)	f)	g)	h)	i)	k)
Dezimalbruch	3,8		8,13			9,095			2,06		17,006
gemischte Zahl	$3\frac{8}{10}$	$5\frac{4}{10}$			$24\frac{8}{100}$		$7\frac{18}{1000}$				
Bruchzahl	$\frac{38}{10}$			$\frac{19}{10}$				$\frac{228}{100}$		$\frac{4318}{1000}$	

8 Schreibe die falschen Aufgaben richtig in dein Heft.

$0{,}45 = \frac{45}{100}$ $\quad \frac{808}{1000} = 0{,}808$ $\quad 0{,}0101 = \frac{101}{100}$ $\quad \frac{7}{100} = 0{,}7$

$3{,}4 = 3\frac{4}{100}$ $\quad 6\frac{5}{10} = 6{,}5$ $\quad 0{,}2222 = \frac{2222}{10000}$ $\quad \frac{38}{10} = 3{,}08$

9 a) Was meinst du zu den beiden Aussagen?

b) Wandle folgende Brüche, falls möglich, in Dezimalbrüche um.

(1) $\frac{2}{5}$; $\frac{1}{200}$; $\frac{7}{250}$; $\frac{8}{160}$ (2) $\frac{1}{3}$; $\frac{2}{7}$; $\frac{7}{2}$; $\frac{7}{14}$ (3) $\frac{21}{70}$; $\frac{70}{21}$; $\frac{70}{20}$; $\frac{21}{105}$

1 a) Begründe die Aussage von Stefanie im Bild oben.
b) Schreibe die Zahlen als Bruch oder gemischte Zahl und vergleiche.
(1) 0,7; 0,70; 0,700; 0,07; 0,007 (2) 1,3; 1,30; 1,300; 1,03; 1,003

M

Erweitern

Kürzen

Dezimalbruch erweitern

0,3 = 0,30 = 0,300

$\frac{3}{10} = \frac{30}{100} = \frac{300}{1000}$

Dezimalbruch kürzen

0,900 = 0,90 = 0,9

$\frac{900}{100} = \frac{90}{100} = \frac{9}{10}$

In Dezimalbrüchen dürfen Endnullen angehängt oder fortgelassen werden, der Wert ändert sich nicht.

Übungen

2 Kürze soweit wie möglich.

a) 0,0600; 0,60060
b) 0,7300; 7,3000
c) 0,80000; 0,8008
d) 0,1020; 10,200
e) 3,7000; 0,307
f) 14,20; 12,006

3 Erweitere mit 10 (100, 1000)

0,7 0,9 0,04 0,38 0,032 1,1 2,02 14,08 14,8 1,4 7,01

4 Erweitere oder kürze, bis die Dezimalbrüche gleich viele Stellen nach dem Komma haben.

a) 2,76; 0,5; 13,405
b) 0,7; 3,801; 27,06
c) 13,8; 3,18; 0,1308
d) 27,600; 2,76; 7,6
e) 150,7; 150,700; 15,07
f) 2100,90; 210,09; 2100,909

5 Welche Zahlen sind gleich?

a) 23,500 23,05 23,50 23,050
b) 17,8 17,08 17,80 17,080
c) 0,16 0,160 0,0160 0,1600 0,016
d) 111,01 110,11 111,10 111,010 110,110

6 Immer drei gehören zusammen. Notiere sie in deinem Heft.

1,404	1,0040	1,440	1,044	1,44	1,400	1,4040	1,04	1,004
1,0440	$\frac{144}{100}$	$\frac{1044}{1000}$	$1\frac{4}{100}$	1,4	1,0400	$1\frac{404}{1000}$	$1\frac{4}{1000}$	$\frac{14}{10}$

Achmed will in sechs Tagen die Wüste durchqueren. Neben seinem festem Gepäck kann er aber nur 16 kg Verpflegung für vier Tage mitnehmen. Alleine schafft er es also nicht. Wie viele Freunde mit gleichem Gepäck müssen mitgehen, so dass sie selbst an den Ausgangspunkt zurückkehren und Achmed die Wüste durchqueren kann?

(1) An der Moritz-Realschule wurde 120 Schülern der sechsten Klassen die Frage gestellt: „Bruchrechnen: Wie schätzt du dich selber ein?“ Das Diagramm rechts zeigt das Ergebnis.

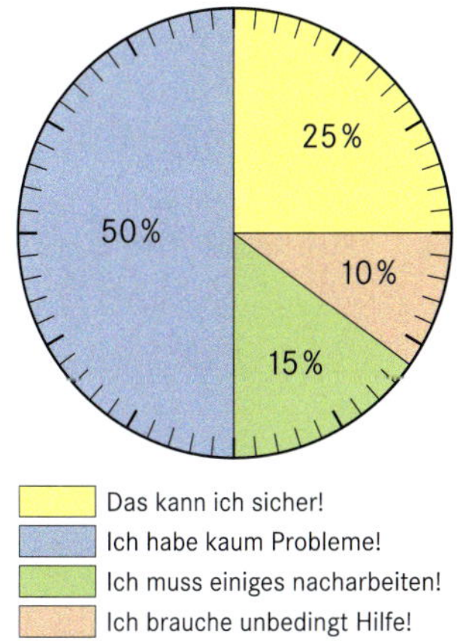

a) Ergänze die Tabelle in deinem Heft.

Prozentangabe	50 %	25 %	15 %	10 %
Winkelmaß	180°			
Bruchteil	$\frac{180}{360} = \frac{1}{2} = \frac{\square}{100}$	$= \frac{\square}{100}$	$= \frac{\square}{100}$	$= \frac{\square}{100}$
Anzahl der Schüler				

b) Vergleiche die Prozentangaben mit dem Bruchteil. Was stellst du fest?

G

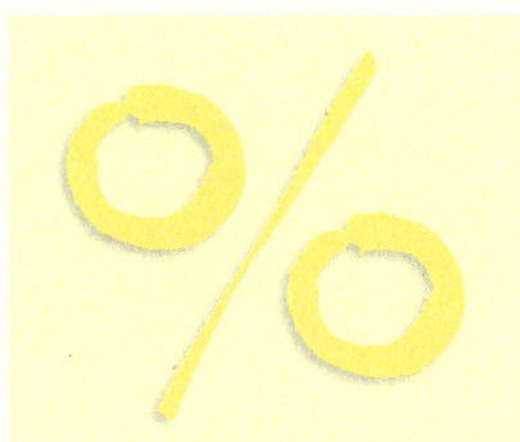

Das Wort **Prozent** tauchte zum erstem Mal 1425 in Italien auf. Es kommt vom italienischen „per cento“ und bedeutet „von Hundert“.

cento
cto
cto
%
%
%

(2) Bei einem Mathematiktest zu Beginn des neuen Schuljahres wurde in den 7. Klassen getestet, welches Wissen aus dem letzten Schuljahr noch zur Verfügung steht. Folgende Frage zu den Brüchen wurde gestellt: „Der Wert des Bruches unten ist halb so groß wie der Bruchteil im Dach des Hauses. Ergänze den Nenner.“

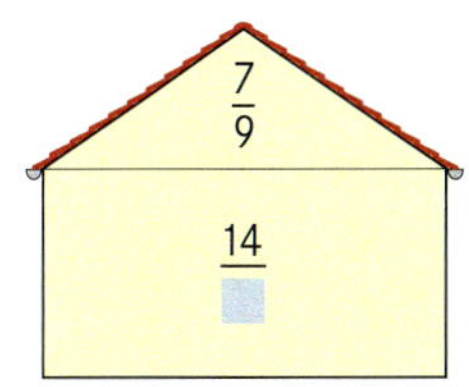

Klasse	7a	7b	7c
Anzahl der Schüler	30	25	32
Richtige Lösungen	9	7	8

Die Ergebnisse von drei Klassen sind in der Tabelle links erfasst.

Die Leistungen der drei Klassen sollen verglichen werden. Für die Klasse 7a ist im Kasten rechts der Anteil der richtigen Antworten als Hundertstelbruch und in Prozent angegeben. Veranschaulicht wird der Anteil in einem Hunderterfeld.

a) Stelle wie im Kasten die Ergebnisse der beiden anderen Klassen dar. Welche Klasse ist die beste?

b) Führt den Test in eurer Klasse durch und wertet ihn aus. Wie hättet ihr abgeschnitten?

7a: $\frac{9}{30} = \frac{3}{10} = \frac{30}{100} = 30\,\%$

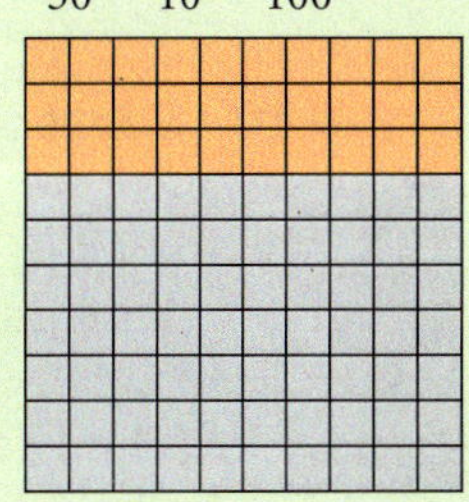

Prozent

M

Bei **Prozentangaben** wird der Anteil von einem Ganzen angegeben.
1 Hundertstel von einem Ganzen nennt man 1%.

$\frac{1}{100} = 1\,\%$ $\frac{25}{100} = 25\,\%$ $\frac{100}{100} = 100\,\%$ $\frac{250}{100} = 250\,\%$

Übungen

3 Gib in Prozent an.

a) $\frac{3}{100}$; $\frac{97}{100}$ b) $\frac{3}{10}$; $\frac{7}{10}$ c) $\frac{31}{100}$; $\frac{969}{100}$ d) $\frac{3}{50}$; $\frac{97}{50}$ e) $\frac{3}{20}$; $\frac{97}{20}$

f) 0,4; 0,04 g) 0,15; 1,5 h) 0,02; 0,2 i) 2,10; 0,21 k) 0,05; 0,500

l) $\frac{3}{300}$; $\frac{96}{300}$ m) $\frac{3}{30}$; $\frac{7}{70}$ n) $\frac{310}{1000}$; $\frac{9690}{1000}$ o) $\frac{30}{250}$; $\frac{300}{250}$ p) $\frac{30}{20}$; $\frac{170}{200}$

4 Für einige Brüche und Prozentangaben solltest du den Zusammenhang auswendig wissen. Ergänze die Tabelle in deinem Heft.

1%	2%	■	■	■	20%	25%	■	■	100%
$\frac{1}{100}$	$\frac{2}{100}$	■	$\frac{5}{100}$	■	■	■	■	$\frac{75}{100}$	■
$\frac{1}{100}$	$\frac{1}{50}$	$\frac{1}{25}$	■	$\frac{1}{10}$	■	■	$\frac{1}{2}$	■	1

5 Ermittle die jeweiligen Anteile der grau, orange, rot oder blau gefärbten Flächen an der Gesamtfläche. Schreibe als Bruch und in Prozent.

a) 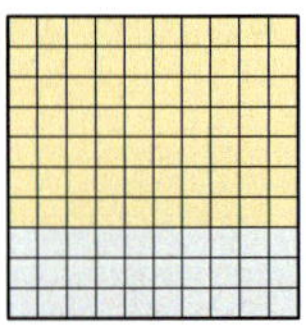

b) 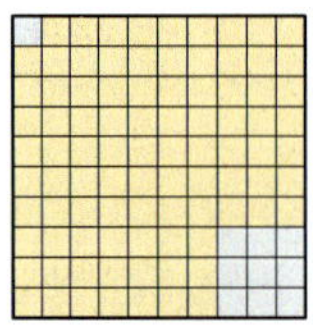

c) 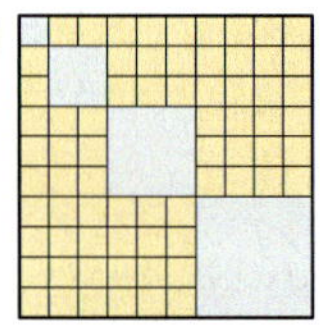

d) 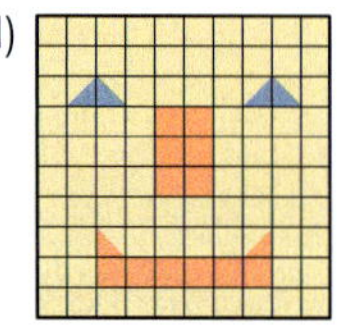

e) 

f) 

g) 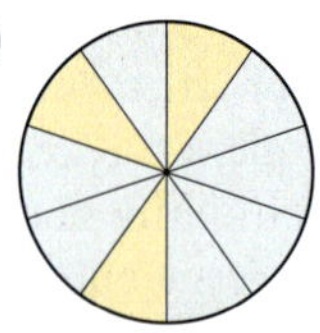

h) 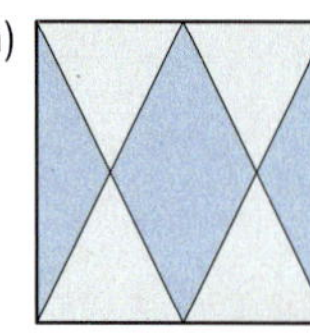

i) Erfinde eine eigene Figur. Lasse die Anteile von deinem Nachbarn ermitteln.

6 Ein Supermarkt verkauft 100 g Schokoladentafeln zu 80ct. Was gehört zusammen?

A	Lena, Maxi, Fabian und Anna haben den gleichen Anteil einer Tafel gegessen.	E	20 % von 160 ct	I	120 ct
B	Die gleiche Tafel Schokolade kostet an der Tankstelle eineinhalbmal so viel.	F	50 % von 240 ct	K	20 ct
C	Lena, Maxi, Fabian, Anna und Seppi haben sich zwei Tafeln gerecht geteilt.	G	25 % von 80 ct	L	120 ct
D	Sophie und Mergim kaufen zusammen drei Tafeln und teilen sich die Kosten.	H	150 % von 80 ct	M	32 ct

7 Das Diagramm zeigt den momentanen Leistungsstand der Klasse 6a in Mathematik. Welche Aussagen sind richtig? Begründe.

A 10 % stehen auf 1.
B 20 % stehen auf 2.
C 30 % der Schüler bekommen die 4.
D Mehr als 20 % stehen auf 5 oder 6.
E Über 50 % stehen auf 4, 5 oder 6.
F 60 % stehen auf 3 oder besser.

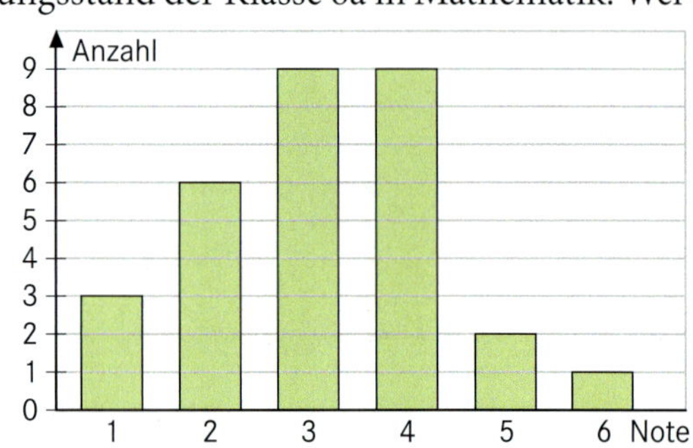

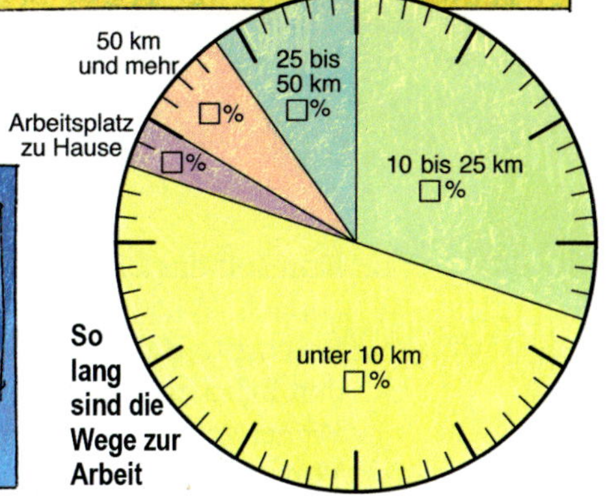

1 a) Ein Messbecher fasst 100 ml. Wie viel Milliliter Milch braucht man für die Grießklößchensuppe? Wie viel Milliliter Instant-Brühe werden benötigt?

b) Was kostet nun ein Kasten Aqua Cara?

c) Was hätte „Sport 3000“ statt 20 % Preisnachlass noch schreiben können? Wie viel musst du z. B. für eine Turnhose, die bis jetzt 28 € gekostet hat, jetzt bezahlen?

d) Finde die fehlenden Prozentangaben im Diagramm „So lang sind die Wege zur Arbeit!“.

e) Suche nach weiteren Beispielen, in denen Bruch, Dezimalbruch- und Prozentschreibweisen vorkommen. Welche Schreibweise findest du häufiger, welche weniger häufig?

2 Anteile kann man in verschiedenen Formen darstellen. Das zeigt die Tabelle.

Darstellungsformen der Brüche			Grafische Darstellung der Anteile	
Bruch	Dezimalbruch	Prozent	Rechteck	Kreis
$\frac{9}{20}$	0,45	45 %	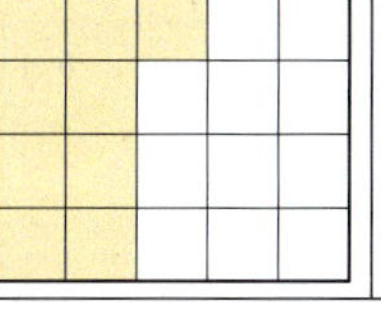	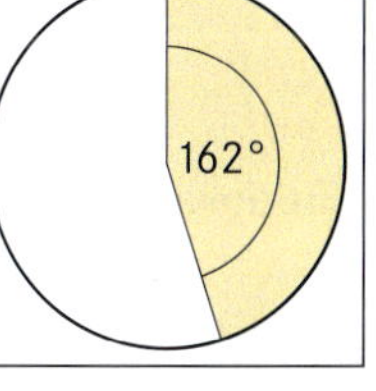

a) Gib für die Anteile jeweils drei Bruchdarstellungen an.

(1)

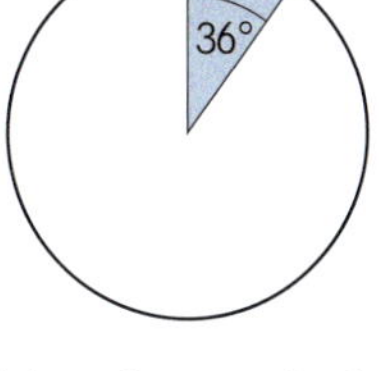

(2)

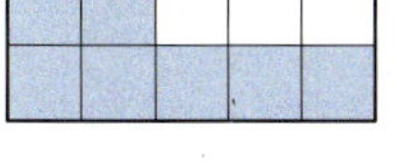

(3)

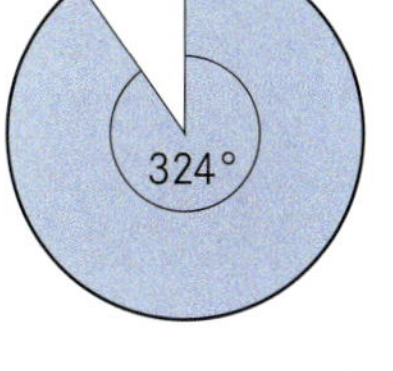

b) Gib jeweils die fehlenden Bruchdarstellungen an. Stelle die Anteile in einem Rechteck und einem Kreis dar.

(1) 0,25 (2) $\frac{2}{5}$ (3) 80 % (4) 0,30 (5) $\frac{65}{100}$ (6) $\frac{25}{20}$

(1) Mit Hilfe von Faltlinien auf einem DIN A4-Blatt kann man Brüche anordnen.

a) Falte zunächst ein DIN A4-Blatt in der Mitte. Schreibe auf die Faltkante $\frac{1}{2}$. Halbiere das Blatt durch Falten immer wieder. Falte insgesamt viermal. Beschrifte die Faltkanten mit den passenden Brüchen.

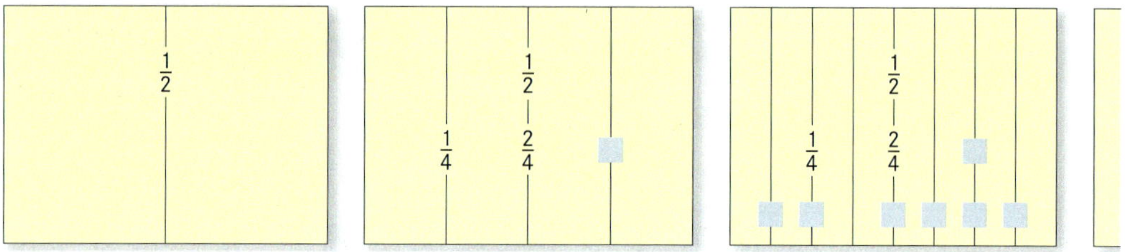

b) Nun soll das Blatt gedrittelt werden. Das geht nicht so einfach. Wie du vorgehen kannst, zeigt das Bild rechts. Beschrifte die Knickstellen von links nach rechts mit den Brüchen $\frac{1}{3}$ und $\frac{2}{3}$. Weiter geht's mit Sechstel und Zwölftel.

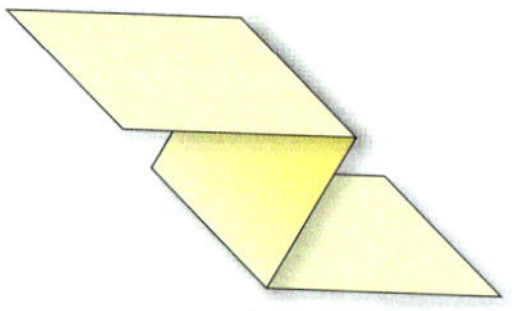

c) Von einigen Brüchen kennst du die Darstellung als Dezimalbruch, z. B. $\frac{1}{2} = 0{,}5$. Ergänze diese auf deinen Streifen.

d) Vergleiche die Werte der Brüche auf Faltkanten weiter links mit den Werten von Brüchen, die weiter rechts liegen.

Menge der positiven rationalen Zahlen

(M) Alle Brüche und Dezimalbrüche, die durch Kürzen oder Erweitern ineinander umgeformt werden können, haben den gleichen Wert. Sie stellen eine **positive rationale Zahl** dar.
Die Zahlen $\frac{1}{5}$; $\frac{2}{10}$; $\frac{20}{100}$; 0,2 ; 0,200; … stellen dieselbe positive rationale Zahl dar, der man einen Bildpunkt auf der Zahlenhalbgeraden zuordnen kann.
Die Menge der positiven rationalen Zahlen bezeichnet man mit $\mathbb{Q}_0^+$.
Alle aus der Menge $\mathbb{N}_0$ bekannten Gesetze gelten weiterhin.

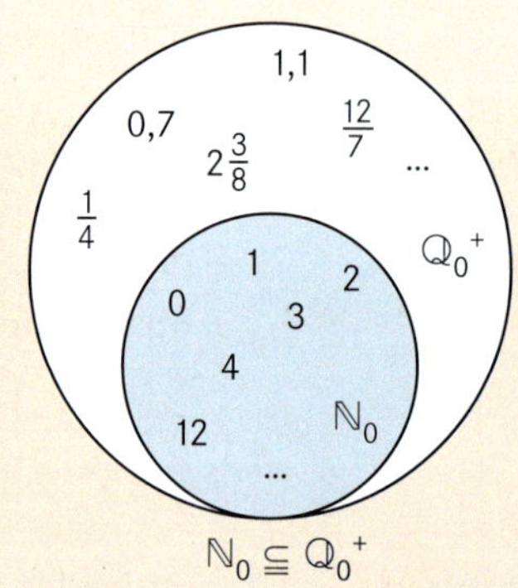

Übungen

W S. 6

(2) Gib jeweils einen Bruch und einen Dezimalbruch an, der zu dem markierten Punkt gehört.

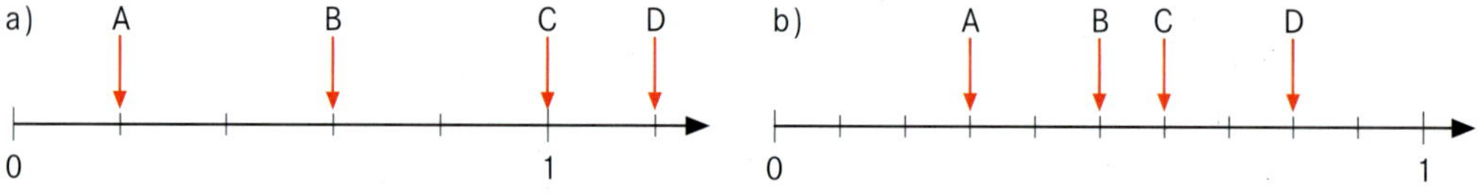

c) In Aufgabe a) wird die Strecke zwischen C und D durch einen Punkt in zwei gleiche Teile geteilt. Welchen Bruch kann man diesem Teilpunkt zuordnen?

d) Kennzeichne auf einer Zahlenhalbgeraden einen Bruch, der zwischen 0,5 und $\frac{3}{4}$ liegt. Erkläre, wie du diesen Bruch ermittelst.

(3) Zeichne eine Zahlenhalbgerade (1 LE ≙ 8 cm) und trage folgende Brüche ein:

$\frac{1}{4}$; 0,75; 1,5; $\frac{12}{8}$; $\frac{3}{8}$; 0,125; 0,250; 1,25; $1\frac{1}{8}$; $\frac{7}{8}$; $1\frac{1}{4}$; $\frac{3}{16}$; 1,500

1 Katja, Nina und Daniel spielen in einer Freistunde das Bruchwürfelspiel. Jeder würfelt mit zwei Würfeln. Aus den Augenzahlen wird ein Bruch gebildet, wobei die größere Zahl der Nenner sein muss. Einen Gewinnpunkt erhält, wer den größten Bruch gewürfelt hat.

a) Wer bekommt den Gewinnpunkt? Begründe.

b) Probiert dieses Spiel selbst einmal aus.

2 a) So überprüft Merigona, welcher der beiden Brüche $\frac{2}{5}$ oder $\frac{1}{3}$ größer ist. Erkläre.

B

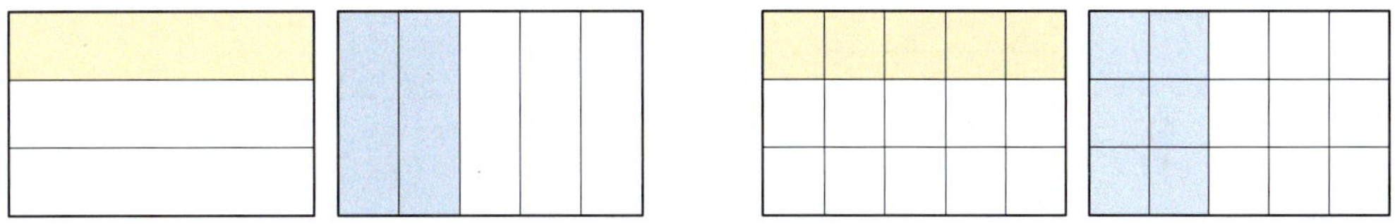

b) Felix hat zu den Bildern in a) eine Rechnung notiert. Ergänze die Platzhalter in deinem Heft.

$\frac{1}{3} = \frac{\square}{15}$; $\frac{2}{5} = \frac{\square}{15}$ Somit folgt: $\frac{1}{3} \square \frac{2}{5}$

M

Gleichnamige Brüche

Brüche mit gleichem Nenner heißen **gleichnamige Brüche.** Gleichnamige Brüche werden verglichen, indem man die **Zähler** miteinander **vergleicht.**

Beispiele: $\frac{5}{11} < \frac{7}{11}$, denn $5 < 7$ $\frac{20}{21} > \frac{12}{21}$, denn $20 > 12$

Ungleichnamige Brüche

Brüche mit verschiedenem Nenner heißen **ungleichnamige Brüche.** Ungleichnamige Brüche werden gleichnamig gemacht, indem man sie erweitert oder kürzt.

Beispiel: $\frac{5}{6} \square \frac{7}{8} \longrightarrow \frac{20}{24} < \frac{21}{24} \longrightarrow \frac{5}{6} < \frac{7}{8}$

Übungen

3 Vergleiche. Setze in deinem Heft eines der Zeichen <, = oder >.

a) $\frac{5}{7} \square \frac{4}{7}$ b) $\frac{1}{3} \square \frac{3}{6}$ c) $\frac{5}{6} \square \frac{2}{3}$ d) $\frac{3}{10} \square \frac{2}{5}$ e) $\frac{2}{3} \square \frac{1}{4}$

f) $\frac{2}{5} \square \frac{3}{7}$ g) $\frac{1}{6} \square \frac{7}{42}$ h) $\frac{14}{21} \square \frac{2}{3}$ i) $\frac{7}{12} \square \frac{5}{6}$ k) $\frac{15}{27} \square \frac{6}{9}$

l) $\frac{4}{11} \square \frac{9}{33}$ m) $\frac{7}{15} \square \frac{3}{8}$ n) $\frac{5}{12} \square \frac{4}{9}$ o) $\frac{3}{4} \square \frac{10}{13}$ p) $\frac{1}{16} \square \frac{1}{17}$

4 Ordne der Größe nach.

a) $\frac{1}{2}$; $\frac{7}{8}$; $\frac{3}{4}$ b) $\frac{3}{4}$; $\frac{2}{3}$; $\frac{5}{6}$ c) $\frac{5}{8}$; $\frac{9}{16}$; $\frac{7}{32}$ d) $\frac{5}{9}$; $\frac{21}{36}$; $\frac{7}{18}$; $\frac{5}{12}$ e) $\frac{4}{5}$; $\frac{5}{8}$; $\frac{6}{9}$

5 Gib einen Bruch an, der zwischen den beiden Brüchen liegt.

$\frac{1}{5}$; $\frac{1}{6}$ $\frac{1}{5} = \frac{6}{30} = \frac{12}{60}$; $\frac{1}{6} = \frac{5}{30} = \frac{10}{60}$

$\frac{1}{6} < \frac{11}{60} < \frac{1}{5}$

a) $\frac{1}{3}$; $\frac{1}{5}$ b) $\frac{1}{4}$; $\frac{1}{5}$ c) $\frac{2}{3}$; $\frac{5}{6}$ d) $1\frac{1}{2}$; $1\frac{1}{3}$

e) $\frac{4}{5}$; $\frac{5}{8}$ f) $\frac{5}{3}$; $\frac{5}{4}$ g) $5\frac{8}{9}$; $5\frac{11}{12}$ h) $2\frac{2}{3}$; $2\frac{8}{11}$

6 Beim Weitsprungtraining für die Bundes-Jugendspiele wurden in der Klasse 6a folgende Weiten notiert.

Name	Weite in m
Lukas	3,51
Tobias	3,49
David	3,5
Marco	3,54

a) Stelle eine Reihenfolge auf.

b) Die oben notierten Maßzahlen stellen wir auf der Zahlenhalbgeraden dar. Dabei vergrößern wir schrittweise. Nenne die zu den Punkten passenden Zahlen.

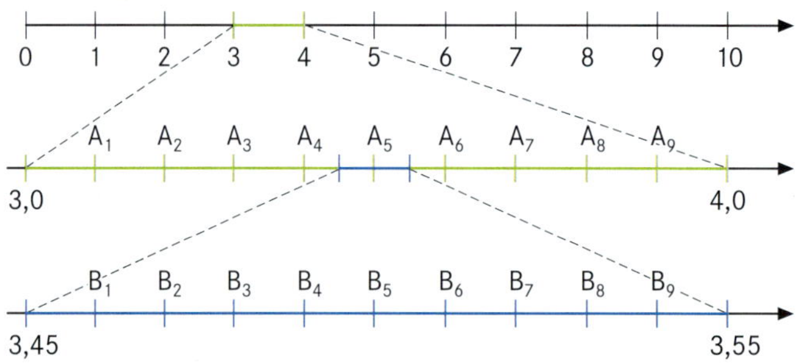

W S. 6

c) Woran erkennst du sehr schnell, welches die größere, welches die kleinere Zahl ist?

7 So kannst du Dezimalbrüche z. B. 2,57 und 2,53 oder 4,56 und 4,563 vergleichen.

B

Vergleiche zuerst die Ganzen vor dem Komma.
Sind sie gleich, vergleiche die Zehntel.
Sind diese ebenfalls gleich, vergleiche die Hundertstel. 2,53 < 2,57, denn 3 < 7
Sind auch die gleich, vergleiche die Tausendstel, 4,560 < 4,563, denn 0 < 3
(Ergänze, wenn nötig, Nullen.) usw. .

Je kleiner der Dezimalbruch, desto weiter links ist er auf der Zahlenhalbgeraden.

Vergleiche 4,56 und 4,563 mit Hilfe eines Ausschnitts auf der Zahlenhalbgeraden.

8 Vergleiche. Setze das passende Zeichen (<, =, >) ein. Ergänze jeweils eine 4. Zeile.

a)	b)	c)	d)
9,85 ☐ 9,58	4,376 ☐ 4,367	0,03 ☐ 0,030	10,01 ☐ 10,010
9,8 ☐ 9,58	4,076 ☐ 4,76	0,3 ☐ 0,300	10,10 ☐ 10,011
9,8 ☐ 9,08	4,76 ☐ 4,706	0,33 ☐ 0,300	10,101 ☐ 10,110

9 Ordne der Größe nach. Beginne mit der kleinsten Zahl.

a) 12,4; $12\frac{3}{10}$; $12\frac{1}{4}$; 12,09; $12\frac{93}{100}$; 12,093

b) $2\frac{7}{10}$; $2\frac{3}{5}$; 2,69; 2,096; $2\frac{15}{20}$; $2\frac{691}{1000}$

c) 8,0080; $8\frac{8}{800}$; $\frac{808}{100}$; 8,8; 8,088; $8\frac{8}{80}$

d) 50,505 ; $50\frac{5}{10}$; 50,55; $50\frac{3}{5}$; $50\frac{5}{100}$

1 

Bei einem Handballturnier verwandelt Maximilian 7 von 10 Siebenmetern. Christian ist 6-mal bei 8 Versuchen erfolgreich. Wer ist der bessere Werfer?

2 Bei einem Basketballturnier trifft Stefanie von 20 Freiwürfen 13-mal in den Korb. Anna erzielt bei 15 Freiwürfen 9 Körbe.
So kannst du entscheiden, wer die bessere Werferin ist.

B

Stefanie | Anna

13 von 20: $\frac{13}{20} = \frac{39}{60}$

9 von 15: $\frac{9}{15} = \frac{36}{60}$

a) Wer ist die bessere Werferin? Begründe.
b) Gib die Trefferquote von Stefanie und Anna in Prozent an.

3 Von den drei Fußballtorhütern Adler, Langarm und Fernando wurden über jeweils 20 Spiele Daten in einer Tabelle erfasst. Wer ist der bessere Torhüter? Begründe.

	Adler	Langarm	Fernando
Torschüsse	75	90	85
gehalten	48	63	51

4 Das Handballspiel des HB Blauweiß gegen Jahn Rotschwarz endete 20 : 20. Sämtliche Tore von Blauweiß warfen die beiden Angreifer Mike Filigran (8 Tore) und Pascal Knallhart (12 Tore). Die Auswertung des Spiels ergab folgende Aussagen:

A Filigran warf ein Drittel weniger Tore als Knallhart.
B Knallhart warf 50 % mehr Tore als Filigran.
C Knallhart warf 60 % der Tore von Blauweiß.
D Filigran warf 20 % der Tore des gesamten Spiels.

a) Begründe die Aussagen.
b) Finde zwei weitere passende Aussagen.

5 Beim Sportfest werben die fünf 6. Klassen mit großartigen Gewinnchancen. Wo würdest du dein Glück versuchen? Begründe.

1 Ein Fünftel der Zuschauer im obigen Bild sind Jugendliche von 13 bis 17 Jahren, 5 % sind Kinder. Eines der Konten des Veranstalters bei der Realbank hat momentan einen Stand von 122 560,00 €.
Welchen Stand könnte das Konto haben, wenn sämtliche Einnahmen der Eintrittsgelder der oben dargestellten Zuschauer auf dieses Konto überwiesen würden?

5 Der Ballon mit dem kleineren Gewicht steigt schneller.

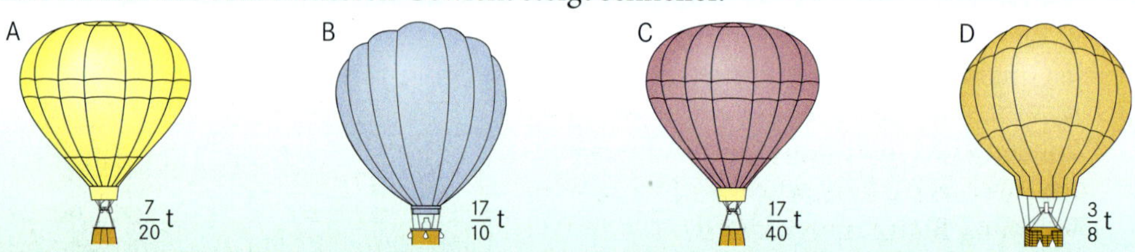

Nach der Biathlonveranstaltung darf Helmut (50 kg) in der Nähe von Ruhpolding eine Ballonfahrt mitmachen. Er steigt in den Ballon A. Welcher Ballon steigt jetzt am schnellsten?

4 Unter den Zuschauern sind doppelt so viele Erwachsene wie Kinder und Jugendliche und mehr Männer als Frauen.
Welches Diagramm stellt diesen Sachverhalt dar? Begründe.

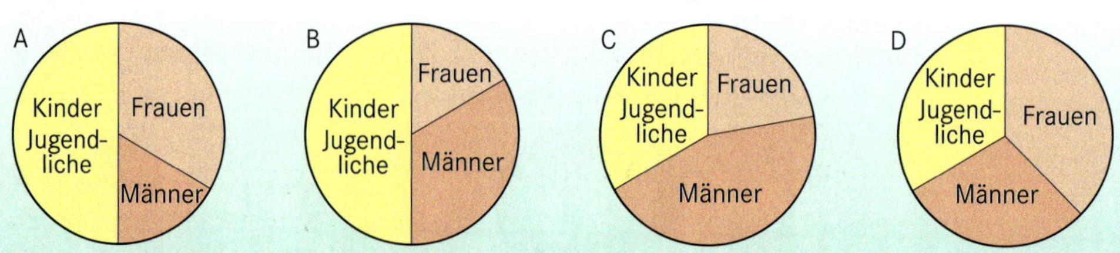

2 Im Sprint der Frauen müssen drei Runden mit je 2,5 km bewältigt werden. Nach der ersten Runde erfolgt eine Schießübung, wobei in liegender Position fünf Scheiben mit 45 mm Durchmesser getroffen werden müssen, die 50 m entfernt sind. Im Wettkampfprotokoll von Magdalena Rasant ist zu erkennen, dass sie alle Scheiben getroffen hat.

Wettkampfprotokoll für Magdalena Rasant:

Start	1. Streckenabschnitt	Schießstand	Strafrunden 0	2. Streckenabschnitt	Schießstand	Strafrunden ?	3. Streckenabschnitt	Ziel
Zeit	7:31 min	34 s	0 s	7:32 min	31 s	?	$7\frac{1}{12}$ min	?

Nach der zweiten Laufrunde muss sie nun in stehender Position fünf schwarze Scheiben mit 115 mm Durchmesser in 50 m Entfernung treffen. Wird eine schwarze Scheibe getroffen, so schiebt sich davor eine weiße Scheibe und auf der Anzeige erscheint ein weißer Kreis. Für jeden Fehlschuss ist eine Strafrunde von 150 m zu laufen. Eine Biathletin schafft in der Strafrunde ca. 60 m in 10 Sekunden.

Im Bild siehst du auf Platz 7 das Ergebnis der Schießübung von Magdalena Rasant.

a) Ermittle die Anzahl der Strafrunden und die dafür benötigte Zeit.

b) Ist Magdalena Rasant insgesamt schneller als Olga Pretschowa (RUS) mit 23:53 min?

3 Sepp Fleißig ist einer der 350 freiwilligen Helfer an der Biathlonstrecke. Er fährt mit seinem Pkw mit 45 km/h ($\frac{1}{80}$ km/s) in Richtung Biathlonzentrum.

Im stark vereinfacht gezeichneten Plan ist die Position des Autos von Sepp Fleißig zu sehen, wenn die Ampel an der Kreuzung Seehauser-Brandnerstraße von Grün auf Gelb schaltet. Sepp Fleißig weiß, dass nach 3 Sekunden die Ampel auf Rot zeigt.

Wie weit käme Sepp Fleißig, bevor an der Ampel Rot aufleuchtet?

A Sepp Fleißig käme etwa bis Mitte der Kreuzung

B Bevor Herr Fleißig zur Kreuzung käme, würde die Ampel bereits auf Rot zeigen.

C Sepp Fleißig käme noch über die Kreuzung.

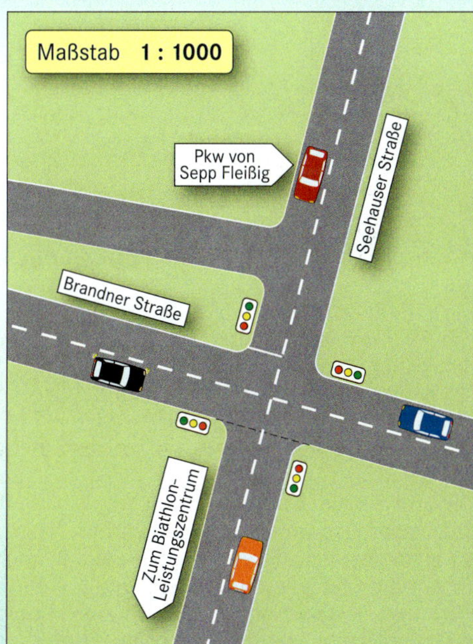

4 Mit Brüchen rechnen

… in der Musik

$\frac{1}{4} + \frac{1}{4} + \frac{1}{4} + \frac{1}{4}$

Du siehst hier eine Notenzeile aus einem bekannten Kinderlied. Das Lied ist im $\frac{4}{4}$-Takt geschrieben, das heißt, ein Takt muss vier Viertelnoten oder eine entsprechende Anzahl anderer Noten haben, die zusammen $\frac{4}{4}$ ergeben. Im dritten Takt siehst du, dass eine Viertelnote, zwei Achtelnoten und eine halbe Note ebenfalls $\frac{4}{4}$ ergeben.
Wenn du die Noten nicht kennst, kannst du auf Seite 73 nachschauen.

Für welchen Bruchteil des Taktes steht das Pausenzeichen im 1. Takt der Zeile? Versuche die Liedzeile zu summen. Erkennst du das Kinderlied?

Bruchrechnung
im Namen des Volkes

Ein Anwalt traute seinen Augen nicht: Am 19. Juni verkündete das Landgericht Köln im Verfahren I9S 485/84 ein Urteil mit dieser Kostenentscheidung: „Die Kosten des Rechtsstreits erster Instanz tragen die Klägerin zu $\frac{5}{7}$, die Beklagten als Gesamtschuldner zu $\frac{3}{7}$." Die also zu acht Siebteln verpflichteten Prozessparteien wiesen das Gericht auf die mathematische Bedenklichkeit seines Urteils hin und baten um Berichtigung. Der neue Bescheid erging am 15. August. An diesem Tag wurde beschlossen: „… wird der Tenor des am 19. Juni verkündeten Urteils wegen einer offenbaren Unrichtigkeit dahin berichtigt, dass von den Kosten des Rechtsstreits erster Instanz die Klägerin $\frac{5}{7}$, die Beklagten als Gesamtschuldner $\frac{2}{5}$ tragen § 319 ZPO." Nun, ließ der Anwalt wissen, fragen die durchaus zahlungswilligen Prozessparteien sich, was geschieht, falls sie es noch einmal wagen, das Gericht auf die Problematik seiner Bruchrechnung hinzuweisen.

Kölner Zeitung vom 4.10.1985 (WJ+AK)

Warum waren die Kläger mit dem ersten Kostenentscheid nicht einverstanden?

1 Zu Kevins Geburtstag hat seine Mutter eine Torte gebacken und sie in 12 Stücke aufgeteilt. Kevin und seine Freunde Kai, Mario, Justin und Tim haben die Torte restlos verzehrt.
Kevin aß $\frac{2}{12}$ der Torte, Kai $\frac{2}{12}$, Justin $\frac{3}{12}$ und Mario $\frac{2}{12}$.
Welchen Bruchteil der Torte aß Tim?

2 Bestimme die Platzhalter. Du kannst die „Bruchstreifen“ von S. 54 verwenden.

a) $\frac{4}{8} + \frac{3}{8} = \frac{\square}{8}$

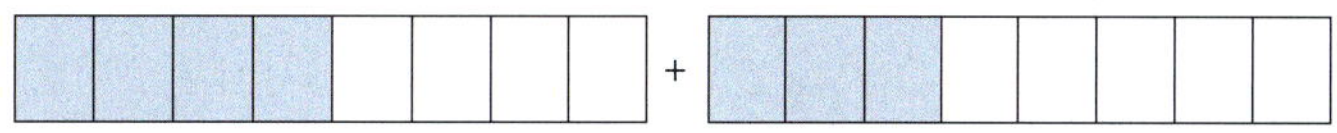

b) $\frac{3}{4} - \frac{\square}{4} = \frac{\square}{\square}$

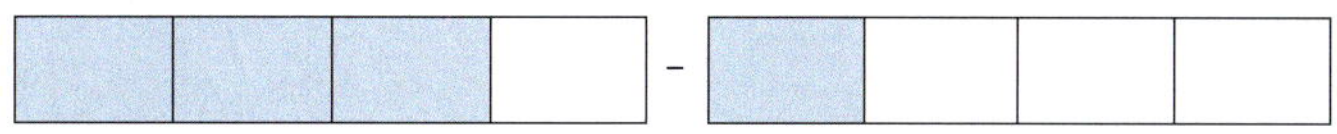

3 Wie heißen die zugehörigen Additions- bzw. Subtraktionsaufgaben? Zeichne das Bild für den Summen- oder Differenzwert.

a)

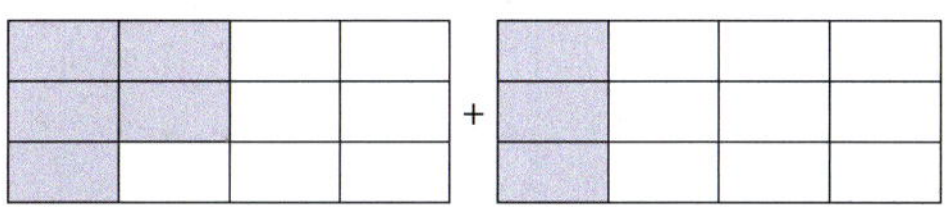

b)

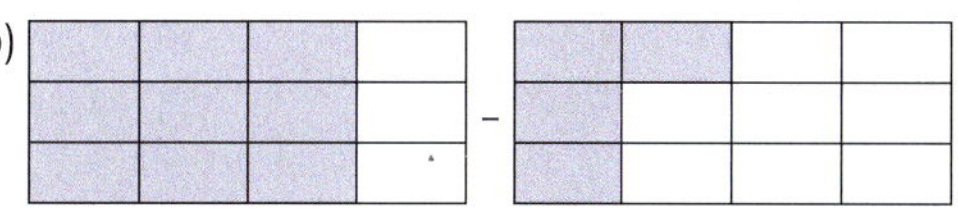

c)

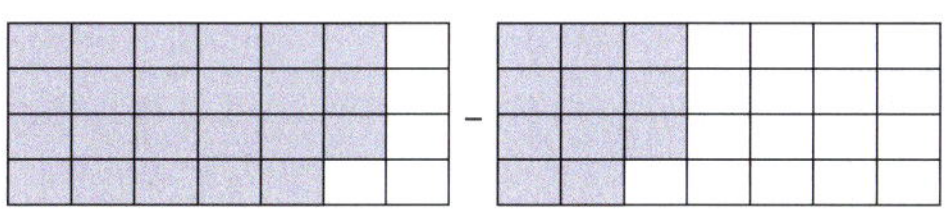

d)

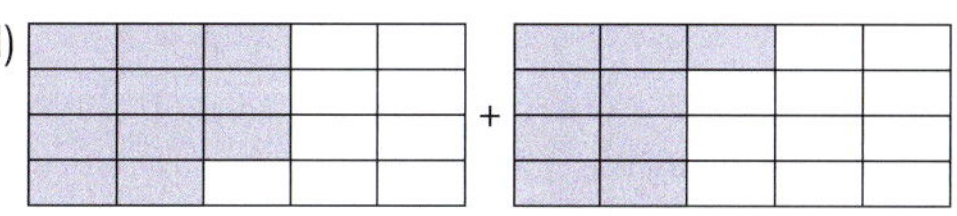

M

Addition
Subtraktion

Addition gleichnamiger Brüche
Die Zähler werden addiert.
Der Nenner ändert sich nicht.

$\frac{5}{12} + \frac{6}{12} = \frac{5+6}{12} = \frac{11}{12}$

$\frac{a}{c} + \frac{b}{c} = \frac{a+b}{c}$

$(a, b \in \mathbb{N}_0;\ c \in \mathbb{N})$

Subtraktion gleichnamiger Brüche
Die Zähler werden subtrahiert.
Der Nenner ändert sich nicht.

$\frac{7}{9} - \frac{5}{9} = \frac{7-5}{9} = \frac{2}{9}$

$\frac{a}{c} - \frac{b}{c} = \frac{a-b}{c}$

$(a, b \in \mathbb{N}_0;\ a \geqq b;\ c \in \mathbb{N})$

Übungen

4 Löse die Aufgaben ohne Zeichnung.

a) $\frac{3}{8} + \frac{1}{8}$ $\quad \frac{3}{8} - \frac{1}{8}$
b) $\frac{5}{16} + \frac{9}{16}$ $\quad \frac{11}{16} - \frac{9}{16}$
c) $\frac{7}{12} + \frac{3}{12}$ $\quad \frac{7}{12} - \frac{3}{12}$
d) $\frac{6}{9} - \frac{2}{9}$ $\quad \frac{6}{9} + \frac{2}{9}$
e) $\frac{11}{26} + \frac{5}{26}$ $\quad \frac{11}{26} - \frac{5}{26}$
f) $\frac{15}{24} - \frac{9}{24}$ $\quad \frac{15}{24} + \frac{9}{24}$
g) $\frac{3}{14} + \frac{9}{14}$ $\quad \frac{13}{14} - \frac{9}{14}$

5 Bei welchen Aufgaben ist das Ergebnis größer als $\frac{1}{2}$, bei welchen ist es kleiner?

a) $\frac{8}{9} - \frac{4}{9}$ b) $\frac{15}{16} - \frac{5}{16}$ c) $\frac{3}{12} + \frac{5}{12}$ d) $\frac{9}{11} - \frac{7}{11}$ e) $\frac{5}{18} + \frac{5}{18}$ f) $\frac{5}{16} + \frac{3}{16}$

6 Berechne und kürze das Ergebnis, wenn möglich.

a) $\frac{7}{18} + \frac{5}{18} + \frac{3}{18}$ b) $\frac{3}{9} + \frac{4}{9} - \frac{7}{9}$ c) $\frac{7}{11} - \frac{4}{11} + \frac{5}{11}$ d) $\frac{9}{24} - \frac{5}{24} + \frac{10}{24}$ e) $\frac{27}{45} - \frac{8}{45} - \frac{12}{45}$

1 Leonie und Raffael essen Pizza, schaffen aber nicht alles. Zum Glück kommt ihr Freund Stefan dazu.
Stimmt Leonies Überlegung? Begründe deine Antwort.

$\frac{1}{3} + \frac{1}{5} = \square$

2 Die Zeichnungen rechts stellen Rechnungen mit Brüchen dar.

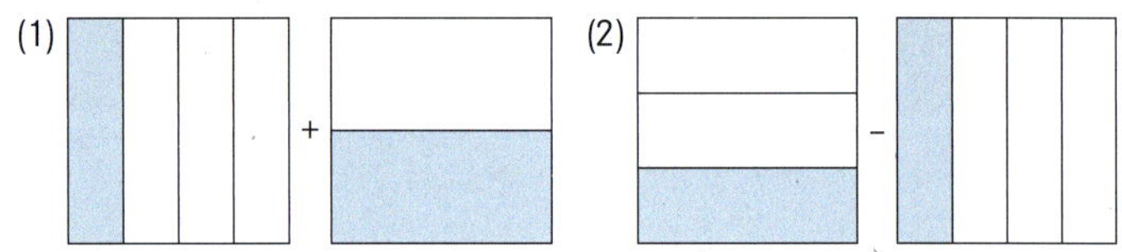

a) Formuliere die passenden Aufgabenstellungen.

b) Zum Lösen der Aufgabe muss die Zeichnung verfeinert werden. Erkläre. Was bedeutet „Verfeinern“ für die beiden Brüche?

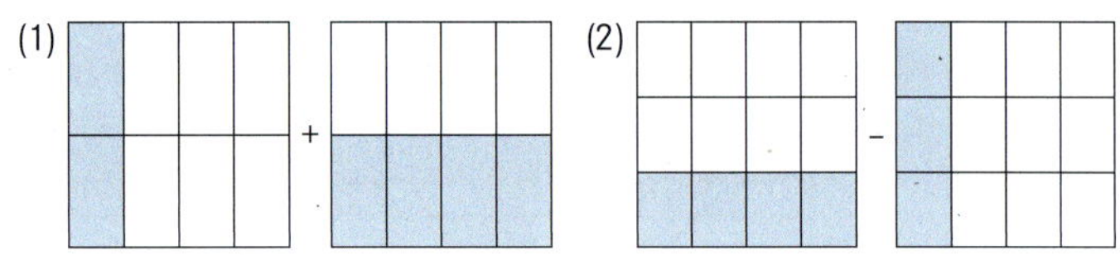

c) Denke dir ähnliche Aufgaben aus. Finde die Lösung zunächst mit Hilfe von Bildern. Notiere dann die zugehörige Aufgabe und lasse deinen Nachbarn kontrollieren.

3 Berechne.

a)	b)	c)	d)	e)
$\frac{1}{4} + \frac{1}{8}$	$\frac{1}{4} - \frac{1}{8}$	$\frac{1}{4} + \frac{5}{8}$	$\frac{2}{5} + \frac{1}{10}$	$\frac{2}{5} - \frac{1}{10}$
$\frac{2}{4} + \frac{1}{8}$	$\frac{2}{4} - \frac{1}{8}$	$\frac{3}{4} - \frac{5}{8}$	$\frac{2}{5} + \frac{3}{10}$	$\frac{3}{5} - \frac{3}{10}$
$\frac{3}{4} + \frac{2}{8}$	$\frac{3}{4} - \frac{2}{8}$	$\frac{3}{4} - \frac{3}{8}$	$\frac{2}{5} + \frac{6}{10}$	$\frac{4}{5} - \frac{5}{10}$

4

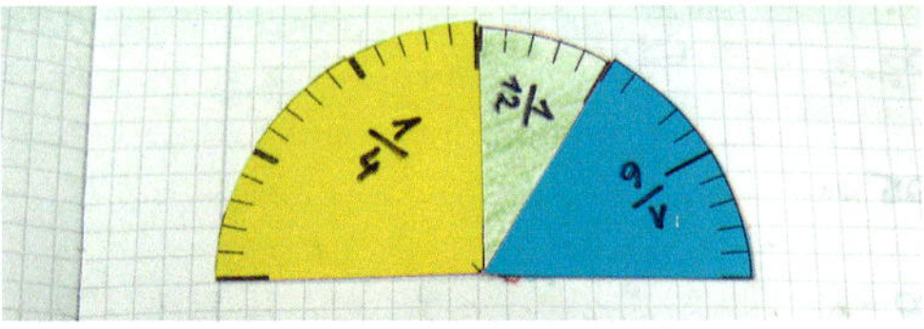

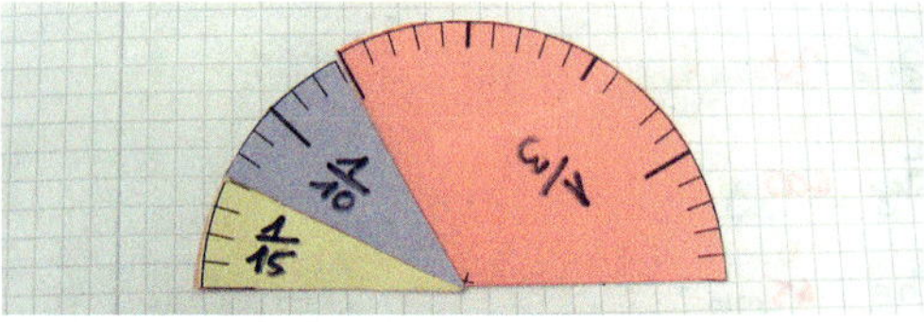

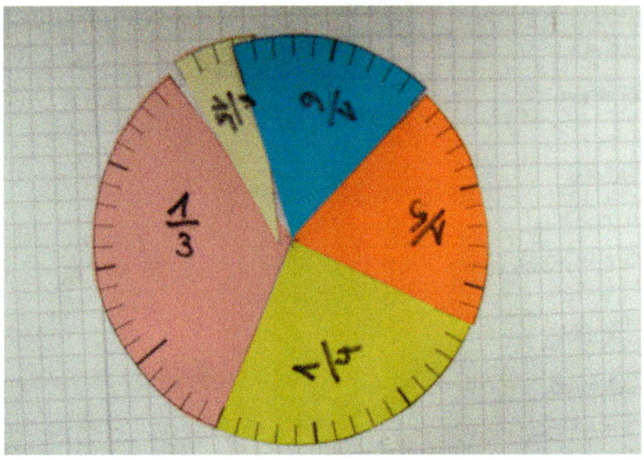

Tamara hat mit Hilfe von Bruchteilen $\frac{1}{2}$ gelegt (linkes Bild), Bruno hat es anders versucht.

a) Überprüfe durch Rechnung, ob beide die richtigen Bruchteile zusammengefügt haben.

b) Mit Hilfe von Bruchteilen kannst du leicht zeigen, ob Leonie in der Aufgabe 1 Recht hat.
Welchen Bruchteil bekommt Leonies Freund Stefan genau? Berechne.

Addition Subtraktion

M **Addition und Subtraktion ungleichnamiger Brüche**
Die Brüche werden gleichnamig gemacht und anschließend addiert bzw. subtrahiert.

Bestimme einen gemeinsamen Nenner.	$\frac{5}{6} + \frac{3}{8}$	$\frac{3}{4} - \frac{5}{12}$
Erweitere die Brüche auf diesen Nenner.	$= \frac{20}{24} + \frac{9}{24}$	$= \frac{9}{12} - \frac{5}{12}$
Addiere oder subtrahiere die Zähler.	$= \frac{29}{24}$	$= \frac{4}{12}$
Kürze, wenn möglich.	$= 1\frac{5}{24}$	$= \frac{1}{3}$

Übungen

5 Suche einen gemeinsamen Nenner und berechne im Kopf.

a) $\frac{1}{5} + \frac{1}{10}$; $\frac{2}{5} + \frac{3}{10}$
b) $\frac{4}{15} + \frac{1}{5}$; $\frac{1}{9} + \frac{2}{3}$
c) $\frac{4}{5} + \frac{3}{20}$; $\frac{1}{8} + \frac{3}{4}$
d) $\frac{13}{30} + \frac{1}{5}$; $\frac{8}{40} + \frac{1}{8}$
e) $\frac{3}{7} + \frac{3}{14}$; $\frac{4}{9} + \frac{1}{36}$
f) $\frac{1}{3} + \frac{2}{15}$; $\frac{1}{6} + \frac{5}{12}$
g) $\frac{3}{4} - \frac{1}{8}$; $\frac{4}{5} - \frac{5}{10}$
h) $\frac{3}{4} - \frac{2}{12}$; $\frac{8}{12} - \frac{1}{4}$
i) $\frac{11}{12} - \frac{2}{6}$; $\frac{5}{6} - \frac{4}{18}$
k) $\frac{11}{14} - \frac{3}{7}$; $\frac{13}{20} - \frac{3}{10}$
l) $\frac{41}{34} - \frac{19}{17}$; $\frac{27}{36} - \frac{5}{18}$
m) $\frac{29}{30} - \frac{1}{5}$; $\frac{19}{40} - \frac{3}{10}$

6 Kürze das Ergebnis, wenn es möglich ist.

a) $\frac{1}{6} + \frac{3}{4}$; $\frac{3}{4} + \frac{1}{10}$
b) $\frac{5}{6} + \frac{1}{15}$; $\frac{1}{10} + \frac{5}{6}$
c) $\frac{1}{8} + \frac{1}{10}$; $\frac{1}{9} + \frac{3}{12}$
d) $\frac{9}{10} - \frac{4}{15}$; $\frac{5}{6} - \frac{5}{8}$
e) $\frac{11}{12} - \frac{11}{18}$; $\frac{27}{30} - \frac{17}{20}$
f) $\frac{1}{4} - \frac{1}{14}$; $\frac{2}{9} - \frac{1}{30}$

Lösungen: $\frac{17}{20}$; $\frac{9}{10}$; $\frac{14}{15}$; $\frac{9}{40}$; $\frac{11}{12}$; $\frac{13}{36}$; $\frac{5}{24}$; $\frac{19}{30}$; $\frac{1}{20}$; $\frac{5}{28}$; $\frac{17}{90}$; $\frac{11}{36}$

7 Berechne und schreibe das Ergebnis als gemischte Zahl.

a) $\frac{4}{5} + \frac{5}{6}$; $\frac{7}{8} + \frac{5}{12}$
b) $\frac{3}{10} + \frac{8}{9}$; $\frac{3}{4} + \frac{5}{6}$
c) $\frac{5}{12} + \frac{3}{5}$; $\frac{7}{10} + \frac{8}{15}$
d) $\frac{11}{4} - \frac{1}{5}$; $\frac{11}{6} - \frac{5}{8}$
e) $\frac{22}{3} - \frac{1}{2}$; $\frac{15}{11} - \frac{1}{4}$

$\frac{7}{12} + \frac{11}{15} = \frac{35}{60} + \frac{44}{60} = \frac{79}{60} = 1\frac{19}{60}$

Lösungen: $1\frac{7}{24}$, $1\frac{1}{60}$, $1\frac{7}{12}$, $2\frac{11}{20}$, $1\frac{7}{30}$, $6\frac{5}{6}$, $1\frac{5}{44}$, $1\frac{17}{90}$, $1\frac{5}{24}$, $1\frac{19}{30}$

8 Für eine Schulfeier malen die Schüler Bühnenbilder. Dazu mischen sie Farbe.

a) Wie viel Liter orange Farbe entsteht?
b) Die Schüler verbrauchen $\frac{5}{6}$ *l* der orangen Farbe. Welcher Bruchteil bleibt übrig?

1 Bestimme die Platzhalter. Manchmal gibt es auch mehrere Lösungen.

a) $\frac{5}{37} + \frac{5}{37} = \frac{\square}{37}$ b) $\frac{3}{29} + \frac{14}{\square} = \frac{\square}{29}$ c) $\frac{4}{17} + \frac{4}{\square} = \frac{8}{\square}$ d) $\frac{11}{41} + \frac{\square}{41} = \frac{19}{\square}$ e) $\frac{3}{\square} + \frac{7}{\square} = \frac{\square}{19}$

$\frac{\square}{23} + \frac{8}{\square} = \frac{17}{23}$ $\frac{\square}{13} + \frac{3}{13} = \frac{11}{\square}$ $\frac{\square}{3} + \frac{1}{3} = \frac{2}{\square}$ $\frac{\square}{7} + \frac{\square}{7} = \frac{2}{\square}$ $\frac{14}{31} + \frac{3}{\square} = \frac{\square}{31}$

2 Die Aufgabe $2 - \frac{3}{4}$ kannst du auf unterschiedliche Weise lösen.

a) Erkläre die dargestellten Lösungswege.

(1)

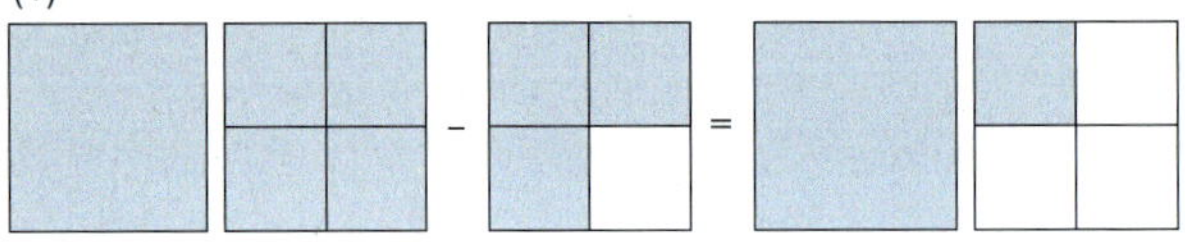

(2) $2 - \frac{3}{4}$
$= 1\frac{4}{4} - \frac{3}{4}$
$= 1\frac{1}{4}$

(3) $2 - \frac{3}{4}$
$= \frac{8}{4} - \frac{3}{4}$
$= 1\frac{1}{4}$

b) Gib das Ergebnis an.

(1) $4 - \frac{5}{6}$ (2) $2 - \frac{2}{3}$ (3) $3 - \frac{7}{12}$ (4) $1 - \frac{3}{16}$ (5) $3 - \frac{7}{5}$ (6) $5 - \frac{13}{12}$

3 Suche einen gemeinsamen Nenner und berechne.

a) $\frac{1}{2} + \frac{1}{3} + \frac{1}{4}$ b) $\frac{1}{4} + \frac{2}{5} + \frac{3}{7}$ c) $\frac{1}{9} + \frac{2}{3} + \frac{4}{5}$ d) $\frac{3}{4} - \frac{3}{7} - \frac{3}{28}$

$\frac{8}{9} - \frac{3}{7} - \frac{5}{21}$ $\frac{11}{12} - \frac{4}{36} - \frac{1}{3}$ $\frac{7}{8} - \frac{7}{12} - \frac{7}{24}$ $\frac{5}{7} - \frac{7}{21} - \frac{21}{63}$

$\frac{1}{6} + \frac{1}{5} + \frac{1}{2}$ $\frac{12}{18} - \frac{15}{60} - \frac{7}{24}$ $\frac{4}{12} + \frac{15}{45} + \frac{7}{21}$ $\frac{15}{25} + \frac{7}{35} + \frac{2}{10}$

Lösungen: $\frac{13}{15}$; 1; 0; $\frac{1}{21}$; $\frac{17}{36}$; $1\frac{11}{140}$; 1; $1\frac{1}{12}$; $\frac{2}{9}$; $1\frac{26}{45}$; $\frac{3}{14}$; $\frac{1}{8}$

4 Du kannst die Klammern geschickter setzen. Berechne dann. Du darfst die Brüche auch vertauschen.

> $a + b = b + a$
> $a + (b + c) = (a + b) + c$

a) $\left(\frac{1}{5} + \frac{3}{4}\right) + \frac{1}{4}$ b) $\left(\frac{5}{11} + \frac{2}{3}\right) + \frac{4}{3}$ c) $\frac{7}{20} + \left(\frac{4}{15} + \frac{33}{20}\right)$ d) $\frac{3}{10} + \left(\frac{3}{8} + \frac{17}{10}\right)$

$\left(\frac{3}{22} + \frac{1}{5}\right) + 4\frac{4}{5}$ $\frac{4}{13} + \left(\frac{9}{13} + \frac{4}{7}\right)$ $1\frac{4}{7} + \left(\frac{3}{5} + \frac{3}{7}\right)$ $\frac{10}{25} + \left(\frac{7}{9} + \frac{3}{5}\right)$

5 Hier fehlen Brüche. Ergänze sie so, dass beim Addieren in den Spalten, in den Zeilen und in den Diagonalen immer die Summe 1 erreicht wird.

a)

$\frac{4}{15}$	$\square$	$\square$
$\square$	$\square$	$\frac{4}{15}$
$\square$	$\square$	$\frac{2}{5}$

b)

$\square$	$\square$	$\frac{1}{3}$
$\square$	$\frac{1}{3}$	$\frac{5}{9}$
$\square$	$\square$	$\square$

c)

$\frac{8}{15}$	$\square$	$\square$
$\square$	$\frac{1}{3}$	$\square$
$\frac{2}{5}$	$\square$	$\square$

6 Lege die Zahlenkärtchen passend für die Platzhalter.

1 3 4 6 7 12

$\frac{\square}{\square} + \frac{\square}{\square} = \frac{\square}{\square}$

7 Im Zeitungsausschnitt auf Seite 60 geht es um ein Urteil des Landgerichts Köln. Die Kläger waren auch mit dem zweiten Kostenentscheid nicht einverstanden. Kannst du das erklären?

8 Das Bild zeigt die Addition und Subtraktion von Brüchen.

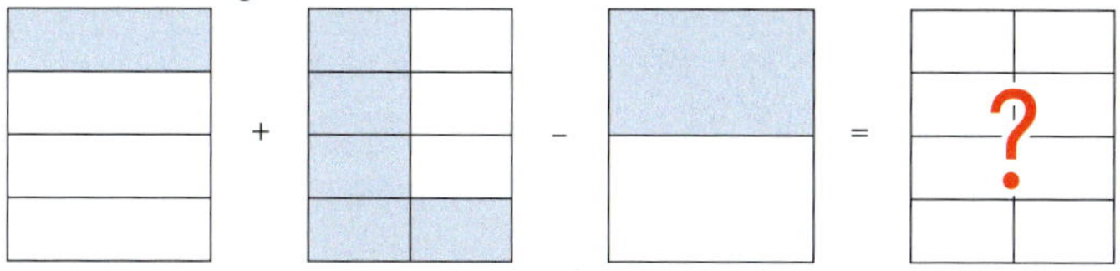

Notiere die zum Bild passende Aufgabe. Stelle das Ergebnis als Bild und als Bruch dar.

9 In der Abbildung sind zwei Brüche dargestellt. Welche beiden Brüche sind das?

(1)
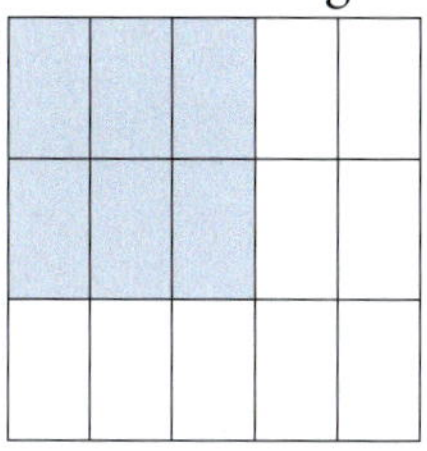

(2)
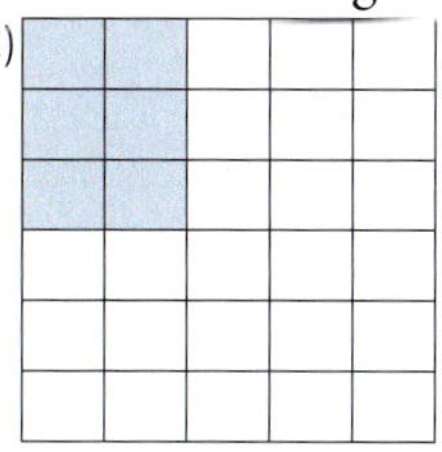

a) Bestimme die Summe und die Differenz der beiden Brüche.
b) Du darfst nun die Brüche beliebig oft addieren. Finde Additionsaufgaben mit diesen Brüchen, so dass die Summe 1 (Summe 2) ergibt.
c) Finde eine Subtraktionsaufgabe mit dem Differenzwert null.

10

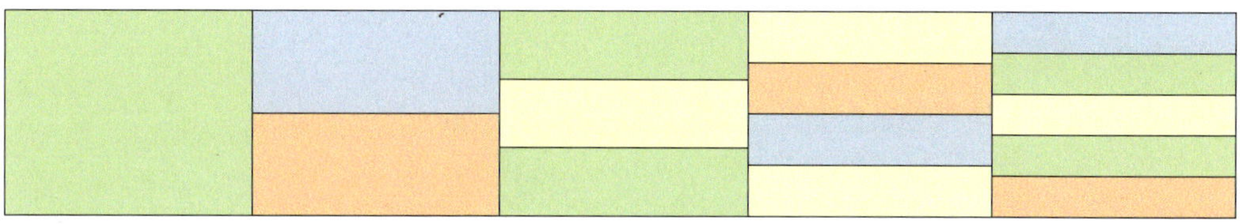

Das Bild oben besteht aus Flächen, die unterschiedlich gefärbt sind. Die Farben sind so verteilt, dass sich gleichfarbige Flächen an keiner Stelle berühren.
a) Berechne, welcher Anteil der Gesamtfläche grün, blau, gelb oder rot gefärbt ist.
b) Zeichne das Bild noch einmal. Färbe die Teilflächen wie oben beschrieben, aber versuche nur drei Farben zu verwenden. Berechne die Anteile der Farben.
c) Die Anteile der einzelnen Farben sollen annähernd gleich sein.

11 Luis behauptet: „Ich kann dir die Summe einer unendlich langen Aufgabe sagen!"

$\frac{1}{2} + \frac{1}{4} + \frac{1}{8} + \frac{1}{16} + \frac{1}{32} + \ldots = \square$

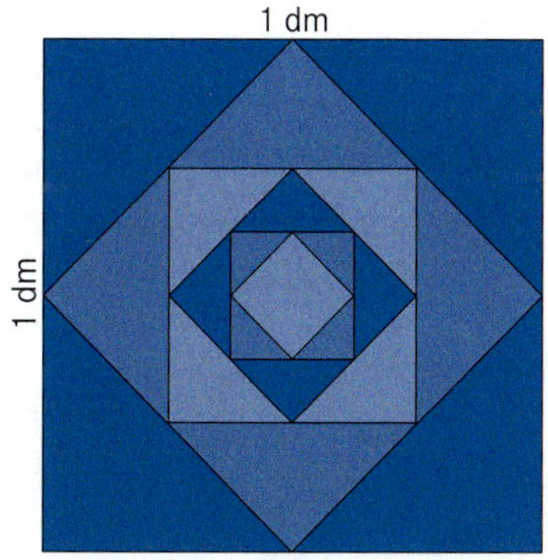

a) Schätze, welcher Summenwert sich ergeben könnte.
b) Mit Hilfe von Quadraten kannst du diese Aufgabe veranschaulichen. Nimm ein Quadrat mit 1 dm Seitenlänge. Falte die Ecken in die Mitte des Quadrates, falte wieder auf und schneide entlang den Faltkanten. Es entstehen vier Dreiecke, die du zu einem neuen Quadrat zusammenlegen kannst.
Was kannst du über den Flächeninhalt des neuen Quadrates aussagen?
c) Falte das Restquadrat nun wieder wie in b), schneide die Ecken ab und bilde ein neues Quadrat. Die jeweils neuen Quadrate kannst du wie im Bild auf ein (weiteres) Quadrat der Seitenlänge 1 dm kleben. Führe denselben Arbeitsgang mehrmals durch. Mit deinem Nachbarn zusammen und mit zweifarbigen Blättern kannst du ein zweifarbiges Bild bekommen.
d) Erkläre mit Hilfe des Bildes die Lösung von Luis' Aufgabe.

1 Betrachte die Aufgabenreihe: $\frac{1}{2} + \frac{1}{3}$; $\frac{1}{3} + \frac{1}{4}$; $\frac{1}{4} + \frac{1}{5}$; $\frac{1}{5} + \frac{1}{6}$; …

a) Berechne. Welche Regelmäßigkeit erkennst du?

b) Welches Ergebnis vermutest du bei $\frac{1}{30} + \frac{1}{31}$? Überprüfe deine Vermutung durch Rechnung.

2 Auch hier gibt es Regelmäßigkeiten in der Aufgabenreihe.

a) Berechne $\frac{1}{2} + \frac{2}{3}$; $\frac{1}{3} + \frac{3}{4}$; $\frac{1}{4} + \frac{4}{5}$.

b) Löse $\frac{1}{9} + \frac{9}{10}$ und $\frac{1}{90} + \frac{90}{91}$ durch Überlegung.

3 Überprüfe, ob du auch bei Differenzen bestimmter Brüche Regelmäßigkeiten findest.

a) $\frac{1}{2} - \frac{1}{3}$; $\frac{1}{3} - \frac{1}{4}$; $\frac{1}{4} - \frac{1}{5}$; $\frac{1}{5} - \frac{1}{6}$.

b) $\frac{2}{3} - \frac{1}{2}$; $\frac{3}{4} - \frac{2}{3}$; $\frac{4}{5} - \frac{3}{4}$; $\frac{5}{6} - \frac{4}{5}$

c) Löse mit den Überlegungen aus a) bzw. b) die Subtraktionen $\frac{1}{99} - \frac{1}{100}$ und $\frac{99}{100} - \frac{98}{99}$.

4 Berechne. Was fällt dir auf?

a) $\frac{1}{5} + \frac{1}{10} + \frac{1}{30}$

$\frac{1}{4} + \frac{1}{16} + \frac{1}{48}$

$\frac{1}{4} + \frac{1}{16} + \frac{1}{64} + \frac{1}{192}$

b) $\frac{1}{5} + \frac{1}{20}$

$\frac{1}{9} + \frac{1}{12} + \frac{1}{18}$

$\frac{1}{8} + \frac{1}{16} + \frac{1}{20} + \frac{1}{80}$

c) $\frac{1}{30} + \frac{1}{6}$

$\frac{1}{8} + \frac{1}{20} + \frac{1}{40}$

$\frac{1}{10} + \frac{1}{20} + \frac{1}{30} + \frac{1}{60}$

5 Addiere.

a) $\frac{1}{2} + \frac{1}{3} + \frac{1}{6}$

b) $\frac{1}{2} + \frac{1}{4} + \frac{1}{5} + \frac{1}{20}$

c) $\frac{1}{3} + \frac{1}{4} + \frac{1}{5} + \frac{1}{6} + \frac{1}{20}$

d) $\frac{1}{2} + \frac{1}{5} + \frac{1}{8} + \frac{1}{10} + \frac{1}{20} + \frac{1}{40}$

e) $\frac{1}{3} + \frac{1}{4} + \frac{1}{6} + \frac{1}{9} + \frac{1}{12} + \frac{1}{18}$

f) $\frac{1}{3} + \frac{1}{5} + \frac{1}{6} + \frac{1}{9} + \frac{1}{10} + \frac{1}{18} + \frac{1}{30}$

6

$$\frac{1}{2} = \frac{3}{6} = \frac{2}{6} + \frac{1}{6} = \frac{1}{3} + \frac{1}{6}$$

Aufgaben mit besonderen Ergebnissen kannst du auch selbst erstellen. Erweitere einen Bruch geschickt und zerlege ihn wie im Beispiel in eine Summe aus Stammbrüchen.

a) $\frac{1}{4} = \frac{3}{\square} = \ldots = \frac{\square}{\square} + \frac{\square}{\square}$

b) $\frac{1}{6} = \frac{\square}{48} = \ldots = \frac{\square}{\square} + \frac{\square}{\square} + \frac{\square}{\square}$

c) Finde weitere Bruchsummen für die Brüche $\frac{1}{2}$, $\frac{1}{4}$ und $\frac{1}{6}$.

G

Bereits vor 3000 Jahren rechneten die Ägypter mit Bruchsummen, da sie mit ihren Hieroglyphen nur Stammbrüche darstellen konnten. Informiere dich darüber im Internet.

 $= \frac{1}{3}$

 $= \frac{1}{10}$

1

$$4\tfrac{1}{9} - 2\tfrac{5}{6} = \tfrac{37}{9} - \tfrac{17}{6} = \tfrac{74}{18} - \tfrac{51}{18} = \tfrac{23}{18} = 1\tfrac{5}{18}$$

$$4\tfrac{1}{9} - 2\tfrac{5}{6} = 4\tfrac{2}{18} - 2\tfrac{15}{18} = 3\tfrac{20}{18} - 2\tfrac{15}{18} = 1\tfrac{5}{18}$$

a) Erkläre die Lösungswege von Murat und Carina.
b) Erfinde eine Aufgabe, bei der der Lösungsweg von Murat günstiger ist und eine Aufgabe, bei der Carinas Lösungsweg zu bevorzugen ist.

2 Berechne. Kürze das Ergebnis, wenn möglich.

a) $3\frac{1}{6} + 6\frac{2}{3}$ b) $3\frac{11}{20} + 1\frac{2}{5}$ c) $1\frac{4}{9} + 9\frac{1}{4}$ d) $35\frac{7}{8} - 28\frac{5}{6}$

$4\frac{5}{9} - 2\frac{1}{3}$ $10\frac{7}{15} - 7\frac{2}{3}$ $17\frac{5}{24} - 5\frac{1}{3}$ $12\frac{3}{5} - 11\frac{1}{2}$

Lösungen: $1\frac{1}{10}$; $10\frac{25}{36}$; $2\frac{4}{5}$; $2\frac{2}{9}$; $4\frac{19}{20}$; $9\frac{5}{6}$; $7\frac{1}{24}$; $11\frac{7}{8}$

3 Erstelle einen Term und berechne.

a) Addiere zu der Summe aus $1\frac{1}{4}$ und $2\frac{5}{12}$ den Bruch $\frac{1}{6}$.
b) Subtrahiere von der Summe aus $1\frac{4}{15}$ und $2\frac{1}{10}$ den Bruch $\frac{1}{6}$.
c) Addiere zur Differenz aus $7\frac{1}{2}$ und $3\frac{2}{5}$ die gemischte Zahl $4\frac{3}{10}$.
d) Der Summenwert von drei Zahlen ist $8\frac{3}{4}$. Die erste Zahl ist $1\frac{1}{5}$, die zweite ist doppelt so groß wie die erste. Wie groß ist die dritte Zahl?

4 Welche Lösung erhältst du?

5 Wohin fährt das Schiff?

Setze das Lösungswort richtig zusammen.

$7\frac{5}{8} - 3\frac{1}{5} - 1\frac{4}{5}$

$10\frac{7}{15} - \frac{7}{9} + 2\frac{1}{5}$

$4\frac{7}{8} - 3\frac{5}{12} - \frac{1}{3}$

$\left(\frac{3}{4} + 3\frac{7}{10}\right) - \left(\frac{4}{5} - \frac{4}{15}\right)$

$7\frac{1}{5} - \left[\left(3\frac{5}{6} - 1\frac{4}{15}\right) + 1\frac{1}{2}\right]$

$\left(5\frac{3}{4} + 4\frac{7}{10}\right) - \left(5\frac{4}{5} - 1\frac{1}{4}\right)$

1 In Deutschland leben etwa 82 Millionen Menschen. Davon sind ungefähr $\frac{3}{20}$ unter 15 Jahren und etwa $\frac{1}{5}$ über 65 Jahre alt. Welcher Bruchteil der Bevölkerung ist zwischen 15 und 65 Jahren alt? Wie viel Prozent sind das?

2 Leon und Simon verbessern ihr Taschengeld durch kleine Renovierungsarbeiten.

a) Zum Streichen von Omas Küche verdünnen sie $2\frac{1}{2}\,l$ Wandfarbe mit $\frac{1}{8}\,l$ Wasser. Wie viel Liter Wandfarbe erhalten sie?
b) Auf der Farbe steht, dass sie mit maximal 10 % Wasser verdünnt werden soll. Haben die Jungen diese Vorgabe eingehalten?
c) Arbeiten macht durstig, ein hervorragender Durstlöscher ist eine kühle Kirsch-Apfel-Schorle. In der Flasche sind noch 0,6 Liter Kirsch-Apfel-Saft, den sie mit $\frac{3}{4}\,l$ Mineralwasser mischen. Reicht dazu eine Karaffe, in die $1\frac{1}{2}\,l$ Flüssigkeit passen?

3

Simon wünscht sich ein neues Fahrrad. Er hat bereits ein Mountainbike ausgesucht, für 696 €. Sein Vater zahlt $\frac{2}{5}$ des Preises, seine Großmutter spendiert $\frac{1}{10}$ und $\frac{3}{8}$ der Kosten übernimmt sein Patenonkel. Den Rest zahlt er selbst.

4 In der Schule von Laura kommen $\frac{3}{8}$ der Schülerinnen und Schüler mit dem Rad zur Schule, 25 % gehen zu Fuß, $\frac{1}{6}$ benutzt den Zug und die restlichen 145 Jugendlichen fahren mit dem Bus zur Schule.
a) Wie viel Prozent der Schülerinnen und Schüler kommen mit dem Rad?
b) Wie viele Schülerinnen und Schüler hat die Schule?
c) Erhan sagt: „Die Schülerinnen und Schüler an meiner Schule sind viel sportlicher als eure, denn von unseren 1050 Schülern kommen 630 Schüler oder Schülerinnen mit dem Rad oder zu Fuß zur Schule!“ Hat er Recht?

5 Das Meinungsforschungsinstitut WwmaS (Wir wissen mehr als Sie) hat eine Umfrage unter 2500 Sechs- bis Siebzehnjährigen durchgeführt zu der Frage: „Wie viel Geld hast du im Monat zur Verfügung?“ Einige Ergebnisse siehst du in der Tabelle.

Verfügbare Geldmenge in €	1–19	20–29	30–49	50–74	über 75	kein Geld
Anteil der Befragten		20 %	$\frac{7}{20}$	17 %		$\frac{1}{20}$
Anzahl der Befragten	275				300	

a) Berechne die fehlenden Werte.
b) Welcher Anteil der Befragten hat ein monatliches Taschengeld?
c) Welcher Anteil der Befragten verfügt über mehr als 30 € im Monat?
d) Führt in eurer Klasse eine geheime Umfrage durch. Vergleicht euer Ergebnis mit dem des Meinungsforschungsinstituts.

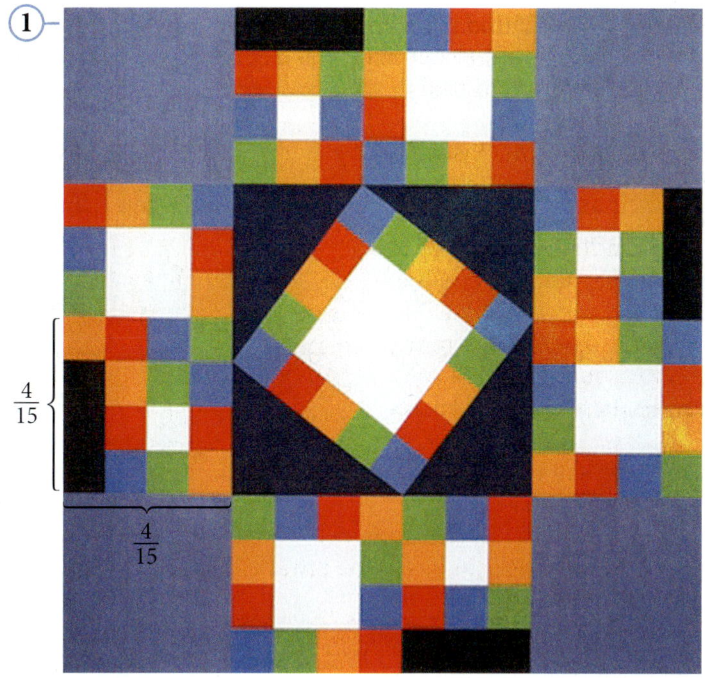

1 Der Künstler MAX BILL hat seinen Bildern oft geometrische Formen zugrunde gelegt wie im Bild links.

a) Erkläre die Bemaßung $\frac{4}{15}$ im Bild.

b) Welchen Bruchteil des Bildes bildet eine der blauen Eckflächen?

2 In den folgenden Quadraten ist jeweils eine Rechtecksfläche farbig markiert.

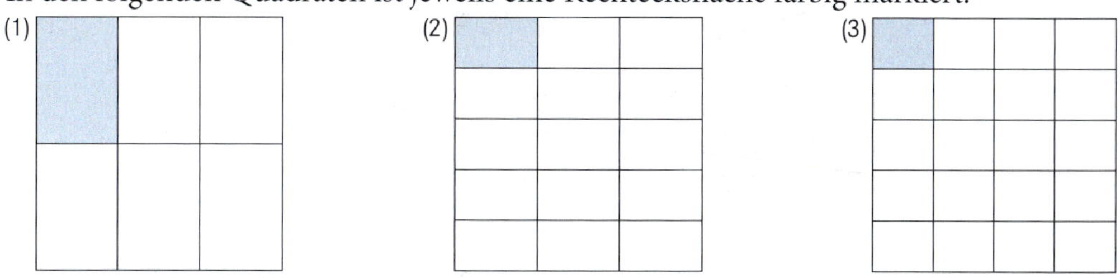

a) Begründe, dass die farbigen Flächen jeweils als Produktterm angegeben werden können.

b) Ordne den farbig markierten Flächen jeweils ein passendes Produkt zu. Erkläre deine Entscheidung.
(A) $\frac{1}{4} \cdot \frac{1}{5}$ (B) $\frac{1}{2} \cdot \frac{1}{3}$ (C) $\frac{1}{3} \cdot \frac{1}{5}$

c) Bestimme den Wert der Produkte.

3 Das nebenstehende Bild ist ein Quadrat.

a) Übertrage das Bild in geeigneter Größe in dein Heft. Stelle die blaue Fläche als Produkt dar und gib den Produktwert an.

b) Stelle die rote und die orange Fläche ebenfalls als Produkt dar und notiere den Produktwert. Es gibt mehrere Möglichkeiten.

c) Färbe die Fläche für das Produkt $\frac{1}{2} \cdot \frac{3}{5}$ grün. Gib den Produktwert an.

d) Finde Produkte für die restlichen Flächen.

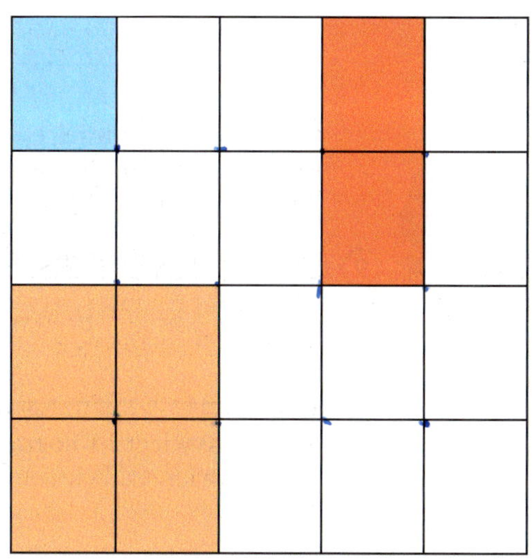

4 Veranschauliche durch ein Bild und berechne.

a) $\frac{1}{4} \cdot \frac{2}{3}$ b) $\frac{3}{4} \cdot \frac{2}{5}$ c) $\frac{2}{3} \cdot \frac{2}{5}$ d) $\frac{2}{3} \cdot \frac{3}{4}$

M **Multiplikation**

Multiplikation von Brüchen
Brüche werden miteinander multipliziert, indem man Zähler mit Zähler und Nenner mit Nenner multipliziert.

$\frac{2}{3} \cdot \frac{5}{7} = \frac{2 \cdot 5}{3 \cdot 7} = \frac{10}{21}$ $\frac{a}{b} \cdot \frac{c}{d} = \frac{a \cdot c}{b \cdot d}$ $a, c \in \mathbb{N}_0$; $b, d \in \mathbb{N}$

Übungen

5 Berechne und vergleiche. Setze >, < oder = .

a) $\frac{1}{6} \cdot \frac{1}{2}$; $\frac{1}{3} \cdot \frac{1}{2}$ b) $\frac{1}{3} \cdot \frac{1}{4}$; $\frac{1}{6} \cdot \frac{1}{4}$ c) $\frac{2}{5} \cdot \frac{1}{3}$; $\frac{2}{3} \cdot \frac{1}{5}$ d) $\frac{1}{6} \cdot \frac{2}{3}$; $\frac{2}{7} \cdot \frac{1}{3}$ e) $\frac{3}{8} \cdot \frac{2}{3}$; $\frac{3}{4} \cdot \frac{2}{6}$

6

$8 \cdot \frac{3}{7} = \frac{8}{1} \cdot \frac{3}{7} = \frac{24}{7} = 3\frac{3}{7}$

Berechne.

a) $\frac{3}{5} \cdot 3$; $\frac{3}{5} \cdot 5$ b) $\frac{3}{8} \cdot 8$; $\frac{3}{8} \cdot 12$ c) $\frac{5}{6} \cdot 3$; $\frac{5}{6} \cdot 8$ d) $\frac{3}{4} \cdot 6$; $\frac{3}{4} \cdot 14$ e) $\frac{5}{12} \cdot 4$; $\frac{5}{12} \cdot 10$

7 Multipliziere, kürze wenn möglich vor dem Ausmultiplizieren.

$\frac{9}{16} \cdot \frac{8}{5} = \frac{9 \cdot \cancel{8}^{1}}{_{2}\cancel{16} \cdot 5} = \frac{1 \cdot 9}{2 \cdot 5} = \frac{9}{10}$

a) $\frac{5}{8} \cdot \frac{4}{7}$ b) $\frac{14}{15} \cdot \frac{10}{21}$ c) $\frac{5}{9} \cdot \frac{3}{7}$ d) $12 \cdot \frac{5}{18}$ e) $\frac{4}{5} \cdot \frac{3}{20}$ f) $\frac{3}{8} \cdot \frac{7}{15}$

g) $\frac{3}{8} \cdot \frac{5}{12}$ h) $\frac{10}{21} \cdot 14$ k) $\frac{2}{5} \cdot \frac{3}{10}$ l) $\frac{11}{36} \cdot 24$ m) $21 \cdot \frac{9}{24}$ n) $\frac{12}{13} \cdot \frac{26}{36}$

Lösungen: $\frac{7}{40}$; $\frac{4}{9}$; $\frac{5}{21}$; $\frac{5}{14}$; $\frac{5}{32}$; $\frac{3}{25}$; $\frac{3}{25}$; $\frac{2}{3}$; $3\frac{1}{3}$; $6\frac{2}{3}$; $7\frac{1}{3}$; $7\frac{7}{8}$

8 Hier verbergen sich Multiplikationsaufgaben. Berechne.

(1) Das Fünffache von $\frac{1}{10}$

(2) Ein Zehntel von $\frac{1}{4}$

(3) Das Sechsfache von $\frac{1}{12}$

(4) Das Neunfache von $\frac{5}{18}$

(5) Ein Drittel von $\frac{9}{15}$

(6) Drei Viertel von $\frac{1}{24}$

(7) Die Hälfte von $\frac{4}{9}$

9 Gib als Bruch und in der nächstkleineren Einheit an.

a) $\frac{1}{4}$ von $\frac{1}{2}$ m b) $\frac{1}{3}$ von $\frac{3}{4}$ m^2 c) $\frac{1}{2}$ von $\frac{3}{4}$ kg d) $\frac{1}{5}$ von $\frac{3}{8}$ l e) $\frac{1}{5}$ von $\frac{1}{4}$ h

Eine Gans wiegt 2 Kilogramm mehr als die Hälfte ihres Gewichtes. Wie schwer ist die Gans?

10 Welche Produkte haben denselben Wert?

(1) $\frac{2}{3} \cdot \frac{5}{8}$ (2) $\frac{3}{8} \cdot \frac{7}{5}$ (3) $\frac{1}{4} \cdot \frac{5}{3}$ (4) $\frac{10}{7} \cdot \frac{7}{25}$ (5) $\frac{1}{2} \cdot \frac{5}{6}$ (6) $\frac{14}{25} \cdot \frac{5}{7}$ (7) $\frac{3}{4} \cdot \frac{1}{5}$

(8) $\frac{7}{8} \cdot \frac{3}{5}$ (9) $\frac{4}{3} \cdot \frac{1}{10}$ (10) $\frac{4}{9} \cdot \frac{3}{10}$ (11) $\frac{3}{5} \cdot \frac{1}{4}$ (12) $\frac{1}{3} \cdot \frac{5}{4}$ (13) $\frac{3}{18} \cdot \frac{3}{7}$ (14) $\frac{3}{7} \cdot \frac{1}{6}$

11 Multipliziere, kürze zuerst.

a) $\frac{7}{15} \cdot \frac{6}{35}$ b) $\frac{14}{23} \cdot \frac{46}{42}$ c) $\frac{12}{17} \cdot \frac{34}{21}$ d) $\frac{48}{51} \cdot \frac{17}{16}$ e) $\frac{37}{57} \cdot \frac{38}{111}$ f) $\frac{11}{20} \cdot \frac{4}{33}$

$\frac{13}{25} \cdot \frac{15}{39}$ $\frac{17}{60} \cdot \frac{15}{68}$ $\frac{25}{48} \cdot \frac{16}{75}$ $\frac{34}{36} \cdot \frac{12}{68}$ $\frac{42}{39} \cdot \frac{26}{28}$ $\frac{24}{25} \cdot \frac{15}{16}$

$\frac{21}{19} \cdot \frac{38}{49}$ $\frac{81}{52} \cdot \frac{26}{27}$ $\frac{23}{27} \cdot \frac{54}{69}$ $\frac{58}{68} \cdot \frac{51}{116}$ $\frac{35}{81} \cdot \frac{45}{49}$ $\frac{27}{28} \cdot \frac{7}{36}$

Lösungen: $\frac{2}{9}$; 1; $\frac{25}{63}$; $\frac{2}{25}$; $\frac{1}{5}$; $\frac{6}{7}$; 1; $\frac{1}{6}$; $\frac{3}{8}$; $\frac{8}{7}$; $\frac{1}{9}$; $\frac{2}{3}$; $\frac{2}{3}$; $\frac{1}{16}$; $\frac{3}{2}$; $\frac{1}{15}$; $\frac{9}{10}$; $\frac{3}{16}$

12 Berechne.

$$\frac{2}{13} \cdot \frac{3}{5} \cdot \frac{26}{17} = \frac{2 \cdot 3 \cdot \cancel{26}^{2}}{{}_{1}\cancel{13} \cdot 5 \cdot 17} = \frac{12}{85}$$

a) $\frac{19}{11} \cdot \frac{9}{19} \cdot \frac{11}{12}$ b) $\frac{9}{45} \cdot \frac{15}{81} \cdot \frac{18}{5}$ c) $\frac{13}{14} \cdot \frac{3}{5} \cdot \frac{35}{39}$

$\frac{11}{14} \cdot \frac{7}{8} \cdot \frac{12}{33}$ $\frac{31}{42} \cdot \frac{14}{36} \cdot \frac{9}{62}$ $\frac{6}{17} \cdot \frac{5}{24} \cdot \frac{34}{35}$

$\frac{3}{4} \cdot \frac{8}{9} \cdot \frac{1}{5}$ $\frac{3}{8} \cdot \frac{17}{24} \cdot \frac{26}{34}$ $\frac{45}{48} \cdot \frac{16}{27} \cdot \frac{18}{25}$

Lösungen: $\frac{1}{4}$; $\frac{3}{4}$; $\frac{2}{15}$; $\frac{1}{24}$; $\frac{1}{2}$; $\frac{1}{14}$; $\frac{2}{5}$; $\frac{2}{15}$; $\frac{13}{64}$

13 Übertrage die Aufgaben in dein Heft und ersetze die Platzhalter.

a) $\frac{4}{5} \cdot \frac{\square}{4} = \frac{7}{5}$ b) $\frac{3}{4} \cdot \frac{7}{\square} = \frac{21}{40}$ c) $\frac{3}{\square} \cdot \frac{5}{8} = \frac{15}{16}$ d) $\frac{3}{8} \cdot \frac{5}{\square} = \frac{5}{16}$ e) $\frac{1}{12} \cdot \frac{4}{\square} = \frac{1}{15}$

f) $\frac{5}{7} \cdot \frac{14}{\square} = \frac{10}{3}$ g) $\frac{\square}{8} \cdot \frac{24}{5} = \frac{21}{5}$ h) $\frac{3}{2} \cdot \frac{\square}{\square} = \frac{3}{4}$ k) $\frac{1}{5} \cdot \frac{\square}{\square} = \frac{3}{10}$ l) $\frac{2}{5} \cdot \frac{\square}{\square} = 1$

14 Forme um und multipliziere wie im Beispiel.

a) $2\frac{1}{4} \cdot \frac{1}{3}$ b) $6\frac{3}{8} \cdot \frac{2}{3}$ c) $5\frac{2}{5} \cdot \frac{2}{9}$ d) $\frac{1}{4} \cdot 4\frac{4}{7}$ e) $1\frac{4}{5} \cdot \frac{5}{6}$

f) $\frac{4}{5} \cdot 3\frac{1}{8}$ g) $8\frac{1}{6} \cdot \frac{3}{7}$ h) $2\frac{1}{4} \cdot 3\frac{1}{3}$ k) $3\frac{1}{5} \cdot 1\frac{1}{4}$ l) $2\frac{1}{24} \cdot 12$

m) $5\frac{5}{6} \cdot 2\frac{4}{7}$ n) $44 \cdot 4\frac{1}{11}$

$$4\frac{1}{5} \cdot \frac{5}{3} = \frac{{}^{7}\cancel{21} \cdot \cancel{5}^{1}}{{}_{1}\cancel{5} \cdot \cancel{3}_{1}} = \frac{7 \cdot 1}{1 \cdot 1} = 7$$

15 Ivo kommt durstig vom Sportunterricht nach Hause und trinkt $\frac{3}{4}$ des Flascheninhalts auf einen Zug. Seine Mutter meint: „Jetzt hast du mindestens einen halben Liter getrunken.“ Hat sie Recht?

1 Eine Schule hat 480 Schülerinnen und Schüler, $\frac{13}{24}$ davon sind Jungen.

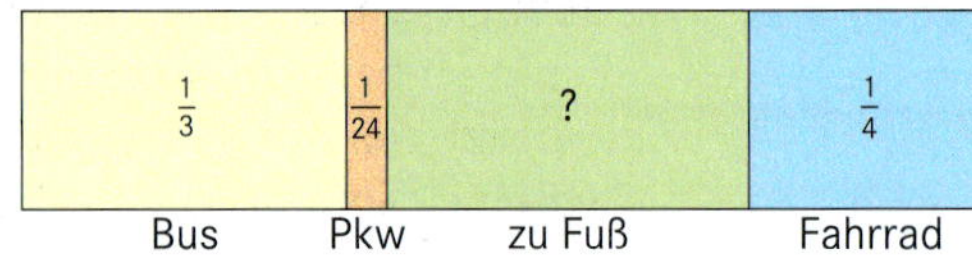

a) Wie viele Schülerinnen und Schüler kommen mit dem Bus, dem Pkw, zu Fuß und mit dem Fahrrad zur Schule?
b) Wie viele Mädchen gibt es an der Schule?

2 In der 2. Mathematik-Schulaufgabe haben in der Klasse 6 c von 30 Schülerinnen und Schülern $\frac{1}{15}$ die Note Eins erhalten, $\frac{1}{5}$ bekamen eine Zwei, $\frac{2}{5}$ der Schülerinnen und Schüler erzielten die Note Drei, $\frac{1}{6}$ die Note Vier und wiederum $\frac{1}{6}$ die Note 5.
a) Gab es auch Sechser bei dieser Schulaufgabe?
b) Wie viel Prozent der Schüler erhielten die Note Eins oder Zwei?
c) Gib die Notenverteilung mit der Anzahl der Schüler an.
d) In der 1. Mathematik-Schulaufgabe gab es genauso viele Einser und Zweier, aber mehr als die Hälfte der Klasse hatten eine schlechtere Note als Drei. Gib eine mögliche Verteilung an.

3 In der Schule gibt es eine Bläsergruppe mit 24 Schülerinnen und Schülern. Jeweils $\frac{1}{4}$ der Musikanten spielt Querflöte und Trompete, $\frac{1}{6}$ der Gruppe spielt Klarinette, jeweils $\frac{1}{8}$ von ihnen spielt Saxophon und Tuba, die restlichen Schüler sind Hornbläser.
a) In welcher Anzahl sind die einzelnen Instrumente vertreten?
b) Paul und Mergim spielen beide Trompete. Paul übt dreimal pro Woche eine dreiviertel Stunde, Mergim übt Montag bis Freitag täglich eine halbe Stunde. Wer übt länger?
c) Sofia, eine Querflötenspielerin, sagt: „Wenn ich nur halb so lang üben würde wie Mergim, könnt ich auch besser spielen. Aber ich schaffe nur ein Viertel seiner Übungszeit".

4 Hat Elena Recht?

1 In der Musik gibt es Ganze, Halbe, Viertel, Achtel, ... und zwar sowohl bei den Noten als auch bei den Pausen. Beim Singen oder Musizieren muss man z. B. wissen, wie lange eine Note oder eine Pause auszuhalten ist.

	$\frac{1}{1}$	$\frac{1}{2}$	$\frac{1}{4}$	$\frac{1}{8}$	$\frac{1}{16}$
Noten	𝅝	𝅗𝅥	♩	♪	𝅘𝅥𝅯
Pausen	𝄻	𝄼	𝄽	𝄾	𝄿

Fragt den Musiklehrer, ob ihr einige Rhythmusinstrumente ausleihen könnt (z. B. Handtrommel, Triangel, Tamburin, Xylophon u. ä.) und probiert aus:
- Mit einem Instrument werden halbe Noten geschlagen, mit einem anderen Viertel. Wie viele Viertel muss das erste Instrument für die halbe Note aushalten?
- Mit dem ersten Instrument werden ganze Noten geschlagen, mit dem zweiten Halbe und mit dem dritten Viertel.
- Überlegt euch weitere Möglichkeiten und probiert sie aus.

2 Beim $\frac{4}{4}$-Takt kommt auf jede Viertelnote normalerweise ein Taktschlag des Dirigenten.
Wie viele Taktschläge des Dirigenten muss eine halbe Note und wie viele eine ganze Note ausgehalten werden?
Wie viele Achtel kommen auf einen Taktschlag? Wie viele Sechzehntel sind es? Wie viele Taktschläge dauert die Pause in der untenstehenden Abbildung?

𝄽 𝄼 𝄾 𝄾

3 Die Notenlänge kann dadurch verändert werden, dass hinter der Note ein Punkt steht. Er bedeutet, dass die Note $1\frac{1}{2}$ mal so lange gesungen oder gespielt wird. Eine punktierte halbe Note (𝅗𝅥.) entspricht also 3 Viertelnoten, denn $\frac{1}{2} \cdot 1\frac{1}{2} = \frac{1}{2} \cdot \frac{3}{2} = \frac{3}{4}$

Welchen Wert haben jeweils die nebenstehenden Noten? 𝅝. 𝅗𝅥. ♩. ♪.

Wie viele Taktschläge kommen auf eine punktierte ganze Note; wie viele auf eine punktierte halbe Note und wie viele auf ein punktiertes Viertel?
Probiert wie oben mit Rhythmusinstrumenten verschiedene Möglichkeiten aus.

4 Beim $\frac{4}{4}$-Takt wird jeweils nach 4 Vierteln ein Taktstrich gezeichnet. Viele Lieder und Musikstücke beginnen vor dem 1. Takt mit einem unvollständigen Takt (Auftakt).
Zu Beginn eines Musikstückes schlägt der Dirigent immer einen Takt voraus und dann den Takt, in dem die Melodie beginnt.
Beim wievielten Schlag muss bei dem abgebildeten Lied begonnen werden?
Bei der Melodie ist in den Noten ein Druckfehler. Ein Punkt wurde vergessen. Kannst du herausfinden, bei welcher Note der Punkt fehlt?

1 David und Paul haben zwei Freunde eingeladen. Von einem Kuchenblech Zwetschgendatschi ist noch eine Hälfte übrig, die sich die vier Freunde teilen.

a) Welchen Bruchteil des ganzen Kuchens erhält jeder?
Notiere und löse die Rechenaufgabe in deinem Heft.

$\frac{1}{2} : 4 = \square$

b) Welchen Bruchteil des ganzen Kuchens hätte jeder erhalten, wenn sie noch $\frac{3}{4}$ ($\frac{2}{3}$) des Kuchens gehabt hätten? Eine Zeichnung kann dir helfen.

2 Welche Divisionsaufgabe ist dargestellt? Notiere die Aufgabe und die Lösung.

a)
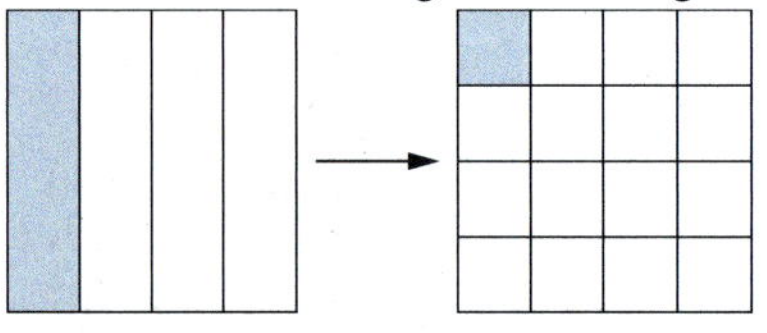

b)
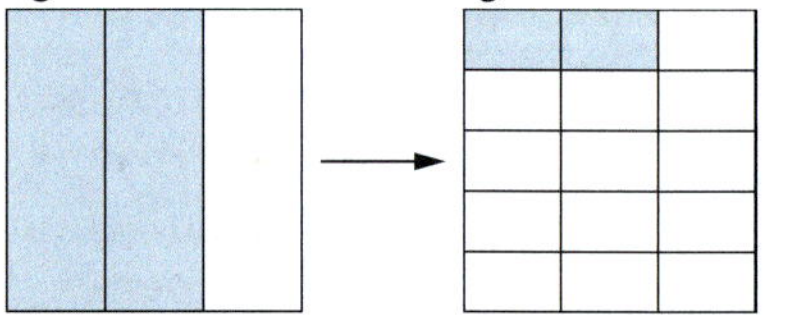

3 Berechne.

a) $\frac{1}{3} : 5$ b) $\frac{2}{7} : 3$ c) $\frac{3}{10} : 2$ d) $\frac{4}{5} : 3$ e) $\frac{2}{3} : 4$ f) $\frac{5}{8} : 10$

4 Die Bilder veranschaulichen wiederum Divisionsaufgaben.

(1)
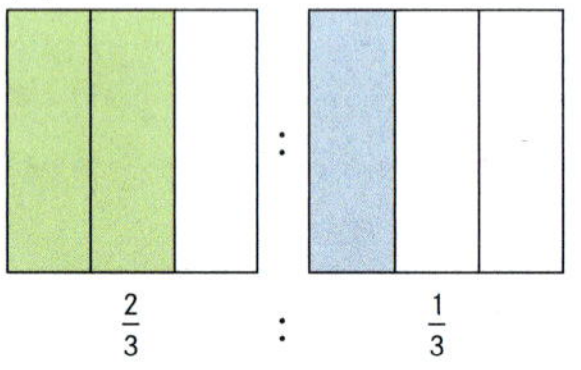

(2)
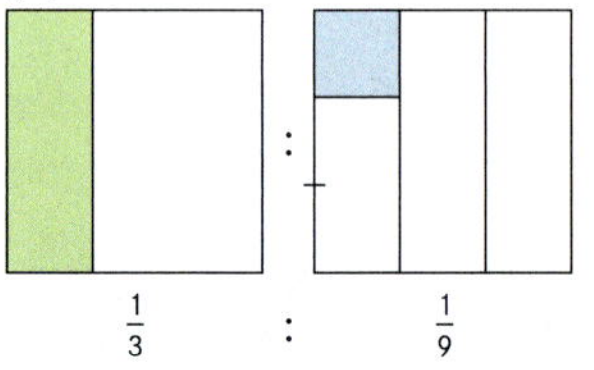

(3)
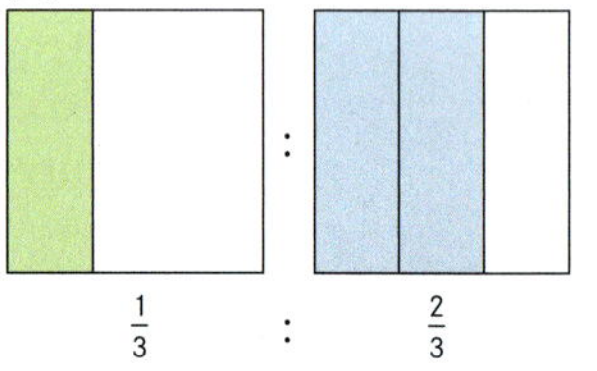

a) Um die Aufgaben zu lösen, musst du dir überlegen, wie oft die blaue Fläche in die grüne Fläche passt. Übertrage die Aufgabenstellung in dein Heft und löse sie.

b) Zu jeder Divisionsaufgabe aus a) passt eine Multiplikationsaufgabe. Ordne in deinem Heft richtig zu.

A $\frac{1}{3} \cdot \frac{9}{1} = 3$ **B** $\frac{1}{3} \cdot \frac{3}{2} = \frac{1}{2}$ **C** $\frac{2}{3} \cdot \frac{3}{1} = 2$

M

Jeder Bruch hat einen **Kehrwert**.

Kehrwert

Der Kehrwert von $\frac{2}{3}$ ist $\frac{3}{2}$; der Kehrwert von $7 = \frac{7}{1}$ ist $\frac{1}{7}$.

Der Kehrwert von $\frac{a}{b}$ ist $\frac{b}{a}$; der Kehrwert von a ist $\frac{1}{a}$ mit $a, b \in \mathbb{N}$.

Division

Wir **dividieren durch einen Bruch,** indem wir mit seinem Kehrwert multiplizieren.

$\frac{3}{7} : \frac{2}{5} = \frac{3}{7} \cdot \frac{5}{2} = \frac{15}{14} = 1\frac{1}{14}$ $5 : \frac{2}{3} = \frac{5}{1} \cdot \frac{3}{2} = \frac{15}{2} = 7\frac{1}{2}$ $\frac{1}{2} : 4 = \frac{1}{2} \cdot \frac{1}{4} = \frac{1}{8}$

$\frac{a}{b} : \frac{c}{d} = \frac{a}{b} \cdot \frac{d}{c}$ $a \in \mathbb{N}_0$; $b, c, d \in \mathbb{N}$

Übungen

5 Dividiere, kürze, wenn möglich.

a) $8 : \frac{4}{5}$	b) $\frac{7}{9} : \frac{7}{8}$	c) $\frac{1}{8} : \frac{1}{16}$	d) $25 : \frac{5}{2}$	e) $\frac{9}{12} : \frac{18}{36}$	f) $\frac{8}{9} : \frac{32}{45}$
$15 : \frac{5}{7}$	$\frac{4}{9} : \frac{1}{3}$	$\frac{2}{4} : \frac{3}{4}$	$28 : \frac{7}{2}$	$\frac{7}{13} : \frac{6}{26}$	$\frac{7}{17} : \frac{21}{34}$

6

a) $\frac{12}{13} : \frac{12}{39}$	b) $\frac{4}{5} : \frac{3}{10}$	c) $36 : \frac{9}{4}$	d) $\frac{27}{4} : \frac{9}{8}$	e) $\frac{7}{9} : \frac{14}{3}$	f) $\frac{42}{5} : \frac{7}{25}$
$\frac{18}{33} : \frac{21}{63}$	$\frac{6}{7} : \frac{3}{14}$	$54 : \frac{9}{4}$	$\frac{5}{9} : \frac{2}{18}$	$\frac{36}{7} : \frac{24}{35}$	$\frac{4}{9} : \frac{16}{36}$

7

a) $\frac{4}{9} : \frac{2}{3}$	b) $\frac{2}{3} : \frac{4}{9}$	c) $\frac{7}{12} : \frac{21}{24}$	d) $\frac{3}{8} : \frac{12}{24}$	e) $\frac{5}{7} : \frac{40}{49}$	f) $\frac{8}{11} : \frac{2}{3}$
$\frac{7}{8} : \frac{3}{4}$	$\frac{3}{4} : \frac{9}{16}$	$\frac{3}{8} : \frac{9}{16}$	$\frac{4}{9} : \frac{20}{27}$	$\frac{7}{15} : \frac{28}{45}$	$\frac{9}{13} : \frac{2}{3}$

8 Der Saft soll in Flaschen abgefüllt werden.

a) Wie viele Flaschen erhält man jeweils, wenn $2\,l$ ($1\,l$, $\frac{1}{2}\,l$, $\frac{1}{4}\,l$) in eine Flasche gefüllt werden können?

b) Wie viele Flaschen erhält man jeweils, wenn ein 50-l-Fass abgefüllt werden soll?

c) Versuche es mit anderen Fassgrößen.

9 Berechne.

a) $\frac{14}{30} : \frac{14}{15}$	b) $\frac{17}{15} : \frac{51}{45}$	c) $\frac{35}{27} : \frac{5}{18}$	d) $\frac{27}{17} : \frac{36}{34}$	e) $\frac{14}{19} : \frac{49}{38}$	f) $36 : \frac{45}{11}$
$\frac{3}{7} : \frac{18}{42}$	$\frac{12}{1} : \frac{18}{42}$	$\frac{35}{39} : \frac{21}{13}$	$\frac{24}{49} : \frac{18}{35}$	$45 : \frac{27}{4}$	$42 : \frac{28}{3}$

Lösungen: $\frac{1}{2}$; $\frac{5}{9}$; $\frac{20}{21}$; 1; 1; $\frac{4}{7}$; $1\frac{1}{2}$; $4\frac{1}{2}$; $4\frac{2}{3}$; $6\frac{2}{3}$; $8\frac{4}{5}$; 28

10 Berechne wie im Beispiel.

$4\frac{1}{2} : 5$
$= \frac{9}{2} \cdot \frac{1}{5}$
$= \frac{9}{10}$

a) $3\frac{3}{5} : 6$	b) $6\frac{3}{7} : 9$	c) $5\frac{1}{5} : \frac{2}{5}$	d) $4\frac{4}{25} : \frac{2}{75}$	e) $18\frac{2}{3} : 5\frac{3}{5}$	f) $4\frac{8}{9} : 2\frac{1}{5}$
$2\frac{1}{7} : 12$	$3\frac{3}{4} : 3$	$3\frac{3}{8} : \frac{3}{24}$	$10\frac{4}{6} : 2\frac{2}{3}$	$32 : 9\frac{1}{7}$	$5\frac{3}{8} : 8\frac{3}{5}$
$5\frac{1}{4} : 7$	$4\frac{4}{5} : 8$	$\frac{18}{25} : 5\frac{2}{5}$	$7\frac{1}{3} : 2\frac{4}{9}$	$3\frac{5}{9} : \frac{16}{45}$	$7\frac{3}{5} : 19$

Lösungen: 3; $\frac{5}{28}$; 156; $3\frac{1}{2}$; $2\frac{2}{9}$; $\frac{5}{7}$; $\frac{3}{4}$; $\frac{3}{5}$; 10; $\frac{3}{5}$; $1\frac{1}{4}$; 13; 4; $3\frac{1}{3}$; $\frac{2}{15}$; 27; $\frac{5}{8}$; $1\frac{5}{6}$; $\frac{2}{5}$

11 In einem Teegeschäft werden 5 kg Tee in gleich viele $\frac{1}{4}$-kg-Tüten ($\frac{1}{8}$-kg-Tüten) verpackt.
Wie viele Tüten sind es jeweils?

1

Das Ergebnis der Aufgaben ist

A größer als 1
B kleiner als 1.

Ordne die Aufgaben zunächst durch Überlegung A oder B zu. Überprüfe erst dann durch exakte Berechnung.

a) $\frac{1}{2} : \frac{1}{4}$ b) $\frac{1}{2} \cdot \frac{1}{16}$ c) $\frac{1}{5} : \frac{1}{10}$ d) $10 : \frac{1}{4}$ e) $\frac{1}{5} \cdot 2$ f) $\frac{3}{10} \cdot 15$

g) $\frac{3}{10} : \frac{6}{10}$ h) $\frac{4}{9} \cdot \frac{4}{9}$ i) $\frac{1}{20} : 4$ k) $\frac{1}{20} : \frac{1}{4}$ l) $\frac{1}{12} : 12$ m) $12 : \frac{1}{12}$

2 Berechne im Kopf. Ersetze den Platzhalter durch eine natürliche Zahl.

a) $\frac{1}{3} : \square = \frac{1}{12}$ b) $\frac{7}{8} : \square = \frac{7}{24}$ c) $\frac{3}{4} : \square = \frac{3}{20}$ d) $\frac{3}{\square} : 7 = \frac{3}{35}$

$\frac{4}{5} : \square = \frac{4}{15}$ $\frac{6}{7} : \square = \frac{6}{35}$ $\frac{3}{\square} : 3 = \frac{3}{15}$ $\frac{7}{\square} : 5 = \frac{7}{45}$

3 Berechne.

a) $3 \cdot \frac{4}{15}$ b) $40 \cdot \frac{3}{5}$ c) $\frac{3}{25} : \frac{6}{5}$ d) $\frac{8}{9} : \frac{2}{3}$ e) $\frac{5}{12} \cdot \frac{3}{20}$ f) $7 : \frac{1}{7}$

$\frac{7}{8} \cdot 24$ $\frac{3}{8} : 12$ $\frac{5}{6} \cdot \frac{4}{15}$ $\frac{7}{8} : 7$ $\frac{8}{15} : \frac{3}{10}$ $\frac{12}{121} : \frac{1}{11}$

4 Berechne.

a) $\frac{45}{72} \cdot \frac{24}{17} \cdot \frac{51}{225}$ b) $\frac{25}{28} \cdot \frac{16}{33} \cdot \frac{21}{100}$ c) $\frac{9}{14} \cdot \frac{36}{15} \cdot \frac{35}{48} \cdot \frac{7}{6}$

$\frac{18}{57} \cdot \frac{7}{5} \cdot \frac{19}{126}$ $\frac{17}{19} \cdot \frac{75}{51} \cdot \frac{76}{50}$ $\frac{25}{27} \cdot \frac{33}{16} \cdot \frac{64}{55} \cdot \frac{9}{4}$

Lösungen zu 3 und 4: $1\frac{1}{11}$; $\frac{1}{16}$; $\frac{4}{5}$; $\frac{1}{10}$; $\frac{1}{11}$; $\frac{1}{15}$; $\frac{1}{8}$; 5; 2; 21; 24; 49; $1\frac{7}{9}$; $\frac{1}{5}$; $\frac{2}{9}$; $\frac{1}{32}$; $1\frac{1}{3}$; $1\frac{5}{16}$

5 Übertrage die Tabelle in dein Heft und berechne.

a)

$\cdot$	$\frac{3}{4}$	$\frac{5}{8}$	$1\frac{1}{2}$	$\frac{2}{5}$
4				
$\frac{8}{3}$				
$1\frac{1}{5}$				
$\frac{3}{10}$				

b)

:	$\frac{1}{4}$	10	$\frac{3}{5}$	$\frac{8}{15}$
$\frac{4}{5}$				
$1\frac{2}{3}$				
5				
$\frac{3}{8}$				

Ich kenne zwei Brüche, deren Summe 1 ist und deren Differenz $\frac{1}{2}$ beträgt. Kennst du sie auch?

6 Ersetze den Platzhalter.

a) $\frac{3}{2} \cdot \square = 6$ b) $\frac{1}{3} \cdot \square = \frac{1}{12}$ c) $\frac{4}{7} : \square = 1$ d) $\frac{\square}{3} : 2 = 6$ e) $\frac{4}{\square} : 8 = \frac{1}{6}$

f) $\frac{3}{4} \cdot \square = \frac{3}{20}$ g) $\frac{3}{2} : \square = 6$ h) $\frac{3}{5} : \square = \frac{1}{10}$ i) $\frac{\square}{6} \cdot \frac{3}{8} = \frac{5}{16}$ k) $\frac{7}{\square} : \frac{1}{2} = \frac{7}{4}$

7 Eine Regentonne fasst 220-*l*-Wasser.
a) Die Tonne ist voll. Wie viele mit $5\frac{1}{2}$ *l* befüllte Gießkannen lassen sich füllen?
b) Die Tonne ist nur zu drei Viertel gefüllt. Wie viele volle Gießkannen mit 6 *l* enthält sie?

8 a) Wie viele Flaschen Apfelsaft von $\frac{3}{4}$ *l* können aus einem 120-*l*-Fass abgefüllt werden?
b) Beim Abfüllen gehen $3\frac{3}{4}$ *l* und beim Verladen noch einmal 3 Flaschen verloren. Welcher Bruchteil des Saftes wird insgesamt verschüttet?

9

In der Klasse 6 c der Realschule Fitburg treiben $\frac{4}{5}$ der Schüler aktiv Sport. $\frac{5}{6}$ davon sind in einem Sportverein, von diesen wiederum spielen $\frac{3}{4}$ Fußball.
a) Welcher Bruchteil der Schüler der Klasse spielt im Verein Fußball?
b) Von denjenigen Schülern, die Sport treiben, aber nicht in einem Verein sind, sind die Hälfte begeisterte Jogger. Welcher Bruchteil der Klasse joggt gerne?

10 Jan baut ein Regal. Allerdings ist seine Holzlatte viel zu lang. Er hat bereits $\frac{1}{5}$ der Länge abgeschnitten und kürzt sie jetzt noch einmal um $\frac{1}{3}$ der restlichen Länge. Jetzt passt sie. Sein Freund aber meint: „Du hättest gleich die Hälfte nehmen können!“

11 Die Muster auf Kacheln sind häufig symmetrisch zu zueinander senkrechten Achsen. In der Abbildung siehst du das Muster einer Kachel, auf der nur das obere Viertel bemalt ist.

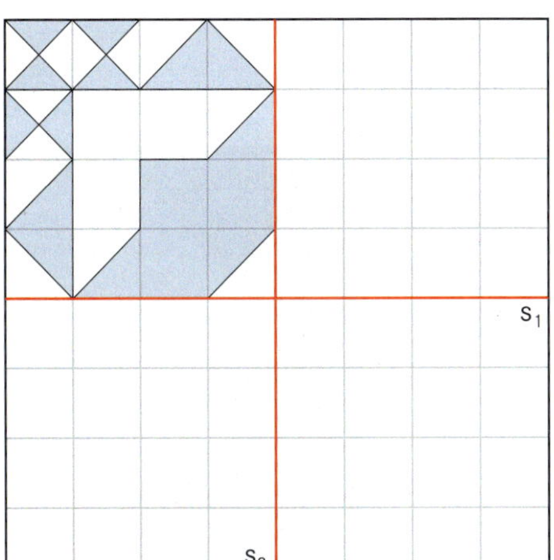

a) Welcher Anteil der Gesamtfläche der Kachel ist bereits gefärbt?
b) Wenn du das Muster zuerst an der Achse s_1 und dann an der Achse s_2 spiegelst, ergibt sich das fertige Kachelmuster. Führe die Abbildungen durch.
c) Welcher Anteil der Gesamtfläche ist jetzt gefärbt?
d) Erfinde ein eigenes Kachelmuster. Gib an, welcher Anteil der Gesamtfläche in einem Viertel und welcher Anteil insgesamt gefärbt ist.

1 a) $\frac{2}{5}\cdot\frac{4}{5}+\frac{3}{5}$ b) $\frac{1}{3}+\frac{3}{8}\cdot\frac{4}{9}$ c) $\frac{3}{4}\cdot 6+5\frac{1}{2}$ d) $1\frac{1}{3}+\frac{5}{9}\cdot\frac{21}{10}$

e) $\frac{3}{8}+\frac{2}{3}-\frac{1}{8}$ f) $\frac{5}{18}-\frac{7}{15}\cdot\frac{5}{21}$ g) $\frac{1}{3}+\frac{7}{9}:\frac{14}{15}$ h) $2\frac{1}{2}-2\frac{1}{2}:3\frac{3}{4}$

2 Berechne.

a) $2:\frac{1}{2}-\frac{1}{2}\cdot 2$ b) $4\cdot\frac{1}{4}-\frac{1}{4}:4$ c) $1-\frac{2}{5}:\frac{2}{5}$ d) $\frac{1}{3}\cdot 6+\frac{1}{4}$

e) $\frac{1}{64}\cdot 8-8:64$ f) $\frac{3}{14}\cdot 7+3\cdot\frac{7}{6}$ g) $5\cdot\frac{1}{6}+\frac{5}{6}$ h) $\frac{3}{10}:\frac{6}{5}-\frac{1}{5}:\frac{4}{5}$

3

$$\left(\frac{2}{3}+\frac{3}{4}\right)\cdot\frac{1}{6} = \left(\frac{8}{12}+\frac{9}{12}\right)\cdot\frac{1}{6} = \frac{17\cdot 1}{12\cdot 6} = \frac{17}{72}$$

a) $\frac{3}{5}\cdot\left(\frac{2}{3}+\frac{5}{9}\right)$ b) $1\frac{2}{3}\cdot\left(4\frac{1}{2}-3\frac{1}{7}\right)$ c) $\left(\frac{2}{3}+\frac{1}{4}\right):\frac{4}{5}$

d) $\frac{7}{8}\cdot\left(1\frac{1}{2}+\frac{1}{7}\right)$ e) $\left(\frac{3}{4}+\frac{2}{5}\right)\cdot\frac{2}{3}$ f) $\frac{1}{12}:\left(\frac{3}{8}-\frac{1}{12}\right)$

g) $\left(1\frac{5}{9}-\frac{3}{4}\right)\cdot\frac{2}{7}$ h) $\frac{1}{4}\cdot\left(\frac{3}{11}-\frac{1}{33}\right)$ i) $\left(\frac{11}{12}-\frac{1}{4}\right):\frac{1}{3}$

k) Kannst du die Aufgaben auch anders lösen? Begründe.

4 Berechne.

a) $\frac{1}{10}+\frac{3}{4}:\frac{4}{5}-\frac{1}{5}$ b) $\left(\frac{1}{10}+\frac{3}{4}\right):\frac{4}{5}-\frac{1}{5}$ c) $\left(\frac{1}{10}+\frac{3}{4}\right):\left(\frac{4}{5}-\frac{1}{5}\right)$ d) $\frac{1}{10}+\frac{3}{4}:\left(\frac{4}{5}-\frac{1}{5}\right)$

5 Gleiche Brüche unterschiedlich verknüpft.

a) $\frac{4}{5}\cdot\frac{5}{3}-\frac{1}{3}$ b) $\frac{4}{5}:\frac{5}{3}+\frac{1}{3}$ c) $\frac{4}{5}+\frac{5}{3}-\frac{1}{3}$ d) $\frac{4}{5}\cdot\frac{1}{3}\cdot\frac{5}{3}$

e) $\frac{4}{5}:\frac{5}{3}:\frac{1}{3}$ f) $\frac{4}{5}:\frac{5}{3}\cdot\frac{1}{3}$ g) $\frac{4}{5}\cdot\left(\frac{5}{3}-\frac{1}{3}\right)$ h) $\left(\frac{4}{5}+\frac{5}{3}\right)\cdot\frac{1}{3}$

Lösungen zu 4 und 5: $\frac{17}{12}$; $\frac{4}{9}$; $\frac{61}{75}$; $\frac{67}{80}$; 1; $\frac{37}{45}$; $\frac{69}{80}$; $\frac{4}{25}$; $1\frac{7}{20}$; $\frac{36}{25}$; $\frac{32}{15}$; $\frac{16}{15}$

6 Bastelt aus Pappe und einem Zahnstocher einen Kreisel wie in der Abbildung. Nach dem Drehen bleibt der Kreisel auf einer Kante liegen. Auf der zugehörigen Fläche steht ein Bruch, z. B. $\frac{2}{3}$. Diesen Bruch und die beiden Nachbarbrüche im Beispiel $\frac{1}{2}$ und $\frac{4}{5}$ könnt ihr durch Rechenzeichen und Klammern geschickt verknüpfen, so dass der Wert des Terms größer als 1 ist.
Wer als Erster eine passende Aufgabe findet und richtig löst, erhält einen Punkt. Sieger ist, wer als Erster 3 Punkte erreicht.

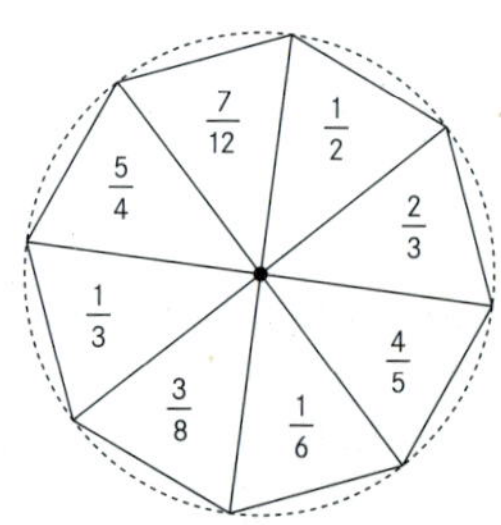

a) Paul hat folgerndermaßen verknüpft:
$\left(\frac{1}{2}+\frac{2}{3}\right)\cdot\frac{4}{5}$
Bei Anne sieht es so aus:
$\left(\frac{1}{2}+\frac{2}{3}\right):\frac{4}{5}$
Wer erhält den Punkt?

b) Spiele mit deinem Nachbarn.

7 a) $12 - \left[6 \cdot \left(\frac{1}{2} + \frac{1}{4}\right) + \frac{2}{3}\right]$ b) $\left[\frac{3}{4} + 5 \cdot \left(\frac{4}{7} + \frac{3}{5}\right)\right] \cdot 7$ c) $\frac{10}{13} \cdot \left[\frac{3}{15} - \left(1 - \frac{9}{10}\right) + \frac{7}{8}\right]$

d) $\left[\frac{14}{19} \cdot \frac{57}{7} - \left(\frac{5}{6} - \frac{3}{8}\right)\right] \cdot 3$ e) $\left[14 \cdot \left(\frac{1}{6} + 2\right) - \frac{4}{20} \cdot \frac{5}{8}\right] - \frac{5}{24}$ f) $32 \cdot \left[\left(\frac{11}{33} - \frac{1}{5}\right) \cdot \frac{3}{8} - \frac{1}{40}\right]$

Lösungen: $\frac{4}{5}$; $\frac{3}{4}$; $6\frac{5}{6}$; $16\frac{5}{8}$; 30; $46\frac{1}{4}$

8 $\frac{3^2}{4} = \frac{3 \cdot 3}{4} = \frac{9}{4}$

$\left(\frac{3}{4}\right)^2 = \frac{3 \cdot 3}{4 \cdot 4} = \frac{9}{16}$

a) $\frac{5^3}{8}$ b) $\left(\frac{2}{5}\right)^4$ c) $\frac{3^2}{4} - \left(\frac{3}{4}\right)^2$ d) $\left(\frac{1}{9}\right)^2 - \frac{4}{9^3}$

$\frac{4}{9^2}$ $\left(1 - \frac{2}{5}\right)^2$ $\frac{5}{2^4} + \frac{3}{2^3}$ $\left(\frac{1}{3}\right)^3 + \left(\frac{2}{9}\right)^2$

9 Bestimme den Platzhalter.

a) $\left(\frac{3}{5}\right)^{\square} = \left(\frac{27}{125}\right)$ b) $(\square)^4 = \frac{1}{625}$ c) $\frac{8}{27} = \left(\square - \frac{1}{3}\right)^3$

d) $\left(\frac{2}{3}\right)^{\square} = \frac{32}{243}$ e) $(1 - \square)^4 = \frac{16}{81}$ f) $\left(\frac{5}{4} + \square\right)^3 = 8$

10 Verknüpfe die vier Zahlenkärtchen durch Rechenzeichen und Klammern so, dass eine natürliche Zahl entsteht.
Finde mehrere Möglichkeiten.

$\frac{1}{4}$ $\frac{1}{4}$ $\frac{1}{4}$ $\frac{1}{4}$

M Eine Division zweier Brüche kann auch als **Doppelbruch** dargestellt werden.
Zur Berechnung wird die Division durchgeführt:

$\frac{2}{3} : \frac{4}{15} = \frac{\frac{2}{3}}{\frac{4}{15}}$ } Zähler } Nenner

$\frac{\frac{2}{3}}{\frac{4}{15}} = \frac{2}{3} : \frac{4}{15} = \frac{2}{3} \cdot \frac{15}{4} = \frac{5}{2}$

11 a) $\frac{\frac{4}{7}}{\frac{8}{9}}$ b) $\frac{\frac{2}{7}}{\frac{4}{5}}$ c) $\frac{5}{\frac{1}{25}}$ d) $\frac{\frac{4}{9}}{\frac{8}{9}}$ e) $\frac{\frac{5}{20}}{\frac{8}{10}}$ f) $\frac{\frac{7}{12}}{\frac{14}{15}}$ g) $\frac{\frac{18}{81}}{\frac{36}{45}}$ h) $\frac{\frac{13}{34}}{\frac{39}{17}}$ i) $\frac{3\frac{1}{2}}{4\frac{1}{2}}$

12 Berechne wie im Beispiel.

a) $\frac{\frac{3}{4} : \frac{1}{3}}{\frac{9}{8}}$ b) $\frac{4\frac{2}{7} : \frac{5}{14}}{2\frac{1}{4}}$ c) $\frac{\frac{3}{4} - \frac{3}{8}}{\frac{5}{16}}$

d) $\frac{1\frac{1}{3} - \frac{5}{6}}{3\frac{1}{3}}$ e) $\frac{5\frac{1}{4}}{\frac{3}{4} : \frac{6}{7}}$ f) $\frac{\frac{5}{6} + 1\frac{1}{4}}{4 : \frac{6}{5}}$

$\frac{\frac{2}{7} : \frac{3}{14}}{\frac{4}{5}} = \left(\frac{2}{7} \cdot \frac{14}{3}\right) : \frac{4}{5}$

$= \frac{4}{3} \cdot \frac{5}{4}$

$= \frac{5}{3} = 1\frac{2}{3}$

Drei Kisten wiegen zusammen 42 kg.
Die zweite Kiste ist doppelt so schwer wie die erste.
Die dritte ist doppelt so schwer wie die zweite.
Wie schwer ist jede Kiste?

1 Wähle jeweils zwei passende Brüche aus.
a) Das Produkt ist am größten.
b) Der Quotient ist am größten.
c) Die Summe ist am kleinsten.
d) Die Differenz ist am größten.

$\frac{3}{4}$ $\frac{2}{3}$ $\frac{1}{12}$

2 In der Menge $\left\{\frac{2}{5}; \frac{3}{2}; \frac{5}{4}; \frac{6}{10}; \frac{4}{6}\right\}$ stecken zwei Brüche, deren Produkt (Summe) 1 ist.

3 Zähler und Nenner einer Bruchzahl werden jeweils um zwei vergrößert. Wie ändert sich dabei der Wert des Bruches?
Der Wert des Bruches
A wird größer
B ändert sich nicht
C wird kleiner
D nimmt um zwei zu

4 Drei Fünftel einer Klasse sind Mädchen. Wenn fünf Mädchen und fünf Jungen dazukommen, welche der folgenden Aussagen ist dann zutreffend?
A In der Klasse gibt es mehr Mädchen als Jungen.
B Es gibt gleich viele Mädchen und Jungen in der Klasse.
C In der Klasse gibt es mehr Jungen als Mädchen.
D Aufgrund dieser Information kann man nicht sagen, ob es mehr Mädchen oder Jungen in der Klasse gibt.

5 Andrea hatte einen Beutel mit Murmeln. Sie gab die Hälfte davon Frank und ein Drittel vom Rest Fritz. Im Beutel blieben noch sechs Murmeln übrig.
Wie viele Murmeln befanden sich im Beutel?
A 18 **B** 24 **C** 30 **D** 36

6 Untersuche, wie sich der Umfang und der Flächeninhalt der Figuren verändert.
a) Alle Seitenlängen eines Rechtecks werden halbiert.
b) Die Seitenlänge eines Quadrates wird auf ein Drittel gekürzt.

7 Lies den Text und rechne damit.

G

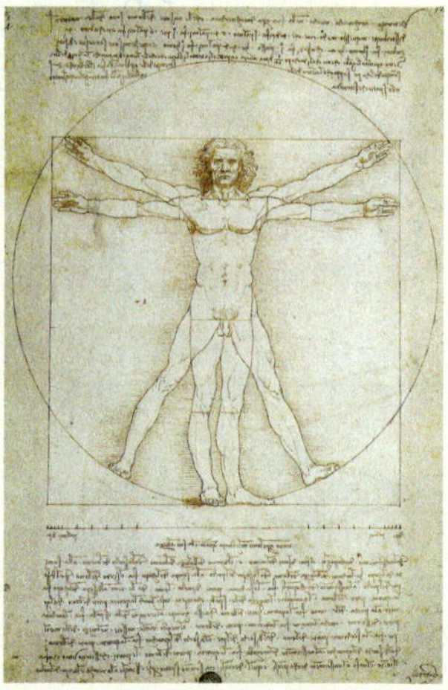

Bereits in der Antike entstand folgende Proportionslehre, die Leonardo da Vinci für seine Darstellung des menschlichen Körpers übernahm:

„Den Körper des Menschen hat die Natur so geformt, daß das Gesicht vom Kinn bis zum oberen Ende der Stirn und dem unteren Rand des Haarschopfes $\frac{1}{10}$ beträgt, die Handfläche von der Handwurzel bis zur Spitze des Mittelfingers ebensoviel, der Kopf vom Kinn bis zum höchsten Punkt des Scheitels $\frac{1}{8}$ … Vom unteren Teil des Kinns aber bis zu den Nasenlöchern ist der dritte Teil der Länge des Gesichts selbst, ebensoviel die Nase von den Nasenlöchern bis zur Mitte der Linie der Augenbrauen. Von dieser Linie bis zum Haaransatz wird die Stirn gebildet, ebenfalls $\frac{1}{3}$ …"

1 Herr Klever ist Geschäftsführer der Firma ÖKO-Tech aus München, die einen neuen, sparsamen Heizkessel entwickelt hat, der im Sommer auch kühlen kann. Dieser soll auf der Messe in Hannover, wo Firmen aus aller Welt ihre neuesten Produkte zeigen, der Öffentlichkeit vorgestellt werden. Da noch einiges an Werbematerial zu transportieren ist, benützt Herr Klever für die Fahrt nach Hannover statt des Zugs einen Pkw. Von der Firma AUTO & Co. leiht er sich dazu ein neues Testfahrzeug. Herr Klever kann unter vier Fahrzeugtypen auswählen:

Typ:	Öko-Clean	Rasant-Power	Zafi-Compakt	Öko-ZX
Tankinhalt:	36 *l*	72 *l*	63 *l*	45 *l*
Verbrauch auf 100 km	4 *l*	14 *l*	9 *l*	5 *l*
Höchstgeschwindigkeit	120 km/h	240 km/h	180 km/h	160 km/h

a) Wie viel Geld hat Herr Klever bei der Ankunft in Hannover noch in seiner Geldbörse?
b) Berechne die reine Fahrzeit von München bis zur Raststätte in Kassel.
c) Berechne die Strecke, die Herr Klever von seiner Wohnung bis zur Raststätte in Kassel zurückgelegt hat.
d) Von der Raststätte in Kassel bis zum Messegelände in Hannover sind es 168 km. Dazu braucht Herr Klever $1\frac{1}{3}$ h. Berechne den Weg, den er in einer Stunde zurückgelegt hat.
e) Wann kommt Herr Klever auf dem Messegelände in Hannover an?
f) Wie viel Liter Benzin hat Herr Klever in Kassel getankt? Welchen Fahrzeugtyp hat er als Testfahrzeug ausgewählt?
g) Welchen Betrag hat Herr Klever pro Liter Benzin an der Tankstelle in Kassel bezahlt?
h) Auf einer geradlinigen Teilstrecke zwischen Kassel und Hannover legt das Auto von Herrn Klever 40 m in einer Sekunde zurück. Ein Lkw fährt momentan 2000 m vor Herrn Klever und schafft 25 m in der Sekunde. Wie groß wäre die Entfernung zwischen beiden Fahrzeugen nach einer Minute?

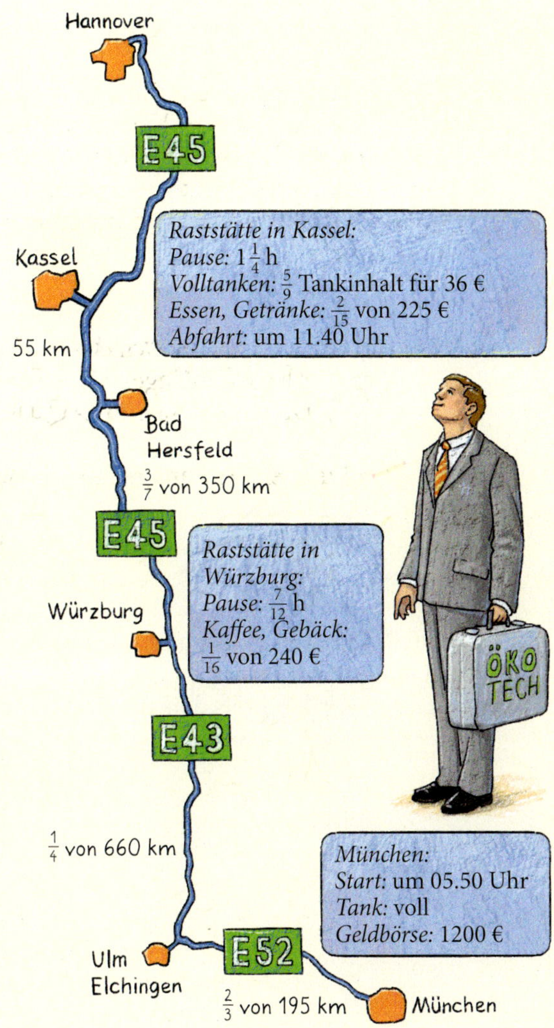

1 In der Zahlenmauer ergibt der Bruch in einem aufliegenden Stein immer die Summe der Brüche der darunter liegenden Steine.

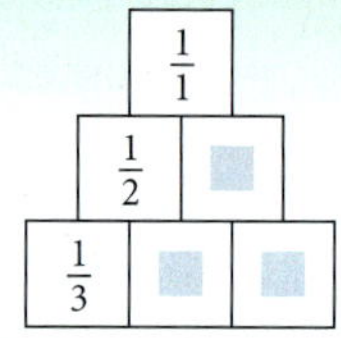

a) Übertrage die Zahlenmauer in dein Heft und ergänze die fehlenden Brüche. Was stellst du fest?

b) Die Zahlenmauer soll noch aus weiteren Schichten bestehen. Gelten auch hier noch deine Feststellungen aus a)?

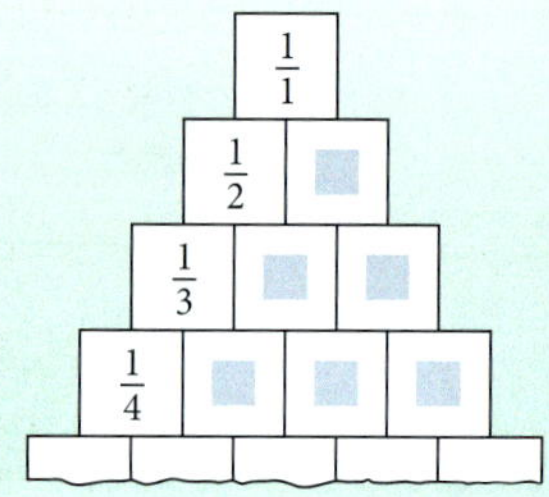

4 Im Bild unten siehst du „Mal-Kreise“, der erste ist ausgefüllt.

(1)

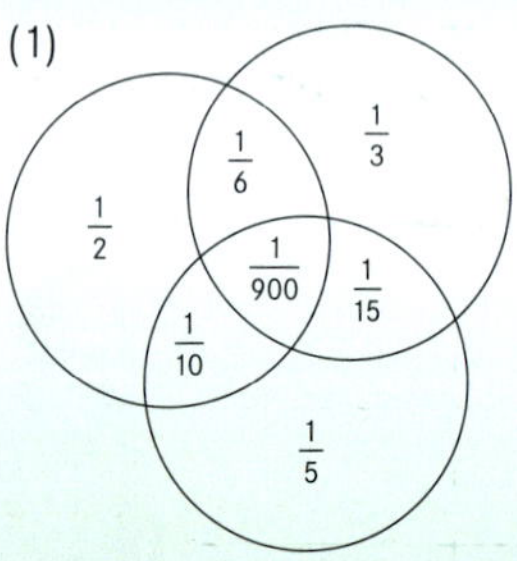

(2)

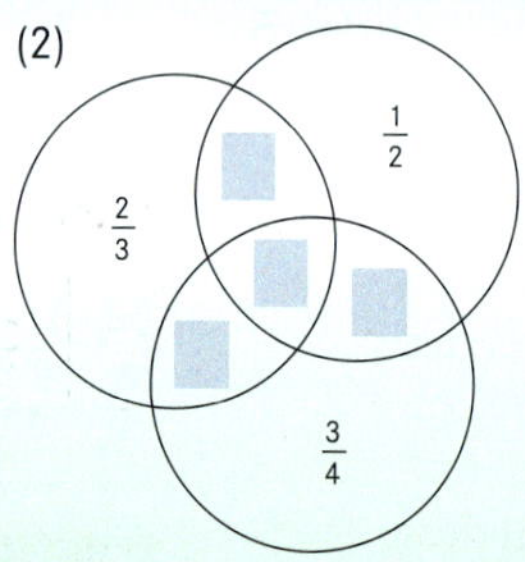

(3)

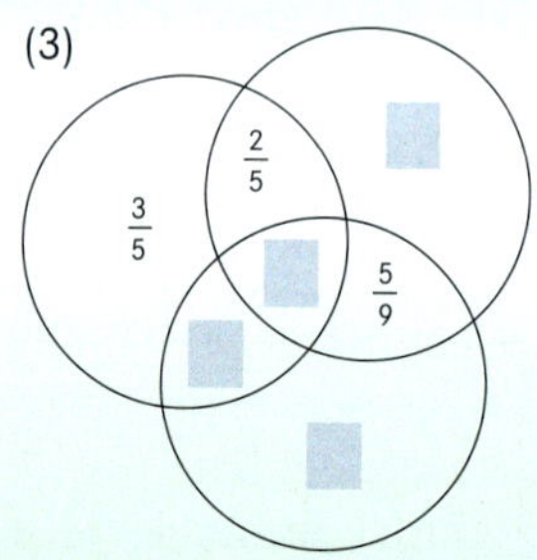

a) Erkläre den ersten Malkreis.
b) Übertrage die anderen beiden Malkreise in dein Heft und ersetze die Platzhalter.
c) Erstelle selbst einen Malkreis. Übertrage ihn auf ein neues Blatt und lasse dabei einige Zahlen weg (pass auf, dass die Aufgabe lösbar bleibt). Stelle diesen Malkreis deinem Nachbarn als Aufgabe.

2

Neustädter Zeitung von 18. 04. 2000

Bruchrechnung – Die Alarmglocken läuten

Bei einem Eignungstest der oberfränkischen Industrie- und Handelskammer versagten 61 % der Teilnehmer mit Fachoberschulreife bei der simplen Aufgabe: Drei $\frac{4}{8}$ geteilt durch ein $\frac{3}{4}$ (Ergebnis 2).

Neustädter Zeitung von 19. 04. 2000

Bruchrechnung – Die Folgen

Die Telefone standen nach der Veröffentlichung einer Aufgabe zur Bruchrechnung nicht mehr still. Unsere Redakteure können wirklich rechnen, denn 3 mal $\frac{4}{8}$ geteilt durch 1 mal $\frac{3}{4}$ ergibt 2. Die Schreibweise in der gestrigen Ausgabe war aber missverständlich: Drei $\frac{4}{8}$ geteilt durch ein $\frac{3}{4}$. Schön, dass unsere Leser so gern rechnen.

a) Gib die mathematische Schreibweise für die im Zeitungsartikel vom 18.4. formulierte Aufgabe an.
b) Im Artikel vom 19.4. wird die Aufgabe so formuliert, wie sie ursprünglich gemeint war. Formuliere die Aufgabe ebenfalls in mathematischer Schreibweise.
c) Löse beide Aufgaben, was stellst du fest?

3

Das Produkt zweier gemischter Zahlen kann auf unterschiedliche Art dargestellt und berechnet werden:

als Maßzahl eines Flächeninhalts

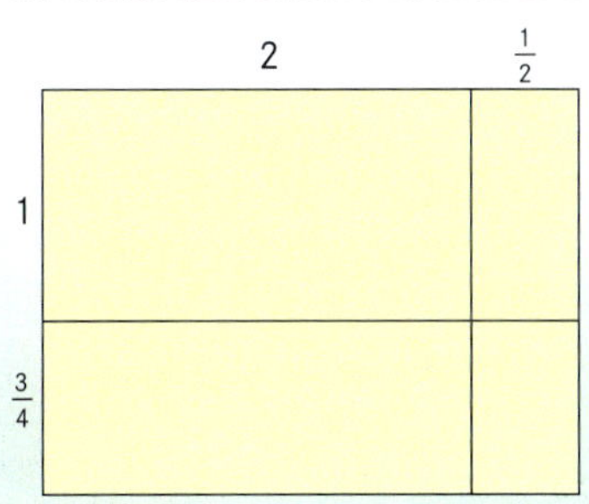

mit einem Malkreuz

·	2	$\frac{1}{2}$	
1			
$\frac{3}{4}$			

a) Berechne das Produkt $2\frac{1}{2} \cdot 1\frac{3}{4}$ mit Hilfe der Flächenberechnung und mit Hilfe des Malkreuzes.

b) Bei Produkten der Form $\left(1\frac{1}{2}\right)^2 = 1\frac{1}{2} \cdot 1\frac{1}{2}$ gibt es ein Schema. Berechne mit Hilfe einer der beiden Darstellungen: $\left(1\frac{1}{2}\right)^2$ $\left(2\frac{1}{2}\right)^2$ $\left(3\frac{1}{2}\right)^2$ $\left(4\frac{1}{2}\right)^2$ $\left(5\frac{1}{2}\right)^2$ $\left(6\frac{1}{2}\right)^2$

Kannst du das Schema erkennen? Erkläre.

5 Mit Dezimalbrüchen rechnen

Aus der Zeitung:

Komma vergessen – Geld weg

Ein 52-jähriger Kunde eines Versandhauses machte beim Überweisen des Rechnungsbetrages einen folgenschweren Flüchtigkeitsfehler. Er vergaß beim Ausfüllen des Überweisungsbetrages das Komma. Aus 50,36 € wurden 5036 €. Als er den Fehler bemerkte, war es schon zu spät. Das Versandhaus war inzwischen pleite.

Formuliert zu jedem Sachverhalt mindestens 2 Aufgaben.

1 Während ihrer Urlaubsfahrt fahren Marvin und seine Familie durch mehrere Tunnel. Die Länge der einzelnen Tunnel beträgt: 1,43 km; 3,425 km; 2,57 km; 7 km; 0,85 km. Die gesamte Fahrstrecke beträgt 685 km.
a) Wie viel Kilometer sind sie insgesamt durch Tunnel gefahren?
b) Wie lang ist die restliche Fahrstrecke?
c) Überschlage den Anteil der Tunnelstrecken an der Gesamtfahrstrecke.

2

a) Was meinst du? Überprüfe, indem du die Summanden mit Hilfe einer Stellenwerttafel addierst.
b) Eine der beiden Schülerlösungen ist falsch. Wo steckt der Fehler?
c) Welche Zahl muss man zu 4,993 addieren um, 10 zu erhalten?
d) Gib eine Regel an, wie man Dezimalbrüche addiert und subtrahiert.

Z	E	z	h	t
+				

M

Dezimalbrüche addieren

Dezimalbrüche subtrahieren

127,3 + 0,03 = ▢

$$\begin{array}{r} 127{,}30 \\ +\;\; 0{,}03 \\ \hline 127{,}33 \end{array}$$

Beachte:
Komma unter Komma.
Erweitere, wenn nötig.

563,248 − 37,4 = ▢

$$\begin{array}{r} 563{,}248 \\ -\;\; 37{,}400 \\ \hline 525{,}848 \end{array}$$

Du kannst die Zahlen auch nebeneinander addieren und subtrahieren. Achte darauf, dass du immer Tausendstel, Hundertstel, Zehntel, … miteinander addierst, bzw. subtrahierst.

HZEzh Ezh HZEzh
127,30 + 0,03 = 127,33

HZEzht ZEzht HZEzht
563,248 − 37,400 = 525,848

Übungen

3 a) 4,58 + 0,753 + 0,678 b) 9,748 + 0,23 + 0,641 c) 10,2 + 30,015 + 5,04
d) 21,484 + 13,4 + 63,091 e) 12,043 + 10,06 + 70,9 f) 97,3 + 49,34 + 67,009

4 a) 9,844 − 1,2 − 3,45 b) 8,4 − 2,343 − 4,32 c) 99,7 − 60,606 − 21,907
d) 83,6 − 21,008 − 36,18 e) 84,09 − 36,198 − 29,9 f) 93,234 − 39,49 − 47,4

5 a) 546,78 − 54,78 − 5,4678 b) 0,3089 + 30,89 − 3,089 c) 67 − 6,7 −0,67 + 670
d) 4444 − 44,4 −44,4400 + 44,44 e) 111,001 + 111,0001 − 111 f) 0,8080 + 8,08 − 0,0808

Lösungen zu 3 bis 5: 1,737; 5,194; 6,011; 6,344; 8,8072; 10,619; 17,187; 17,992; 26,412; 28,1099; 45,255; 93,003; 97,975; 111,0011; 213,649; 486,5322; 729,63; 4393,6; 56

6 Gülsen beschwert sich über ihre schwere Schultasche. Hat sie Recht?

7 Stelle fünf Additions- und Subtraktionsaufgaben zusammen, deren Ergebnis nahe bei 20 liegt. Verwende jeweils mindestens drei Zahlen. Löse sie und stelle die Aufgaben deinem Partner oder deiner Partnerin.

13,895 3,0 40,01 10,004 0,9735 2,0275 4,105 50,4 6,01 17 21,78

8 Ordne die Ergebnisse der Größe nach. Wie heißt das Lösungswort?

3,95 + 2,55 U | 9,49 – 1,95 B | 0,75 + 2,45 H | 4,75 + 4,5 N | 8,63 – 4,3 R
4,17 – 2,05 C | 2,75 + 5,75 E | 8,7 – 3,33 A | 3,4 – 1,6 S

9 Übertrage die Rechenmauern in dein Heft und ergänze sie.

a) (+)

■
■ ■
■ ■ ■
17,5 ■ ■ 13,09
9,34 ■ 5,67 ■ 12,9

b) (–)

■
■ ■
■ ■ ■
17,7 ■ 1,5 1,1
■ 12,8 7,4 ■ ■

10 Bestimme jeweils die Platzhalter im Kopf.

a) 12,5 + ■ = 136
■ + 1,1 = 14,72
22,5 + ■ = 27,44

b) 36,8 – ■ = 35,55
■ – 12,2 = 44,3
56,8 – ■ = 49,36

c) ■ + 21,1 = 56,76
46,7 + ■ = 84,08
■ + 42,42 = 138,8

d) ■ – 25,5 = 47,7
67,1 – ■ = 16,65
■ – 31,15 = 86,51

11

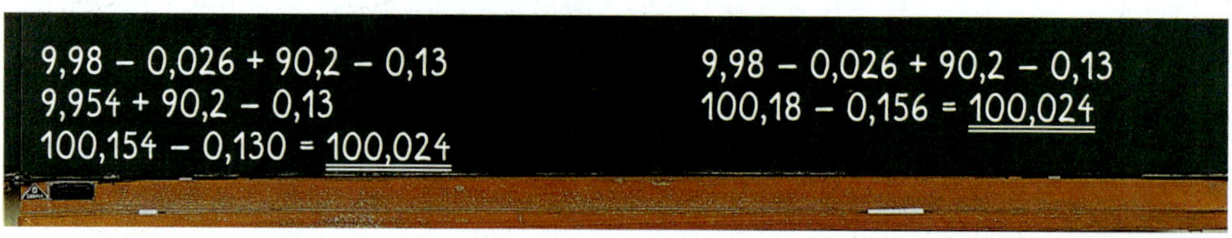

Jan und Songül rechnen die gleiche Aufgabe auf verschiedene Art. Erkläre die beiden Rechenwege.

12 Berechne.

a) 36,9 – 7,046 + 0,08 – 3,458 + 1
100 – 10,1 + 11,01 – 0,0123 + 8
18,34 – 11,034 + 5,304 – 6,403
847 – 8,47 – 84,7 – 0,847 + 10

b) 450,45 – 4,054 – 54,4 + 0,4545
4,08 + 15,347 + 0,051 – 13,8 – 1
180,4 + 140,08 – 320,101 + 1,475
5,341 + 3,514 – 0,009 – 8,013 + 10

(1) Das Gefäß A enthält 0,1 Liter Wasser.

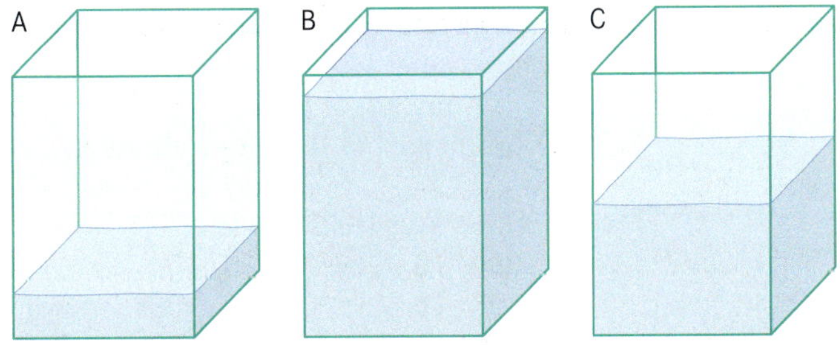

a) Wie viel Wasser könnte das Gefäß C enthalten?
b) Lukas schätzt, dass 0,508 Liter Wasser in das Gefäß B gefüllt sind. Was meinst du?
c) In einem Gefäß D wird die Höhe des eingefüllten Wassers mit einem Meterstab auf Millimeter genau gemessen. Gerundet ergibt sich eine Höhe von 0,36 m. Welche Höhen könnte der Wasserstand haben? Begründe.

Dezimalbrüche runden

(M) Nicht immer ist es erforderlich, eine Zahl genau anzugeben. Dann kann man **runden.**

Runde **5,6457** auf Hundertstel.
E z h t zt
5, 6 3 5 7 ≈ 5,64
Diese Stelle gibt an, ob auf- oder abgerundet wird.
Auf diese Stelle soll gerundet werden.

runden auf Einer	runden auf Zehntel	runden auf Tausendstel
5, 6 3 5 7 ≈ 6	**5, 6 3 5 7 ≈ 5,6**	**5, 6 3 5 7 ≈ 5,6 3 6**

Übungen

(2) Runde jeweils auf ein Zehntel, Hundertstel, Tausendstel

a)	b)	c)	d)
134,37563	0,0258	12,10407	0,009876
27,37453	0,12545	3,2451	0,953
8,94634	9,09044	8,63384	4,29394

11,38 ≈ 11,4
11,44 ≈ 11,4

(3) Die Dezimalbrüche wurden gerundet. Wie hätten sie vor dem Runden heißen können? Gib jeweils zwei Beispiele für das Auf- und Abrunden an.

a) gerundet auf Zehntel:	38,7	51,9	67,5	83,1	94,3
b) gerundet auf Hundertstel:	26,02	18,14	38,96	54,00	86,8
c) gerundet auf Tausendstel:	13,745	57,227	101,096	17,009	1,308

Verwende die Preise von S. 84

(4) a) Frau Schmid tankt 52,7 *l* Diesel. Überschlage den Preis, den sie zu zahlen hat.
b) Herr Bauer möchte für 50 € tanken. Schätze ab, wie viel Liter Super er dafür bekommt.
c) Wie groß ist ungefähr der Preisunterschied für eine Tankfüllung (60 *l*) zwischen Super und Super Plus?

(5) Bei einer Abnehmshow im Fernsehen hat der Kandidat ein Zielgewicht von 106,6 kg. Die Waage zeigt 106,6 kg. Die Moderatorin jubelt: „Toll, auf das Gramm genau!" Was meinst du dazu?

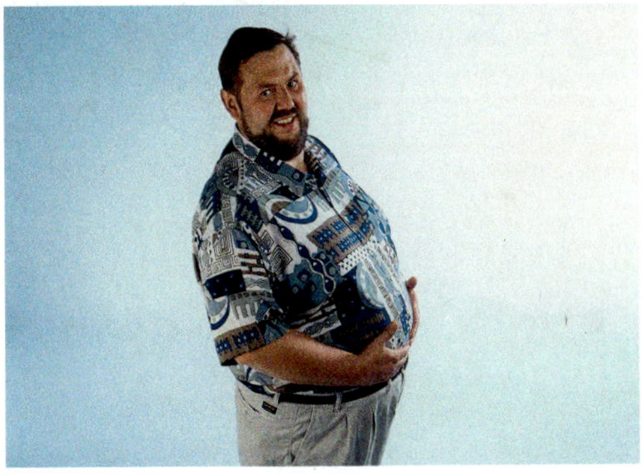

(6) Mia soll $\frac{1}{2}$ kg Gehacktes kaufen. In der Kühltheke findet sie Packungen mit 0,416 kg; 0,572 kg; 0,604 kg; 0,437 kg und 0,446 kg. Wie soll sie sich entscheiden? Begründe.

① Annalena und Tobias haben gemessen, wie weit ihre Räder bei einer Umdrehung rollen.
a) Hat Annalena mit ihrer Behauptung Recht?
b) Kommt sie bei 100 Umdrehungen 10 m weiter?

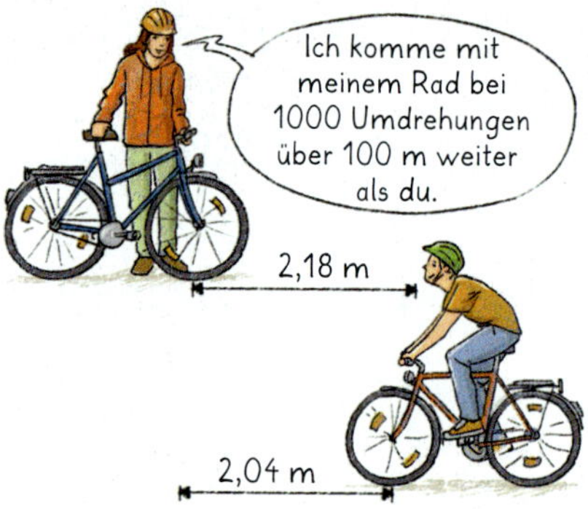

② Berechne. Was stellst du fest?

a)	b)	c)
230 · 10	114 · 100	703 · 1000
23 · 10	11,4 · 100	70,3 · 1000
2,3 · 10	1,14 · 100	7,03 · 1000
0,23 · 10	0,114 · 100	0,703 · 1000
0,023 · 10	0,0114 · 100	0,0703 · 1000

③ Überprüfe deine Ergebnisse von Aufgabe 2. Rechne wie im Beispiel.

$2{,}35 \cdot 10 = \square$

$2{,}35 \cdot 10 = \frac{235}{100} \cdot 10 = \frac{235}{100} = 23{,}5$

$2{,}35 \cdot 10 = 23{,}5$

Multiplizieren mit 10, 100, 1000, …

Ⓜ Ein Dezimalbruch wird mit 10, 100, 1000, … multipliziert, indem das Komma um 1, 2, 3, … Stellen nach rechts rückt. Für fehlende Ziffern werden Nullen geschrieben.

$6{,}83 \cdot 10 = 68{,}3$ $17{,}925 \cdot 100 = 1792{,}5$ $6{,}83 \cdot 1000 = 6830$

Übungen

④ Berechne.

a)	b)	c)	d)	e)	f)
5,04 · 10	1,453 · 100	5,1813 · 1000	100 · 0,9	4,8 · 10	824,6 · 100
0,08 · 10	0,704 · 100	0,5267 · 1000	10 · 3,05	11,3 · 10	0,082 · 1000
67,343 · 10	12,85 · 100	13,589 · 1000	100 · 30,7	0,07 · 100	10 · 2,8

Maßstab 1 : 1 000 000

⑤ a) Tim hat auf der Karte die folgenden Strecken gemessen. Berechne jeweils die Länge in der Wirklichkeit.

Länge in der Karte	Länge in der Wirklichkeit
3,2 cm	3,2 cm · 1 000 000 = 3 200 000 cm = 32 000 m

Strecke	Länge in der Karte
Regensburg – Straubing	4,0 cm
Regensburg – Ingolstadt	5,7 cm
Ingolstadt – Neumarkt	5,8 cm
Kelheim – Schwandorf	0,47 dm
Wörth – Rottenburg	4,3 cm
Dietfurt – Beilngries	7 mm
Neumarkt – Straubing	9,4 cm
Neustadt – Nittenau	55 mm

b) Wie weit ist es von Schwandorf nach Straubing?

c) Wie lang ist eine Strecke von 7,8 cm (14,3 cm; 25,8 cm) bei einem Maßstab von 1 : 100 000?

1 Auf einer Dreieck-Regatta wurden folgende Strecken gesegelt:

Datum	Strecke
21.7.	34 sm
22.7.	64 sm
23.7.	75 sm

a) Überschlage, wie viel Kilometer an den einzelnen Tagen zurückgelegt wurden (1 sm = 1,85 km). Erkläre, wie du vorgehst.

b) Berechne die genauen Werte. Rechne zunächst ohne Beachtung des Kommas.

2 Berechne durch Umformen. Was stellst du fest?

$8{,}1 \cdot 0{,}07 = \square$

$8{,}1 \cdot 0{,}07 = \frac{81}{10} \cdot \frac{7}{100} = \frac{567}{1000} = 0{,}567$

$8{,}1 \cdot 0{,}07 = 0{,}567$

a) $5 \cdot 0{,}95$; $7{,}1 \cdot 1{,}2$
b) $1{,}02 \cdot 0{,}4$; $0{,}5 \cdot 0{,}55$
c) $2{,}4 \cdot 6$; $1{,}4 \cdot 4{,}14$
d) $12 \cdot 0{,}12$; $5{,}2 \cdot 3{,}08$

M **Dezimalbrüche multiplizieren**

Multipliziere ohne auf das Komma zu achten.

Das Ergebnis hat so viele Stellen nach dem Komma, wie die beiden Dezimalbrüche zusammen Stellen nach dem Komma haben.
Setze im Ergebnis das Komma.

$4{,}35 \cdot 3{,}14 = \square$
Überschlag $4 \cdot 3 = 12$

```
 2 Stellen  2 Stellen
 4,3 5 · 3,1 4
   1 3 0 5
       4 3 5
       1 7 4 0
   1 3,6 5 9 0
       4 Stellen
```

Übungen

3 Hier fehlt im Ergebnis das Komma. Denke an den Überschlag. Ergänze im Heft.
a) $71{,}48 \cdot 0{,}942 = 6\,733\,416$; $173{,}8 \cdot 0{,}065 = 11\,297$
b) $102{,}5 \cdot 1{,}045 = 1\,071\,125$; $8{,}075 \cdot 0{,}998 = 805\,885$
c) $0{,}451 \cdot 1{,}111 = 501\,061$; $8{,}88 \cdot 99{,}905 = 8\,871\,564$

4 Multipliziere im Kopf.
a) $0{,}4 \cdot 0{,}7$; $0{,}4 \cdot 0{,}07$
b) $0{,}8 \cdot 0{,}04$; $0{,}004 \cdot 0{,}8$
c) $0{,}05 \cdot 0{,}06$; $0{,}03 \cdot 0{,}08$
d) $8 \cdot 0{,}07$; $7 \cdot 0{,}04$
e) $0{,}008 \cdot 0{,}009$; $0{,}007 \cdot 0{,}7$

5 Berechne. Überschlage zuerst.
a) $1{,}25 \cdot 3{,}75$; $8{,}56 \cdot 24{,}2$
b) $0{,}05 \cdot 1{,}02$; $11{,}43 \cdot 1{,}23$
c) $4{,}85 \cdot 10{,}5$; $29{,}2 \cdot 17{,}17$
d) $0{,}09 \cdot 27{,}71$; $65{,}56 \cdot 0{,}002$
e) $9{,}04 \cdot 18{,}003$; $71{,}61 \cdot 8$

6 Bei richtiger Lösung erhältst du jeweils ein Lösungswort.
a) $13{,}28 + 15{,}4 \cdot 72$; $12{,}24 \cdot 24 - 145{,}56$; $14{,}2 + 3{,}9 \cdot 0{,}22$; $4{,}05 \cdot 14{,}4 - 18{,}25$
b) $6{,}885 \cdot 2 + 6{,}28$; $2{,}03 - 3{,}66 \cdot 0{,}25$; $7{,}98 + 8{,}734 \cdot 3$; $3{,}43 \cdot 0{,}55 + 16{,}7435$
c) $4{,}22 + 3{,}81 \cdot 0{,}44$; $6{,}86 \cdot 3{,}27 - 16{,}28$; $13{,}8 - 2{,}25 \cdot 4{,}76$; $45{,}7 \cdot 1{,}056 - 0{,}08$

1,115	A	3,09	N	5,8964	K	6,1522	I	15,058	S	18,63	B
20,05	L	34,182	U	40,07	E	48,1792	N	148,2	O	1122,08	H

7

$3{,}8 \cdot 4{,}2 - 0{,}3 \cdot 4{,}78$
$= 15{,}96 - 1{,}434$
$= 14{,}526$

a) $35{,}2 \cdot 0{,}6 + 1{,}2 \cdot 28{,}4$
$4{,}8 \cdot 1{,}3 - 0{,}56 \cdot 2$
$9{,}5 \cdot (12{,}03 - 4)$

b) $78{,}5 - 3{,}5 \cdot 12$
$22{,}5 \cdot 0{,}3 - 20{,}4 \cdot 0{,}08$
$(16{,}45 + 2{,}55) \cdot 1{,}25$

8

a) Rechne die Aufgabe von Alex und Jana zu Ende.
b) Multipliziere die Differenz aus 26,2 und 4,7 mit 12,2.
c) Multipliziere die Summe aus 18,4 und 4,7 mit der Differenz dieser Zahlen.
d) Karl denkt sich eine Zahl. Wenn er von ihr das Produkt aus 4,8 und 0,6 subtrahiert, so erhält er 7,5. Wie heißt die Zahl?
e) Wenn Lina zu einer Zahl das Produkt aus 0,9 und 13,5 addiert, so erhält sie 20.
f) Katharina denkt sich eine Zahl. Wenn sie zu ihr das Produkt aus 5,2 und 0,7 addiert, erhält sie 13,2. Wie heißt die Zahl?

9 Ein Güterwagen hat ein Eigengewicht von 12,26 t und kann mit 16,4 t Kohlen beladen werden.
a) Welches Gesamtgewicht haben 26 beladene Kohlenwagen?
b) Wie viel Tonnen Kohle hat der Zug geladen?

10 Sophias große Schwestern tapezieren zwei Wände mit einer Textiltapete. Sie benötigen dafür acht Rollen. Für eine Rolle müssen sie 15,35 € bezahlen. Außerdem kaufen sie eine Tapezierschiene (2,45 €), ein Universalmesser (2,35 €), eine Tapezierschere (4,70 €), eine Tapezierbürste (2,75 €) und einen Tapeziertisch (15,35 €). Berechne die gesamten Kosten.

11 Das Fußballspiel in der heutigen Form hat sich Mitte des 19. Jahrhunderts in England aus dem Rugby entwickelt. Alle Maßangaben beruhen deshalb auf englischen Einheiten. Das Fußballtor hat zwischen den Torpfosten eine Breite von 8 Yard (yd). Die Höhe bis zur Unterkante der Latte beträgt 8 Fuß (ft).

1 ft = 30,48 cm
1 yd = 91,44 cm

a) Gib die Breite und Höhe des Tores in Zentimetern an. Runde auf ganze Zentimeter.
b) Der englische Verein FC Coolham plant ein neues Fußballfeld mit einer Breite von 75 Yard und einer Länge von 110 Yard. Gib die Breite und Länge des neuen Feldes in Metern an. Runde auf ganze Meter.

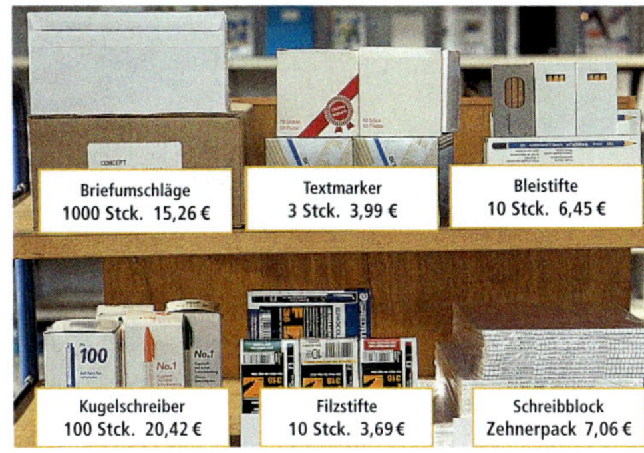

1 a) Den Zehnerpack Hefte bekommt Sophie für 6,55 €. Wie viel spart sie an einem Heft?
b) In den Regalen im Bild oben rechts liegen verschiedene Schreibwaren und andere Artikel. Wie teuer ist jeweils ein Artikel?

2 Berechne. Was stellst du fest?

a)	b)	c)
540 : 10	265 : 100	909 : 1000
54 : 10	26,5 : 100	90,9 : 1000
5,4 : 10	2,65 : 100	9,09 : 1000
0,54 : 10	0,265 : 100	0,909 : 1000
0,054 : 10	0,0265 : 100	0,0909 : 1000

3 Überprüfe deine Ergebnisse von Aufgabe 2. Rechne wie im Beispiel.

$24{,}83 : 10 = \square$

$24{,}83 : \frac{10}{1} = \frac{2483}{1000} \cdot \frac{1}{10} = \square = \square$

$24{,}83 : 10 = \square$

M **Dividieren durch 10, 100, 1000, …**

Ein Dezimalbruch wird durch 10, 100, 1000, ... dividiert, indem man das Komma um 1, 2, 3, ... Stellen nach links rückt. Für fehlende Ziffern werden Nullen geschrieben.

12,3 : 10 = 1,23 87,6 : 100 = 0,876 91,3 : 1000 = 0,0913

Übungen

4 Berechne.

a)	b)	c)	d)	e)
11,6 : 10	423,5 : 100	348,05 : 1000	3480,5 : 10	34,08 : 1000
2,7 : 10	26,4 : 100	32,85 : 1000	0,73 : 100	0,91 : 100
1,101 : 10	73,5 : 100	9294,3 : 1000	166,039 : 10	8,427 : 1000
436,8 : 10	11,1 : 100	100,4 : 1000	200,2 : 1000	0,02 : 100
100,4 : 10	4,04 : 100	7770,11: 1000	0,05 : 100	134,2 : 1000

5 Bestimme die gesuchte Zahl.
a) Durch welche Zahl musst du 2304 dividieren, um 2,304 zu erhalten?
b) Multiplizierst du eine Zahl mit 10, so erhältst du 0,17.
c) Eine Zahl mit 1000 multipliziert ergibt 250.

6

a) Wie viel Kilogramm wiegt ein Blatt Papier?
b) Wie viel Kilogramm wiegen 50 (100) Blatt Papier?

1 Wie könnte man die Dicke eines Blatt Papiers bestimmen?

2 Berechne. Was stellst du fest?

63 450 : 3 = ☐	6345 : 3 = ☐
634,5 : 3 = ☐	63,45 : 3 = ☐
6,345 : 3 = ☐	0,6345 : 3 = ☐

M **Dividieren durch eine natürliche Zahl**

Beim Überschreiten des Kommas wird auch im Ergebnis das Komma gesetzt.

42,65 : 5 = ☐
Überschlag: 40 : 5 = 8

```
42,65 : 5 = 8,53
40
 26
 25
  15
  15
   0
```

Probe: $\underline{8,53 \cdot 5}$
42,65

Übungen

3 Berechne. Mache zuerst den Überschlag.

a)	b)	c)	d)	e)	f)
8,19 : 3	4,8 : 4	14,28 : 7	13,2 : 8	9,81 : 9	15,5 : 5
5,22 : 3	7,64 : 4	7,63 : 7	18,64 : 8	11,97 : 9	35,15 : 5
4,47 : 3	9,96 : 4	9,17 : 7	17,36 : 8	16,74 : 9	105,05 : 5

4 Berechne im Kopf.
a) 0,9 : 3 b) 0,09 : 3 c) 0,009 : 3 d) 9 : 30 e) 0,9 : 30 f) 0,09 : 30 g) 0,009 : 30

5

6 : 8 = ☐

```
6,00 : 8 = 0,75
0
60
56
 40
 …
```

6 Berechne. Mache zuerst den Überschlag.

a)	b)	c)	d)	e)
6 : 5	12 : 8	2,48 : 4	3,64 : 4	0,63 : 21
6 : 4	16 : 5	16,5 : 5	0,16 : 8	0,135 : 15
10 : 8	27 : 6	1,05 : 7	12,87 : 9	58,5 : 13

Lösungen: 1,5; 3,2; 4,5; 1,5; 0,62; 3,3; 0,15; 0,91; 0,02; 1,43; 1,2; 1,25; 4,5; 0,009; 0,03

7 Die Klasse 6 d plant einen Ausflug in das Dreisesselgebiet. Für die Busfahrt müssen die 26 Schülerinnen und Schüler insgesamt 296,40 € bezahlen.
a) Wie viel € muss jeder für die Busfahrt bezahlen?
b) Vor der Abreise werden zwei Schüler krank. Um wie viel € verteuert sich jetzt der Preis pro Person?

1 Vor der Fahrt in den Urlaub tankt Frau Soergel den Wagen noch einmal voll. Wie viel Liter hat sie getankt?

47,30 : 1,10 = ▢
4730 : 110 = ▢

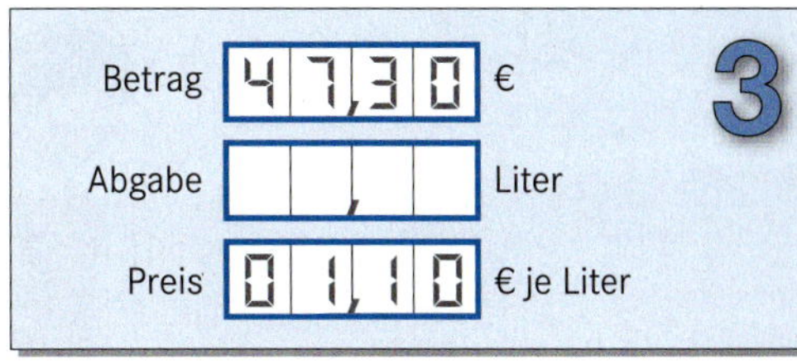

2 Berechne. Was stellst du fest?
5400 : 180 540 : 18 54 : 1,8 5,4 : 0,18 0,54 : 0,018

Dezimalbrüche dividieren

M Multipliziere zuerst beide Zahlen mit 10, 100, 1000, … so, dass du durch eine natürliche Zahl dividierst.

5,967 : 1,7 = ▢ Überschlag: 6 : 2 = 3

59,67 : 17 = 3,51
51
 86
 85
  17
  17
   0

Probe: 3,51 · 1,7
351
2457
5,967

5,967 : 1,7 = 3,51

9,5 : 0,76 = ▢ Überschlag: 10 : 1 = 10

950 : 76 = 12,5
76
190
152
 380
 380
   0

Probe: 12,5 · 0,76
0
875
750
9,500

9,5 : 0,76 = 12,5

Übungen

3 Dividiere, wenn möglich, im Kopf.
a) 0,8 : 0,4 0,8 : 0,04
b) 0,9 : 0,3 0,9 : 0,03
c) 0,4 : 0,2 0,4 : 0,02
d) 0,7 : 0,7 0,7 : 0,07
e) 0,27 : 0,9 0,27 : 0,09
f) 0,42 : 0,6 0,42 : 0,006

4
a) 0,8 : 0,02 0,80 : 0,2
b) 0,4 : 0,05 0,40 : 0,5
c) 0,3 : 0,15 0,30 : 0,15
d) 0,5 : 0,002 0,005 : 0,2
e) 0,09 : 300 900 : 0,03
f) 0,49 : 0,007 4,9 : 70

5 Setze mit Hilfe eines geschickten Überschlags das Komma im Ergebnis an die richtige Stelle. Beachte gegebenenfalls fehlende Nullen.
a) 2,135 : 0,7 = 305 1,77 : 0,3 = 59 6,12 : 0,9 = 68
b) 3,71 : 0,7 = 53 5,36 : 0,8 = 67 0,204 : 0,6 = 34
c) 0,415 : 0,05 = 83 1,935 : 1,5 = 129 9,9 : 0,003 = 33

1,84 : 0,2 = ▢
18,4 : 2 = ▢
Überschlag:
18 : 2 = 9
18,4 : 2 = 9,2

6 Bei richtiger Lösung erhältst du ein Lösungswort.

4,291 : 0,7 0,6543 : 0,09
19,44 : 0,3 64,08 : 1,2
0,3654 : 0,06 4,752 : 0,06
21,36 : 0,4 0,7997 : 0,11
34,3 : 0,7 2,7 : 0,0003
4,008 : 0,08 57,28 : 0,8

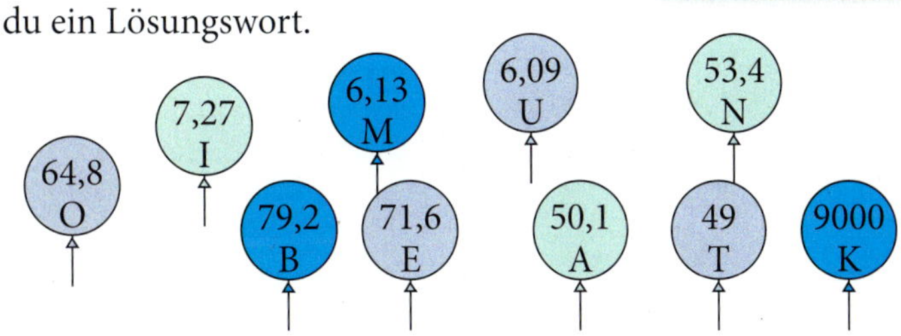

7 Berechne. Runde das Ergebnis auf eine Stelle (zwei Stellen) nach dem Komma.

14,441 : 7 = 2,063
gerundet auf Zehntel: 2,1
gerundet auf Hundertstel: 2,06

a) 2,7544 : 8 0,972 : 4 8,2239 : 3
b) 139,212 : 9 114,485 : 7 29,348 : 11
c) 74,175 : 5 49,308 : 3 50,084 : 4

1 Lukas, Paul und Tom haben für das gesammelte Altpapier 4 Euro bekommen. Wie viel Geld erhält jeder von Ihnen?

2 a) In welcher Form gibst du das Ergebnis an? Begründe

(1) 4 : 2 4 : 3 4 : 4 4 : 5 4 : 6 4 : 7 4 : 8 4 : 9
(2) 3 : 2 3 : 3 3 : 4 3 : 5 3 : 6 3 : 7 3 : 8 3 : 9
(3) 2 : 2 2 : 3 2 : 4 2 : 5 2 : 6 2 : 7 2 : 8 2 : 9
(4) 1 : 2 1 : 3 1 : 4 1 : 5 1 : 6 1 : 7 1 : 8 1 : 9

$6 : 4 = \frac{6}{4}$ Bruch

$6 : 4 = 1{,}5$ Dezimalbruch

b) Versuche die folgenden Brüche jeweils in einen Dezimalbruch umzuformen. Wo hast du Probleme? Begründe.

$\frac{13}{50}$; $\frac{33}{150}$; $\frac{2}{3}$; $\frac{2}{5}$; $\frac{1}{6}$; $\frac{1}{8}$

$\frac{18}{90} = \frac{2}{10} = 0{,}2$

c) In den Beispielen wird jeweils ein Bruch in einen Dezimalbruch umgewandelt. Dazu wird der Zähler des Bruches durch den Nenner dividiert.

$\frac{5}{8} = \square$

5 : 8 = 0,625
0
50
48
20
16
40
40
0 Die Division bricht ab.

$\frac{5}{8} = 0{,}625$

$\frac{1}{3} = \square$

1 : 3 = 0,333...
0
10
9
10
9
10
9
1
...

Der Rest **1** wiederholt sich.

Im Ergebnis wiederholt sich die Ziffer 3.

$\frac{1}{3} = 0{,}333\ldots = 0{,}\overline{3}$

$\frac{2}{11} = \square$

2 : 11 = 0,1818....
0
20
11
90
88
20
11
90
88
2
...

Die Reste **2** und **9** wiederholen sich.

Im Ergebnis wiederholt sich die Zifferngruppe 18.

$\frac{2}{11} = 0{,}1818\ldots = 0{,}\overline{18}$

Periode

M Die Ziffer oder die Zifferngruppe, die sich im Ergebnis immer wiederholt, heißt **Periode**. Die Periode wird durch einen waagerechten Strich gekennzeichnet.

3 Dividiere den Zähler durch den Nenner und gib den zugehörigen Dezimalbruch an.

a) $\frac{7}{8}$ b) $\frac{2}{3}$ c) $\frac{3}{5}$ d) $\frac{5}{9}$ e) $\frac{4}{11}$ f) $\frac{22}{9}$ g) $\frac{15}{11}$ h) $\frac{17}{33}$ i) $\frac{8}{27}$

endlicher Dezimalbruch

periodischer Dezimalbruch

Einen Bruch kann man in einen Dezimalbruch umwandeln, indem man den Zähler durch den Nenner dividiert.
Dabei entsteht ein **endlicher Dezimalbruch** oder ein **periodischer Dezimalbruch.**

Endlicher Dezimalbruch:

$\frac{3}{8} = 3 : 8 = 0{,}375$

$\frac{3}{8} = 0{,}375$

Periodischer Dezimalbruch:

$\frac{5}{11} = 5 : 11 = 0{,}4545\ldots$

$\frac{5}{11} = 0{,}\overline{45}$

Lies: Null Komma Periode vier fünf

Übungen

4 Forme in einen Dezimalbruch um.

a) $\frac{1}{16}, \frac{2}{16}, \frac{3}{16}, \frac{4}{16}, \frac{5}{16}, \frac{6}{16}, 3\frac{7}{16}, 3\frac{8}{16}$ b) $\frac{1}{12}, \frac{2}{12}, \frac{3}{12}, \frac{4}{12}, \frac{5}{12}, \frac{6}{12}, 3\frac{7}{12}, 3\frac{8}{12}$

5 Forme in einen Dezimalbruch um. Was stellst du fest?

a) $\frac{1}{9}, \frac{2}{9}, \frac{3}{9}, \frac{4}{9}$ b) $\frac{1}{90}, \frac{2}{90}, \frac{3}{90}, \frac{4}{90}$ c) $\frac{1}{99}, \frac{2}{99}, \frac{3}{99}, \frac{4}{99}$

$\frac{13}{99} = 0{,}\overline{13}$

6 Verwandele in einen Bruch. Kürze, wenn möglich.

a) $0{,}\overline{1}$ $0{,}0\overline{1}$ $0{,}\overline{01}$ b) $0{,}\overline{6}$ $0{,}0\overline{6}$ $0{,}\overline{06}$ c) $0{,}\overline{9}$ $0{,}0\overline{9}$ $0{,}\overline{09}$

$0{,}0\overline{8} = \frac{8}{90} = \frac{4}{45}$

7 Setze im Heft jeweils das richtige Zeichen (>, <, =) ein.

a) $0{,}\overline{5}$ ▢ $0{,}55$; $2{,}3\overline{7}$ ▢ $2{,}377$; $0{,}756$ ▢ $0{,}\overline{7}$

b) $4{,}35$ ▢ $4{,}\overline{346}$; $0{,}75$ ▢ $0{,}\overline{7}$; $3{,}\overline{18}$ ▢ $3{,}189$

c) $0{,}\overline{4}$ ▢ $\frac{4}{9}$; $\frac{5}{16}$ ▢ $0{,}312$; $4\frac{3}{11}$ ▢ $4{,}\overline{2}$

d) $\frac{7}{20}$ ▢ $0{,}35$; $5\frac{7}{11}$ ▢ $5{,}6\overline{3}$; $20{,}\overline{5}$ ▢ $20\frac{4}{7}$

8 Ordne die Dezimalbrüche der Größe nach. Beginne mit dem größten Dezimalbruch.

a) $0{,}\overline{4}$ $0{,}42$ $0{,}\overline{42}$ $0{,}4\overline{2}$ $0{,}44$ b) $0{,}\overline{9}$ $0{,}9$ $0{,}99$ $0{,}09$ $0{,}0\overline{9}$

c) $16{,}16$ $16{,}\overline{16}$ $16{,}061$ $16{,}160$ d) $0{,}77$ $\frac{7}{9}$ $\frac{8}{11}$ $0{,}73$ $\frac{3}{4}$

9 Runde die periodischen Dezimalbrüche auf die zweite Stelle nach dem Komma.

a) $0{,}\overline{6}$ b) $0{,}5\overline{3}$ c) $4{,}\overline{28}$ d) $1{,}\overline{72}$ e) $0{,}2\overline{36}$ f) $7{,}04\overline{9}$ g) $11{,}9\overline{16}$ h) $0{,}\overline{1}$ i) $5{,}\overline{9}$

Wie viele Dreiecke erkennst du?

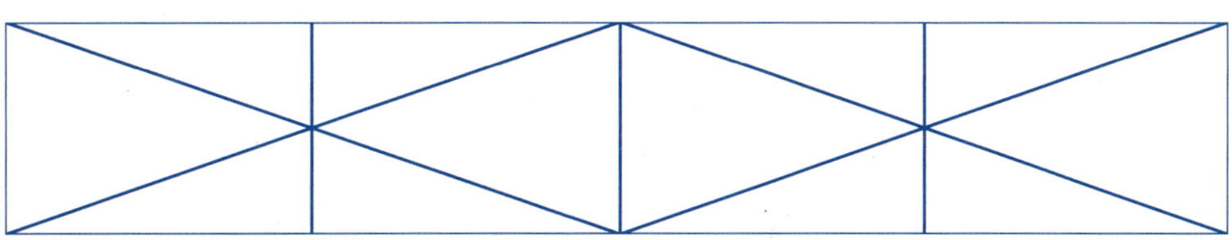

1 Für die Addition und Multiplikation von natürlichen Zahlen hast du die folgenden Gesetze kennen gelernt:

Kommutativgesetz: Bei der **Addition** darfst du die Reihenfolge der Summanden beliebig vertauschen. Bei der **Multiplikation** darfst du die Reihenfolge der Faktoren beliebig vertauschen. Die Ergebnisse ändern sich dadurch nicht.

Assoziativgesetz: Bei der **Addition** darfst du Klammern beliebig setzen oder weglassen. Das gleiche gilt für die **Multiplikation.** Die Ergebnisse ändern sich dadurch nicht.

Gelten die Gesetze auch für die Addition und Multiplikation positiver rationaler Zahlen? Berechne und vergleiche.

a) $\frac{3}{4} + \frac{5}{6}$; $\frac{5}{6} + \frac{3}{4}$
b) $\frac{5}{12} + \frac{3}{5}$; $\frac{3}{5} + \frac{5}{12}$
c) $1{,}6 + 5{,}9$; $5{,}9 + 1{,}6$
d) $\frac{5}{7} \cdot \frac{14}{15}$; $\frac{14}{15} \cdot \frac{5}{7}$
e) $0{,}5 \cdot 2{,}8$; $2{,}8 \cdot 0{,}5$

2 Berechne vorteilhaft im Kopf.

a) $\frac{4}{11} + \frac{3}{10} + \frac{7}{11}$
b) $\frac{2}{7} + \frac{5}{8} + \frac{5}{7}$
c) $\frac{8}{13} + \frac{7}{12} + \frac{5}{12}$
d) $\frac{13}{20} + \frac{4}{8} + \frac{27}{20}$
e) $\frac{11}{5} + \frac{11}{49} + \frac{19}{5}$
f) $\left(\frac{11}{13} + \frac{4}{5}\right) + \frac{15}{13}$
g) $\left(2\frac{3}{8} + 1\frac{9}{10}\right) + \frac{5}{8}$
h) $\frac{2}{9} \cdot \frac{3}{8} \cdot \frac{9}{2}$
i) $2{,}45 + 8{,}96 + 1{,}55$
k) $\left(\frac{1}{4} + \frac{3}{5}\right) + 0{,}75$
l) $\frac{1}{2} \cdot 0{,}9 \cdot 6$
m) $(4{,}5 \cdot 0{,}8) \cdot \frac{1}{3}$

M

Kommutativgesetz

Kommutativgesetz der Addition
Für alle a, b $\in \mathbb{Q}_0^+$ gilt:
$a + b = b + a$

Kommutativgesetz der Multiplikation
Für alle a, b $\in \mathbb{Q}_0^+$ gilt:
$a \cdot b = b \cdot a$

Assoziativgesetz

Assoziativgesetz der Addition
Für alle a, b, c $\in \mathbb{Q}_0^+$ gilt:
$(a + b) + c = a + (b + c) = a + b + c$

Assoziativgesetz der Multiplikation
Für alle a, b, c $\in \mathbb{Q}_0^+$ gilt:
$(a \cdot b) \cdot c = a \cdot (b \cdot c) = a \cdot b \cdot c$

3 Für das Rechnen mit natürlichen Zahlen hast du auch das Distributivgesetz kennen gelernt. Formuliere das Gesetz in Worten.
Zeige an einfachen Beispielen, dass das Gesetz auch für positive rationale Zahlen gilt.

M

Distributivgesetz

Für alle a, b, c $\in \mathbb{Q}_0^+$ gilt:
$a \cdot (b + c) = a \cdot b + a \cdot c$

Für alle a, b, c $\in \mathbb{Q}_0^+$ mit $b \geqq c$ gilt:
$a \cdot (b - c) = a \cdot b - a \cdot c$

4 Setze Klammern und rechne.

a) $\frac{7}{4} \cdot \frac{1}{5} + \frac{7}{4} \cdot \frac{8}{15}$
b) $\frac{15}{16} \cdot \frac{6}{9} + \frac{15}{16} \cdot \frac{1}{3}$
c) $\frac{17}{25} \cdot \frac{6}{8} + \frac{17}{25} \cdot \frac{1}{4}$
d) $\frac{7}{10} \cdot \frac{7}{8} + \frac{7}{10} \cdot \frac{17}{32}$
e) $0{,}2 \cdot 3{,}6 + 3{,}6 \cdot 0{,}8$
f) $2{,}4 \cdot 0{,}5 - 2{,}4 \cdot 0{,}4$
g) $8{,}5 \cdot 0{,}3 - 7{,}9 \cdot 0{,}3$
h) $0{,}25 \cdot 9{,}7 - 0{,}25 \cdot 8{,}1$

$$\frac{3}{8} \cdot \frac{2}{5} + \frac{3}{8} \cdot \frac{1}{10} = \frac{3}{8} \cdot \left(\frac{2}{5} + \frac{1}{10}\right)$$
$$= \frac{3}{8} \cdot \left(\frac{4}{10} + \frac{1}{10}\right)$$
$$= \frac{3}{8} \cdot \frac{5}{10} = \frac{3}{16}$$

1 Welche Anteile gehören zusammen?

$\frac{2}{5}$ $\frac{5}{4}$ $\frac{7}{10}$ $\frac{3}{2}$ $\frac{3}{4}$ 60 % 0,6 1,1 0,125 0,7
$\frac{7}{20}$ 75 % $\frac{26}{20}$ $\frac{3}{5}$ $\frac{11}{10}$ 0,35 0,4 0,75 1,3 16 %
12,5 % $\frac{11}{8}$ $\frac{4}{25}$ 40 % $\frac{1}{8}$ 70 % 0,16 1,25 1,5 35 % 1,375

2 Ordne der Größe nach. Beginne mit der größten Zahl.

a) 17,003 17,030 17,041 17,033 17,401
b) 13,64 13,064 13,604 13,641 13,406
c) 9,004 9,408 9,804 9,480 9,040 9,9
d) 4,01 4,011 4,001 4,110 4,101 4,1

3 Runde die Dezimalbrüche auf eine Stelle (zwei Stellen) nach dem Komma.

a) 25,3947 5,1417 0,3559 1,948 0,8991 3,7643 8,4463
b) 66,3553 8,4841 3,4488 39,9541 149,8329 247,775 33,9948

4 Berechne.

a) $119 + 1{,}245 + 3{,}68 + 14{,}1$
$9{,}456 + 0{,}86 + 5{,}5 + 17{,}82$
$0{,}864 + 200 + 0{,}023 + 4{,}35$

b) $300 - 0{,}08 - 2{,}64 - 8{,}003$
$35{,}64 - 20 - 4{,}708 - 3{,}5$
$0{,}93 - 0{,}7854 - 0{,}12 - 0{,}014$

Lösungen: 138,025; 289,277; 0,0106; 7,432; 33,636; 205,237

5
a) $23{,}24 - (18{,}71 + 1{,}87)$
$35{,}99 + (46{,}38 - 30{,}15)$

b) $20{,}347 - (9{,}095 + 3{,}816)$
$40{,}408 - (28{,}912 - 7{,}084)$

c) $103{,}41 + (78{,}097 - 61{,}405)$
$954{,}72 - (259 + 502{,}5)$

Lösungen: 120,102; 7,436; 2,66; 52,22; 18,58; 193,22

6
a) $\frac{0{,}9}{4{,}5}$ $\frac{0{,}15}{0{,}6}$

b) $\frac{1{,}7 + 1{,}8}{7}$ $\frac{4 \cdot 1{,}8}{9}$

c) $\frac{1}{7} \cdot 0{,}49$ $3{,}6 \cdot \frac{4}{9}$

d) $0{,}08 \cdot \frac{2}{8}$ $\frac{7}{15} \cdot 0{,}045$

e) $\frac{1}{16} \cdot 2{,}56$ $28{,}9 \cdot \frac{2}{17}$

Lösungen: 0,5; 3,4; 0,07; 0,2; 1,6; 0,25; 0,8; 0,16; 0,02; 0,021

7
a) $6{,}7 + 3{,}3 \cdot 0{,}5$
$5{,}5 + 0{,}5 \cdot 2{,}4$
$3{,}3 - 0{,}3 \cdot 5{,}0$

b) $2{,}8 \cdot 0{,}5 + 2{,}8 : 0{,}5$
$6{,}4 : 2 - 3{,}2 \cdot 1$
$12{,}7 - 5{,}8 + 5{,}8 : 2$

c) $0{,}8 : 0{,}5 - 1{,}6$
$4{,}9 : 7 \cdot 8 - 5{,}44 : 2$
$8{,}1 : 0{,}9 - 0{,}64 : 0{,}08$

Lösungen: 9,8; 0; 2,88; 6,7; 8,35; 0; 7; 1; 1,8

8 Berechne.

a) $0{,}7^2$ b) $0{,}3^2$ c) $(1{,}5 + 3{,}5)^3$ d) $4{,}8 \cdot 5 + \frac{3}{4} \cdot 12$ e) $56 \cdot \frac{1}{8} - 3 : 10$

9

Z	E	z	h
3	1	1	3

a) Vertausche bei der ANNA-Zahl die äußeren mit den inneren Ziffern und berechne die Differenz 31,13 – 13,31.
b) Wiederhole die Rechnung für fünf weitere Beispiele.
c) Tragt die Ergebnisse aus der Klasse zusammen. Was fällt euch auf?

10 Schreibe einen entsprechenden Term auf und rechne dann.
a) Multipliziere die Summe von 7,8 und 6,4 mit 0,55.
b) Dividiere die Summe von 6,5 und 1,75 durch die Differenz von 5 und 4,75.
c) Multipliziere den Quotienten von 1,2 und 0,75 mit dem Quotienten von 1,5 und 0,03.
d) Addiere das Produkt aus 0,8 und 0,6 zu dem Quotienten aus 12 und 2,5.
e) Subtrahiere von dem Produkt der Zahlen 3,68 und 2,5 die Differenz von 10,5 und 5,9.
f) Subtrahiere vom Dreifachen von 5,6 die Differenz von 20 und 7,1.

Lösungen: 33; 3,9; 7,81; 80; 4,6; 5,28

11 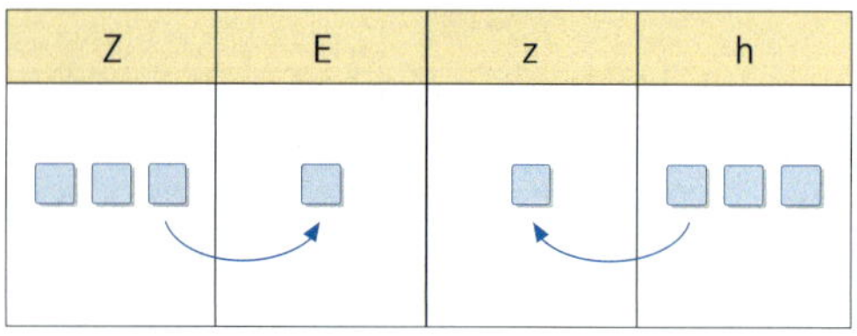

Um welchen Wert ändert sich die Zahl, wenn man ein Zehner-Plättchen auf die Einerstelle und gleichzeitig ein Hundertstel-Plättchen auf die Zehntelstelle verschiebt? Probiere weitere Beispiele aus. Was stellst du fest?

12 

Jana möchte in ihrer Freizeit gerne Inline-Skaten. Dafür will sie zunächst Inline-Skates und einen Sturzhelm kaufen.
Auf ihrem Sparbuch hat sie bereits 202,70 € angespart. Ihr Großvater schenkt ihr 35,00 € für den Kauf der Ausrüstung.
Wie viel Geld fehlt ihr, um auch noch die Knie-, Ellbogen- und Handschützer kaufen zu können?

13

Rk	Nat	Name	Intern. – Times (Zwischenzeiten)					Finish	km/h	Total
1	1 GER1	**Kiriasis, Sandra**	5.87 (2)	23.71 (1)	33.44 (1)	41.62 (1)	49.04 (1)	**57.37 (1)**	*120,45*	**3:49.50**
			5.29 (4)	23.85 (4)	33.61 (3)	41.83 (1)	49.32 (1)	**57.69 (1)**	*118,89*	
			5.82 (2)	23.63 (1)	33.31 (1)	41.47 (1)	48.95 (1)	**57.36 (2)**	*119,11*	
			5.85 (2)	23.63 (1)	33.25 (1)	41.38 (1)	48.76 (1)	**57.08 (1)**	*120,45*	

In der Tabelle siehst du einen Teil der offiziellen Ergebnisliste im Zweierbob der Damen bei der Bob WM 2008 in Altenberg. Auf der Bobbahn gibt es sechs Messstellen für die Zeit.
a) Welche Zeit hat der Kiriasis-Bob in den vier Läufen jeweils für den letzten Streckenabschnitt benötigt?
b) Berechne die Zeitunterschiede an den einzelnen Messstellen zwischen langsamster und schnellster Zeit.
c) Der zweitplatzierte Bob (GER2) war insgesamt 26 Hundertstel Sekunden und der drittplatzierte 1,32 Sekunden langsamer.
Gib die Gesamtzeiten (Total) für diese Bobs an.
d) Die bisherigen Bahnrekorde lagen bei 5,77 s (Startzeit = 1. Zwischenzeit) und 56,84 s (Endzeit).

14 Die Tabelle enthält Tarifinformationen für ein Mobilfunknetz.

	Mobile One	Mobile Two
Grundgebühr pro Monat	keine	10,20 €
Minutenpreis, Hauptzeit 8:00 – 20:00 Uhr	0,70 €	0,30 €
Minutenpreis, Nebenzeit 20:00 – 8:00 Uhr	0,40 €	0,20 €
SMS-Versand	0,20 €	0,20 €

a) Würdest du dich für Mobile One oder Mobile Two entscheiden? Begründe.
b) Welches Angebot ist günstiger bei einer Gesprächszeit von 30 Minuten pro Monat in der Hauptzeit? Begründe.
c) Welches Angebot ist für die Nebenzeit günstiger, wenn die Telefonkosten pro Monat 25 € nicht überschreiten sollen?
d) Schätze die Gesprächszeit pro Monat in der Hauptzeit (Nebenzeit), für die sich die Angebote kaum unterscheiden. Überprüfe deine Schätzung durch eine exakte Berechnung.
e) Berechne die monatlichen Kosten für das Versenden von 20 SMS und 50 Minuten Gesprächszeit von 8 bis 20 Uhr bei Mobile One.
f) Welche Einsparungen sind monatlich möglich, wenn nur noch $\frac{1}{5}$ der Zeit von 8 bis 20 Uhr telefoniert und dafür $\frac{1}{5}$ mehr SMS verschickt werden?
g) Informiere dich in den Medien über aktuelle Tarife.

15 Familie Ganghofer denkt über den Kauf einer 4-Zimmer-Eigentumswohnung nach. Die Gesamtwohnfläche beträgt 98,46 m^2 und der Kaufpreis 246 150 €.
a) Ermittle die Wohnflächen für das Schlafzimmer und das Bad.
b) Berechne den Teil des Kaufpreises, der auf das Schlafzimmer entfallen würde.
c) Berechne den Anteil des Bades an der Gesamtwohnfläche.
d) Wie viel € müssten monatlich zurückgelegt werden, um die Kaufsumme innerhalb von 20 Jahren anzusparen?

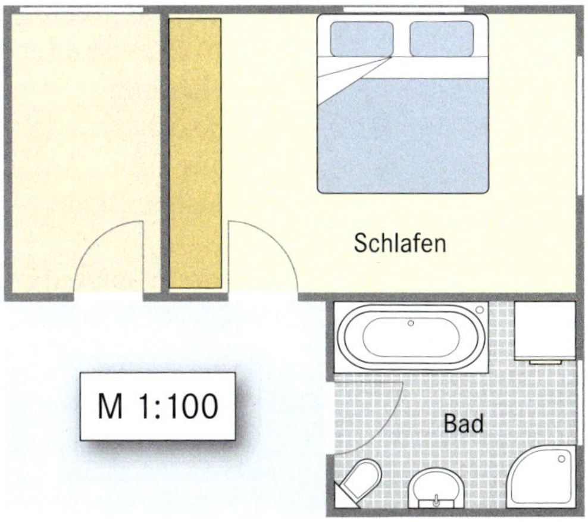

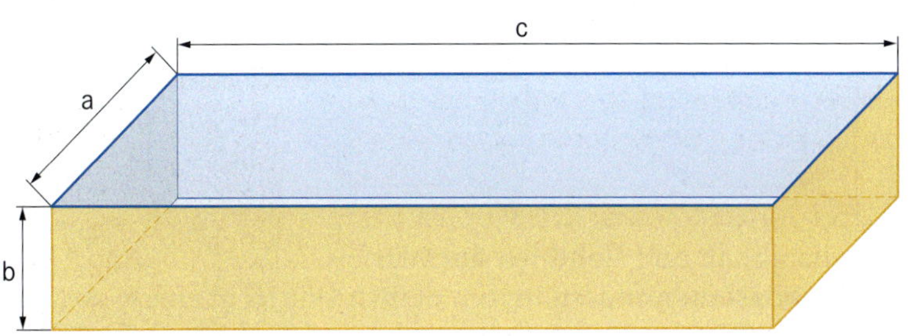

16 Ein Swimmingpool mit den Abmessungen a = 5,8 m, b = 2,1 m und c = 12 m soll für den Sommer neu hergerichtet werden.
a) Berechne die zu streichende Fläche.
b) Der Pool wird bis 30 cm unter den Rand gefüllt. Gib die Wassermenge in Litern an, die dazu benötigt wird.

1 Die Ansichten eines Würfelgebäudes sind von vorne, von rechts und von oben dargestellt. Die blaue Einfärbung bedeutet, dass zwei Würfel übereinanderliegen.

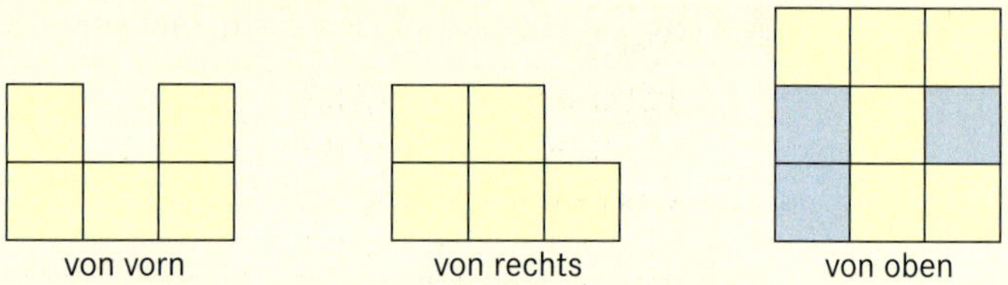

a) Berechne das Volumen des Würfelgebäudes, wenn ein Würfel eine Kantenlänge von 1,5 cm hat.

b) Begründe: Die Ansichten des Würfelgebäudes rechts sind von vorne und von rechts genau so wie die des Gebäudes oben.
Berechne das Volumen des Würfelgebäudes.

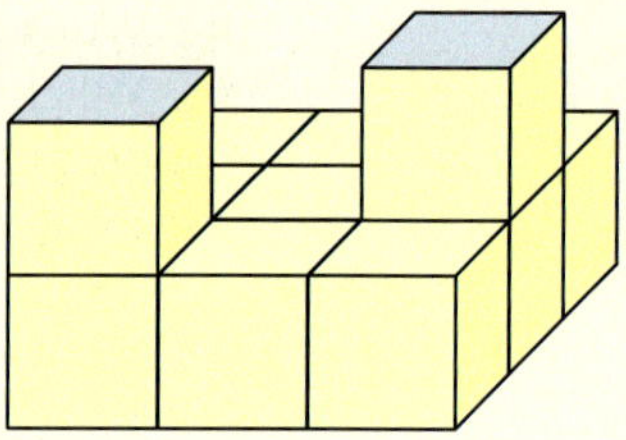

c) Wie klein kann das Volumen eines Würfelgebäudes minimal werden, das immer noch die gleichen Ansichten von vorne und von rechts hat wie das Würfelgebäude oben?

2 Die Abbildung zeigt das Netz eines Quaders (a = 4,2 cm, b = 6,8 cm).

a) Berechne den Oberflächeninhalt des Quaders.

b) Berechne das Volumen des Quaders.

c) Bei einem weiteren Quader ist die Länge a um 2 cm größer als die Länge a in der Abbildung.
Zeichne das Netz dieses Quaders.
Berechne sein Volumen und seinen Oberflächeninhalt.

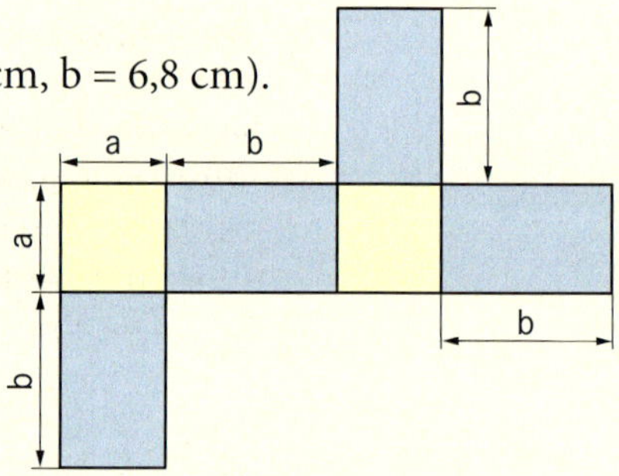

3 Baue aus drei Papierstreifen einen Würfel, ohne zu kleben.

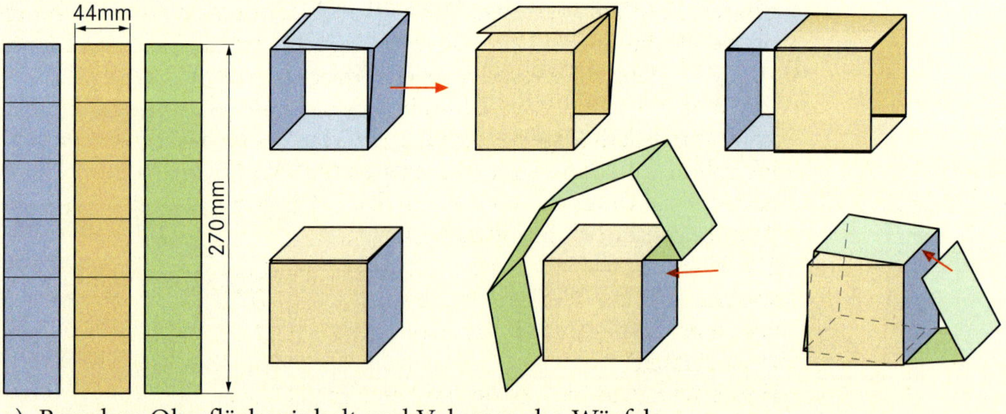

a) Berechne Oberflächeninhalt und Volumen des Würfels.

b) Wie viele Würfel benötigst du mindestens, um deinen Würfel in einem großen Würfel vollständig zu verstecken?

c) Gib Volumen und Oberflächeninhalt für den großen Würfel an.

1

Preise:	
2 Stunden	9,00 €
4 Stunden	12,50 €
Tageskarte	15,– €
Sa./So.	+ 1,50 €
Kinder bis 3 Jahre frei	

„Die machen aber ein Geschäft“ sagt Carolin am Samstag vormittag zu ihrer Freundin Paobla. „An der Kasse haben sie gesagt, dass bereits ein Drittel der 1980 Schließschränke belegt sind. Dabei ist die Kasse erst seit einer Stunde offen“. „Ich habe gehört, dass doppelt so viele Besucher im Bad sind, da bereits ein Sechstel der Schränke besetzt ist“, entgegnet Paobla.

a) Wie bewertest du die Aussage von Paobla?

b) Tatsächlich sind zwei Stunden nach Öffnung der Kassen ein Sechstel der Schließschränke von Besuchern belegt. Die Hälfte dieser Besucher hat für vier Stunden Eintritt bezahlt, ein Drittel der Besucher für zwei Stunden und der Rest für den ganzen Tag. Welcher Bruchteil der 1980 Schränke wird von Besuchern belegt, die für den ganzen Tag bezahlt haben? Bei der Rechnung ist davon auszugehen, dass jeder Besucher einen Schrank belegt.
Gib die richtige Antwort an.

A $\frac{1}{6}$ **B** $\frac{1}{18}$ **C** $\frac{1}{36}$

c) Berechne die Gesamteinnahmen an den Kassen des Thermalbades in Aufgabe b).

d) Der *Zweckverband für Geowärme Ardeo* fördert das Thermalwasser aus 2359 m Tiefe. Dort hat es eine Temperatur von 65 °C. Mittels Wärmetauscher wird es auf den jeweiligen Bedarf abgekühlt. Mit der gewonnenen Wärmeenergie wird ein Teil der umliegenden Haushalte versorgt. Das Thermalbad muss an den Zweckverband für Geowärme pro Kubikmeter Thermalwasser 3,75 € bezahlen. Letzten Monat hat die Therme 10 480 m^3 Thermalwasser bezogen. Berechne, welcher Betrag dafür fällig wird.

e) Pro Jahr besuchen etwa 620 000 Personen die Therme Ardeo. Ca. $\frac{1}{25}$ der Besucher kommt mit dem Zug. Berechne, wie viele Personen dies sind. Runde auf Tausender.

f) Herr, Frau und Sohn Unterseer planen für Samstag Nachmittag eine Fahrt zur Therme Ardeo. Frau Unterseer meint: „Zu dritt ist es günstiger, mit dem Auto zu fahren. Unser Auto braucht doch nur etwa 6 Liter auf 100 Kilometer“. Herr Unterseer widerspricht: „Bis zur Therme Ardeo sind es von hier immerhin 45 Kilometer und zwar einfach!
Heute früh habe ich beim Tanken für 60 Liter Super 81 € bezahlt. Wenn wir das Bahn-Ticket benutzen, wird in der Therme kein zusätzlicher Aufpreis von 1,50 € für das Wochenende fällig. Außerdem könnte ich im Zug meine Zeitung lesen!“ Sohn Felix rechnet nach.

Deutsche Nationalmannschaft (von links nach rechts): Nr. 20, 7, 11, 17, 6, 15, 16, 3, 21, 1, 13

DER VOLLSTÄNDIGE EM-KADER 2008

	Nr.	Name, Vorname	Geburtstag	Größe	Gewicht
TOR	1	Lehmann, Jens	10.11.1969	1,90 m	87 kg
	12	Enke, Robert	24.08.1977	1,85 m	78 kg
	23	Adler, René	15.01.1985	1,89 m	80 kg
ABWEHR	2	Jansen, Marcell	04.11.1985	1,91 m	84 kg
	3	Friedrich, Arne	29.05.1979	1,85 m	78 kg
	4	Fritz, Clemens	07.12.1980	1,83 m	81 kg
	5	Westermann, Heiko	14.08.1983	1,90 m	83 kg
	16	Lahm, Philipp	11.11.1983	1,70 m	61 kg
	17	Mertesacker, Per	29.09.1984	1,96 m	85 kg
	21	Metzelder, Christoph	05.11.1980	1,93 m	84 kg
MITTELFELD	6	Rolfes, Simon	21.01.1982	1,89 m	79 kg
	7	Schweinsteiger, Bastian	01.08.1984	1,80 m	76 kg
	8	Frings, Torsten	22.11.1976	1,82 m	80 kg
	13	Ballack, Michael	26.09.1976	1,89 m	80 kg
	14	Trochowski, Piotr	22.03.1984	1,69 m	70 kg
	15	Hitzlsperger, Thomas	05.04.1982	1,82 m	75 kg
	18	Borowski, Tim	02.05.1980	1,94 m	84 kg
	19	Odonkor, David	21.02.1984	1,72 m	74 kg
ANGRIFF	9	Gómez, Mario	10.07.1985	1,89 m	84 kg
	10	Neuville, Oliver	01.05.1973	1,71 m	64 kg
	11	Klose, Miroslav	09.06.1978	1,83 m	78 kg
	20	Podolski, Lukas	04.06.1985	1,80 m	82 kg
	22	Kurányi, Kevin	02.03.1982	1,90 m	80 kg

3 : 2 – Sieg gegen die Türkei!
Trotz ihrer Durchschnittsgröße von 1,86 m deutsche Abwehr zweimal überwunden.
Der kleinste, Phillip Lahm, ganz groß! Er schießt in der 90. das Siegtor.

1 a) Wie könnte die im Zeitungsbericht erwähnte Größe 1,86 m zustande kommen? Rechne nach.
b) Welche Größe hätte man angeben müssen, wenn Philipp Lahm durch Marcell Jansen ersetzt worden wäre?
c) Verringere die Durchschnittsgröße der Abwehr durch Spielerwechsel auf 1,83 m.
d) Gib für die Aufgaben a) und b) den Unterschied zwischen dem größten und kleinsten Abwehrspieler an.

M

arithmetisches Mittel
Spannweite

Addiert man Daten und dividiert deren Summe durch die Anzahl der Daten, so erhält man den **Durchschnittswert** oder das **arithmetische Mittel** der Daten.
Die Differenz aus dem Maximum und Minimum der Daten heißt **Spannweite.** Sie ist ein Maß für die Streuung.

Körpergewichte: 46 kg; 47 kg; 45 kg; 54 kg; 49 kg; 46 kg; 58 kg

arithmetisches Mittel: $\frac{(46 + 47 + 45 + 54 + 49 + 46 + 58)\text{ kg}}{7} = 49\text{ kg}$

Spannweite: 58 kg – 45 kg = 13 kg

Übung

2 a) Berechne das arithmetische Mittel der Größen der Nationalspieler im Bild. Vergleiche es mit dem der Abwehrspieler und der sechs Spieler im Mittelfeld und Angriff.
b) Stellt euch weitere Aufgaben. Könnt ihr aus der Tabelle über den EM-Kader ein arithmetisches Mittel bestimmen, das nicht sinnvoll ist? Begründet.

Größe in m	1,82	1,86	1,91	1,93	1,94	1,95

1 a) Beurteile die Vorschläge von Fabian und Maxi. Vergleiche mit dem in Aufgabe 2a) auf Seite 102 berechneten arithmetischen Mittel von 1,84 m. Was antwortest du Marieke?
b) Ändern sich die Werte von Fabian und Maxi, wenn Lahm durch Jansen ersetzt wird?

M

Zentralwert

Ordnet man Daten der Größe nach, so ist der Wert, der in der Mitte der sortierten Liste steht, ein besonderer Mittelwert. Man nennt ihn **Zentralwert** (oder **Median**).

Liste mit ungerader Anzahl an Daten:

Gewicht in kg	45	46	46	47	49	54	58

Zentralwert: 47 kg

In einer Liste mit einer geraden Anzahl an Daten kommt der Zentralwert in den meisten Fällen gar nicht vor. Er muss dann erst berechnet werden.

Liste mit gerader Anzahl an Daten:

Gewicht in kg	45	46	46	47	49	54

Zentralwert: 46,5 kg = (46 + 47) kg : 2

Modalwert

Der Wert, der in einer Liste am häufigsten auftritt, heißt **Modalwert.** Dieser Wert ist nur aussagekräftig, wenn viele Daten erhoben worden sind.

Gewicht in kg	45	**46**	47	49	54
Häufigkeit	9	**23**	5	7	3

Modalwert: 46 kg

Übung

2 a) Die Körpergrößen einer Mannschaft sind in Meter:
1,62; 1,81; 1,83; 1,79; 1,82; 1,87; 1,85; 1,86; 1,84; 1,92; 1,92
Welcher Mittelwert beschreibt die Körpergröße der Mannschaft besser, das arithmetische Mittel, der Zentralwert oder der Modalwert? Begründe.
b) Überlege dir weitere Aufgaben zu den drei Mittelwerten für deine Klasse.

3 Schrittzähler (Pedometer) sind auf eine durchschnittliche Schrittlänge von 70 cm eingestellt. Ermittelt für Eure Klasse die durchschnittliche Schrittlänge.

Kenngrößen

M Mit Hilfe von arithmetischem Mittel, Zentralwert und Modalwert kann man sich einen Überblick über eine große Menge von Daten verschaffen. Sie werden deshalb auch als **Kenngrößen** bezeichnet. Welche Kenngröße über eine Datenmenge am besten Auskunft gibt, musst du von Fall zu Fall entscheiden.

1 a) Bestimme das arithmetische Mittel und den Zentralwert. Vergleiche.
(1) 183, 184, 185, 186, 187, 188, 189 (2) 183, 184, 186, 189, 293
b) Das arithmetische Mittel von elf aufeinander folgenden Zahlen ist 25.
c) Eine Reihe von sieben Zahlen hat als arithmetisches Mittel 123.
d) Eine Reihe von sieben Zahlen hat den Zentralwert 123.
e) Eine Reihe von sieben Zahlen hat den Modalwert 123.
f) Lukas behauptet: „Die Summe von sechs Zahlen mit dem arithmetischen Mittel 15 beträgt immer 90".

2 a) Das arithmetische Mittel der Körpergrößen für die Schüler der 6. Klassen ist:
6a 1,47 m *6b* 1,46 m *6c* 1,42 m *6d* 1,45 m
Welchen Informationen kann man den Angaben entnehmen, welche nicht?
b) Auf dem Bild auf Seite 102 sind die beiden Kinder vor den Spielern Rolfes (Nr. 6) und Hitzlsperger (Nr. 15) jeweils 1,40 m groß.
Welche Aussagen sind auf keinen Fall richtig? Begründe.
A Der Zentralwert aller abgebildeten Kinder ist 1,40 m.
B Der Zentralwert aller abgebildeten Kinder ist 1,30 m.
C Das arithmetische Mittel aller abgebildeten Kinder ist 1,30 m.

3 Das Durchschnittsalter (arithmetisches Mittel) der fünf Freundinnen Leonie, Anna, Adin, Palmira und Emily beträgt 11,8 Jahre.
a) Gib mindestens drei verschiedene Möglichkeiten für das Alter der Mädchen sowie die zugehörige Spannweite an.
b) Gib jeweils den Zentralwert für deine Beispiele in a) an.
c) Finde eine Möglichkeit für das Alter der Mädchen, sodass der Zentralwert 11 ist.

4 In einem Bekleidungsgeschäft im Zentrum von Nürnberg wurden 216 Kunden nach ihrer Postleitzahl befragt. Daraus bestimmte man die Entfernungen der Wohnorte der Kunden zum Kaufhaus. Diese lagen zwischen 500 m und 420 km.

Folgende Mittelwerte ergaben sich:
arithmetisches Mittel: 22,3 km
Zentralwert: 3 km
Modalwert: 1 km (15 mal)
a) Erkläre, wie die starke Abweichung des arithmetischen Mittels von den beiden übrigen Werten zustande kommen könnte.
b) Kann die Aussage rechts von Sebastian stimmen? Begründe.
c) Das Bekleidungsgeschäft versucht durch Werbung neue Kunden zu gewinnen. Wo würdest du das Werbematerial verteilen? Begründe.

1 Statistische Größen können einfach mit Hilfe von Tabellenkalkulationsprogrammen errechnet werden. Jedes dieser Programme bietet Funktionen für das arithmetische Mittel, den Zentralwert usw. an. Meistens heißen die entsprechenden Formeln genau wie die Kenngrößen. Für die Spannweite musst du vom größten Wert der Liste den kleinsten subtrahieren.

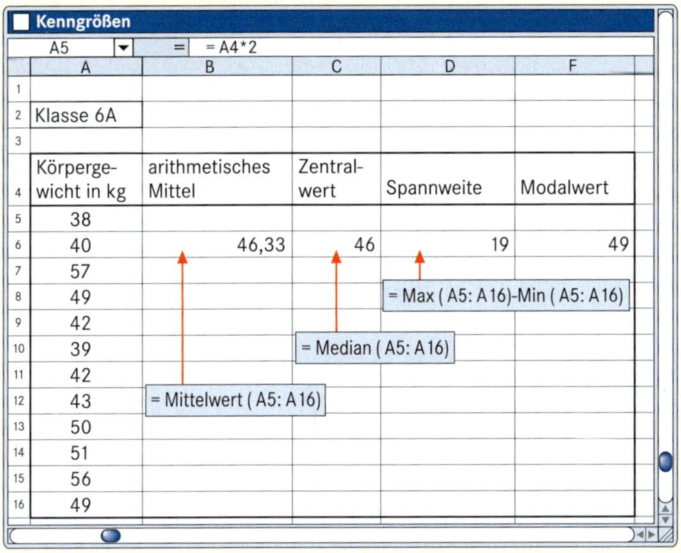

Kenngrößen

A5 = =A4*2

	A	B	C	D	F
1					
2	Klasse 6A				
3					
4	Körpergewicht in kg	arithmetisches Mittel	Zentralwert	Spannweite	Modalwert
5	38				
6	40	46,33	46	19	49
7	57				
8	49			= Max (A5: A16)-Min (A5: A16)	
9	42				
10	39		= Median (A5: A16)		
11	42				
12	43	= Mittelwert (A5: A16)			
13	50				
14	51				
15	56				
16	49				

a) In der Tabelle hat Ronja in den Zellen A5 bis A16 das Körpergewicht von 12 Mitschülern eingetragen.
Informiere dich, wie in deinem Programm die entsprechenden Formeln heißen und erstelle ein Tabellenblatt für die Gewichte deiner Mitschüler.

mit F9 berechnet der Computer alles neu.

b) Anna meint, dass ein Computer solche Größen doch auch selbst erzeugen kann. Dann könnte sie sich das Eingeben so vieler Werte ersparen. Sie hat in ihrem Programm eine Formel „Zufallszahl“ gefunden. Finde heraus, welche Zahlen mit der Formel „=Zufallszahl()“ erzeugt werden.

c) Welche Zahlen werden mit folgenden Formeln angezeigt? Überprüfe.
I =Ganzzahl(Zufallszahl())
II =Ganzzahl(Zufallszahl()*6)
III =Ganzzahl(Zufallszahl()*6)+1

d) Mit welchen der folgenden Formeln kannst du ähnliche Werte wie oben in der linken Spalte der Tabelle erzeugen?
I =Ganzzahl(Zufallszahl()*50)
II =Ganzzahl(Zufallszahl()*25)+35

e) Teresa und Till haben zu der obigen Tabelle folgende Diagramme erstellt.

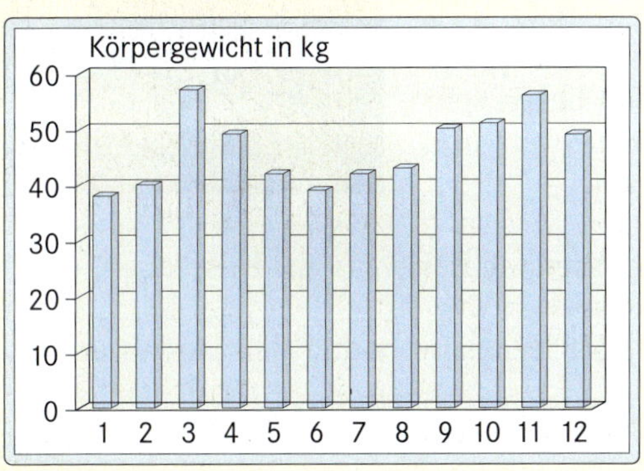

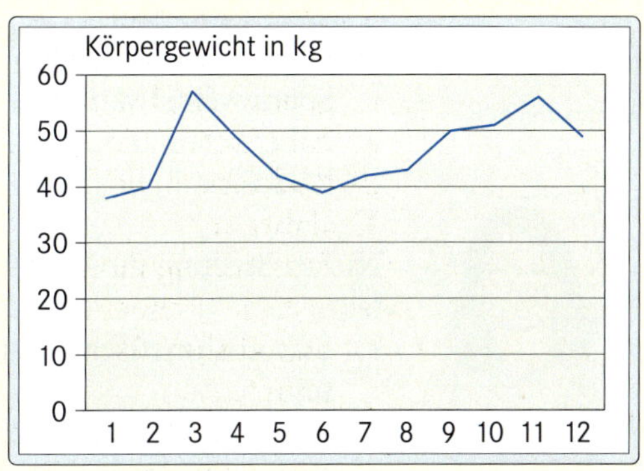

Wie heißt jeweils die Diagrammart? In welchem Diagramm wird der Sachverhalt besser dargestellt?

f) Erstelle selbst zu den Werten deiner Klasse (Aufgabe a) oder zu den Werten von c) ein geeignetes Diagramm.

1 Die sechsten Klassen der Realschule wurden gefragt, ob sie mit ihren bisherigen Noten zufrieden sind. Die Schülerinnen und Schüler konnten die Frage mit

1 – trifft zu, 2 – trifft eher zu, 3 – trifft eher nicht zu oder 4 – trifft nicht zu

beantworten. Nach der Auswertung ergaben sich für die Klassen 6a und 6c folgende Säulendiagramme.

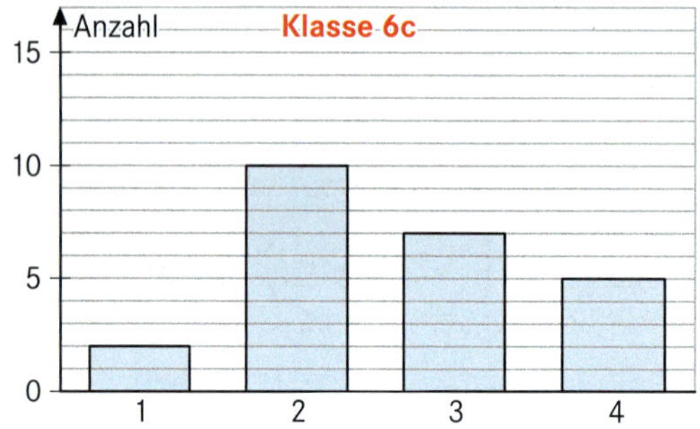

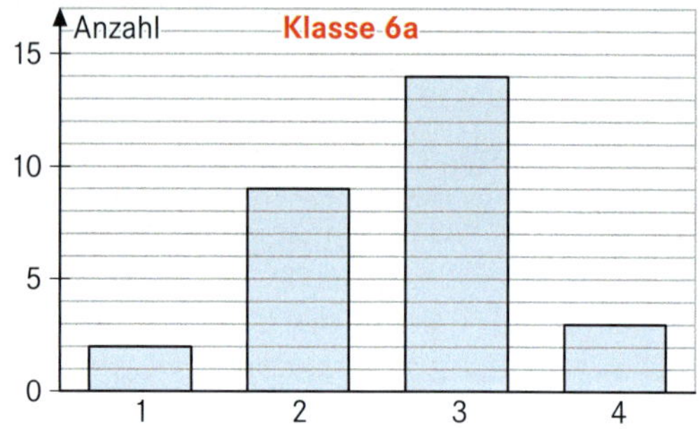

a) Bestimme aus den Diagrammen die Mittelwerte. Was fällt dir auf? Begründe welche Mittelwerte in diesem Fall sinnvoll sind und welche nicht.
b) Wie könnte das Umfrageergebnis für die Klasse 6 b aussehen, wenn das arithmetische Mittel aller sechsten Klassen 2,6 ist und 30 Schülerinnen und Schüler die Klasse 6 b besuchen?
c) Zeichne zu deinem Umfrageergebnis aus Teilaufgabe b) ein Säulendiagramm.
d) Vergleiche das von dir gezeichnete Säulendiagramm mit dem deines Nachbarn. Haltet in eurem Heft Gemeinsamkeiten und Unterschiede fest. Begründet, woher diese kommen.

2 Felix und Dominik trainieren für den 50 m-Sprint. Jeder von ihnen rennt sechsmal. Folgende Zeiten werden notiert.
Felix: 8,2 s; 8,0 s; 7,7 s; 7,9 s; 8,5 s; 8,3 s
Dominik: 7,8 s; 8,1 s; 7,9 s; 8,0 s; 8,2 s; 8,0 s
a) Welcher ist deiner Meinung nach der bessere Läufer? Begründe deine Antwort.
b) Welche Möglichkeiten gibt es noch, den besseren Läufer festzustellen? Finde mehrere Möglichkeiten.
c) Sven und Marcel sind ebenfalls sechsmal gelaufen. Das arithmetische Mittel ihrer Laufzeiten beträgt jeweils 7,9 s. Svens Zeiten haben eine sehr große Spannweite, Marcels Zeiten liegen sehr nahe beieinander. Schreibe Svens und Marcels mögliche Zeiten auf.

3 Nimm Stellung zu Marias Aussagen. Gib jeweils ein Beispiel an, das deine Aussage belegt.
a) Das arithmetische Mittel, der Zentralwert und der Modalwert können nicht gleich sein.
b) Je größer die Spannweite, desto größer der Modalwert.
c) Wenn du einen Wert einer Datenmenge änderst, ändern sich auch immer die Spannweite, das arithmetische Mittel, der Zentralwert oder der Modalwert.
d) Streichst du einen Wert aus einer Datenmenge, ändert sich auch immer die Spannweite, das arithmetische Mittel, der Zentralwert oder der Modalwert.

4 Bei einem Weihnachtsbasar haben die Schüler der Klasse 6a für eine Weihnachtsaktion Lose verkauft, das Stück zu 50 Cent.
Die Mädchen hatten an Einnahmen: 9 €, 7 €, 9 €, 15 €, 4,50 €, 19 €, 4 €, 3 €, 4 €, 5 €.
Bei den Jungen sah das Ergebnis so aus: 4 €, 3 €, 27 €, 6 €, 7 €, 19 €, 2,5 €, 4 €.

a) Welchen Mittelwert ermittelst du, wenn du angeben sollst, wie viele Lose insgesamt im Durchschnitt verkauft wurden? Begründe.
b) Wer war nach deiner Meinung erfolgreicher – die Mädchen oder die Jungen? Begründe.

5 Mias Vater möchte zur schnellen Überprüfung von Längen in Häusern ein einfaches Ultraschalllängenmessgerät erwerben. Er hat zwei Geräte zu Auswahl.
In einem Testbericht findet er das Ergebnis eines Experiments, bei dem die Länge einer bestimmten Strecke mit beiden Geräten mehrfach gemessen wurde.

	Entfernung in m									
Gerät 1	8,63	8,64	8,66	8,64	8,63	8,66	8,65	8,64	8,63	8,64
Gerät 2	8,62	8,65	8,68	8,65	8,62	8,64	8,65	8,63	8,66	8,63

a) Was würdest du als gemessene Strecke angeben? Stelle deine Überlegungen dar.
b) Beide Messgeräte kosten gleich viel. Welches Messgerät kaufst du? Begründe.

6 Bei einer Umfrage in der Klasse 6a ergab sich die unten stehende Urliste.
Die Auswertungen wurden gruppenweise durchgeführt und auf Plakaten dargestellt.

a) Die Gruppe mit Julian schreibt:

> **Ergebnis der Befragung der 6a:**
> Frage 1:
> Im Durchschnitt gibt es 3,5 Fahrräder pro Familie.
> Frage 2:
> Die Schüler fahren sehr gerne Fahrrad.
> Begründung: …

> 1 Wie viele Fahrräder gibt es bei euch zu Hause! ☐
>
> 2 Macht dir Fahrrad fahren Spaß?
> Trage eines der folgenden Symbole in das Kästchen ein.
>
> fahre sehr gerne 👑☺
> fahre gerne ☺
> macht mir nichts aus 😐
> macht mir keinen Spaß ☹

Wie kommt die Gruppe zu diesen Ergebnissen?

Urliste

Name	Theo	Mira	Lena	Chris	Anna	Jens	Alex	Nina	Knut	Lisa	Adem	Toni
Frage 1	3	4	4	5	4	3	3	5	3	3	6	3
Frage 2	👑☺	☺	👑☺	👑☺	☹	☺	😐	☺	👑☺	😐	👑☺	😐

Name	Max	Leon	Maxi	Lars	Anja	Rita	Timo	Mona	Rolf	Sara	Rosa	Sina
Frage 1	4	3	6	3	4	2	3	3	3	1	3	3
Frage 2	👑☺	☺	👑☺	😐	👑☺	☹	☺	☺	👑☺	😐	👑☺	😐

b) Wie würdest du den Kurzbericht formulieren? Schreibe dazu deine Überlegungen und Rechnungen auf.

1 Beim „Inselhopping“ darf auf dem Weg zum Ziel nur einmal auf jede Insel gehüpft werden. Ermittle den größten und den kleinsten Summenwert.
Entwerft selbst einen Inselplan und Spielregeln für ein Partnerspiel „Inselhopping“. Probiert es aus.

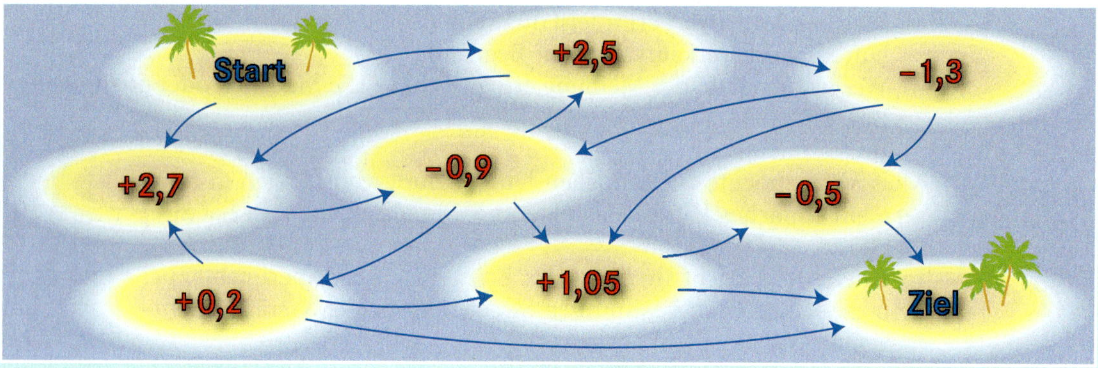

5 Die Firma Öko-Tec ist daran interessiert, in Elsenheim ein Büro mit 120 m² zu mieten. Folgende Angebote stehen in der Elsenheimer Rundschau:

Immobilienverwertung Guiseppe GmbH

Büroräume zu vermieten
85–100 m²
780 € pro Monat

105–130 m²
920 € pro Monat

Immobilien Alte Heimat

Büroräume zu vermieten
55–240 m²
93 € pro m²
pro Jahr

Überprüfe durch Rechnung, welches Angebot die Firma Öko-Tec annehmen sollte, um den niedrigsten Preis für ein Jahr zu bekommen.

4

Auf dem Bild oben siehst du einen Containerterminal mit sogenannten 20-Fuß-Containern (20 x 8 x 8,5).

a) Könnten alle Container auf das Schiff geladen werden? Schätze. Wie gehst du vor?
b) Welches Volumen nehmen die Container ein?
c) Vergleicht die Ergebnisse in der Klasse. Bestimmt das arithmetische Mittel und die Spannweite für eure Schätzungen.

2 Ein Getränkeautomat gibt Getränke in kleinen Bechern (200 ml) und großen Bechern (500 ml) aus. Über eine Wasserleitung läuft automatisch Wasser nach. Gemessen wird die nachlaufende Menge mit einer Wasseruhr. Momentan zeigt die Wasseruhr einen Verbrauch von 17,3207 m^3 an.
Angenommen, in den Getränkeautomaten laufen 500 ml (= 500 cm^3 = 0,5 dm^3 = 0,0005 m^3) Wasser nach, so ergibt sich folgender Gesamtverbrauch:
17,3207 m^3 + 0,0005 m^3 = 17,3212 m^3.
Die Zeiger bei C und D hätten dann folgende neue Positionen:

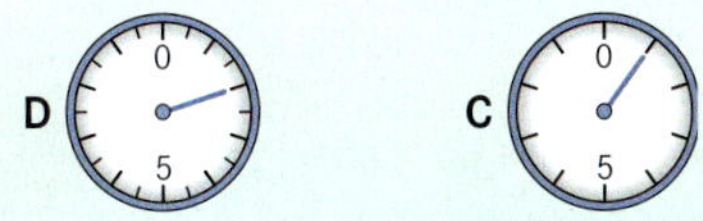

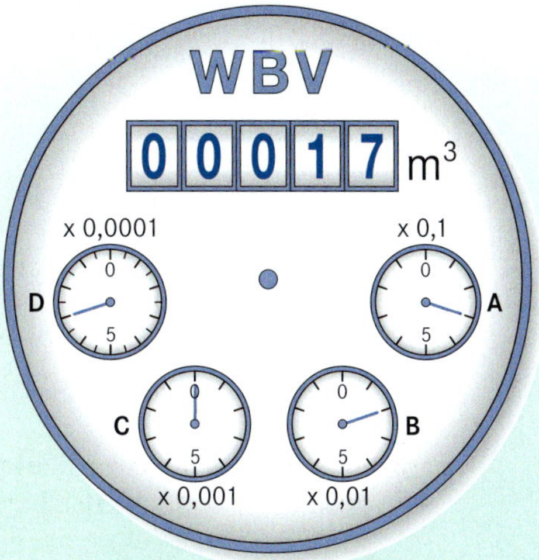

a) Zeichne die Zeigerstände, nachdem zwei kleine und zwei große Becher ausgegeben wurden.
b) Zeichne die Zeigerstände nach der Ausgabe von 20 kleinen Bechern und 36 großen Bechern.

3 Beim „Mathe-Dart" musst du eine vorgegebene Punktzahl auf Null verkleinern. Anstelle des Pfeiles verwendest du eine Spielfigur. Setze sie geschickt auf eine Farbe. Dabei gilt:

Gelbes Feld:
Die dort angezeigten Punkte werden subtrahiert.
Rotes Feld:
Die dort angezeigten Punkte werden addiert.
Blaues Feld:
Die bisherige Punktzahl wird durch die Zahl auf dem blauen Feld dividiert.

Beispiel: Die vorgegebene Punktzahl ist 3,7.
3,7 + 6,3 = 10
10 : 5 = 2
2 : 0,5 = 4
4 − 4 = 0

a) Die vorgebene Punktzahl ist **15,3.**
b) Die vorgebene Punktzahl ist **16,1.**

6 Einfache Zufallsexperimente

Du kennst sicher das Spiel. „Siedler von Catan". Man würfelt mit zwei Würfeln und addiert die Augenzahlen. Stimmt die Summe mit der Zahl auf einem Feld überein, kann man „Rohstoffe" erwerben, mit denen Straßen, Dörfer und Städte gebaut werden können. Je mehr man bauen kann, desto vorteilhafter ist es.
Warum haben die Erfinder des Spiels wohl die „2" und „12" viel kleiner gestaltet als die „6" oder „8"?

Beim erweiterten Siedlerspiel würfelt man mit drei Würfeln. Auf dem dritten Würfel ist 3 mal ein Piratenschiff, das zum Verlust von Rohstoffkarten führen kann.
Wie hoch schätzt du die Gefahr ein, dass ein solches Schiff gewürfelt wird?

Ein Räuber kommt zum Einsatz, wenn eine „7" gewürfelt wird. Das kann auch zum Verlust von Rohstoffkarten führen. Was meinst du, wird eine „7" öfter gewürfelt als eine „8" oder „6"?

1 a) Baue mit zwei LEGO-Bausteinen das im Bild dargestellte Zufallsgerät ZUFA und beschrifte es mit den Zahlen 1 bis 6. Die Summe gegenüberliegender Augenzahlen ist wie beim normalen Würfel immer 7.

b) Schätze, welche Zahl am häufigsten, welche am seltensten gewürfelt wird.

c) Arbeitet in Fünfergruppen. Jeder wirft eine Zwanziger-Serie. Erfasst die Ergebnisse in einer Tabelle. Vergleicht die einzelnen Serien untereinander. Vergleicht auch mit euren Schätzungen.

Augenzahl	1	2	3	4	5	6	Summe
Schätzung							100
Anzahl (erste 20er Serie)							20
Anzahl (zweite 20er Serie)							20
Anzahl (dritte 20er Serie)							20
Anzahl (vierte 20er Serie)							20
Anzahl (fünfte 20er Serie)							20
Insgesamt							100
Insgesamt (ganze Klasse)							

d) Berechnet anschließend den prozentualen Anteil (relative Häufigkeit) der einzelnen Ereignisse und stellt sie in einem Diagramm dar.

e) An der Tafel könnt ihr die Ergebnisse aller Gruppen der Klasse zusammenfassen und dazu die relativen Häufigkeiten zu jedem Ergebnis berechnen.

f) Ergeben sich beim Werfen eines normalen Würfels dieselben Ergebnisse?

Relative Häufigkeit

M Bei Zufallsexperimenten, z. B. Werfen eines LEGO-Steins, kann man den prozentualen Anteil eines bestimmten Ereignisses berechnen.

Dazu bestimmt man im Experiment die **absolute Häufigkeit,** mit der ein bestimmtes Ereignis eintritt,
sowie die **Gesamtzahl** der durchgeführten Experimente

Daraus lässt sich die **relative Häufigkeit** berechnen.

$$\textbf{relative Häufigkeit} = \frac{\textbf{absolute Häufigkeit}}{\textbf{Gesamtzahl der Experimente}}$$

Beispiel
absolute Häufigkeit
135 mal Augenzahl 6 oben

Gesamtzahl
1500 durchgeführte Würfe

relative Häufigkeit
$\frac{135}{1500} = 0{,}09 = 9\ \%$

2 Wirf mit deinem Banknachbarn eine Münze insgesamt 10-mal.

a) Notiert, wie oft das Ereignis „Zahl“ auftritt.

b) Erstellt in der Klasse eine Tabelle, in der ihr eure Ergebnisse addiert.

10	20	30	
4	9		

c) Berechnet die relative Häufigkeit von „Zahl“. Was stellt ihr fest?

3 Ein Reißnagel kann nach dem Werfen auf dem Kopf (K) oder seitlich (S) liegen bleiben.

a) Führe fünf 20er-Serien durch und bestimme die relativen Häufigkeiten. Vergleiche die Werte.

b) Fasse die 20er-Serien zu einer 100er-Serie zusammen und berechne wieder die relativen Häufigkeiten für das Ereignis (K) oder das Ereignis (S). Was stellst du fest?

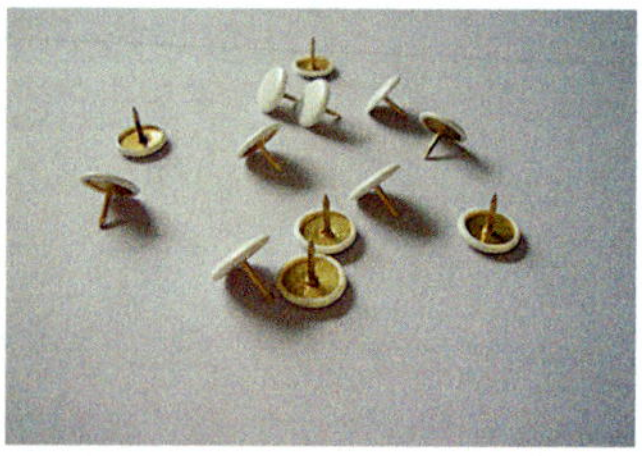

4 Sprachforscher untersuchen manchmal, wie häufig verschiedene Buchstaben in unterschiedlichen Sprachen vorkommen.

„Seifenopern" sind die populärsten Fernsehsendungen in Großbritannien. Eine Menge junger Leute sieht Sendungen wie „Neighbours" und „Home and Away". Zeitungen und Zeitschriften berichten oft Neuigkeiten über die Charaktere und die Schausp…

Soap operas are the most popular TV programmes in Britain. A lot of young people watch soaps like `Neighbours´ and `Home and Away´. Newspapers and magazines often have news about the characters and the actors in soap operas. Drama and comedy shows a…

a) Untersuche alle Vokale und die Buchstaben c, m, n, r, s und y. Erstelle hierzu jeweils eine Häufigkeitstabelle und berechne die relativen Häufigkeiten.

b) In welcher Sprache kommen die in a) untersuchten Buchstaben häufiger vor?

c) Ergeben sich andere absolute oder relative Häufigkeiten, wenn man größere Texte untersucht? Prüfe nach.

Buchstabe	a	e
absolute Häufigkeit		
relative Häufigkeit als Dezimalzahl		
relative Häufigkeit in %		

5

„Kleiner" Lottoschein

„Zwei aus Fünf"

Das Lotto der kleinen Leute

Einsatz: **1 Cent**
Gewinn: **5 Cent** bei zwei Richtigen

1	2	3	4	5

Kreuze zwei der fünf Zahlen an.

a) Beim Lotto werden 50 % der Spieleinsätze wieder als Gewinn ausgeschüttet. Schätze, wie viel Prozent beim Spiel „Zwei aus Fünf" wieder als Gewinne ausgegeben werden.

b) Zeichne auf ein Blatt den kleinen Lottoschein mit den Zahlen 1, 2, 3, 4 und 5. Kreuze zwei dieser Zahlen an.
Eine Schülerin zieht aus einem Gefäß mit fünf Kugeln mit den Zahlen 1 bis 5 zwei Kugeln. Fasse die Ergebnisse von zehn Ziehungen in einer Tabelle zusammen.

Ziehung	Anzahl der richtigen Zahlen			Tipps insgesamt
	0	1	2	
1				
2				
…				
10				
Ergebnisse				

c) Berechne die relativen Häufigkeiten für keine, eine oder zwei richtige Zahlen.

d) Vergleiche die Ergebnisse aus c) mit deinem Schätzwert aus a). Wer gewinnt eher, du oder der Lotteriebetreiber?

e) Maxi hat die Zahlen 3 und 5 angekreuzt. Hätte man seine Gewinnchancen vorhersagen können? Schreibe alle möglichen Ziehungen auf: (1 | 2); (1 | 3); (1 | 4); …

1 Die Menschen haben vier verschiedene Blutgruppen: A, B, AB oder 0 (Null). Allerdings sind die Häufigkeiten der Blutgruppen nicht gleichmäßig auf der Welt verteilt.

Blutgruppe	A	B	AB	0
Mitteleuropäer	43 %	13 %	6 %	38 %

Verteilung der Blutgruppen bei den Inuit

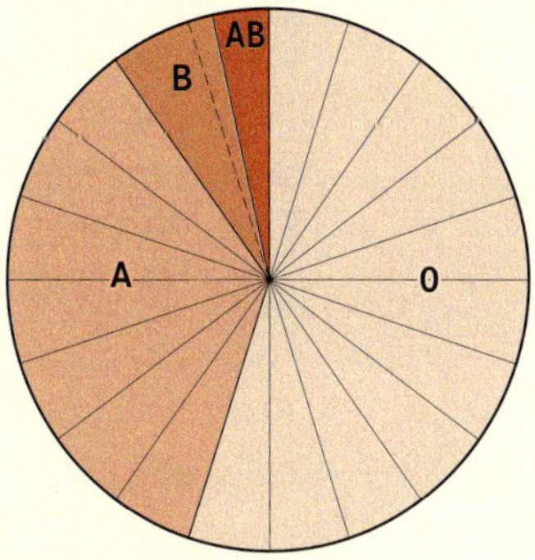

Verteilung der Blutgruppen bei den Aborigines

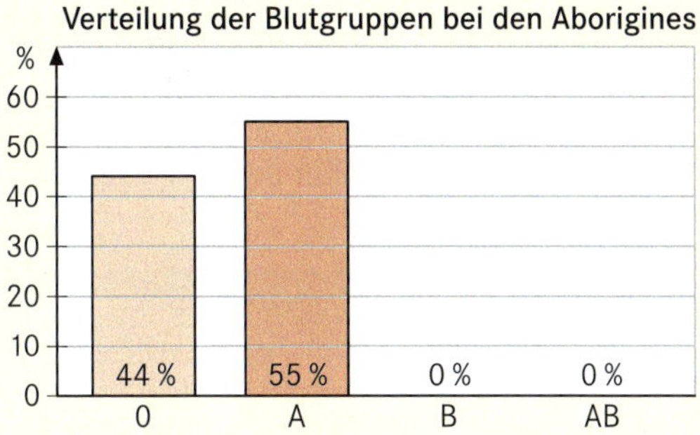

a) In Deutschland leben 82,5 Mio. Menschen (Stand 2005). Wie viele haben Blutgruppe A, B, AB oder 0?

b) Aus dem Kreisdiagramm kannst du ungefähr das Winkelmaß für die Blutgruppen A, B, AB oder 0 aller Inuit entnehmen. Berechne dazu je die relative Häufigkeit in Prozent.

c) Vergleiche die Verteilung der Blutgruppen bei den Mitteleuropäern, den Inuit und den Aborigines in Australien.
   - Bei welchem Volksstamm kommt am häufigsten die Blutgruppe AB vor?
   - Bei welchem Volksstamm haben mehr als die Hälfte Blutgruppe 0?
   - Bei welchem Volksstamm tritt die Blutgruppe B am wenigsten häufig auf?

d) Frage deine Verwandten nach deren Blutgruppe. Tragt die Ergebnisse in eurer Klasse in Form einer Häufigkeitstabelle zusammen. Stellt euer Umfrageergebnis die Verteilung der Blutgruppen in Mitteleuropa gut dar?

e) In Nordindien werden wie in Deutschland Blutspenden durchgeführt. Hier die Blutgruppen von 50 Spendern:
A, A, B, B, 0, 0, 0, A, B, B, 0, 0, A, B, 0, 0, 0, 0, 0, B, A, A, A, B, B, 0, 0, A, A, AB, 0, A, B, B, AB, 0, AB, B, B, B, AB, 0, 0, B, A, B, B, A, A, A
Was kannst du diesen Daten über die Verteilung der Blutgruppen in Nordindien entnehmen, was nicht?

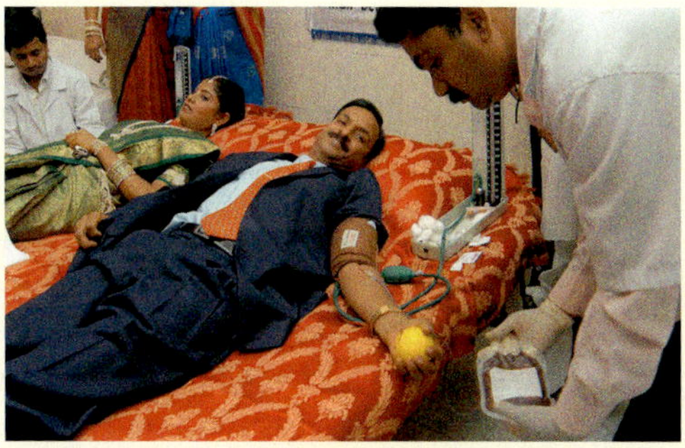

f) Informiere dich, in welchen Ländern oder bei welchen Volksstämmen die Verteilung der Blutgruppen sich sehr stark bzw. kaum von der Verteilung in Mitteleuropa unterscheidet. Finde Gründe für die Gemeinsamkeiten bzw. Unterschiede.

1 Das Würfelspiel „Zähler 3“ ist ein Spiel für zwei Personen. Aus der Zahl 3 im Zähler und einer gewürfelten Zahl wird ein Bruch gebildet. Vor dem Würfeln muss der Spieler entscheiden, welches Ereignis eintreten soll:
„Echter Bruch“ oder „Ganze Zahl“ oder „Gemischte Zahl“.
Nun wird gewürfelt und die gewürfelte Zahl in den Nenner gesetzt. Tritt das vorhergesagte Ereignis ein, gibt es einen Punkt.

Ereignis: „Echter Bruch“
Geworfene Zahl: 5
Ergebnis: $\frac{3}{5}$
Punkte: 1

a) Spielt zu zweit zehn Runden und ermittelt den Sieger.
b) Durch ein Experiment soll nun geklärt werden, auf welches Ereignis man eher setzen sollte, „Echter Bruch“ oder „Ganze Zahl“ oder „Gemischte Zahl“.

Dazu wird nach jedem Wurf in der Tabelle eingetragen, wo sich ein Punkt ergibt. Das Ergebnis des ersten Wurfes ist in der Tabelle bereits durch einen Strich erfasst. Welche Augenzahl wurde gewürfelt? Begründe.

	„Echter Bruch“	„Ganze Zahl“	„Gemischte Zahl“
$\frac{3}{\square}$	$\square$	$\square$	|

c) Übertrage die Tabelle in dein Heft, führe 80 Würfe durch und erfasse die Ergebnisse in der Tabelle.
d) Fasst die Ergebnisse von ca. 2000 Würfen in eurer Klasse zusammen. Berechnet für die sechs Ereignisse, die relativen Häufigkeiten.
e) Auf welche Ereignisse sollte man im Spiel eher setzen, auf welche weniger?

2 Beim Würfelspiel „Bruch mit der Zahl 2“ gelten die gleichen Regeln wie im Spiel „Zähler 3“. So kannst du ohne zu würfeln entscheiden, bei welchem Ereignis die Gewinnchancen am größten sind.
a) Untersuche wie im grünen Kasten das Ereignis „Zwei im Nenner und Echter Bruch“.
b) Finde heraus, auf welche Ereignisse man beim Spiel „Bruch mit der Zahl 2“ nicht setzen sollte.
c) Führe Untersuchungen für Spiele „Bruch mit der Zahl 1“, „Bruch mit der Zahl 4“ usw. durch.

B „Zahl 2 im Zähler“ und „Echter Bruch“

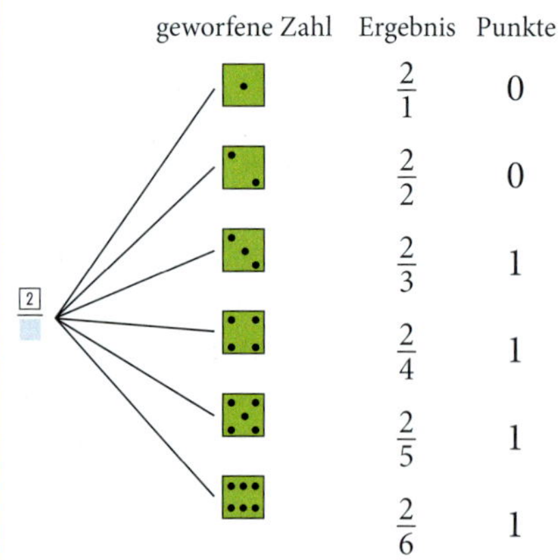

1 Fertige die besonderen Würfel in der Abbildung durch Überkleben und Beschriften der Flächen von normalen Würfeln an.

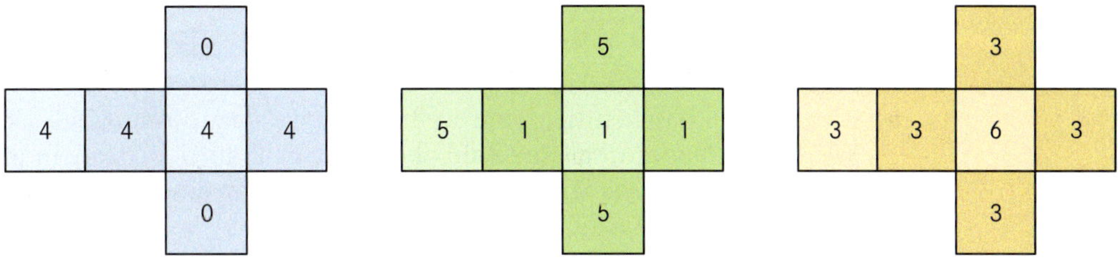

Beim Spiel „Die höhere Augenzahl gewinnt“ kannst du den blauen oder grünen Würfel nehmen. Der Jüngere kann zuerst wählen. Jeder würfelt einmal, der mit der höheren Augenzahl gewinnt.

a) Spiele mit deinem Nachbarn mit jeder Würfelkombination 20 Spiele und notiere in einer Tabelle, wie oft dabei jede der beiden Farben gewinnt.
Fasst dann die Ergebnisse der ganzen Klasse zusammen und berechnet die zugehörigen relativen Häufigkeiten.

Blau gegen Grün		Blau gegen Orange		Grün gegen Orange	
Blau gewinnt		Blau gewinnt		Grün gewinnt	
Grün gewinnt		Orange gewinnt		Orange gewinnt	

b) Ist es besser, als Erster oder als Zweiter auszuwählen?

c) So kannst du mit Hilfe eines Baumdiagramms begründen, welcher Würfel in welcher Kombination die besseren Gewinnchancen hat.

B Vergleiche dazu je eine Fläche des blauen Würfels mit allen sechs Flächen des grünen Würfels.

Rechts siehst du, dass die blaue Augenzahl 4 gegen die grünen Augenzahlen dreimal gewinnt und dreimal verliert.

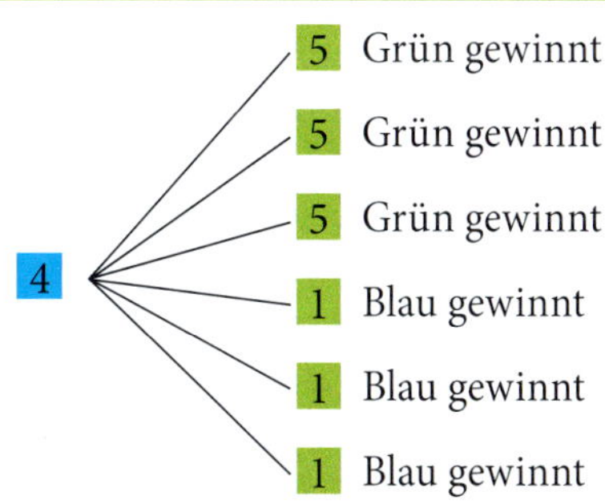

Ergänze das Baumdiagramm in deinem Heft. Wie oft gewinnt der blaue Würfel gegen den grünen Würfel?

d) Erstelle für die Würfelkombinationen Blau – Orange und Orange – Grün die passenden Baumdiagramme.
Welchen Würfel nimmst du, wenn dein Gegner den orangen Würfel wählt?

e) Entscheide, welche Gewinnchancen ein normaler Würfel gegen die drei abgebildeten Würfel hat. Begründe.

f) Erfinde selbst Würfel und passende Spiele dazu. Entscheide, wo die Gewinnchancen größer sind.

In einem Gasthaus trafen sich drei Freunde: Herr Braun, Herr Schwarz und der Maler Weiß. „Es ist seltsam, dass einer von uns weiße, einer schwarze und einer braune Haare hat, dass jedoch keiner von uns die Haarfarbe hat, die seinem Namen entspricht“, sagt der Braunhaarige. „Du hast Recht“, sagt Maler Weiß. Welche Haarfarbe hat der Maler Weiß?

1 Alara und Jonas werfen zwei Münzen gleichzeitig. Alara ist überzeugt, dass genauso oft zwei gleiche Zeichen (Zahl oder Wappen) oben liegen wie zwei verschiedene. Jonas meint, zwei verschiedene Zeichen lägen öfter oben auf.

a) Schätze, wer von den Beiden Recht hat. Überprüfe anschließend mit einem Baumdiagramm.

b) Alara und Jonas nehmen eine weitere Münze dazu. Jonas sagt: „Wenn bei meinem Wurf höchstens einmal eine Zahl oben liegt, gewinne ich, ist mehr als eine Zahl dabei, gewinnst du.“ Ist das Spiel fair? Begründe mit Hilfe eines Baumdiagramms.

2 Das Spiel „Die höhere Augenzahl gewinnt“ kann auch mit selbst gebastelten Kreiseln gespielt werden. Zeichne auf Karton einen Kreis, teile ihn mit einem Zirkel in 6 gleiche Teile und beschrifte diese. Mit einem Zahnstocher ist dein Kreisel fertig.

a) Spielt zu zweit. Entscheidet euch jeder für einen Kreisel. Welchen Kreisel würdest du wählen?

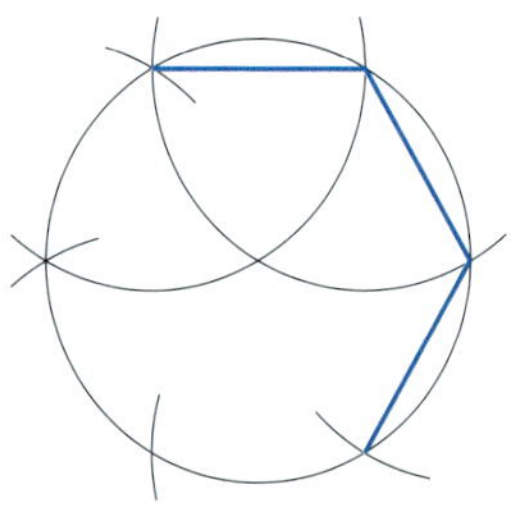

A

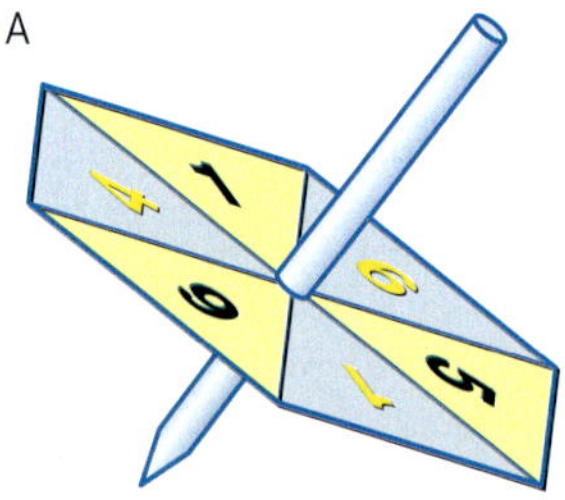

B

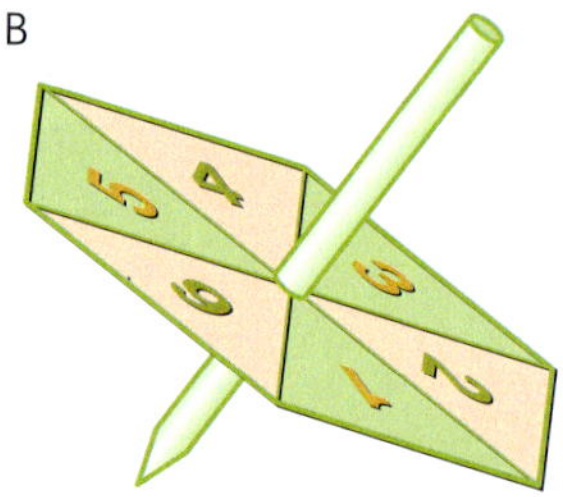

b) Ermittle mit Hilfe eines Baumdiagramms den Kreisel mit den besseren Gewinnchancen, wenn Unentschieden keinem Spieler einen Gewinnpunkt bringt.

3 In einer Tüte sind noch fünf Bonbons: zwei Zitronenbonbons (gelb), zwei Erdbeerbonbons (rot) und ein Minzbonbon (grün). Marco nimmt zwei Bonbons ohne zu schauen. Wird er eher zwei gleiche oder zwei verschiedene Bonbons ziehen? Schätze zunächst und überprüfe dann mit Hilfe eines Baumdiagramms.

4 Pia und ihre Freundin Ellen stellen fest, dass die meisten Autofarben ziemlich langweilig sind. Sehr viele sind weiß/silbergrau oder schwarz/anthrazit, einige blau und nur wenige rot, gelb, grün. Um die Farbverteilung bei PKWs näher zu untersuchen, erstellt Pia an einer stark befahrenen Straße eine Strichliste für Autofarben. Das Ergebnis präsentiert sie ihrer Freundin.

Autofarbe	weiß/silbergrau	schwarz/anthrazit	blau	sonstige
Anzahl				54

a) Pia sagt: „Ich habe die Farbe von 300 Autos notiert. Die Anzahl der roten, gelben, grünen Autos (sonstige) habe ich eingetragen. Blau sind 18 % der Autos, weiß oder silberfarben sind doppelt so viele. Wie viele schwarze oder anthrazitfarbene Autos gibt es? Bestimme auch die relative Häufigkeit.

b) Erstellt mit euren Klassenkameraden eine Strichliste wie die von Pia, fasst eure Ergebnisse zusammen und bestimmt die relativen Häufigkeiten der Autofarben. Kommt ihr auf das gleiche Ergebnis wie Pia?

1 Das Spiel „Die Reise nach Jerusalem“ ist sehr beliebt bei Kindergeburtstagen. Wenn du das Spiel nicht kennst, dann lass es dir von einem deiner Klassenkameraden erklären.

a) Auf wie viele verschiedene Möglichkeiten können sich vier Geburtstagsgäste auf drei Stühle setzen?
Probiert es in der Klasse aus.

b) Wie ändert sich die Anzahl der Möglichkeiten bei jeder weiteren Spielrunde? Notiere deine Überlegungen.

c) Welche Gesetzmäßigkeit erkennst du in Teilaufgabe a) und b), um auf die Anzahl der Möglichkeiten zu kommen?

d) Berechne mit Hilfe der gefundenen Gesetzmäßigkeit die Anzahl der Sitzmöglichkeiten, wenn sechs Freunde „Die Reise nach Jerusalem“ spielen wollen.

Schere

Papier

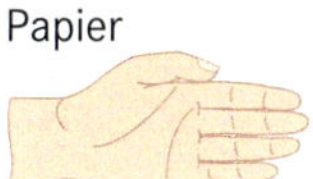

Stein

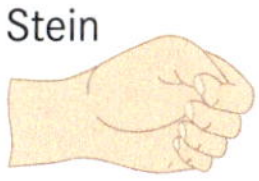

Brunnen

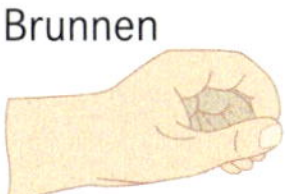

2 Das Spiel „Schnick-Schnack-Schnuck“ wird nur mit den Händen gespielt. Es gibt drei verschiedene Symbole: Schere, Papier, Stein
Dabei gelten folgende Regeln:
- Schere schlägt Papier, da die Schere ein Papier zerschneiden kann.
- Papier schlägt Stein, da der Stein mit dem Papier eingewickelt werden kann.
- Stein schlägt Schere, da der Stein die Schere schleift.
- Bei gleichen Symbolen gewinnt niemand.

a) Spiele „Schnick-Schnack-Schnuck“ mit deinem Banknachbarn. Übertrage die Häufigkeitstabelle in dein Heft und trage eure Spielergebnisse ein.

Schere gewinnt	Papier gewinnt	Stein gewinnt	unentschieden

b) Bestimmt aus eurer Tabelle die relativen Häufigkeiten für die Ereignisse „Schere gewinnt“, „Papier gewinnt“, „Stein gewinnt“.

c) Stell dir vor, du spielst Papier.
Schätze deine Gewinnchancen mit Hilfe des Baumdiagramms ab.
Notiere deine Überlegungen.

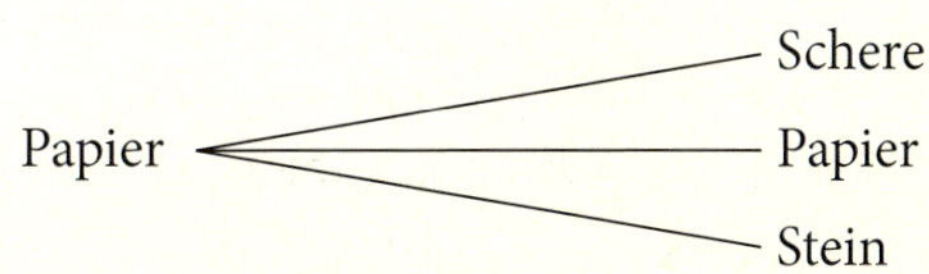

d) Du kannst auch noch das Symbol Brunnen dazunehmen. Dabei gilt:
(1) Brunnen schlägt Stein und auch Schere, da der Stein und die Schere in den Brunnen fallen können.
(2) Papier schlägt Brunnen, da das Papier den Brunnen zudecken kann.
Welche Symbole würdest du jetzt öfters spielen? Schätze deine Gewinnchancen mit Hilfe eines Baumdiagramms ab.

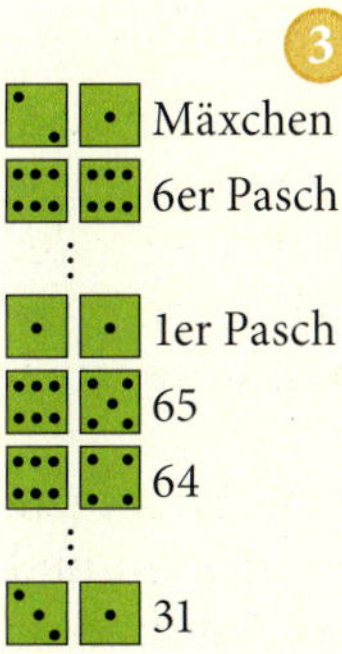

3 Das Spiel „Mäxchen“ wird reihum gespielt. Es wird mit zwei Würfeln gleichzeitig gewürfelt. Dabei wird aus den beiden gewürfelten Augenzahlen die größere zweistellige Zahl gebildet. Der eigene Wurf muss höher sein als der des Vorgängers.
Der höchste Wurf ist „Mäxchen“, d. h. eine Zwei und eine Eins. Dann folgen alle Pasche (zwei gleiche Augenzahlen) und alle anderen zweistelligen Zahlen.

a) Zähle alle möglichen zweistelligen Zahlen auf, die du würfeln kannst. Beginne dabei mit der kleinstmöglichen. Wie viele sind es?

b) Dein Vordermann sagt, dass er 52 gewürfelt hat. Schätze deine Chance ab, diesen Wurf zu übertreffen. Begründe deine Abschätzung.

7 Gleichungen und Ungleichungen

Onkel Max ist in die Ludwigsstraße gezogen. Könnt ihr seinem Neffen Florian mit der Hausnummer helfen?
- Findet die gesuchte Hausnummer. Beschreibt, wie ihr vorgeht.
- Denkt euch andere Beschreibungen derselben Hausnummer aus. Wie überprüft ihr, ob eure Beschreibungen richtig sind?
- Stellt euch gegenseitig ähnliche Aufgaben und löst sie.

1 Mit Hölzchen (oder Stiften) kannst du Zäune bauen. Hier siehst du ein Beispiel.

1 Element	2 Elemente	3 Elemente
	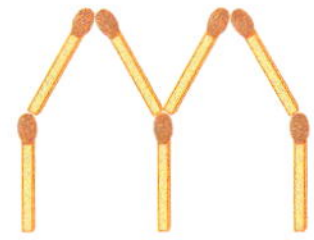	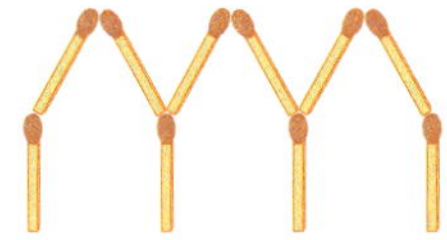

a) Zeichne den Zaun mit vier und fünf Elementen.

b) Wie sich die Anzahl der Hölzchen mit der zunehmenden Zahl an Elementen entwickelt, kann man in einer Wertetabelle und in einer Grafik erfassen.
Welche Gesetzmäßigkeiten erkennst du? Ergänze dazu in deinem Heft die Wertetabelle und die grafische Darstellung der Wertetabelle.

Anzahl x der Elemente	1	2	3	4	5
Anzahl der Hölzchen	4	7			

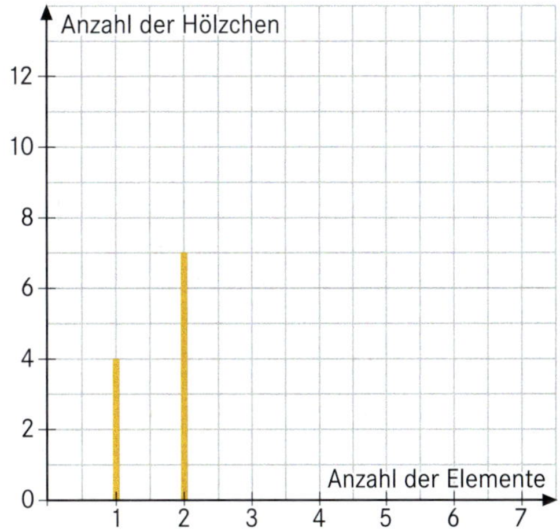

c)

Finde einen passenden Term. Die ergänzte Tabelle wird dir helfen.

Anzahl x der Elemente	1	2	3	4	5	x
Anzahl der Hölzchen	$4 = 3 \cdot 1 + 1$	$7 = 3 \cdot 2 + 1$				

Berechne die Anzahl der Hölzchen für 120 Elemente.

M

Bilder, Wertetabellen und Texte sind häufig Voraussetzungen, um überhaupt einen passenden Term für eine Gesetzmäßigkeit zu finden.
Hat man einen Term ermittelt, so kann man die **Termwerte** berechnen, indem man für die Variable Zahlen einsetzt. Die Menge der Zahlen, deren Elemente man für die Variablen des Terms einsetzt, heißt **Grundmenge** $\mathbb{G}$.

Grundmenge

Beispiel: Term $5 \cdot x - 2$; $\mathbb{G} = \{1001; 1002; 1003\}$
Durch Einsetzen der Zahl 1001 in den Term $5 \cdot x - 2$ erhält man den Termwert
$5 \cdot 1001 - 2 = 5003$

numerische
grafische
Wertetabelle

M Mathematische Zusammenhänge kann man oft in verschiedenen Formen darstellen: Durch Bilder, Wertetabellen und Terme.

Bild

1 Element	2 Elemente	3 Elemente

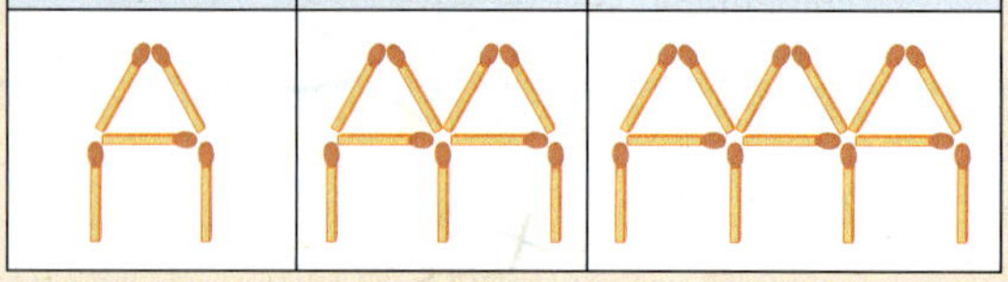

Term T (x)
T (x) = 4 · x + 1

Grafische Wertetabelle

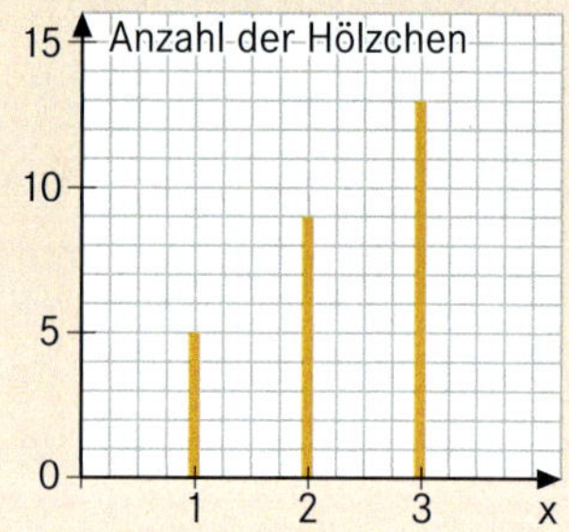

Numerische Wertetabelle

x	1	2	3
T(x) = 4 · x +1	5	9	13

Übungen

2

1 Element	2 Elemente	3 Elemente

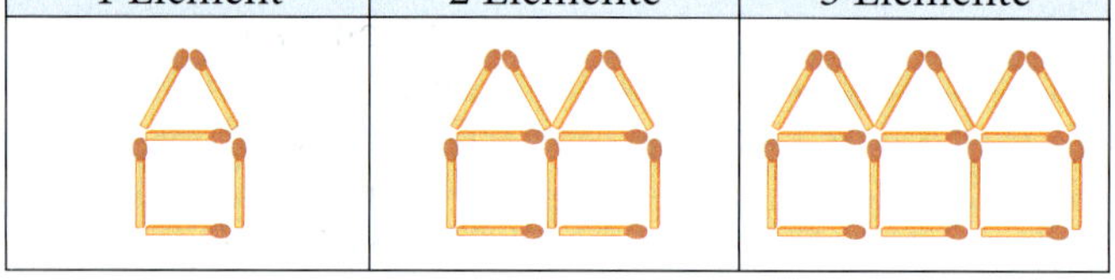

Hier siehst du Elemente eines mehrstöckigen Zauns.

a) Zeichne den Zaun weiter mit vier und fünf Elementen. Erstelle dazu eine numerische und grafische Wertetabelle.

b) Finde einen passenden Term T(x), wobei x die Anzahl der Elemente angibt. Berechne die Termwerte für $\mathbb{G}$ = {100; 150; 200}

c) Baut Zäune nach euren Vorstellungen. Findet dafür passende Terme.

3 Die grafische Wertetabelle zeigt eine Zuordnung bei einem mehrstöckigen Zaun.

a) Erstelle die zugehörige numerische Wertetabelle. Gib einen passenden Term an.

b) Ergänze die numerische Wertetabelle für x ∈ {100; 150; 200}.

c) Du siehst eine Auswahl von Zäunen mit einem Element. Zeichne jeweils die nächsten zwei Elemente. Welcher Zaun passt zur Wertetabelle rechts?

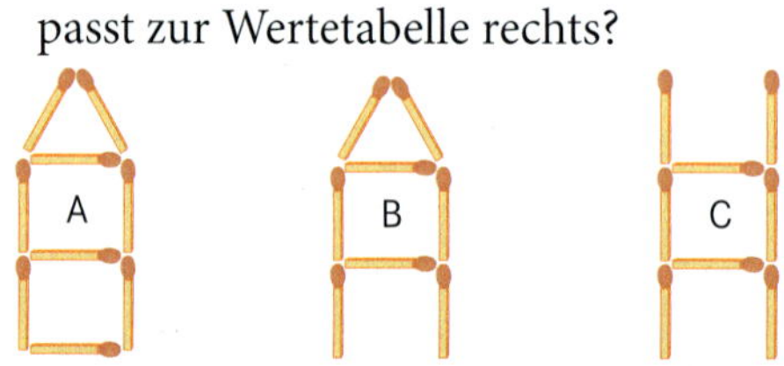

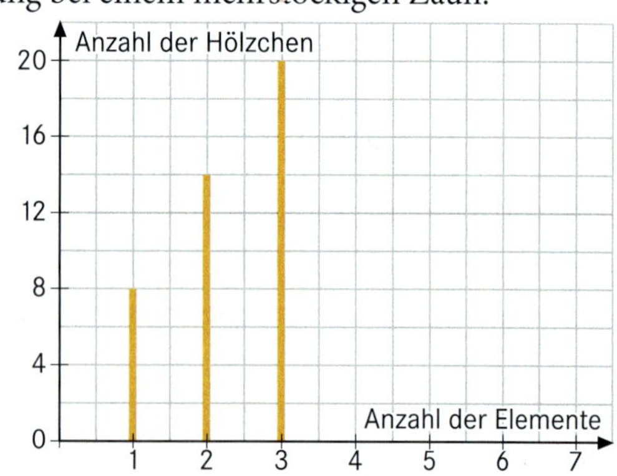

4 Die Abbildung zeigt die Fußabdrücke einer gehenden Person mit der Schrittlänge 0,7 m. Mit einem der folgenden Terme kannst du berechnen, wie weit die Person ungefähr kommt, wenn sie x Minuten lang geht.

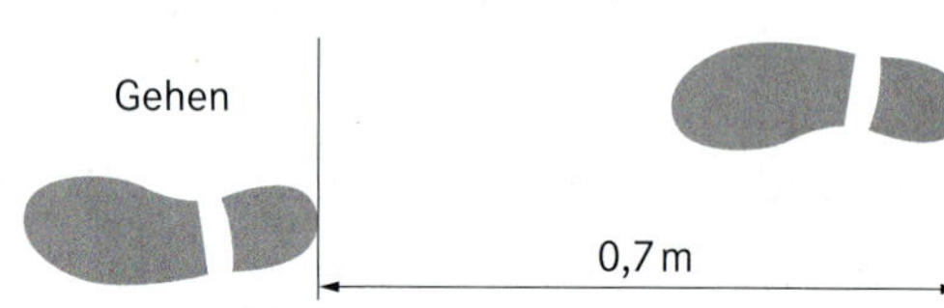

A 0,7 m · 50 · x **B** 0,7 m · 100 · x **C** 0,7 m · 400 · x **D** 0,7 m · 4000 · x

a) Für welchen Term entscheidest du dich? Begründe.

b) Ein Kind hat eine Schrittlänge von 0,30 m und geht eine halbe Stunde lang.

(5) Der abgebildete Güterzug der deutschen Bahn besteht aus einer elektrischen Lokomotive der Baureihe 189 und Güterwaggons, die alle gleich lang sind.

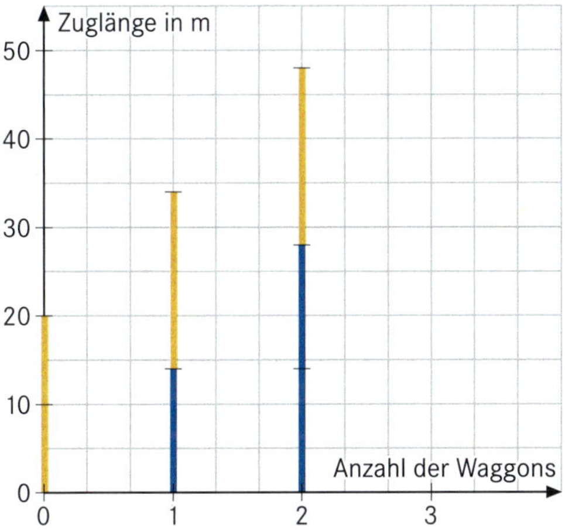

Die grafische Wertetabelle zeigt die Zuglänge wenn eine bestimmte Anzahl von Waggons an die Lokomotive angehängt wird.

a) Gib die Länge der Lokomotive und die Länge eines Waggons an.
b) An die Lokomotive werden x Waggons angehängt. Gib einen Term an, der die Länge des Güterzuges beschreibt.
c) Welche Länge hat der Zug, wenn 15 Waggons angehängt werden?
d) Der Güterzug ist 314 m lang. Gib die Anzahl der Waggons an.

(6) „Sehr geehrte Damen und Herren. Wir melden uns aus dem Termodrom. Beim Wettrennen der Terme geht es drunter und drüber. Zum Zeitpunkt x = 2 fährt der Term T_1 gerade über eine weiß markierte Linie. Hier hat der Term T_2, der genau so schnell fährt, bereits einen Vorsprung. Der Term T_3 ist momentan noch ganz hinten. Er braust aber dreimal so schnell wie die beiden anderen Terme über die Rennbahn und holt immer stärker auf. Doch was ist da? Ich glaube ich sehe nicht richtig! Da schießt von ganz hinten der Term T_4 daher. Er flitzt doppelt so schnell über die Bahn wie der Term T_3.
Genau zum Zeitpunkt x = 3 überholt er den Term T_3.

x	2	3	4	5
x + 5	■	■	■	■
x	■	■	■	■
3 · x – 4	■	■	■	■

a) Ergänze die Wertetabelle in deinem Heft. Ordne den Termnamen T_1, T_2 und T_3 die in der Tabelle aufgeführten Terme zu.
b) Finde einen Term, der zu T_4 passt.
c) Beschreibe deinem Nachbarn die Fahrweise eines Rennautos so, dass er einen passenden Term angeben kann.

1

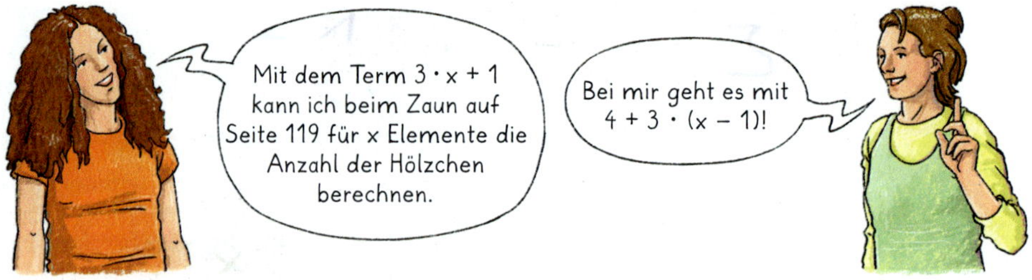

1 Element	2 Elemente	3 Elemente
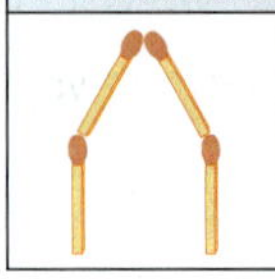	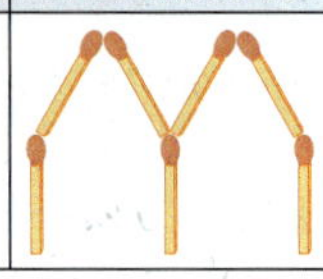	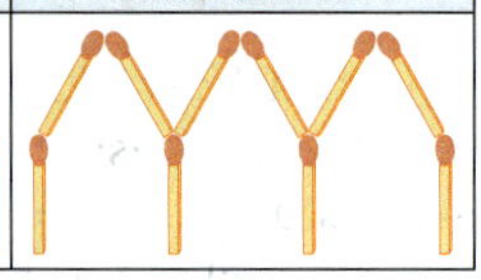

x	1	2	3	4	20
$3 \cdot x + 1$					
$4 + 3 \cdot (x - 1)$					

Überprüfe, ob sich jeweils die gleiche Anzahl an Hölzchen ergibt.
Erkläre anschließend, wie die beiden Schüler überlegt haben.

Äquivalent

M Terme, die bei allen Einsetzungen aus der Grundmenge $\mathbb{G}$ die gleichen Termwerte haben, heißen **äquivalente** Terme.
Die Terme $4 \cdot x + 2$ und $6 + 4 \cdot (x - 1)$ sind äquivalent bezüglich $\mathbb{G} = \{1; 2; \ldots; 6\}$.
Man schreibt kurz: $4 \cdot x + 2 = 6 + 4 \cdot (x - 1)$

Übungen

2 Überprüfe die Äquivalenz der Terme in $\mathbb{G} = \{0; 1; 2; \ldots; 5\}$.
a) $2 \cdot x + 2 \cdot x;\ 4 \cdot x$
b) $5 \cdot x + 3;\ 3 \cdot x + 5$
c) $48 - 4 \cdot x;\ 4 \cdot (12 - x)$
d) $4 \cdot x^2;\ 2 \cdot x + 2 \cdot x$
e) $3 \cdot (x \cdot 4);\ 12 \cdot x$
f) $5 \cdot (x \cdot 3 \cdot x);\ 15 \cdot x \cdot x$

3 Suche zu jeder Wertetabelle geeignete Terme.

a)

x	0	1	2	3
	2	5	8	11

b)

x	0	1	2	3
	3	5	7	9

c)

x	1	2	3	4
	0	3	8	15

4 Unter den folgenden vier Termen ist einer, der nicht passt. Begründe.
$T_1(x) = 3 \cdot (x + 1)$ $T_2(x) = 3 \cdot x + 3$ $T_3(x) = 3 \cdot x + 1$ $T_4(x) = 3 \cdot (1 + x)$

5 Leonie und Felix berechnen den Umfang eines Rechtecks. Sie notieren nur die Maßzahlen.

a) Sind die Terme richtig? Überprüfe für $\mathbb{G} = \{1; 2; \ldots; 6\}$.
b) Leonie und Felix können ihre Terme kürzer schreiben.
c) Für das abgebildete Rechteck lassen sich auch Terme für den Flächeninhalt finden. Welche Terme beschreiben die Maßzahl des Flächeninhalts?

A $20 + x$ **B** $20 + 4 \cdot x$ **C** $5 + 4 \cdot x$ **D** $(5 + x) \cdot 4$

1

Auf einer eingleisigen Strecke darf der Güterzug aus Schiebewandwagen und der Lokomotive wegen der Ausweichgleise höchstens 200 m lang sein.

a) Begründe, dass die Ungleichung $20 + 11 \cdot x \leqq 200$ zur obigen Bedingung passt.

b) Damit sich die Fahrt lohnt, sollen an der Lok mindestens fünf Schiebewandwagen angehängt werden. Welche Anzahlen von Schiebewandwagen sind möglich?

2 An der Lok der Baureihe 152 hängen zehn gleich beladene Schiebewandwagen. Wegen Brückenarbeiten darf der Zug das Gesamtgewicht von 500 t nicht überschreiten.

a) Welche der folgenden Ungleichungen passt zur obigen Bedingung?

A $88 + 13{,}3 \cdot x \leqq 500$ **B** $88 + 10 \cdot x \leqq 500$ **C** $88 + 10 \cdot x \geqq 500$

b) Gib mögliche Gewichte für einen Waggon einschließlich Zuladung an.

c) Gib den Bereich an, der für die Zuladung möglich ist.

Intervall

M Für $\mathbb{G} = \mathbb{N}_0$ gibt man die Lösung einer Ungleichung in aufzählender Form an, z. B. $\mathbb{L} = \{1; 2; \ldots; 8\}$

Für $\mathbb{G} = \mathbb{Q}_0^+$ kann die Lösung eine Ungleichung unzählig viele Elemente haben. Diese stellt man auf der Zahlenhalbgeraden durch ein Intervall dar.

Beispiele für Intervalle:

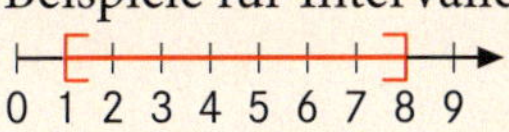

[1; 8] abgeschlossenes Intervall mit den Grenzen 1 und 8.

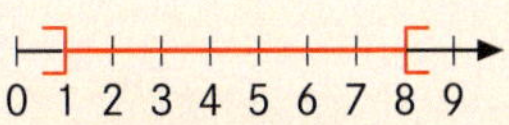

]1; 8[offenes Intervall ohne die Grenzen 1 und 8

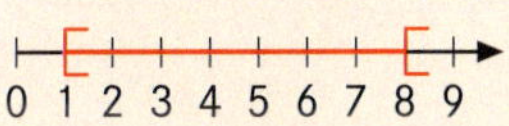

[1; 8[halboffenes Intervall mit 1 aber ohne 8

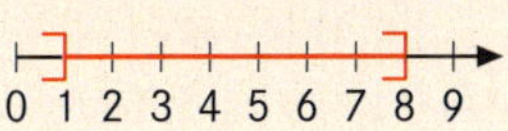

]1; 8] halboffenes Intervall ohne 1 aber mit 8

3 Stelle folgende Intervalle auf der Zahlenhalbgeraden dar. $\mathbb{G} = \mathbb{Q}_0^+$

a) [2,5; 7,5] b) [1,5; 8,5[c)]0; 6[d)]4; 9]

In welchem der Intervalle hat die Gleichung $2 \cdot x + 1 = 18$ eine Lösung?

4 Gib jeweils die Intervallschreibweise an.

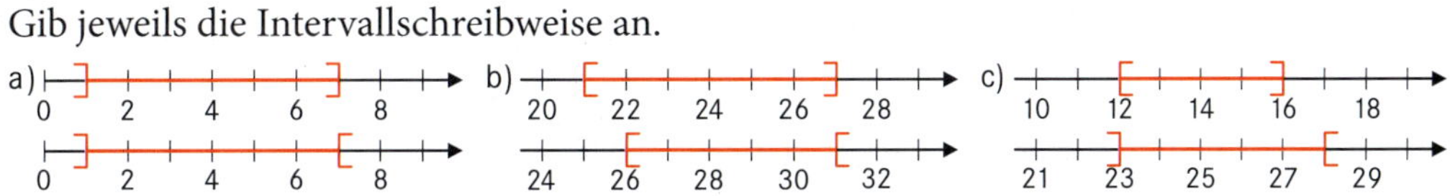

d) Zeichne ein Intervall. Lasse deinen Nachbarn die Intervallschreibweise angeben.

1 Gesucht ist der Wert von x, bei dem die Fläche des Rechtecks in Aufgabe 5 auf Seite 122 die Maßzahl 80 hat.

a) Begründe die beiden Gleichungen von Alex und Hanna.
b) Alex löst seine Gleichung durch Probieren, Hanna ihre Gleichung durch Umkehren. Ergänze die beiden Verfahren in deinem Heft. Was stellst du fest?

$(5 + x) \cdot 4 = 80$	$20 + 4 \cdot x = 80$
$(5 + 10) \cdot 4 = 80$ (f)	$4 \cdot x = 60$
$(5 + 11) \cdot 4 = 80$ (f)	…
…	

2 Bei einer Aufgabe zur Fläche des Rechtecks (s. Seite 122, Aufgabe 5) haben Leonie und Felix für die beiden Ungleichungen $(5 + x) \cdot 4 \leqq 32$ und $20 + 4 \cdot x \leqq 32$ die Lösungen $\{1; 2; 3\}$ und $\{1; 2\}$ erhalten.
a) Kann das stimmen? Begründe
b) Schreibe für jede der beiden Ungleichungen einen Text.

M

äquivalente Gleichungen und Ungleichungen

Gleichungen (Ungleichungen), die bei gleicher Grundmenge dieselbe Lösungsmenge haben, heißen **äquivalent** ($\Leftrightarrow$).

Beispiele: $(5 + x) \cdot 4 = 80$ ist äquivalent zu $5 + x = 20$ in $\mathbb{G} = \mathbb{Q}_0^+$, da beide Gleichungen die Lösungsmenge $\mathbb{L} = \{15\}$ haben.
Man schreibt: $(5 + x) \cdot 4 = 80 \Leftrightarrow 5 + x = 20$ in $\mathbb{G} = \mathbb{Q}_0^+$

$2 \cdot x + 5 \leqq 17$ ist äquivalent zu $x + 1 \leqq 7$ in $\mathbb{G} = \{3; 5; 7\}$, da beide Ungleichungen die Lösungsmenge $\mathbb{L} = \{3; 5\}$ haben.
Man schreibt: $2 \cdot x + 5 \leqq 17 \Leftrightarrow x + 1 \leqq 7$ in $\mathbb{G} = \{3; 5; 7\}$

Übungen

3 Überprüfe, ob die Gleichungen (Ungleichungen) äquivalent sind.

a)	$12 \cdot x = 84$	$1{,}2 \cdot x = 8{,}4$	$\mathbb{G} = \mathbb{N}$
b)	$2 \cdot x + 2{,}5 = 12{,}5$	$4 \cdot x + 5 = 24$	$\mathbb{G} = \{2; 3; 4; 5\}$
c)	$15 \cdot x + 15 = 45$	$15 \cdot (x + 1) = 45$	$\mathbb{G} = \{2; 3; 4; 5\}$
d)	$4{,}8 - 2 \cdot x \leqq 1{,}8$	$4{,}8 \leqq 1{,}8 + 2 \cdot x$	$\mathbb{G} = \{2; 3; 4; 5\}$

4 Überprüfe, welche der Gleichungen (Ungleichungen) äquivalent sind. Vergleiche die äquivalenten Gleichungen (Ungleichungen). Was stellst du fest?

a)	$5 \cdot x = 15$	$5 \cdot x + 3 = 18$	$5 \cdot x + 2 = 18$	$\mathbb{G} = \mathbb{N}$
b)	$5 \cdot x + 3 \leqq 18$	$5 \cdot x \leqq 20$	$5 \cdot x \leqq 15$	$\mathbb{G} = \{1; 2; 3, 4\}$
c)	$\frac{1}{4} \cdot x - 1 = 3$	$\frac{1}{4} \cdot x = 4$	$\frac{1}{4} \cdot x - 2 = 2$	$\mathbb{G} = \mathbb{N}$
d)	$0{,}6 \cdot x + 1{,}6 = 5{,}8$	$0{,}3 \cdot x + 0{,}8 = 2{,}9$	$0{,}3 \cdot x = 2{,}1$	$\mathbb{G} = \mathbb{N}$

1 Tobias hat sich eine Zahl gedacht, die er aber niemandem verrät. Mitschüler dürfen auf DIN A4-Blätter Zahlen bis höchstens 20 schreiben, mit denen Tobias nacheinander rechnen muss. Die Blätter heften sie der Reihe nach an die Tafel. Am Schluss nennt Tobias das Ergebnis. In der Abbildung siehst du ein Beispiel. Anschließend sollen die Mitschüler die gedachte Zahl finden.

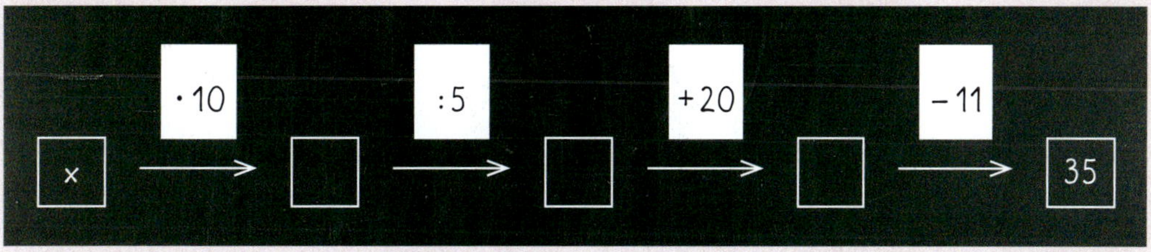

a) Schreibe einen Text zum dargestellten Zahlenrätsel.
b) Anna probiert es mit der Zahl 5 für x und Felix mit der Zahl 15.
Überprüfe, ob eine der gewählten Zahlen Lösung ist.
c) Die Abbildung unten deutet einen Lösungsweg ohne Probieren an.

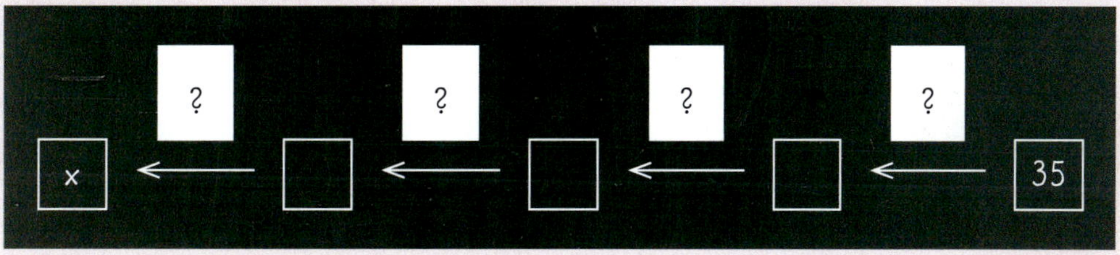

Schreibt auf DIN A4-Blätter, die ihr wieder an die Tafel heften könnt, wie ihr vom Ergebnis 35 zur gedachten Zahl x kommt. Überprüft anschließend durch Einsetzen für x, ob ihr wirklich die richtige Zahl gefunden habt.
e) Anna behauptet: „Das Zahlenrätsel oben an der Tafel kann ich viel kürzer darstellen. Trotzdem erhalte ich den gleichen Wert für x.“ Stimmt das?
Wie wird sie wohl gerechnet haben?

2 Hier ist wieder eine Zahl versteckt.

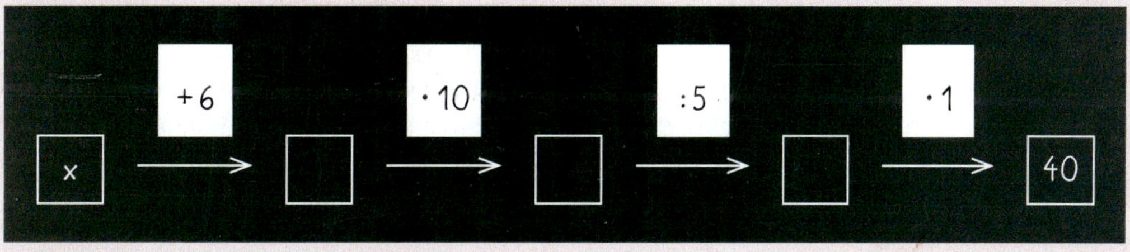

a) Versuche die Lösung zu finden.
b) Wähle eine zum Tafelbild passende Gleichung.
A $x + 6 \cdot 10 : 5 = 40$ **B** $x + 6 \cdot 2 = 40$
C $(x + 6) \cdot 10 : 5 = 40$ **D** $(x + 6) \cdot 2 = 40$
c) Paul Leon behauptet: „Mit der Gleichung $2 \cdot x + 12 = 40$ kann ich die versteckte Zahl finden.“ Was meist du?
d) Versteckt wie oben Zahlen und lasst sie euren Nachbarn finden.

Unglaublich, was Mathe alles kann! Aus einem Euro wird ein Cent.
1€ = 100 Ct = 10 Ct · 10 Ct = 0,1 € · 0,1 € = 0,01 € = 1 Ct

1

So kannst du das Zahlenrätsel als Gleichung schreiben.

B

die gesuchte Zahl:	x
mit 5 multiplizieren:	$5 \cdot x$
6 addieren:	$5 \cdot x + 6$
Ergebnis 31:	$5 \cdot x + 6 = 31$

Löse die Gleichung.

2 Ordne jedem Zahlenrätsel die richtige Gleichung zu. Bestimme jeweils die Lösung.

Ⓐ Multipliziere die gesuchte Zahl mit 8 und addiere 16. Du erhältst 40.

Ⓑ Addiere zu 16 das Doppelte der gesuchten Zahl. Du erhältst 40.

Ⓒ Addiere zu 16 die gesuchte Zahl und multipliziere die Summe mit 2. Du erhältst 40.

Ⓓ Multipliziere die gesuchte Zahl mit 16 und addiere 8. Du erhältst 40.

Ⓔ Subtrahiere von der gedachten Zahl 16. Dividiere die Differenz durch 2. Addiere 8. Du erhältst 40

Ⓕ Subtrahiere von der gedachten Zahl 16. Dividiere die Differenz durch 8. Du erhältst 40.

① $16 \cdot x + 8 = 40$

② $16 + 2 \cdot x = 40$

③ $(16 + x) \cdot 2 = 40$

④ $8 \cdot x + 16 = 40$

⑤ $(x - 16) : 2 + 8 = 40$

⑥ $(16 - x) : 8 = 40$

⑦ $(x - 16) : 8 = 40$

3 Schreibe zu jeder Gleichung ein passendes Zahlenrätsel und bestimme die Lösung.

a) $6 \cdot x - 9 = 30$ b) $6 \cdot (x - 9) = 30$ c) $6 \cdot (x - 9) + 3 = 30$

4 Ein Zahlenrätsel ist durch eine Folge von Bildern dargestellt.

	Bild	Term	Text
1	□		
2	□ □ □		
3	□ □ □ ||||		
4	||||| ||||| |||		

a) Ergänze in deinem Heft die Terme und den Text.

b) Stelle die zugehörige Gleichung auf und löse sie.

c) Wie ändert sich die Lösung, wenn man in den Zeilen 3 und 4 jeweils die Anzahl der Striche verdoppelt?

1 In jeder Schachtel liegen immer gleich viele, also x Hölzchen. Das Ziel ist, herauszufinden, wie viele Hölzchen in den Schachteln liegen müssen, damit die Anzahl der Hölzchen auf beiden Seiten des Gleichheitszeichens gleich groß ist.
Die Aufgabe kannst du mit Hilfe von Bildern, Gleichungen oder Texten darstellen.

a) Ergänze in deinem Heft die Gleichung.

Bild	Gleichung	Text
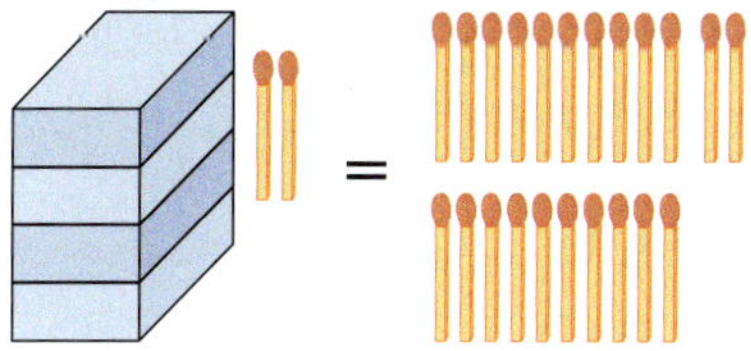		Die zwei Hölzchen und die Hölzchen in den vier Schachteln ergeben zusammen 22 Hölzchen.

b) Ergänze die Gleichung und den Text in deinem Heft.

Bild	Gleichung	Text
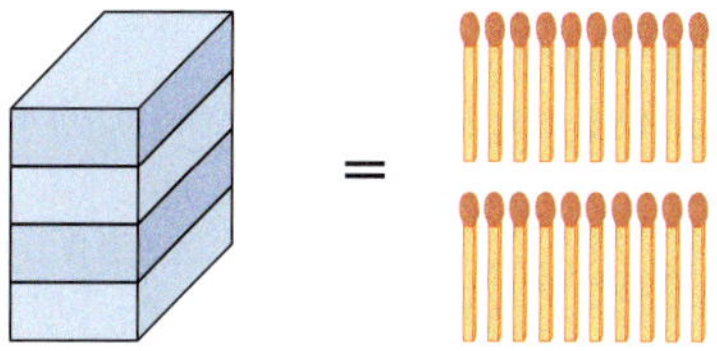		

Wie kommst du vom Bild in Teilaufgabe a) zum Bild in Teilaufgabe b)?

c) Die Gleichung und der Text sind jetzt sehr kurz. Ergänze sie.

Bild	Gleichung	Text
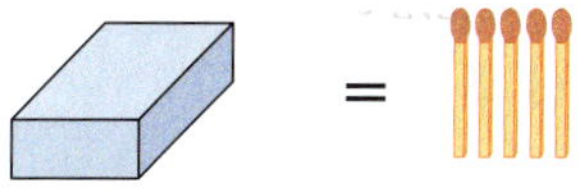		

Wie ergibt sich das Bild in c) aus dem in b)?

d) Überprüfe die Gleichungen in den Teilaufgaben a) bis c) auf Äquivalenz. Gib die Lösung der Gleichung in a) an.

2 In jeder Schachtel befinden sich immer gleich viele, also x Hölzchen.

a) Notiere in deinem Heft die zugehörige Gleichung und den Text.

Bild	Gleichung	Text

Wie kommst du vom Bild in Aufgabe 1 a) zum Bild in Aufgabe 2?

b) Bestimme wieder die Lösung der Gleichung. Vergleiche mit der Lösung in Aufgabe 1a).

3 a) Zeichne ein Bild mit Hölzchen und mehreren Schachteln. Die Schachteln kannst du durch Rechtecke einfach darstellen. Notiere die zum Bild passende Gleichung.

b) Versuche wie in Aufgabe 1 das Bild und die Gleichung zu vereinfachen, ohne dass sich die Lösung ändert.

4 Zeige, dass alle Gleichungen dieselbe Lösungsmenge $\mathbb{L} = \{8\}$ haben.
Forme die erste Gleichung so um, dass du die zweite erhältst.

a) $x + 3 = 11$ $\quad x + 1 = 9$
b) $x - 1{,}5 = 6{,}5$ $\quad x + 0{,}5 = 8{,}5$
c) $1{,}2 \cdot x = 9{,}6$ $\quad 2{,}4 \cdot x = 19{,}2$
d) $18 \cdot x = 144$ $\quad 1{,}8 \cdot x = 14{,}4$
e) $\frac{1}{4} \cdot x = 2$ $\quad \frac{1}{16} \cdot x = \frac{1}{2}$
f) Forme jede Gleichung in den Aufgaben a) – e) so um, dass du immer auf die Gleichung $x = 8$ kommst.
g) Schreibe alle Möglichkeiten auf, wie du eine Gleichung in eine andere Gleichung umformen kannst, ohne dass sich die Lösung ändert.

$x - 6 = 2 \qquad x + 4 = 12$

$x = 8$ einsetzen:

$8 - 6 = 2$ (w) $\qquad 8 + 4 = 12$ (w) $\quad \mathbb{L} = \{8\}$

$x - 6 = 2 \qquad | +10$ (10 auf beiden Seiten addieren)

$x - 6 + 10 = 2 + 10$
$x + 4 = 12$

M

Äquivalenzumformung

Die Umformung einer Gleichung in eine andere Gleichung, die dieselbe Lösungsmenge hat, heißt **Äquivalenzumformung.**
Folgende Umformungen von Gleichungen sind Äquivalenzumformungen ($\mathbb{G} = \mathbb{Q}_+^0$):

auf beiden Seiten die gleiche Zahl **addieren**

$x - 0{,}3 = 1{,}3 \quad | + 0{,}3$
$\Leftrightarrow x - 0{,}3 + 0{,}3 = 1{,}3 + 0{,}3$
$\Leftrightarrow x = 1{,}6 \qquad \mathbb{L} = \{1{,}6\}$

auf beiden Seiten die gleiche Zahl **subtrahieren**

$x + 1 = 5 \quad | - 1$
$\Leftrightarrow x + 1 - 1 = 5 - 1$
$\Leftrightarrow x = 4 \qquad \mathbb{L} = \{4\}$

beide Seiten mit der gleichen Zahl **(ungleich Null) multiplizieren**

$\frac{1}{3} \cdot x = \frac{1}{4} \quad | \cdot 3$
$\Leftrightarrow \frac{1}{3} \cdot 3 \cdot x = \frac{1}{4} \cdot 3$
$\Leftrightarrow x = \frac{3}{4} \qquad \mathbb{L} = \{\frac{3}{4}\}$

beide Seiten durch die gleiche Zahl **(ungleich Null) dividieren**

$1{,}7 \cdot x = 8{,}5 \quad | : 1{,}7$
$\Leftrightarrow 1{,}7 : 1{,}7 \cdot x = 8{,}5 : 1{,}7$
$\Leftrightarrow x = 5 \qquad \mathbb{L} = \{5\}$

Übungen

5 Löse die Gleichungen durch Äquivalenzumformung. ($\mathbb{G} = \mathbb{Q}_0^+$).

a)	$x - 1{,}3 = 1{,}1$	$x - 13 = 11$	$x - 1{,}1 = 1{,}3$	$x + 1{,}1 = 1{,}3$
b)	$x + 2{,}3 = 6{,}7$	$x + 3{,}3 = 7{,}7$	$x - 2{,}3 = 6{,}7$	$x - 1{,}3 = 7{,}7$
c)	$x + 0{,}\overline{1} = \frac{4}{9}$	$x - 0{,}\overline{1} = \frac{4}{9}$	$x + 1{,}\overline{1} = 1\frac{4}{9}$	$x - 1{,}\overline{1} = 1\frac{4}{9}$
d)	$3{,}2 \cdot y = 9{,}6$	$6{,}4 \cdot y = 19{,}2$	$3{,}2 \cdot y = 19{,}2$	$6{,}4 \cdot y = 3{,}2$
e)	$18 \cdot x = 144$	$1{,}8 \cdot x = 144$	$1{,}8 \cdot x = 14{,}4$	$0{,}18 \cdot x = 14{,}4$
f)	$\frac{1}{4} \cdot x = \frac{1}{2}$	$\frac{1}{2} \cdot x = \frac{1}{4}$	$\frac{1}{4} \cdot x = \frac{3}{16}$	$\frac{3}{16} \cdot x = \frac{1}{4}$

Lösungen: 8; $\frac{1}{2}$; $\frac{3}{4}$; 80; 3; 9; 2,4; $\frac{4}{3}$; 0,2; $\frac{5}{9}$; 24; 4,4; $2\frac{5}{9}$; 4,4; 2,4; 9; $\frac{1}{3}$; $\frac{1}{3}$; 0,5; 3; 6; 8; 80; 2

*) Frage dazu auch deinen Lehrer oder deine Lehrerin.

6 Löse die Gleichungen durch Umformen in $\mathbb{G} = \mathbb{Q}_0^+$ und $\mathbb{G} = \mathbb{N}$.

$5 \cdot x - 15 = 40 \;|\; +15$ oder $5 \cdot x - 15 = 40 \;|\; :5$

$5 \cdot x = 55 \;|\; :5 \qquad (5 \cdot x - 15) : 5 = 8$

$x = 11 \qquad 5 : 5 \cdot x - 15 : 5 = 8$

$x - 3 = 8 \;|\; +5$

$x = 11$

$\mathbb{L} = \{11\}$

a) $7 \cdot x - 5 = 16$
$0{,}7 \cdot x - 0{,}5 = 1{,}6$

b) $21 = 7 \cdot x + 7$
$18 = 4 \cdot x + 4$

c) $8 \cdot x - 12 = 32$
$16 = 4 \cdot x - 6$

d) $2{,}1 = 1{,}3 \cdot x + 7$
$2{,}1 = 0{,}7 \cdot x - 7$

e) $0{,}5 \cdot x - 1 = 2{,}6$
$1{,}3 = 0{,}25 \cdot x - 0{,}5$

f) $4{,}5 \cdot x = 18 - 9$
$4{,}5 \cdot x + 9 = 18$

7 a) Wo steckt der Fehler?

(1) $6x + 3 = 24 \;|\; :6$
$x + 3 = 4 \;|\; -3$
$x = 1$

Probe:

$6 \cdot 1 + 3 = 24$ (f)

(2) $6x + 3 = 24 \;|\; :6$
$x + 0{,}5 = 4 \;|\; -0{,}5$
$x = 3{,}5$

Probe:

$6 \cdot 3{,}5 + 3 = 24$ (w)

S. 7; 8

b) Erstelle eine Schrittfolge zur Lösung von Gleichungen.

8 So kannst du die Gleichung $1{,}2 \cdot x - 1{,}5 : (4{,}9 - 4{,}4) = 6 \cdot 0{,}1$ ($\mathbb{G} = \mathbb{Q}_0^+$) lösen.

B

$1{,}2 \cdot x - 1{,}5 : (4{,}9 - 4{,}4) = 6 \cdot 0{,}1$	Vereinfache auf beiden Seiten so weit wie möglich. Beachte die Rechengesetze.
$1{,}2 \cdot x - 1{,}5 : 0{,}5 = 0{,}6$	
$1{,}2 \cdot x - 3 = 0{,}6 \;|\; +3$	Forme so um, dass nur noch der Term mit x auf einer Seite steht. Am einfachs ten ist es, wenn du zunächst auf beiden Seiten 3 addierst.
$1{,}2 \cdot x = 3{,}6 \;|\; :1{,}2$	
$x = 3 \qquad \mathbb{L} = \{3\}$	Löse nach x auf.

a) $16 \cdot x + 64 : 4 = 144$

b) $144 = 16 \cdot (x + 4)$

c) $0{,}2 \cdot x - 15 : 0{,}5 = 1$

d) $0{,}4 \cdot y + 1{,}2 = 15 : 0{,}75$

e) $y \cdot (0{,}3^2 + 0{,}01) = 0{,}4^2$

f) $\left(\frac{3}{11} - \frac{5}{22}\right) : \frac{1}{44} = 0{,}5 \cdot x$

g) $y \cdot (0{,}2^2 + 0{,}06) + 0{,}9 = 1{,}4^2$

h) $\left(\frac{3}{14} + \frac{5}{21}\right) : \frac{1}{42} - 19 = 0{,}103 \cdot x$

Lösungen: 0; 5; 47; 155; 10,6; 1,9; 1,6; 8; 4

9 Rechts siehst du eine Folge von Figuren, die mit Hölzchen gebaut werden.
a) Ergänze in deinem Heft die Tabelle.

Figur 1	Figur 2
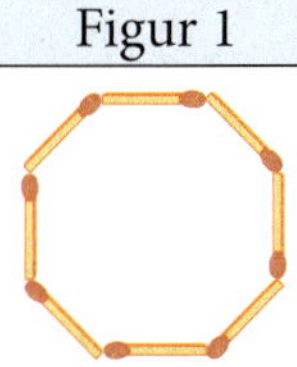	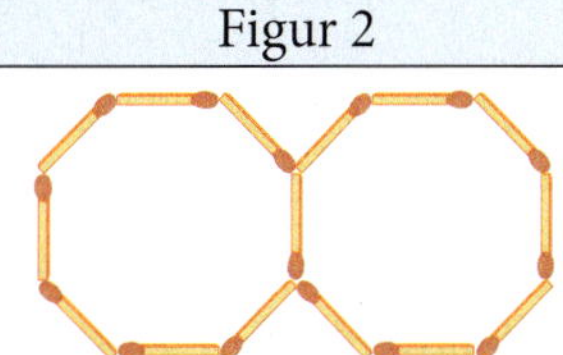

Element	1	2	3	4	…	x
Anzahl der Hölzchen	■	■	■	■		■

b) Bei welcher Figur braucht man 127 Hölzchen?

1 Die Lösung einer Ungleichung ist auf der Zahlenhalbgerade dargestellt.

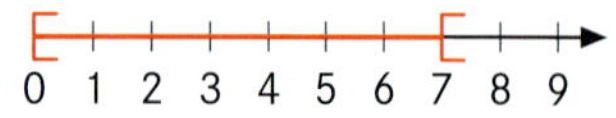

a) Welche der folgenden Ungleichungen hat diese Lösungsmenge?
A $x > 7$ **B** $x > 0$ **C** $x < 7$
b) Gib zu der in a) gefundenen Ungleichung zwei äquivalente Ungleichungen an.

2

+	–	·	:	(	)	=
x	2	3	4	5	6	8

a) Erstelle mit Hilfe der abgebildeten Kärtchen zwei Gleichungen und löse sie. Versuche in einer Gleichung so viele Kärtchen wie möglich zu verwenden.
b) Schreibe zu deinen Gleichungen jeweils ein passendes Zahlenrätsel. Verwende dazu Wörter wie „addieren, subtrahieren, … Produkt, Quotient."

3 Die rechts abgebildete Gleichung wurde richtig gelöst. Allerdings sind zwei Zahlen unleserlich.
a) Gib an, welche Zahlen das sind.
b) Gib eine mögliche Grundmenge an, die die Gleichung gehabt haben könnte.

● $+ 9 \cdot x = 4{,}5$
$9 \cdot x =$ ◆
$x = \frac{1}{3}$ $\mathbb{L} = \varnothing$

4 Das Bild rechts zeigt den Bahnaufbau einer Rennbahn für zwei Spielzeugautos. Die Autos werden mit Hilfe von zwei Schlitzen, in denen ein Führungsstift gleitet, auf ihrer Bahn gehalten.
a) Auf welchen Schlitz (welche Bahn) würdest du dein Fahrzeug setzen? Begründe.
b) Die Außenbahn hat insgesamt eine Länge von 2624 mm. Berechne mit Hilfe einer Gleichung die Länge des Außenschlitzes der 90°-Kurve.
c) Berechne die Länge des Innenschlitzes der 90°-Kurve, wenn die Innenbahn 2264 mm lang ist.
d) Die Außenbahn des Bahnaufbaus rechts ist insgesamt 2788 mm lang. Berechne die Länge einer Ausgleichsgeraden.

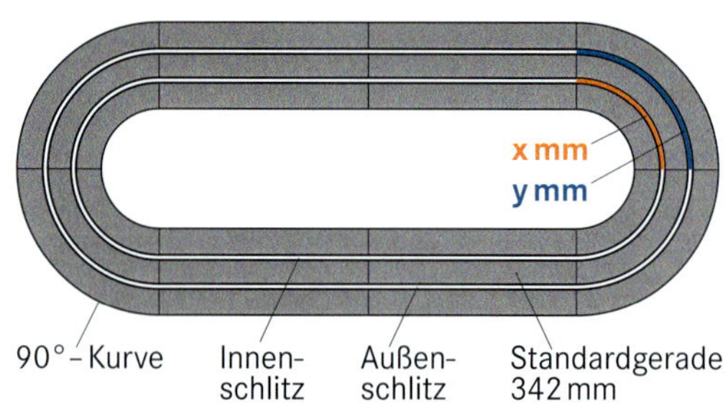

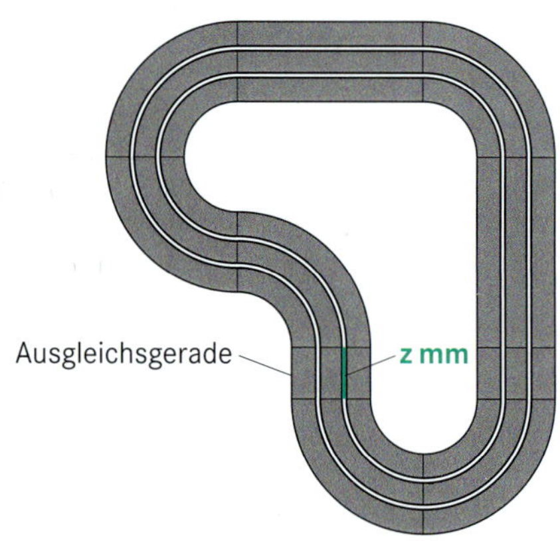

Ich denke mir eine zweistellige Zahl, vertausche die Einer- und Zehnerziffer, dividiere durch 3 und erhalte die Zahl 8.

1 Die Pakete der Größen S und F werden wie in der Abbildung umwickelt.

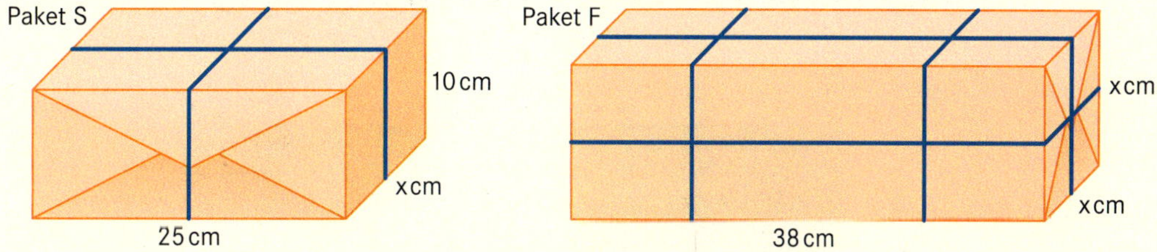

a) Für das Paket der Größe S braucht man 125 cm Bindfaden (ohne Knoten). Berechne die Breite des Pakets mit Hilfe einer Gleichung.
b) 296 cm Bindfaden (ohne Knoten) sind für das Paket der Größe F erforderlich. Berechne dessen Höhe und Breite.
c) Erstelle selber eine Aufgabe wie oben und lasse sie deinen Nachbarn lösen.

2 Leonie und Felix haben aus je einem DIN-A4-Blatt die Seitenflächen von Quadern A, B, C und D, wie im Bild dargestellt, gefaltet.

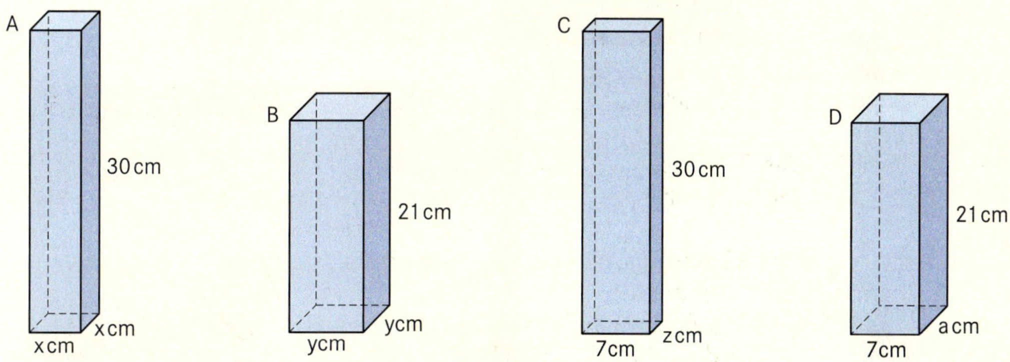

a) Falte die Seitenflächen der vier Quader.
b) Was meinst du?

c) Erstelle für jeden Quader eine Gleichung zur Berechnung der Seitenlängen der Grundfläche.
d) Berechne für jeden Quader das Volumen. Was stellst du fest?
e) Das DIN-A4-Blatt wird an seiner kürzeren Seite in der Mitte durchgeschnitten. Die beiden Hälften werden mit einem Klebestreifen zusammengeklebt. Anschließend werden wieder die Seitenflächen eines Quaders mit quadratischer Grundfläche gefaltet. Ermittle das Volumen des Quaders. Vergleiche mit den Volumina der Quader A und B. Was stellst du fest?

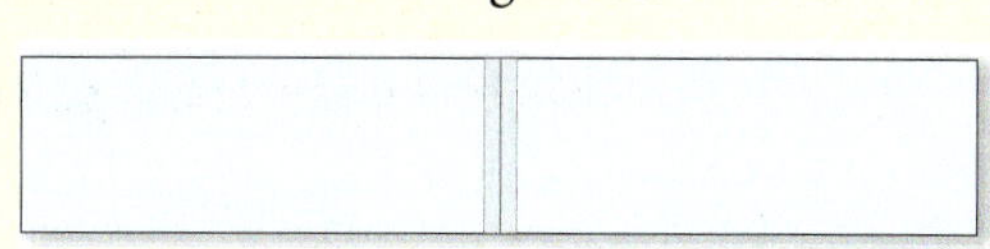

8 Achsenspiegelung

Betrachte die Fotografie.
Was fällt dir auf?
Findest du dafür eine Erklärung?

Wie wurde wohl dieses Bild erzeugt?

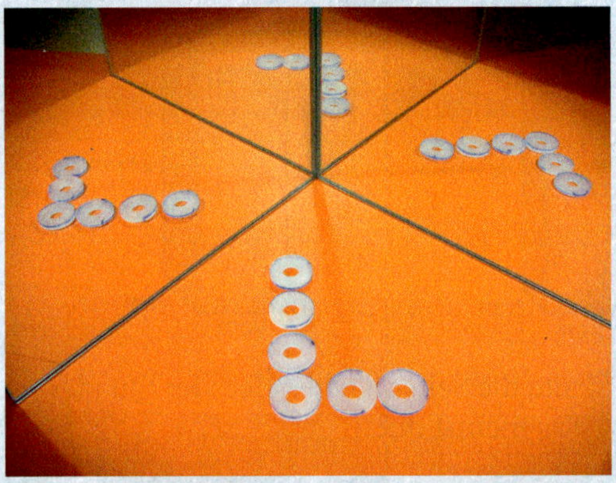

Das Spiegelbild der Hafenstraße enthält elf Fehler.

(1) Das Bild zeigt eine Spiegelung.
a) Wie viele Ringe erkennst du insgesamt, wie viele sind Spiegelbilder?
b) So sind die Ringe angeordnet:

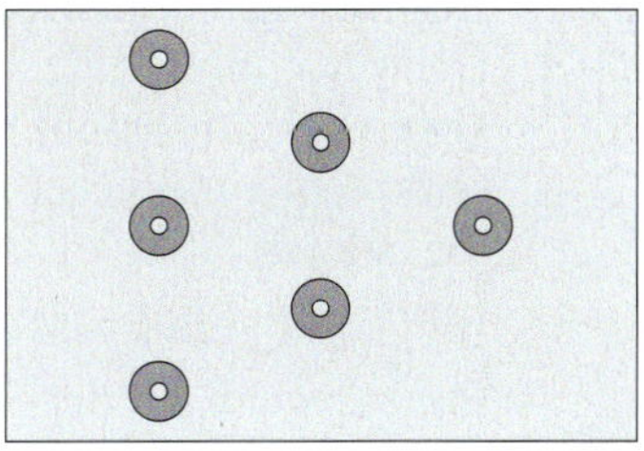

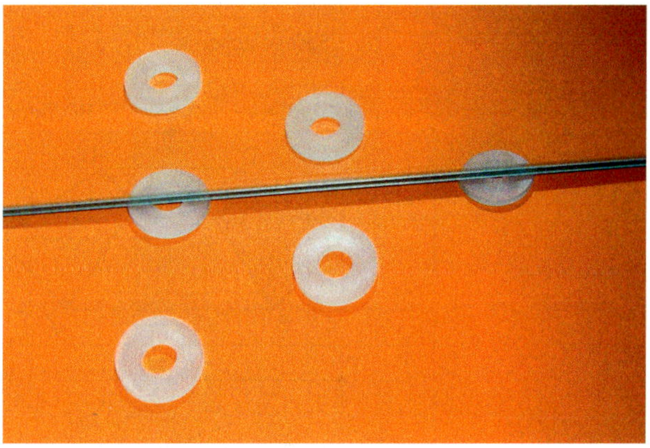

Lege ebenso sechs gleiche Gegenstände (zum Beispiel Münzen). Halte dann einen Taschenspiegel oder eine Spiegelkachel so, dass du ein Bild wie oben erhältst.
c) Übertrage die Punkte in dein Heft und zeichne die Lage des Spiegels ein.
d) Kannst du den Spiegel so halten, dass du insgesamt 2 (3, 4, 12) Gegenstände siehst?

(2) Die Abbildung zeigt eine andere Methode, ein Spiegelbild zu erzeugen. Beschreibe das Verfahren.

Abbildung

(M) Das Erzeugen einer Bildfigur nennt man **Abbildung.** Jedem **Urpunkt P** der Zeichenebene wird dabei eindeutig ein **Bildpunkt P′** zugeordnet und umgekehrt.

Übung

(3) a) Übertrage die Figur auf ein Blatt und erzeuge nach der Methode aus Aufgabe 2 einige Bildpunkte. Verbinde zu einer Bildfigur.
b) Verbinde nun zusammengehörige Ur- und Bildpunkte. Was stellst du fest?
c) Wähle einen beliebigen Punkt P auf der Urfigur und versuche, seinen Bildpunkt mit dem Geodreieck zu finden.
d) Beschreibe, wie du bei c) vorgehst.
e) Was passiert mit einem Punkt auf der Faltachse?

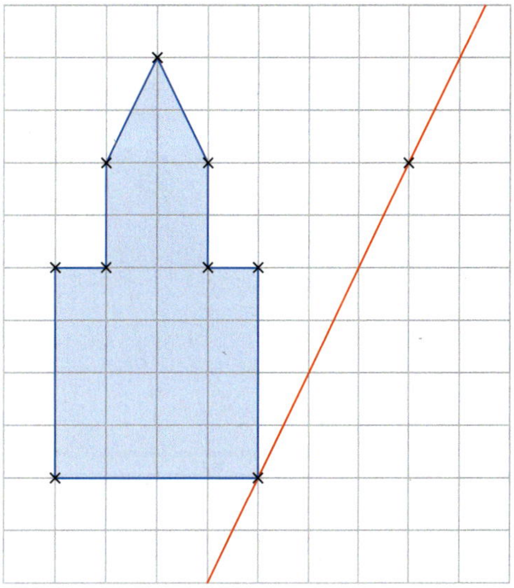

Achsenspiegelung

Spiegelachse

Abbildungsvorschrift

M

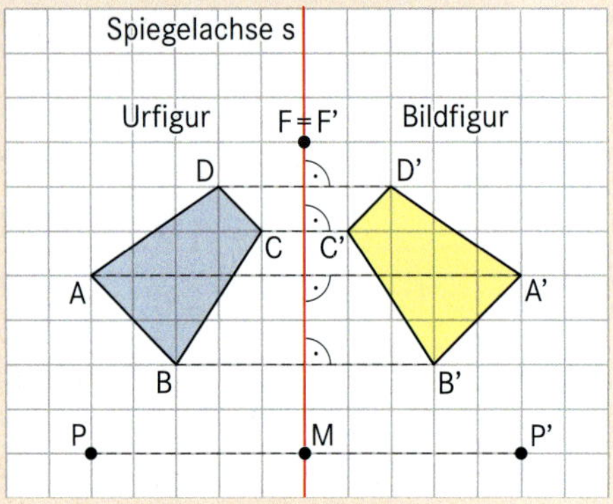

Durch das Falten und Durchstechen wird eine Bildfigur erzeugt. Diese Abbildung bezeichnet man als **Achsenspiegelung.** Die Faltgerade heißt **Spiegelachse s.**

Abbildungsvorschrift:
Die Verbindungsstrecke zwischen einem Urpunkt und seinem Bildpunkt steht senkrecht zur Spiegelachse und wird von ihr halbiert.

$[PP'] \perp s \qquad \overline{PM} = \overline{MP'}$

Punkte wie F auf der Spiegelachse werden auf sich selbst abgebildet. Sie heißen Fixpunkte.

Schreibe: $A \overset{s}{\mapsto} A'$
Lies: Der Punkt A wird an der Geraden s auf den Punkt A′ abgebildet.

1 Annalena und Mario erzeugen mit einem Geometrieprogramm Spiegelbilder und untersuchen diese.

a) Zeichne wie im Bild (1) ein Dreieck ABC, eine Spiegelachse s und eine Gerade g.
b) Konstruiere das Bilddreieck A′B′C′ und die Bildgerade g′ wie im Bild (2).
c) Untersuche Streckenlängen und Winkelmaße.
d) Ziehe nun am Punkt P oder Q. Verändere damit die Lage der Spiegelachse s und der Geraden g wie im Bild (3). Was stellst du fest?

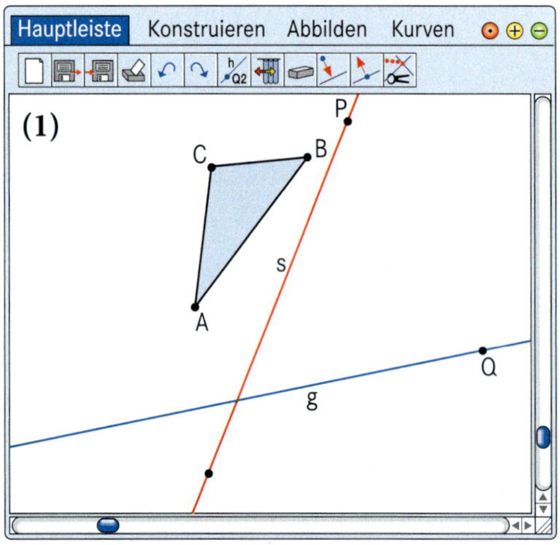

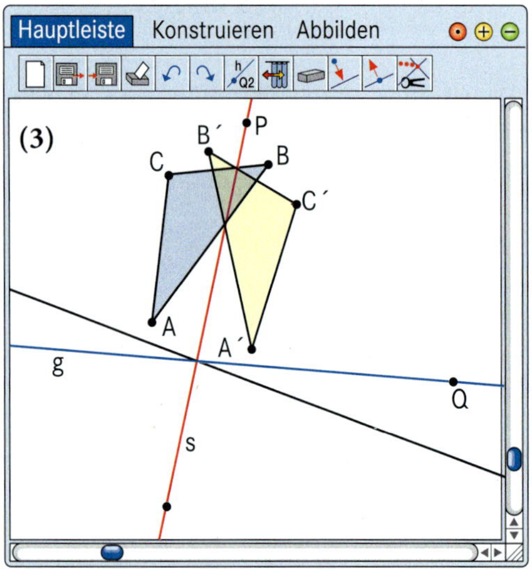

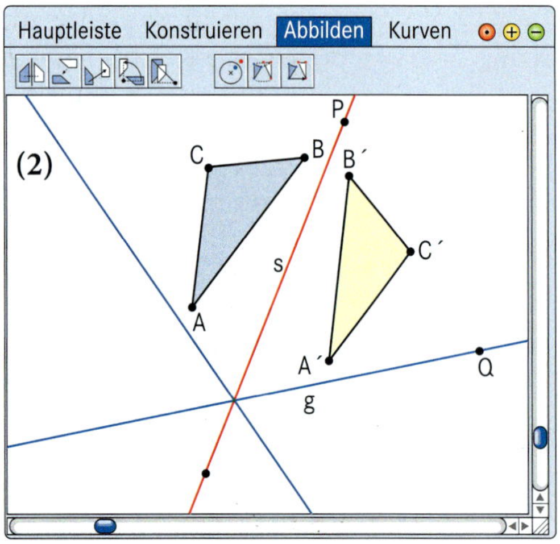

e) Bilde den Punkt P durch Spiegelung an s ab. Was fällt dir auf? Erkläre. Finde weitere Punkte, die sich ebenso verhalten.
f) Formuliere die gefundenen Eigenschaften in deinem Heft.

Eigenschaften der Achsenspiegelung

M

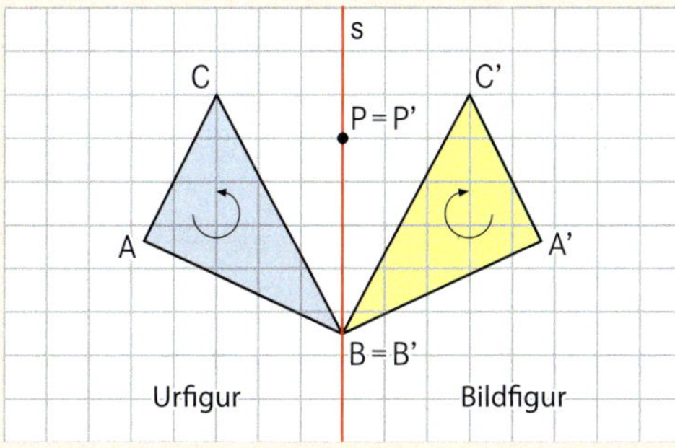

Bei einer Achsenspiegelung bleiben die Länge einer Strecke sowie das Maß eines Winkels erhalten. Die Abbildung ist **längentreu, geradentreu** und **winkeltreu.**
Jeder Punkt, der auf der Spiegelachse liegt, wird auf sich selbst abgebildet. Er heißt **Fixpunkt.** Die Spiegelachse besteht nur aus Fixpunkten, sie ist eine **Fixpunktgerade.**
Ur- und Bildfigur sind deckungsgleich (kongruent). Die Achsenspiegelung ist eine **Kongruenzabbildung.** Die Achsenspiegelung ändert den Umlaufsinn.

1 So kannst du mit dem Geodreieck Punkte spiegeln. Statt der Faltachse verwenden wir eine Gerade als Spiegelachse.

12 12

B

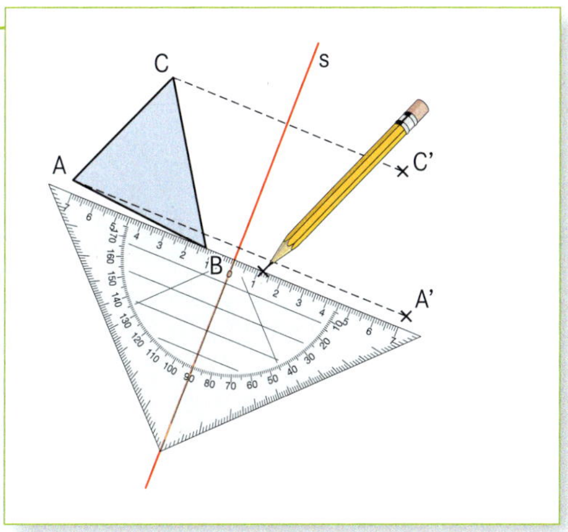

Bilde im Heft die folgenden Punktmengen durch Spiegelung an der Geraden s = PQ mit P (1 | 3) und Q (10 | 9) ab.

a) [AB] mit A (5 | 1), B (5 | 9)
b) g = BC mit C (10 | 11)
c) D ∈ g mit D (8 | y)
d) Dreieck RST mit R (2 | 5), S (6 | 2), T (10 | 6). Bestimme im Ur- und Bilddreieck die Winkelmaße und Seitenlängen.
e) Welche Eigenschaften der Achsenspiegelung kannst du aufgrund der Ergebnisse in a) bis d) erkennen? Vergleiche auch mit den Ergebnissen der Aufgabe 1 auf Seite 134.

Übungen

12 12

2 Das Dreieck ABC wird durch Achsenspiegelung an der Geraden g auf das Dreieck A′B′C′ abgebildet. Es gilt: A (2 | 2), B (6 | 1), C′ (2 | 7), g = PQ mit P (8 | 0), Q (3 | 10).

a) Konstruiere die Ur- und die Bildfigur.
b) Gib die Koordinaten des Punktes C sowie der Bildpunkte A′ und B′ an.
c) Wähle zwei Fixpunkte aus, kennzeichne sie mit F und G und gib die Koordinaten an.
d) Die Strecke [BC] schneidet sich mit der Strecke [B′C′]. Beschreibe die Lage des Schnittpunktes und gib die Koordinaten an.
e) Bestimme den Schnittpunkt der Geraden AB und A′B′. Was stellst du fest? Begründe.

3 Spanne die abgebildeten Figuren auf deinem Geobrett. Ändere dann einen Eckpunkt so, dass eine achsensymmetrische Figur entsteht. Wie viele Möglichkeiten findest du jeweils?

W S. 10

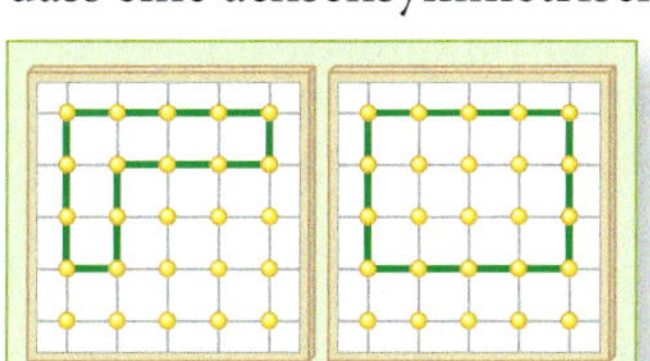

a)

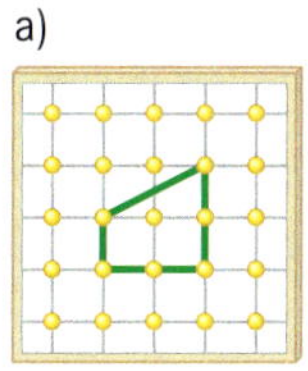

b)

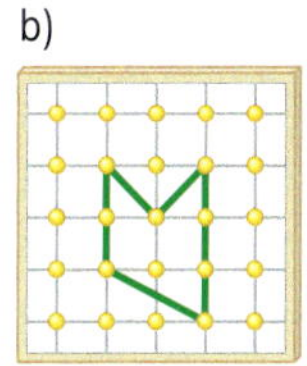

c)

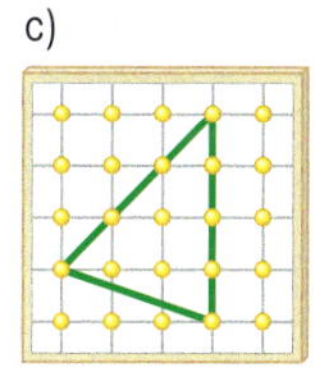

4 Die Urpunkte P auf dem Kreis k haben vom Mittelpunkt M alle die Entfernung r.

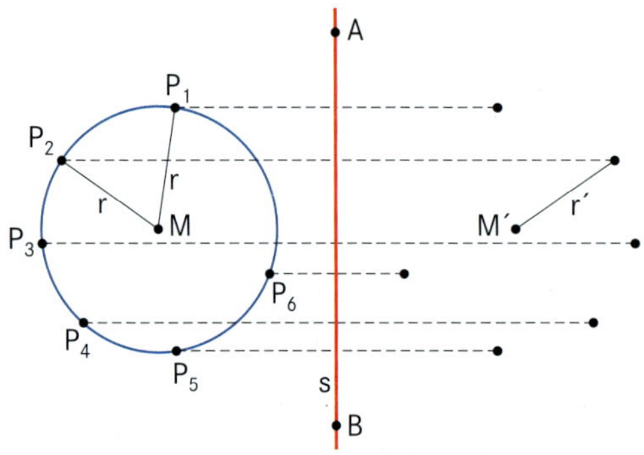

a) Begründe: Alle Bildpunkte P′ haben vom Punkt M′ die Entfernung r′ = r. Begründe ferner: Das Bild eines Kreises ist wieder ein Kreis.

b) $k\,(M; r) \xmapsto{s} k'\,(M'; r')$
Führe die Abbildung durch.
Für die Zeichnung gilt:
M (2 | 3), r = 2 cm, s = AB mit A (5 | 0) und B (5 | 7).

5 In der Abbildung sind die Geraden g, h, u und t an der Achse s gespiegelt. Finde Besonderheiten ihrer Spiegelbilder g′, h′, u′ und t′ heraus.
Begründe mit den Gesetzen der Achsenspiegelung.

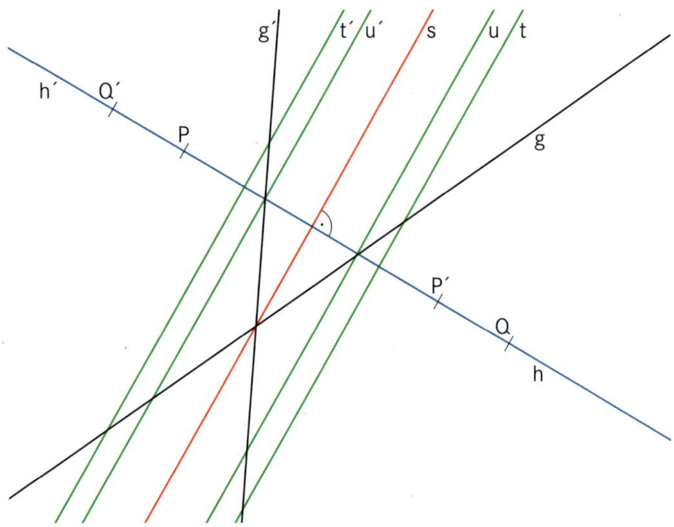

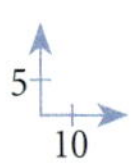

6 Spiegele den Kreis k (M (3 | 2), r = 2 LE) an einer Senkrechten zur x-Achse durch P (5 | 0). Begründe, dass der Bildkreis k′ kongruent zu k ist.

weitere Eigenschaften

M Eine zur Spiegelachse parallele Gerade wird auf eine Parallele abgebildet. Geraden, die nicht zur Achse parallel verlaufen, schneiden sich mit ihrer Bildgeraden auf der Spiegelachse. Geraden, die senkrecht auf der Spiegelachse stehen, werden auf sich selbst abgebildet. Solche Geraden sind **Fixgeraden.**
Die Achsenspiegelung ist eine **parallelentreue** und **kreistreue** Abbildung.

Übungen

7 Zeichne das Viereck mit den Eckpunkten A (5 | 2), B (8 | 8), C (5 | 11) und D (2 | 8) in ein Gitternetz ein (Einheit 1 Kästchen). Spiegele es an der Geraden durch die Punkte R (5 | 14) und S (11 | 8). Gib die Koordinaten der Bildpunkte an.

8

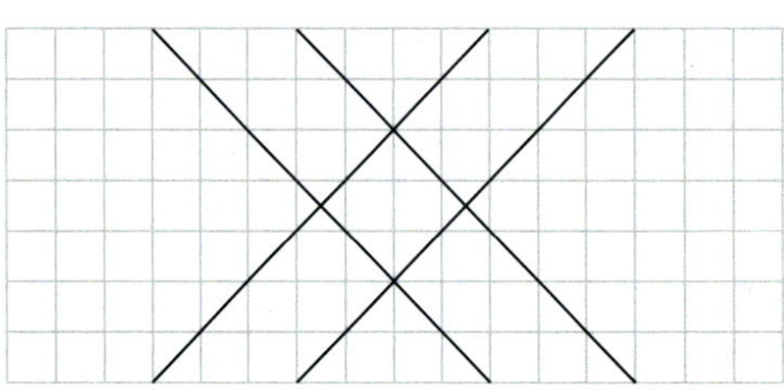

Wie viele Spiegelachsen hat die Figur? Übertrage und zeichne. Begründe deine Antwort.

1 So kannst du die Spiegelachse s bei gegebenem Ur- und Bildpunkt konstruieren.

B

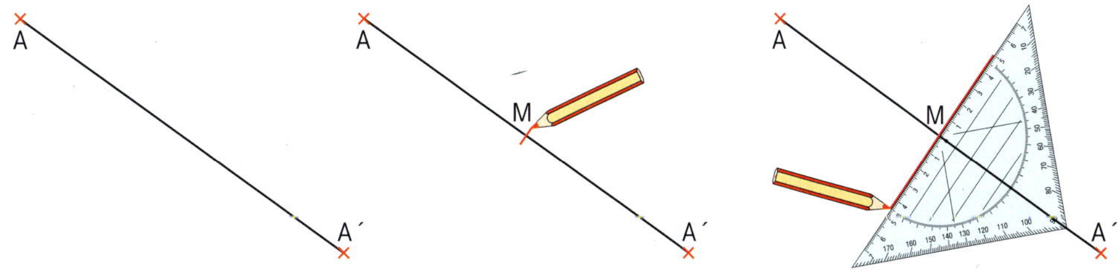

(1) Verbinde den Urpunkt A mit seinem Bildpunkt A′.

(2) Halbiere die Strecke [AA′] und markiere ihren Mittelpunkt M.

(3) Zeichne die Senkrechte zu [AA′] durch M. Du erhältst die Spiegelachse s.

Übertrage die Figur und den markierten Bildpunkt B′ in dein Heft. Zeichne die zugehörige Spiegelachse s und spiegele anschließend die Figur an s.

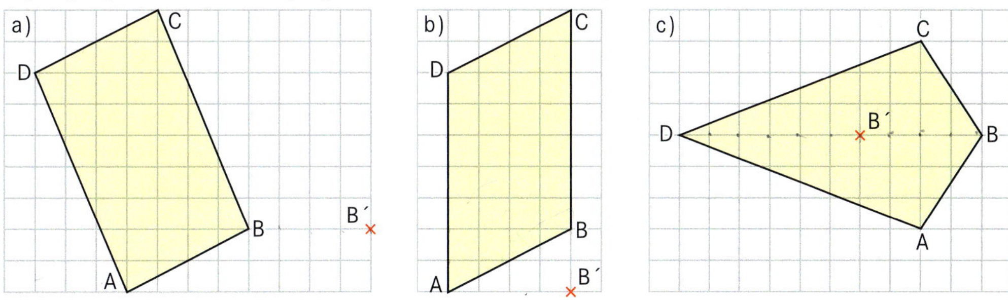

Übungen

2 Übertrage die Figur und zeichne ihr Spiegelbild. Zeichne zunächst die Spiegelachse s.

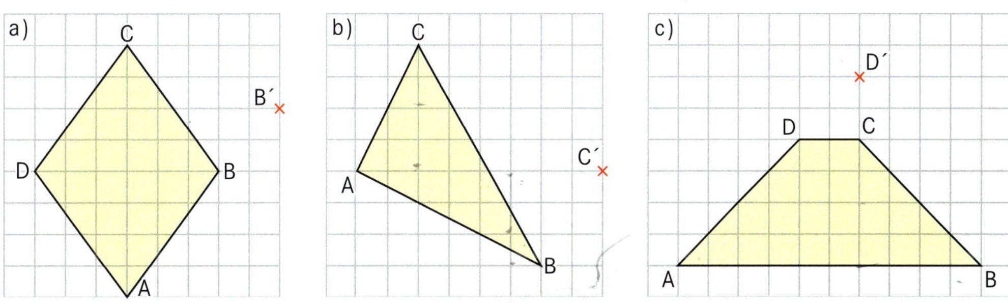

18 18

3 Übertrage die Punkte in ein Gitternetz (Einheit 0,5 cm). Zeichne die Spiegelachse s. Spiegele die Urpunkte an s und gib die x- und y-Werte der fehlenden Bildpunkte an.

a)

Urpunkt	Bildpunkt
A (2|3)	▪
B (7|2)	B′ (13|6)
C (8|7)	▪
D (3|8)	▪

b)

Urpunkt	Bildpunkt
A (5|10)	▪
B (10|13)	▪
C (5|16)	C′ (16|5)
D (0|13)	▪

18 18

4 Verbinde die folgenden Punkte in einem Gitternetz (Einheit 0,5 cm) zur angegebenen Figur. Zeichne die Gerade s durch die Punkte R (2|16) und S (17|1) und spiegele die Figur an s. Gib die x- und y-Werte der Bildpunkte an.

a) Drachenviereck	A (2|6) B (7|9) C (2|12) D (0|9)
b) Trapez	A (10|9) B (16|9) C (14|13) D (11|13)
c) Viereck	A (9|0) B (12|0) C (14|4) D (11|4)

1

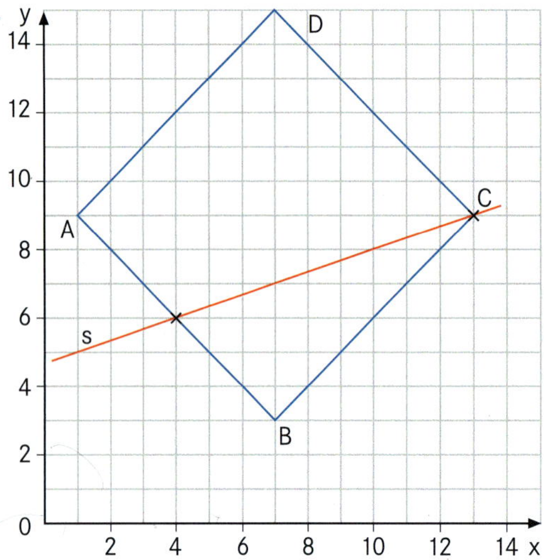

a) Zeichne ein Gitternetz (Einheit 0,5 cm) und spiegele das Quadrat ABCD an der Geraden s.
Kannst du die x- und y-Werte der Bildpunkte angeben?

b) Zeichne das Rechteck mit den Eckpunkten A (6|0), B (12|3), C (10|7) und D (4|4) in ein Gitternetz (Einheit 0,5 cm).
Zeichne die Gerade s durch die Punkte R (6|7) und S (1|7) ein und spiegele dann das Rechteck an s.

2 Ermittle jeweils die fehlenden Punkte der Urfigur und der Bildfigur und die Lage der Spiegelachse s.

Hinweis: Der Umlaufsinn der Urfigur ist immer entgegen dem Uhrzeigersinn.

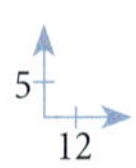

a) Quadrat ABCD $\overset{s}{\mapsto}$ Quadrat A′D′C′B′
Es gilt: A (1,5 | 1), B (3,5 | 2,5), C′ (7 | 4,5)

b) Quadrat ABCD $\overset{s}{\mapsto}$ Quadrat A′D′C′B′
Es gilt: A (4 | 1), B (x | 1), D′ (11 | 4,5)
Das Quadrat A′B′C′D′ hat einen Umfang von 14 LE.

c) Rechteck ABCD $\overset{s}{\mapsto}$ Rechteck A′D′C′B′
Es gilt: A (6 | 1,5), B (10 | 1,5), D′ (4 | 4)
Die Fläche des Rechtecks ABCD beträgt 0,1 dm².

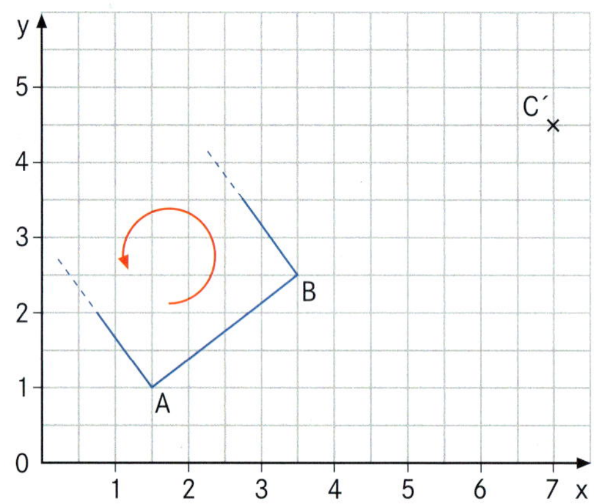

3 Im Bild rechts siehst du einen Teil einer ursprünglich achsensymmetrischen Figur. Übertrage die Zeichnung in dein Heft und vervollständige diese.

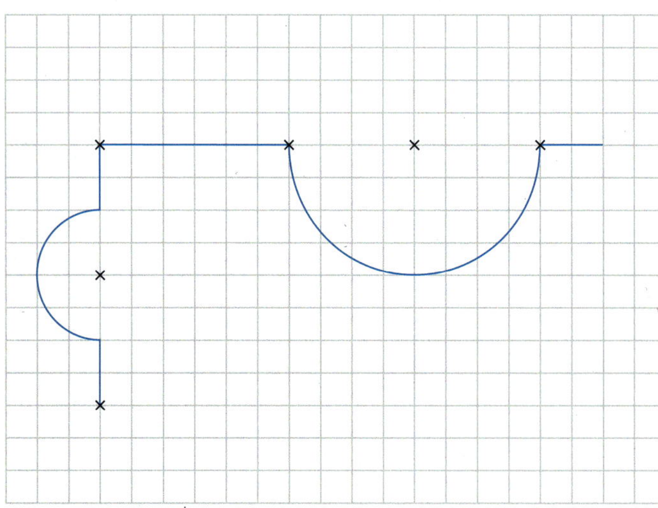

4 a) Zeichne den Kreis k um M (3 | 6) mit r = 2 cm in ein Gitternetz ein.

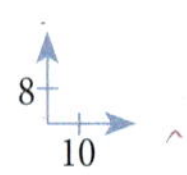

b) Spiegele k an einer Geraden s, die durch P (4 | 0) verläuft und senkrecht auf der x-Achse steht.
Finde Fixpunkte der Abbildung.

c) Spiegele nun den Kreis k so an einer Parallelen zur y-Achse, dass es genau einen Fixpunkt gibt. Gibt es mehrere Lösungen?

5 Der Punkt Q wird durch Spiegelung an der Achse s auf den Punkt Q′ abgebildet.
a) Begründe: $\alpha = \beta$
b) Begründe: $\overline{PS} + \overline{SQ} < \overline{PT} + \overline{TQ}$

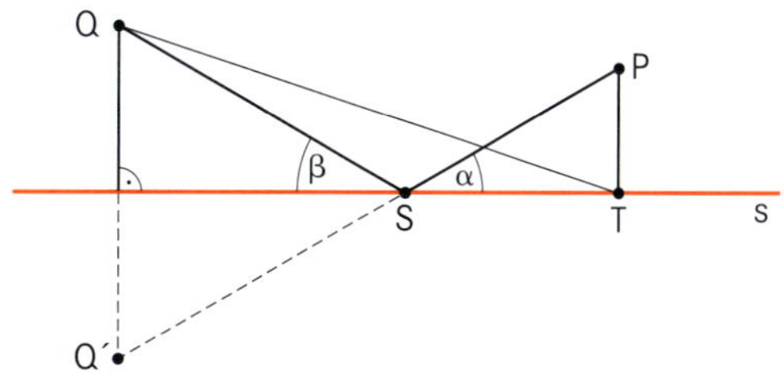

6 Wenn man eine Billardkugel gegen eine Bande spielt, dann prallt sie – wenn sie keinen Drall hat – von der Bande so zurück, dass der Auftreffwinkel α und der Abprallwinkel β gleiches Maß haben.

a) Zeichne die Spielfläche ABCD des Billardtisches im Maßstab 1:20. Es gilt: A (0|0), B (180|0), C (180|90), D (0|90).
b) Die weiße Kugel befindet sich im Punkt W (40|20) und die rote Kugel im Punkt R (140|60). „Stoße" die weiße Kugel so, dass sie über die Bande [CD] auf die rote Kugel trifft.
c) Begründe dein Verfahren in Aufgabe b).
d) Die weiße Kugel soll zuerst auf die Bande [BC] treffen.

7 Ein Lichtstrahl der lenkbaren Lampe L soll über einen kleinen Spiegel auf das Bild P treffen. Das Licht wird an der Spiegelebene s so zurückgeworfen (reflektiert), dass die Winkel α und β gleiches Maß haben. Zeichne den Verlauf des Lichtstrahls.
Es gilt: L (8|2), P (0|4), s = AB mit A (1|6), B (6|6).

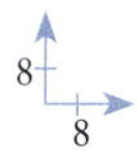

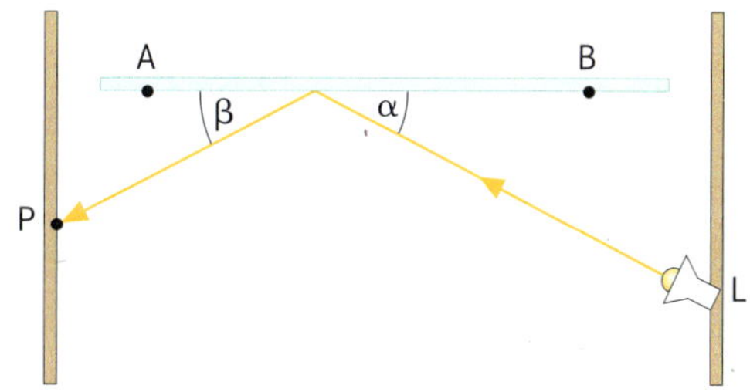

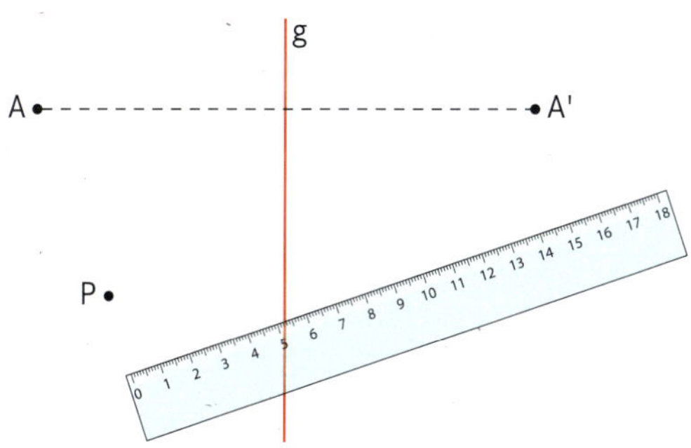

a) Bei einer Spiegelung an der Achse g sind ein Punkt A und sein Bildpunkt A′ vorgegeben. Konstruiere den Bildpunkt von P ohne Längen- oder Winkelmessung nur mit einem Lineal.
b) Untersuche, wie deine Konstruktion für andere Lagen von P abläuft.
c) Welche Eigenschaften der Achsenspiegelung hast du bei der Konstruktion verwendet?

1 Der (symmetrische) Giebel einer kleinen Garage wird gemauert. Die Maurer haben dafür ein Brett und zwei Schnüre angebracht.
a) Worauf mussten die Maurer beim Anbringen des Brettes besonders achten?
b) Hätten sie den Nagel auch höher oder tiefer in das Brett einschlagen können?

2 Zeichne zwei Punkte A und B auf ein Stück Papier. Falte dann so, dass die zwei Punkte genau aufeinander liegen. Falte wieder auf.
a) Begründe, dass die Faltkante Spiegelachse zwischen den beiden Punkten ist.
b) Markiere nun einige Punkte auf der Faltkante und miss ihre Entfernung zu A und B. Was fällt dir auf?
c) Klebe das Blatt in dein Heft und notiere die Beobachtungen.

3

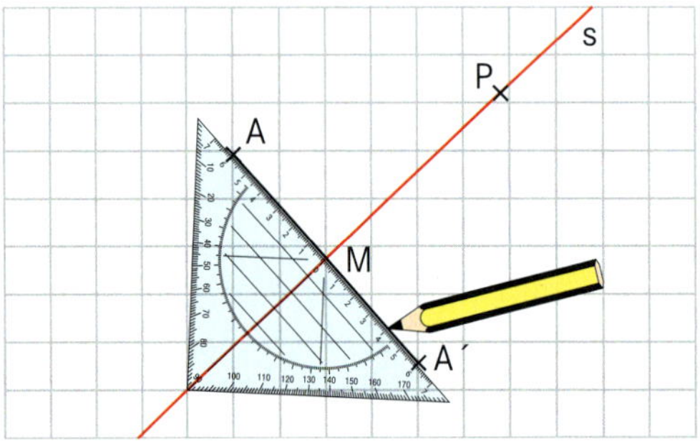

Der Punkt A ist an der Geraden s gespiegelt.
a) Begründe, warum du die Spiegelachse s auch als Mittelsenkrechte der Strecke [AA′] bezeichnen kannst.
b) Begründe, dass P von A und A′ gleich weit entfernt ist.

4 Zeichne eine 5 cm lange Strecke [AB]. Markiere sechs Punkte P_1, P_2, ..., P_6, die von den Endpunkten der Strecke jeweils gleich weit entfernt sind. Was fällt dir auf?

Mittelsenkrechte

M

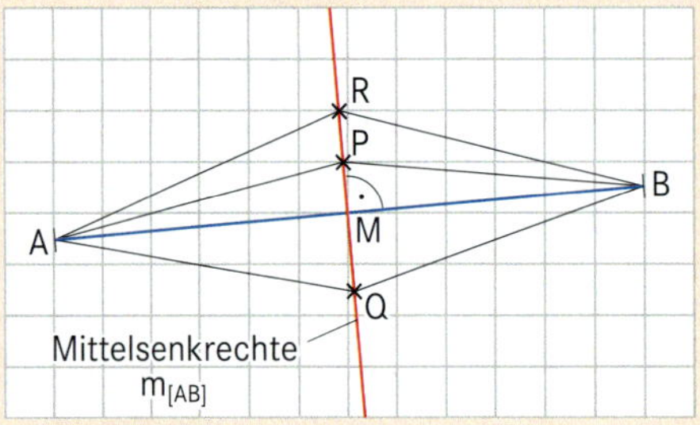

$\overline{PA} = \overline{PB}$ $\overline{QA} = \overline{QB}$ $\overline{RA} = \overline{RB}$

Die **Mittelsenkrechte** einer Strecke geht durch den Mittelpunkt der Strecke und steht senkrecht zu ihr.

Die Punkte der Mittelsenkrechten sind von den Eckpunkten einer Strecke jeweils gleich weit entfernt.

Sind Punkte von A und B gleich weit entfernt, so liegen sie auf der Mittelsenkrechten über [AB].

Übungen

5

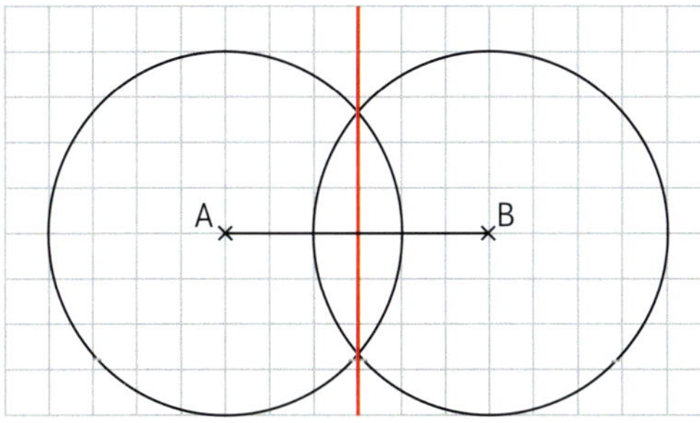

a) Ist die rote Gerade die Mittelsenkrechte der Strecke [AB]? Begründe deine Antwort.
b) Übertrage die Abbildung. Zeichne anschließend um A und um B zwei weitere Kreise, sodass ihre Schnittpunkte auf der Mittelsenkrechten von [AB] liegen. Wie groß musst du jeweils die Radien wählen?

6 So kannst du die Mittelsenkrechte nur mit Zirkel und Lineal konstruieren.

B

Mittelsenkrechte konstruieren

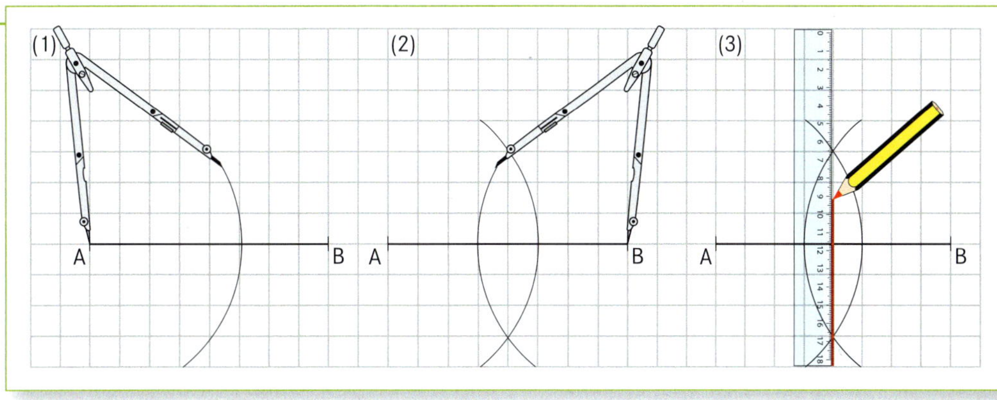

a) Beschreibe die einzelnen Konstruktionsschritte.
b) Zeichne die Strecke und konstruiere ihre Mittelsenkrechte.

	a)	b)	c)	d)	e)	f)	g)	h)
Strecke	[AB]	[CD]	[EF]	[GH]	[KL]	[MN]	[OP]	[RS]
Länge	5 cm	3,7 cm	4,3 cm	45 mm	53 mm	3 cm 5 mm	0,6 dm	0,49 dm

Übungen

7 Übertrage die Figuren in dein Heft und konstruiere zu jeder Seite die Mittelsenkrechte. Bei welchen Figuren schneiden sich die Mittelsenkrechten in einem Punkt?

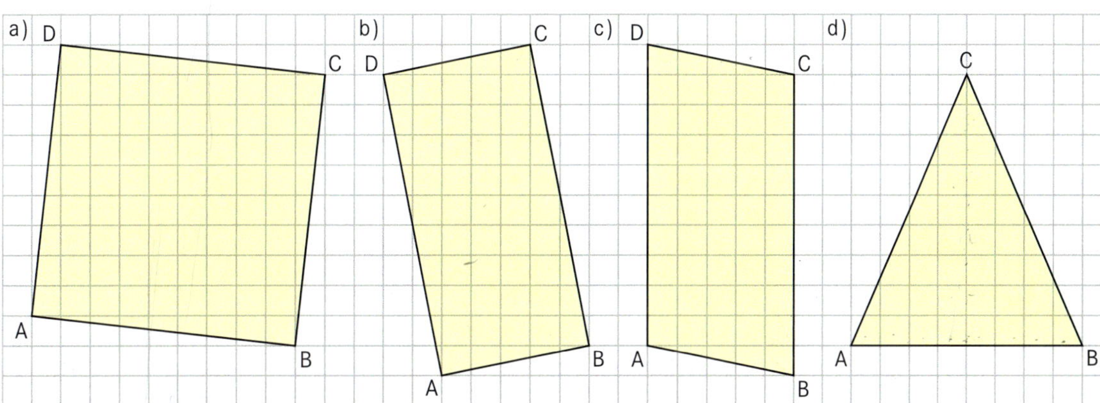

8 a) Zeichne die Strecke [AB] mit A (1 |1), B (12 |1) sowie den Punkt C (9 |3) in ein Gitternetz (Einheit 0,5 cm).
b) Konstruiere die Punkte, die jeweils von A und von B gleich weit und von C genau 3,5 cm entfernt sind. Gib jeweils die x- und y-Werte dieser Punkte an.

3cm

Lot fällen

9 So kannst du mit Zirkel und Lineal das Lot von einem Punkt P mit $P \notin g$ auf eine Gerade g fällen (d. h. die Senkrechte zu g durch P konstruieren).

B

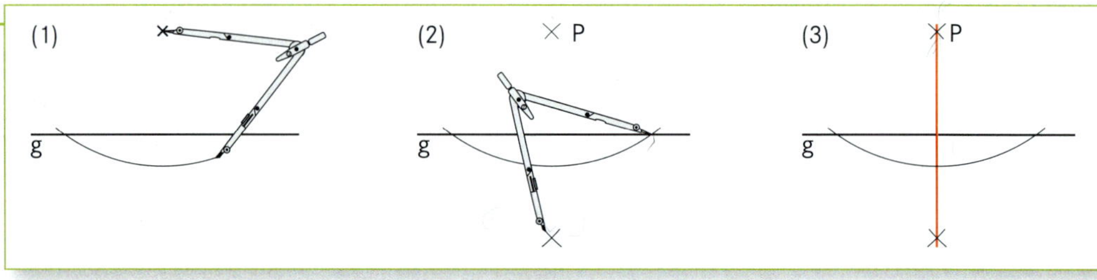

Beschreibe die einzelnen Konstruktionsschritte und begründe.

10 Zeichne wie in der Abbildung eine Gerade g und einen Punkt P.
Fälle das Lot von P auf g und miss den Abstand vom Punkt zur Geraden.

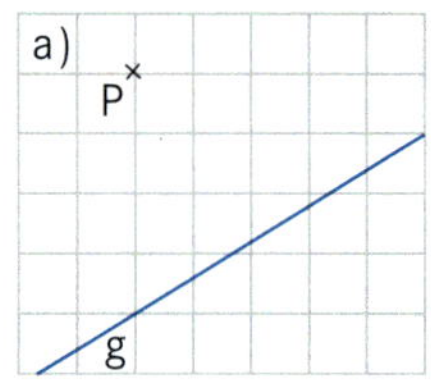

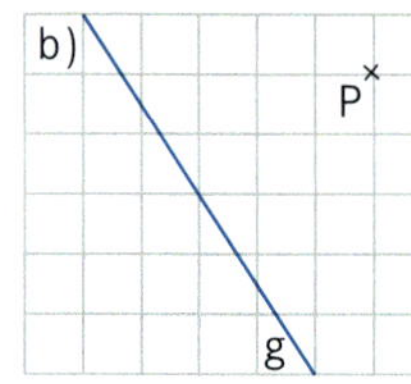

11 a) Zeichne eine Gerade AB mit A (2 | 2), B (20 | 8) sowie die Punkte P (3 | 9), Q (8 | 14) und S (16 | 0) in ein Gitternetz (Einheit 0,5 cm).
b) Konstruiere mit Zirkel und Lineal jeweils das Lot von P, Q und S auf die Gerade AB. Bestimme jeweils die x- und y-Werte des Fußpunktes des Lotes auf AB.

12 So kannst du mit Zirkel und Lineal die Senkrechte zu einer Geraden g in einem Punkt P mit $P \in g$ errichten.

Senkrechte errichten

B

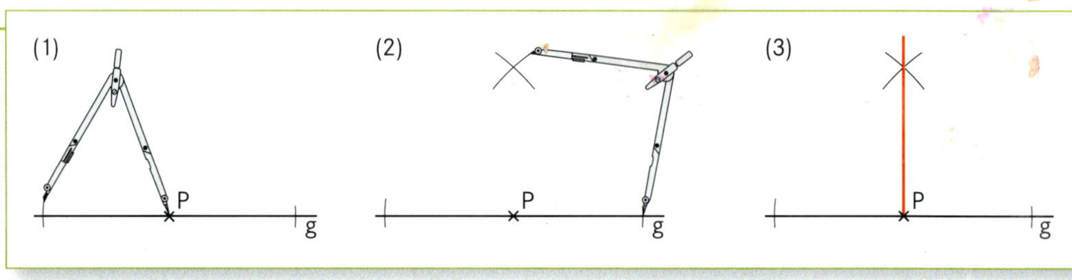

Beschreibe die einzelnen Konstruktionsschritte und begründe.

13 Zeichne fünf Geraden a, b, c, d und e in dein Heft. Markiere auf ihnen jeweils einen Punkt und errichte in ihm die Senkrechte.

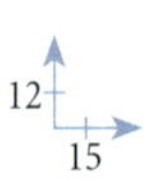

14 Zeichne eine Gerade g durch die Punkte A (1 | 6), B (13|2) in ein Gitternetz (Einheit 0,5 cm). Errichte in P (7 | 4) die Senkrechte zu g und konstruiere durch den Punkt S (9 | 10) eine zu g parallele Gerade h.
Markiere drei Punkte der Geraden h und bestimme jeweils ihre x- und y-Werte.

15 Gegeben ist ein Dreieck ABC mit A (2 | 3), B (10 | 4) und C (7 | 9).
a) Zeichne das Dreieck in ein Koordinatensystem.
b) Konstruiere das Lot von C auf [AB].
c) Zeichne die Mittelsenkrechte m zu [AB] ein, der Schnittpunkt ist M. Zudem schneidet m die Strecke [AC] im Punkt E.
d) Die Strecken [BE] und [CM] schneiden sich im Punkt F. Bilde den Punkt F an der Mittelsenkrechten m durch Achsenspiegelung auf den Punkt F′ ab.

1 a) Zeichne um die Endpunkte einer Strecke [AB] je einen Kreis mit demselben Radius. Wähle seine Größe so, dass sich die Kreise schneiden.
Markiere die beiden Schnittpunkte.

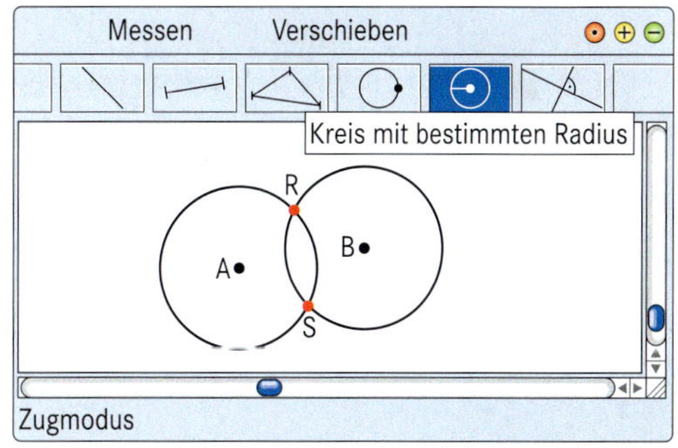

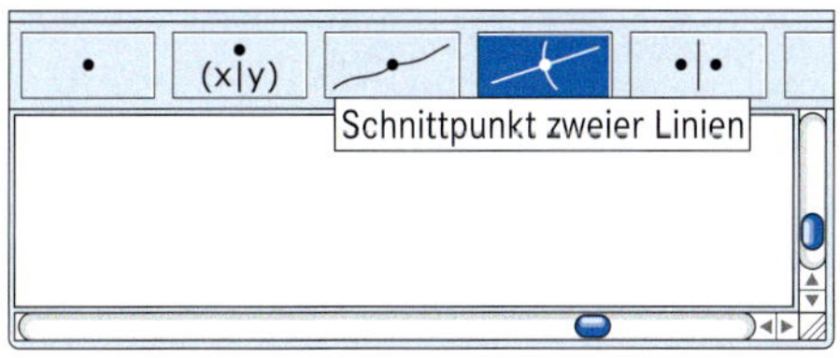

b) Zeichne durch die Schnittpunkte R und S eine Gerade.
Markiere einen beliebigen Punkt P auf der Geraden RS.

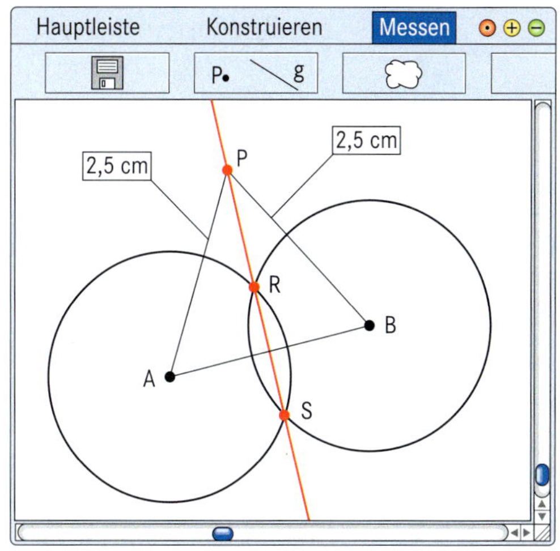

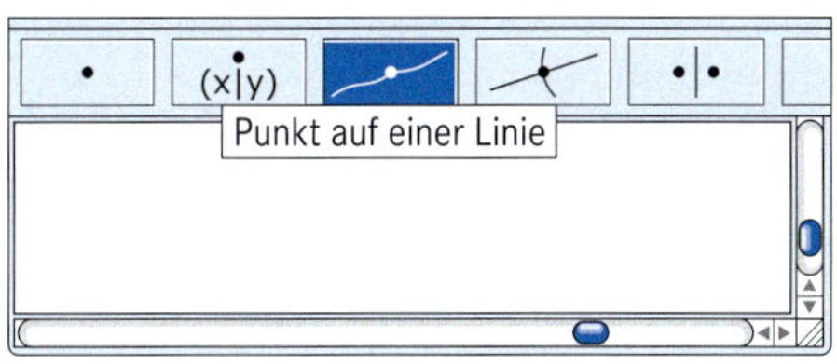

Bestimme jeweils die Entfernung des Punktes P von den Endpunkten der Strecke [AB]. Verändere anschließend die Lage von P. Was stellst du fest?

c) Untersuche weitere Eigenschaften der Geraden RS. Öffne die Textbox deines Geometrieprogramms und notiere die Eigenschaften.

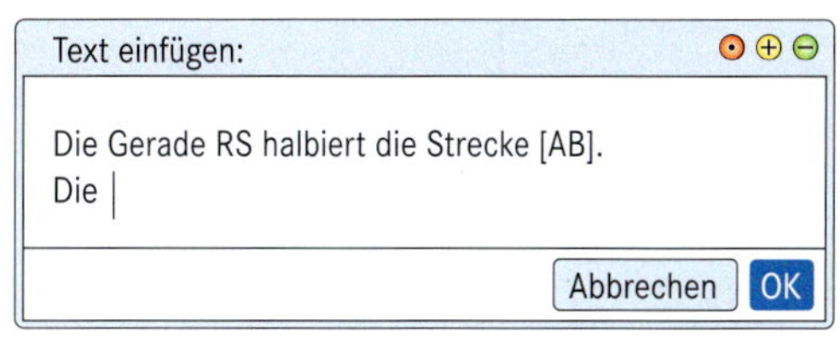

d) Konstruiere jeweils die Symmetrieachsen verschieden langer Strecken. Benutze dazu nicht den Menübefehl „Mittelsenkrechte“.
Mit dem Menüpunkt „Rückblende“ kannst du die einzelnen Konstruktionsschritte nochmals ablaufen lassen. Dazu musst du jeden Schritt mit einem Mausklick aufrufen.

2 Zeichne jeweils die folgenden Original- und Bildpunkte einer Achsenspiegelung in das Gitternetz deines Geometrieprogramms.
a) A (2|3), A′ (12|3)
b) A (4|2), A′ (8|6)
c) A (10|3), A′ (13|10)
d) A (4|4), A′ (6|6)
Konstruiere anschließend die zugehörige Spiegelachse. Markiere danach zwei beliebige Punkte auf der Spiegelachse und gib ihre x- und y-Werte an.

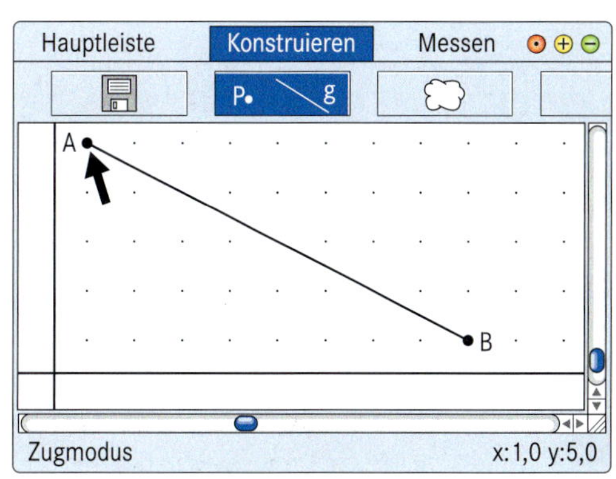

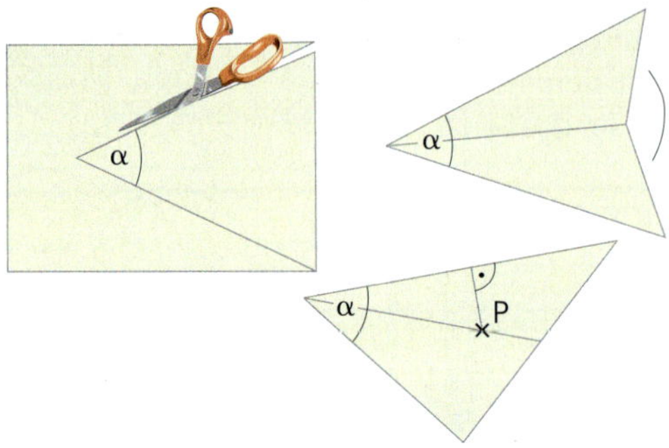

1 Schneide einen Winkel aus und falte ihn so, dass seine beiden Schenkel genau aufeinander liegen.
a) Beschreibe die Lage der Faltachse.
b) Markiere einen Punkte P auf der Faltachse und miss seinen Abstand zu den Schenkeln des Winkels.
c) Klebe den Winkel in dein Heft und notiere deine Feststellungen.

2 Zeichne einen beliebig großen Winkel α. Markiere wie in der Zeichnung auf den Schenkeln g und h zwei Punkte A und B. Konstruiere eine Spiegelachse, sodass Punkt A auf Punkt B beziehungsweise B auf A abgebildet wird. Welche Eigenschaften hat diese Spiegelachse?

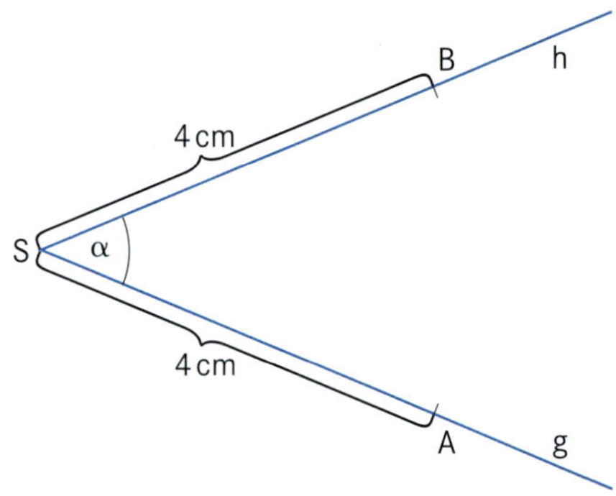

M **Winkelhalbierende**

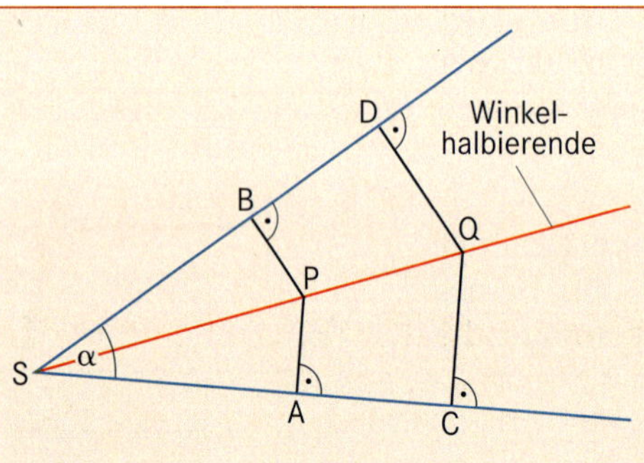

$\overline{PA} = \overline{PB}$ $\overline{QC} = \overline{QD}$

Die **Winkelhalbierende** teilt einen Winkel in zwei maßgleiche Teilwinkel.
Die Winkelhalbierende eines Winkels ist die Symmetrieachse des Winkels.

Jeder Punkt der Winkelhalbierenden hat von den beiden Schenkeln denselben Abstand.

Jeder Punkt mit gleichem Abstand von den Schenkeln des Winkels liegt auf der Winkelhalbierenden.

3 Überprüfe mit dem Geodreieck, ob die rote Halbgerade in der Abbildung den markierten Winkel halbiert.

a) 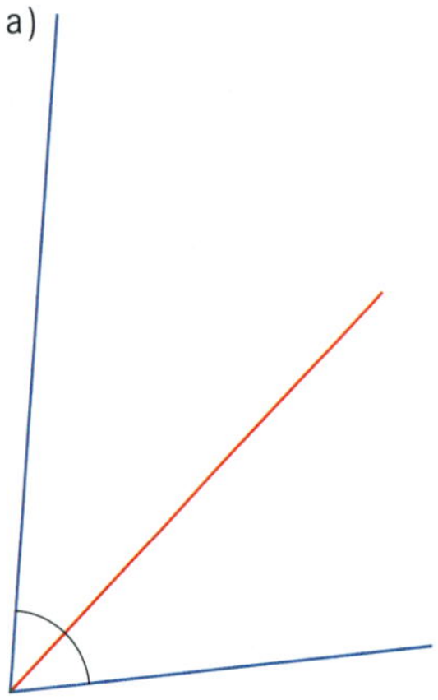

b) 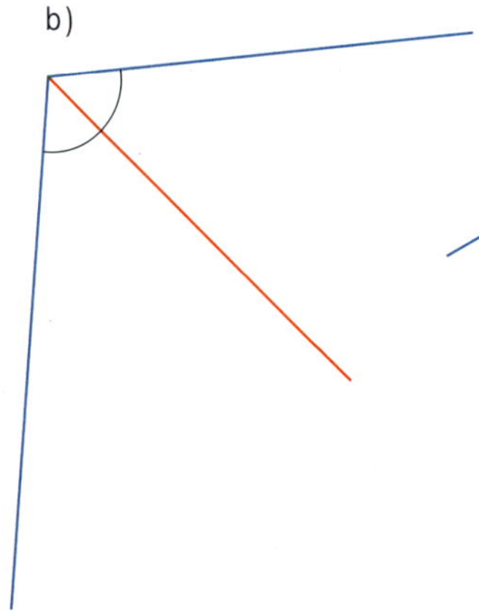

c) 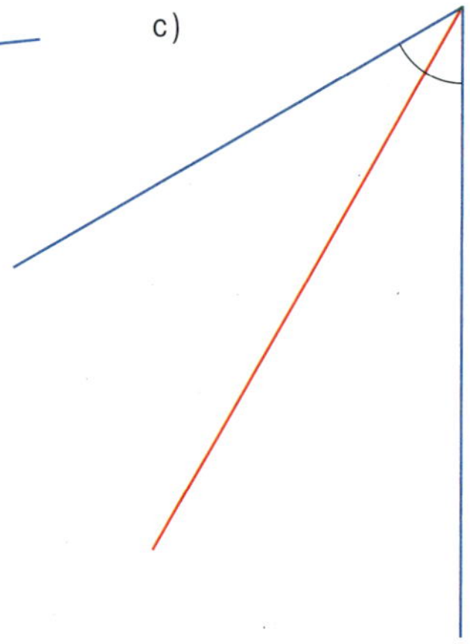

4 Beschreibe, wie hier die Winkelhalbierende gezeichnet wurde.

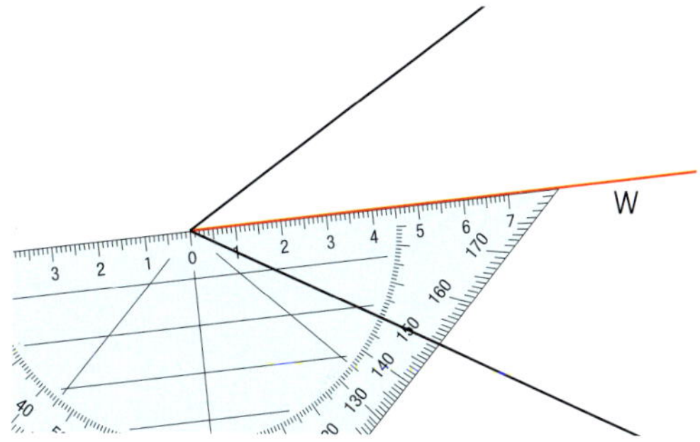

5 So kannst du mit Zirkel und Lineal die Winkelhalbierende konstruieren.

B

Winkelhalbierende konstruieren

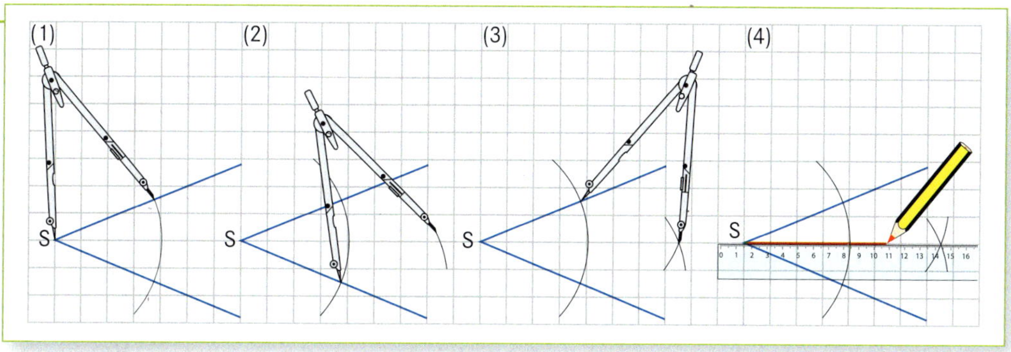

a) Beschreibe die einzelnen Konstruktionsschritte.
b) Zeichne je einen Winkel mit den angegebenen Maßen. Konstruiere seine Winkelhalbierende.
(1) 30°; 50°; 60°; 80°; 46°; 72°
(2) 110°; 140°; 156°; 174°; 118°
(3) 75°; 43°; 87°; 105°; 133°; 157°
(4) 230°; 312°; 267°; 307°; 335°

Übungen

6 Zeichne einen Winkel mit dem Maß 125° (158°; 235°) und teile ihn mit Hilfe von Zirkel und Lineal in vier maßgleiche Winkel.

7 Zeichne einen Winkel von 35° (56°; 77°; 134°) und verdopple ihn mit Hilfe von Zirkel und Lineal.
Überprüfe deine Konstruktion mit dem Geodreieck.

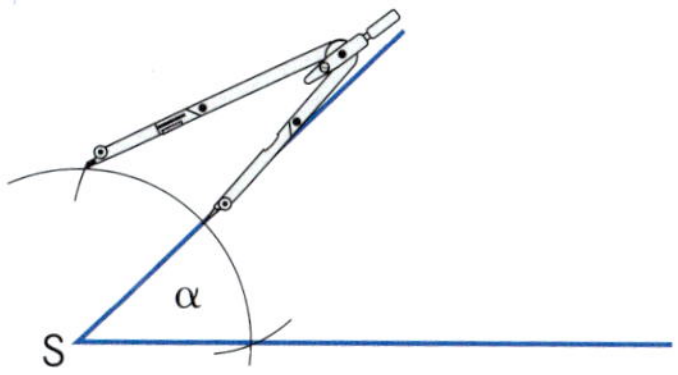

8 a) Zeichne wie in der Abbildung die Winkel $\alpha = 80°$ und $\beta = 100°$.
b) Halbiere jeweils die Winkel α und β.
c) Beschreibe die Lage der Winkelhalbierenden zueinander. Was stellst du fest? Begründe.

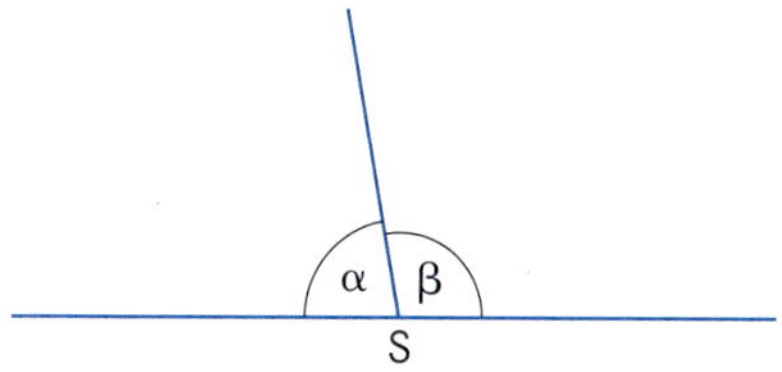

9 Die Punkte A (1 | 1), B (7 | 2) und C (2,5 | 10) bilden das Dreieck ABC.
a) Zeichne das Dreieck in ein Koordinatensystem.
b) Konstruiere die Winkelhalbierende w des Winkels α.
c) Spiegele die Punkte B und C an der Winkelhalbierenden w. Markiere die Bildpunkte B′ und C′ und gib ihre Koordinaten an.
d) Finde Paare gleicher Winkel und markiere sie farbig.

1 a) Zeichne zwei Geraden g und h, die sich im Punkt S schneiden.

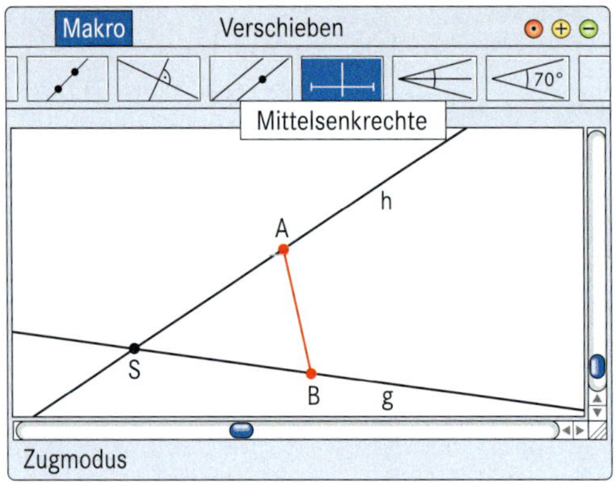

Markiere wie abgebildet auf den Geraden zwei Punkte A und B, die von S jeweils gleich weit entfernt sind.
Konstruiere anschließend die Mittelsenkrechte der Strecke [AB].
Beschreibe die Lage der Mittelsenkrechten.

b) Bezeichne die Mittelsenkrechte der Strecke [AB] mit w.
Markiere auf der Geraden w einen beliebigen Punkt P.
Klicke nacheinander die Menüpunkte „Messen“ und „Abstand messen“ an und bestimme jeweils den Abstand des Punktes P von den Geraden g und h.
Verändere die Lage von P. Was stellst du fest?

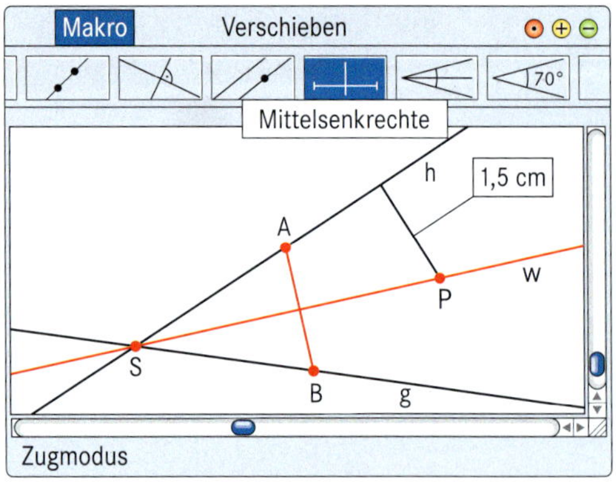

c) Stelle alle Eigenschaften der Geraden w in einer Textbox zusammen. Drucke deine Zeichnung und den Inhalt der Textbox aus. Klebe das ausgedruckte Zeichenblatt in dein Heft.

2

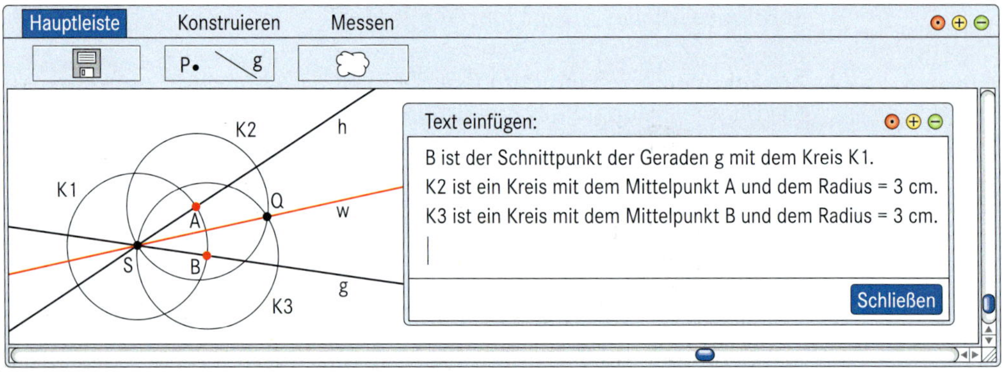

Auf dem abgebildeten Zeichenblatt ist die Winkelhalbierende w des Winkels ∢ (g, h) mit „Zirkel und Lineal“ des Geometrieprogramms konstruiert worden.
Das geöffnete Fenster zeigt dir einen Ausschnitt der zugehörigen Konstruktionsbeschreibung.
Fertige in deinem Heft eine eigene Beschreibung an.

Konstruktion mit Zirkel und Lineal:
Halbiere einen Winkel

Konstruktionsbeschreibung:

1. Zeichne um den Scheitelpunkt S einen Kreis mit einem beliebigen Radius.

2. Bezeichne die Schnittpunkte des Kreises.

1

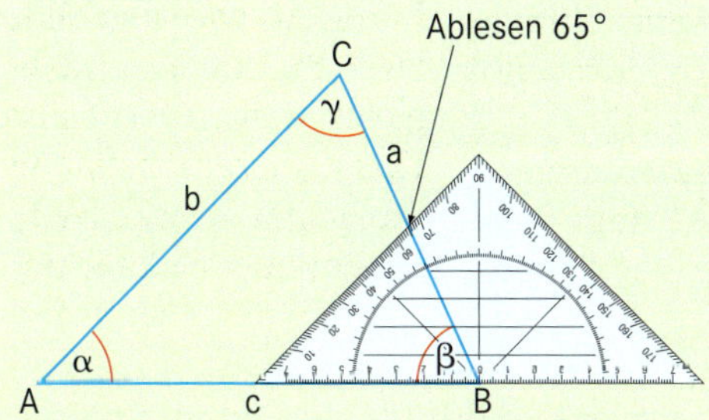

Eckpunkte: A, B, C
Seiten: [AB] = c, [BC] = a, [AC] = b,
Innenwinkel: α, β, γ

a) Miss in den abgebildeten Dreiecken jeweils die Seitenlängen und die Winkelmaße. Bestimme die Anzahl der Symmetrieachsen. Trage deine Ergebnisse im Heft in eine Tabelle ein:

Dreieck		(1)	(2)
Seitenlängen	a		
	b		
	c		
Winkelmaße	α		
	β		
	γ		
Anzahl der Symmetrieachsen			

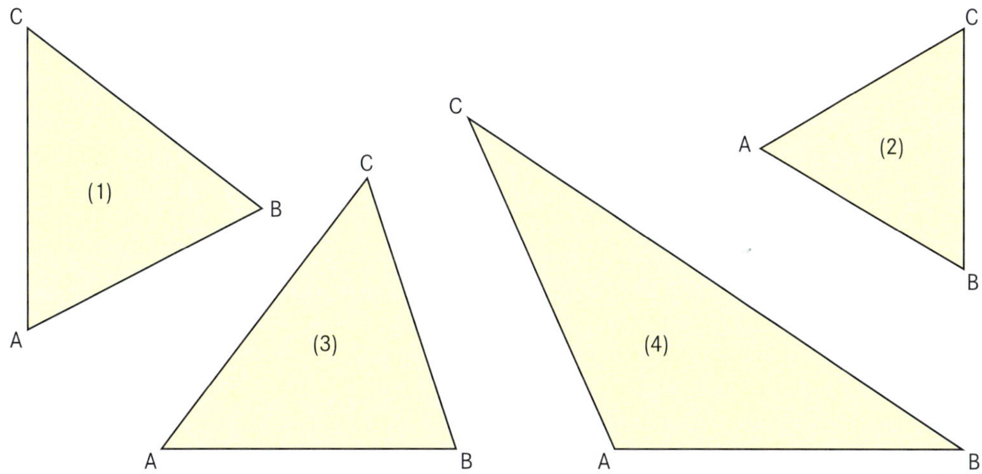

b) Entscheide anhand der Dreiecke in Aufgabe a), welche Aussagen sicher falsch sind.

gleichschenkliges Dreieck

gleichseitiges Dreieck

(1) Bildet man das Dreieck ABD durch Spiegelung an der Achse BD ab, so entsteht das Viereck ABCD. Ein solches Viereck heißt *Drachenviereck*.
Untersuche die Figur auf besondere Eigenschaften. Achte dabei auf die Maße von Seiten, Winkeln und die Lage der Diagonalen.

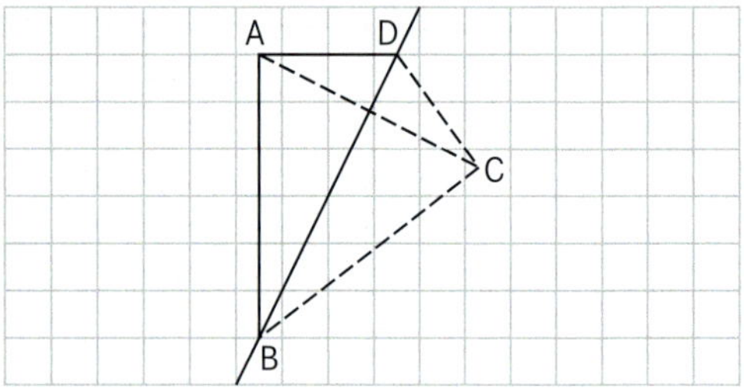

(2) Zeichne ein gleichschenkliges Dreieck und bilde dies durch Spiegelung an einer Achse durch seine Basis ab. Wie in Aufgabe 1 erhältst du ein Viereck, das man *Raute* nennt. Untersuche auch dieses auf besondere Eigenschaften.

(3) Falte ein Blatt Papier wie in der Zeichnung.
a) einmal falten

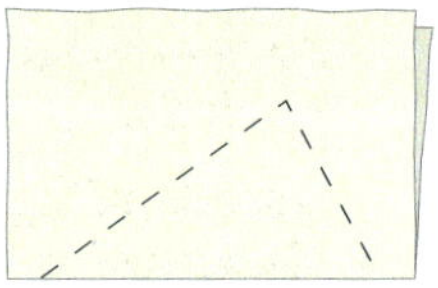

b) zweimal falten

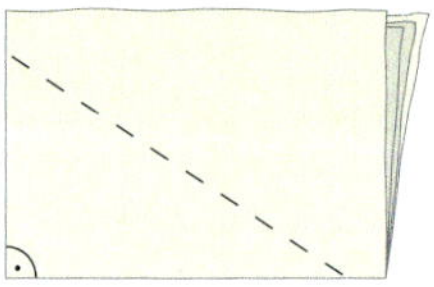

Schneide dann wie markiert eine Figur aus. Welche achsensymmetrische Figur erhältst du? Wo liegen die Symmetrieachsen? Zeichne sie ein.

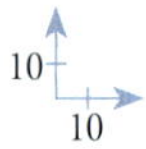

(4) Zeichne das Viereck ABCD mit A (0|5), B (8|1), C (8|6), D (4|8) in dein Heft. Trage in das Viereck eine Symmetrieachse ein. Das Viereck heißt *gleichschenkliges Trapez.* Untersuche wie in Aufgabe 1 besondere Eigenschaften.

Drachenviereck
Raute
Trapez

(M) Ein Viereck, bei dem eine Diagonale auf der Symmetrieachse liegt, heißt **Drachenviereck.** Liegen beide Diagonalen auf Symmetrieachsen, heißt das Viereck Raute. Ein Viereck, dessen Symmetrieachse eine Mittelsenkrechte ist, ist ein **gleichschenkliges Trapez.** In solchen Vierecken sind symmetrisch liegende Strecken und Winkel gleich groß.

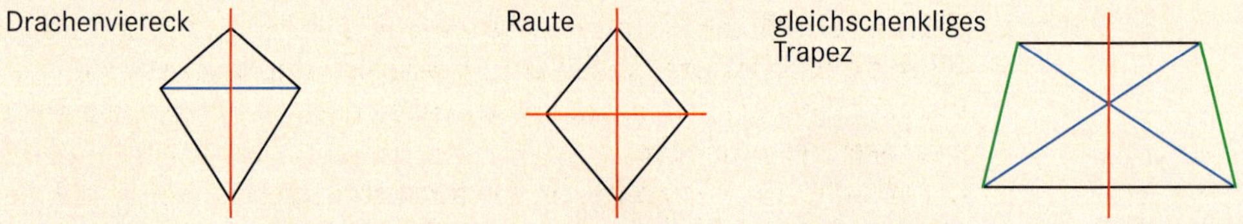

Die Diagonalen stehen senkrecht aufeinander.

Die Diagonalen und die beiden Schenkel sind jeweils gleich lang.

Übungen

(5) Zeichne ein Rechteck und trage eine Symmetrieachse ein. Gibt es mehrere Symmetrieachsen? Ist das Rechteck auch ein Drachen, eine Raute oder ein gleichschenkliges Trapez? Begründe.

(6) Welche besondere Figur musst du abbilden, damit jeweils ein Quadrat entsteht?

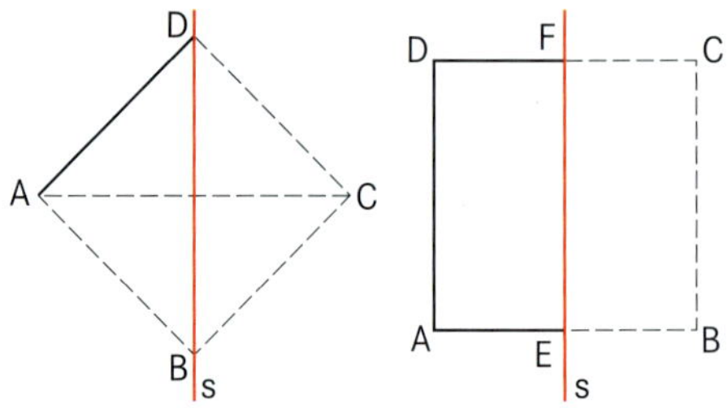

1 a) Zeichne die Dreiecke mit den angegebenen Eckpunkten in ein Gitternetz (Einheit 0,5 cm).
b) Miss außerdem die einzelnen Seitenlängen und gib jeweils an, ob es sich um ein unregelmäßiges, gleichschenkliges oder gleichseitiges Dreieck handelt.

Dreieck	Eckpunkte
(1)	A (6 | 2), B (8 | 7), C (1 | 12)
(2)	A (13 | 10), B (22 | 19), C (13 | 19)
(3)	A (3 | 12), B (11 | 13), C (7 | 20)
(4)	A (12 | 3), B (22 | 3), C (23 | 11)

2 Die abgebildeten Vierecke werden durch ihre Diagonalen jeweils in Dreiecke zerlegt.
Ergänze die Tabelle im Heft.

	Rechteck	Raute	Drachen
gleichschenklige Dreiecke	■	■	■
gleichseitige Dreiecke	■	■	■
rechtwinklige Dreiecke	■	■	■
unregelmäßige Dreiecke	■	■	△ ACD; …

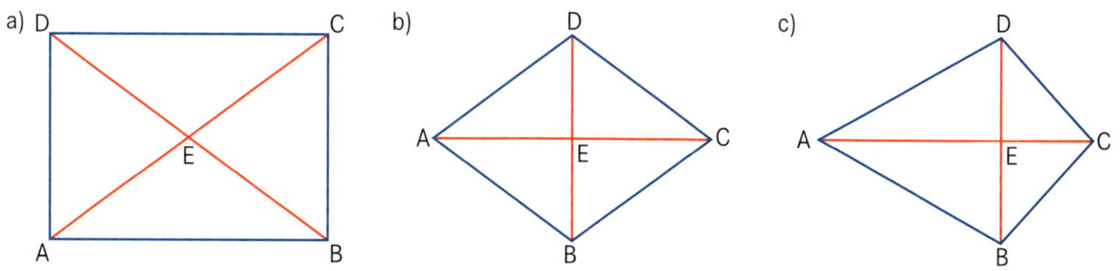

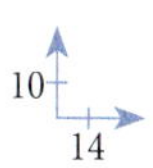

3 Trage die Punkte in ein Gitternetz ein. Markiere jeweils in einer neuen Zeichnung einen vierten Punkt D so, dass ein Drachenviereck (ein gleichschenkliges Trapez) entsteht.
a) A (1 | 0), B (10 | 0), C (8 | 6)
b) A (5 | 0), B (10 | 5), C (5 | 6)

4 a) Zeichne ein Rechteck mit den Seitenlängen 4 cm und 7 cm und trage die Symmetrieachsen ein. Markiere die Seitenmittelpunkte und verbinde sie zu einem Seitenmittenviereck. Welche Form hat das Seitenmittenviereck? Vergleiche die Anzahl der Symmetrieachsen der Vierecke.
b) Untersuche bei weiteren dir bekannten Vierecksformen die Seitenmittenvierecke. Stimmt die Anzahl der Symmetrieachsen immer überein?

5 Das Drachenviereck ABCD hat einen Umfang von 18 cm. Die übrigen Maße kannst du der Skizze entnehmen.
Zeichne das Drachenviereck in dein Heft.

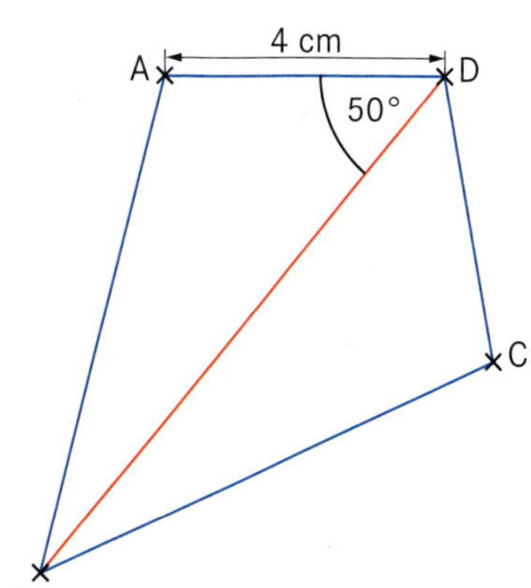

1 a) Zeichne auf ein Blatt Papier ein Tangram-Spiel. Schneide die einzelnen Teile aus.

b) Versuche anschließend, möglichst viele achsensymmetrische Vielecke (Dreieck, Viereck …) zu legen.
Zeichne diese in dein Heft und trage die zugehörigen Symmetrieachsen ein.

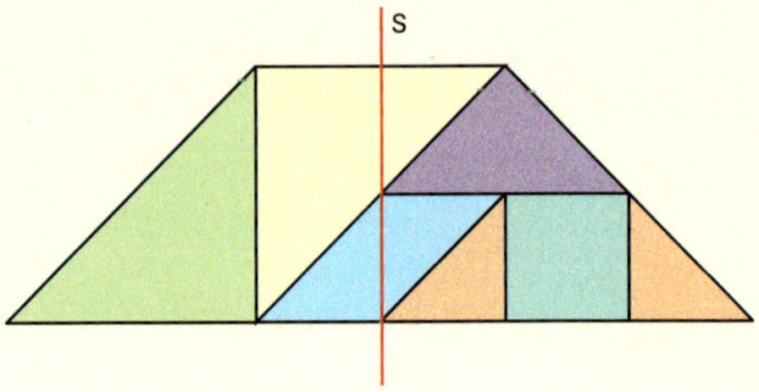

2 Für diese Aufgaben brauchst du ein quadratisches Papier, das in der Mitte gefaltet wird.

a) Schneide es wie in der Zeichnung durch. Öffne das abgeschnittene (im Bild blaue) Teil. Welche Figur erhältst du?
b) Zeichne die Symmetrieachse ein und klebe es in dein Heft.
c) Nun faltest du mit einem neuen Blatt die obere Ecke auf den Mittelpunkt der Faltkante und schneidest entlang der entstandenen Linie. Welche spezielle Figur ist jetzt entstanden?
Finde alle Symmetrieachsen dieser Figur. Notiere das Ergebnis in deinem Heft.

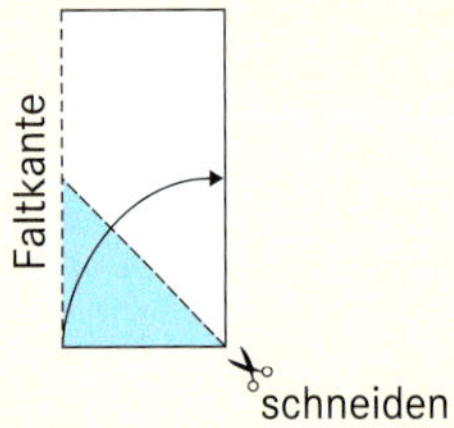

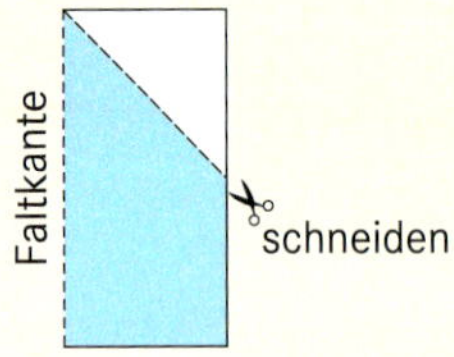

3 a) Falte ein quadratisches Papier zweimal. Schneide dann von außen wie im Bild links einige Figuren aus.
b) Falte wieder auf. Beschreibe die entstandenen Figuren.
c) Ergänze alle Symmetrieachsen.
d) Versuche, mit einem neuen gefalteten Papier das Muster rechts zu erzeugen.

4 Beim Basteln von Papierfliegern musst du auf symmetrische Figuren achten. Falte bei einem DIN-A4-Blatt die Symmetrieachse zu den beiden langen Seiten und öffne das Blatt wieder. Schlage die beiden oberen Ecken genau auf die Symmetrieachse. Die entstandene Spitze wird nach unten auf die Symmetrieachse gelegt. Die Spitze soll dabei etwa 2 cm vom unteren Rand entfernt sein. Die beiden oberen Ecken werden jetzt wieder auf die Symmetrieachse gefaltet. Im unteren Teil steht ein Dreieck über, das nach oben gefaltet wird. Nun musst du noch die Schenkel des oberen Dreiecks auf die Symmetrieachse falten. Knicke passend um und das Flugzeug ist fertig.

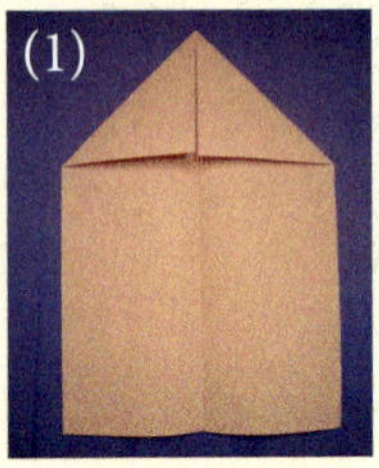
(1)

(2)

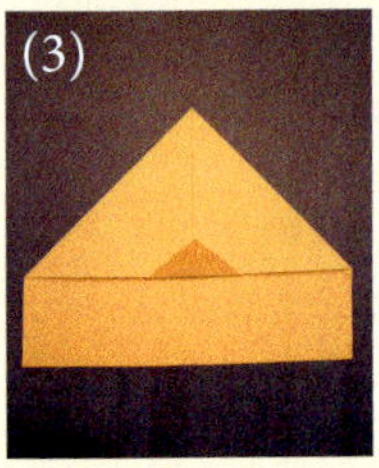
(3)

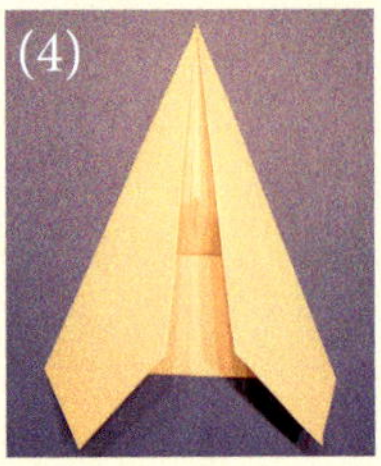
(4)

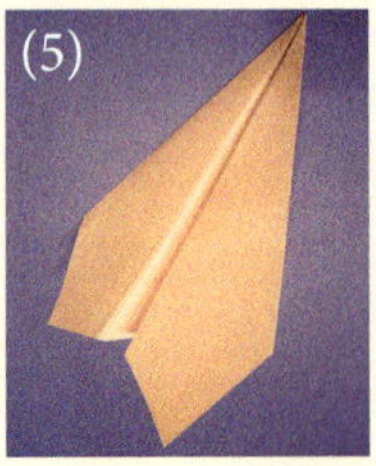
(5)

1 In der Architektur wurden verschiedene geometrische Grundformen in symmetrischer Anordnung verwendet. Mit Kreisen und Kreisbögen lassen sich kunstvolle, aber auch recht komplizierte Muster gestalten. In folgenden Beispielen sind Formen dargestellt, die du in deinem Heft zu symmetrischen Figuren ergänzen kannst. Zeichne im Maßstab 2:1.

Spitzbogen

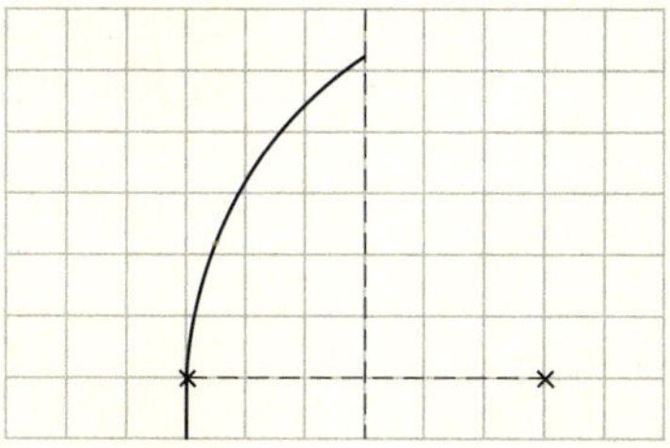

Rundbogen

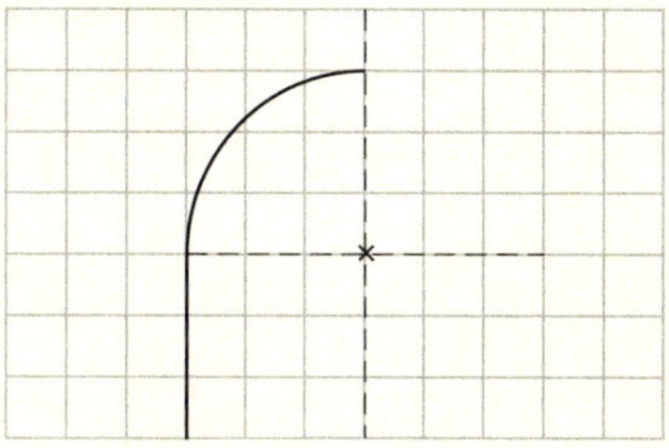

Dreipass

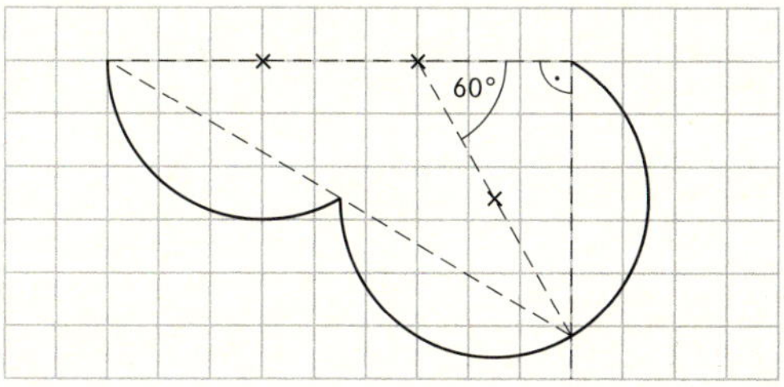

Sechspass

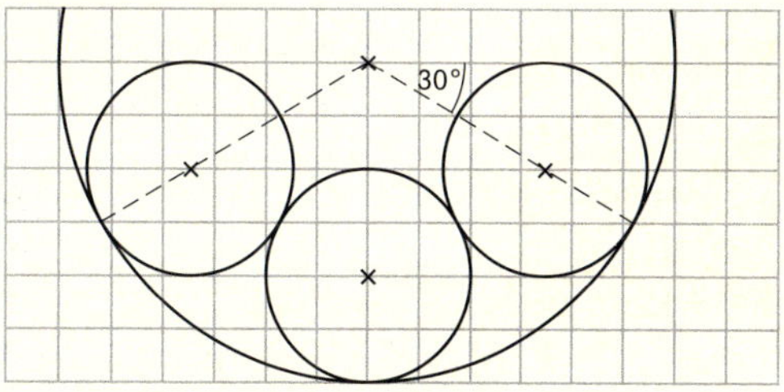

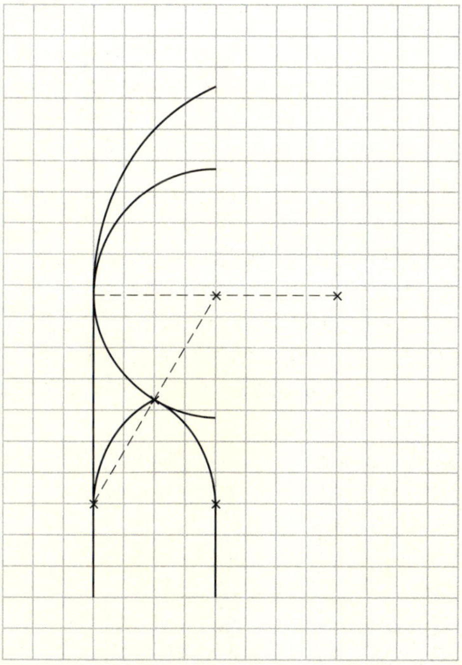

1 „Magic Termflipper“ für 2–4 Personen

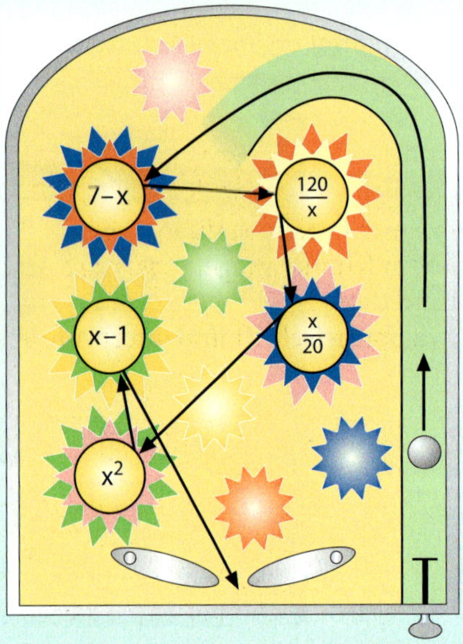

a) Beim „Magic Termflipper“ wird die gewürfelte Augenzahl mit der Kugel zum ersten Term 7 – x befördert. Dort wird die Augenzahl für die Variable x eingesetzt. Du erhältst den ersten Termwert. Dieser wird beim nächsten Term wieder für die Variable x eingesetzt. Gewonnen hat der, bei dem sich beim letzten Term der größte Wert ergibt.

b) Das Spiel wird verändert. Jeder Spieler darf im Term $\frac{x}{20}$ die Zahl 20 durch eine beliebige Zahl aus $\mathbb{Q}^+$ ersetzen. Bei geschickter Wahl steigen die Gewinnchancen.

4 Für das folgende Spiel braucht ihr die Spielkarten Ober, König, Ass. Es wird zu zweit gespielt. Aus den gemischten Karten zieht jeder verdeckt eine Karte und legt sie dann offen auf den Tisch. Dann gilt: König sticht Ober, Ass sticht König und Ober.

Notiert in einer Strichliste, wie oft jeder gewinnt, und berechnet nach 50 Spielen die relative Häufigkeit dafür, dass einer gewinnt.

Glaubt ihr, die Gewinnchancen sind gleich verteilt? Ihr könnt das mit Hilfe eines Baumdiagramms überprüfen.

2 a) Der Text ist in Spiegelschrift dargestellt. Kannst du ihn lesen?
b) In manchen Ländern steht auf dem Krankenwagen das Wort Ambulance in Spiegelschrift. Was ist wohl der Grund dafür?
c) Schreibe das Wort Ambulance in Spiegelschrift und überprüfe anschließend im Spiegel.

3 In einem Buch für Zaubertricks werden Knoten gezeigt, die sich von selbst lösen. In der Beschreibung für einen Knoten heißt es „Lege zunächst die symmetrischen Knoten wie in den Abbildungen (1) und (2) dargestellt.“
a) Sind die beiden Knoten wirklich symmetrisch?
b) Versuche mit einer Schnur den Doppelknoten zu legen und anschließend durch Ziehen an den beiden Enden zu lösen.

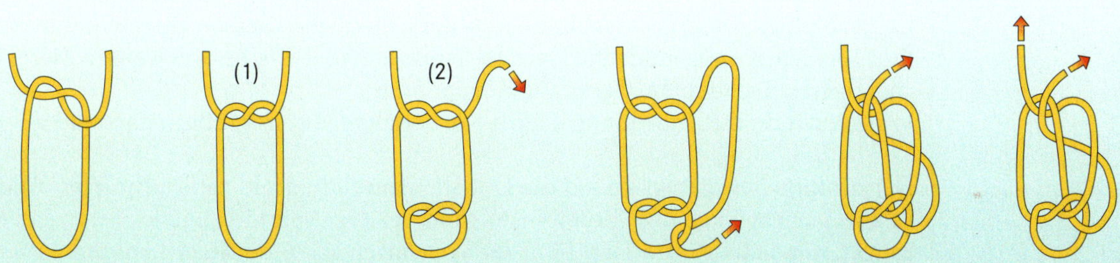

9 Direkte Proportionalität – Prozentrechnung

Fische

Amphibien

Reptilien

Vögel

Säugetiere

In der Biologie werden Wirbeltiere in unterschiedliche Klassen eingeteilt. Ordne den fünf Klassen die abgebildeten Tiere zu. Finde zu jeder Klasse drei weitere Tiere. Recherchiere zu all deinen Tieren die Körperlänge.
Wie kannst du die Zuordnung Tier → Körperlänge jeweils grafisch darstellen?

Der Einfluss des Menschen auf die globale Umwelt bedroht zahlreiche Tier- und Pflanzenarten. Nach der „Roten Liste" sind bei den Amphibien jedes dritte, bei den Säugetieren jedes fünfte Tier, 12 % der Vogelarten, 61 % der Reptilien und 46 % der Fische bedroht. Wie kannst du diese Anteile veranschaulichen?

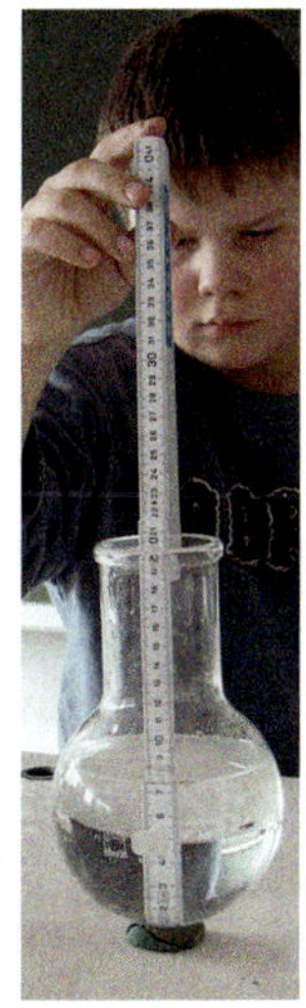

1 Untersucht den Zusammenhang zwischen eingefülltem Volumen des Wassers und der Füllhöhe in einem Rundkolben. Übernehmt die Tabelle ins Heft. Stellt das Messergebnis grafisch dar. Wiederholt die Untersuchung für einen Standzylinder. Vergleicht die Ergebnisse. Beschreibt die Füllgraphen.

Volumen x in cm^3	0	50	100	150	200	250	300	350	400	450
Füllhöhe Rundkolben y in cm										
Füllhöhe Standzylinder y in cm										

500	550	600	650	700	750	800	850	900	950	1000

2 Ordne den Füllgraphen das jeweilige Gefäß zu. Begründe.

(1)
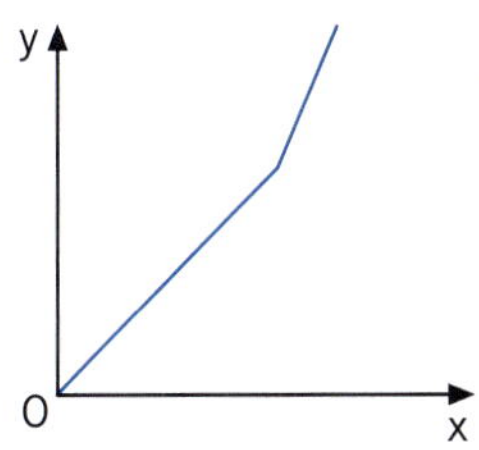

(2)
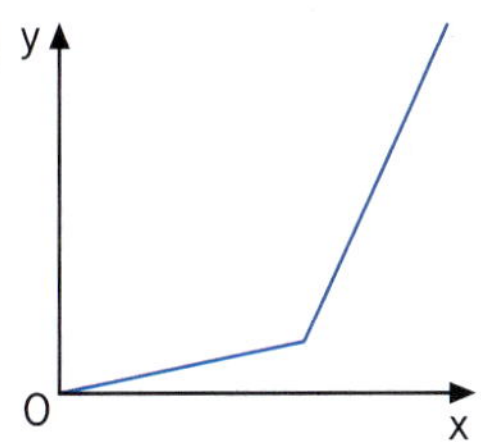

(3)
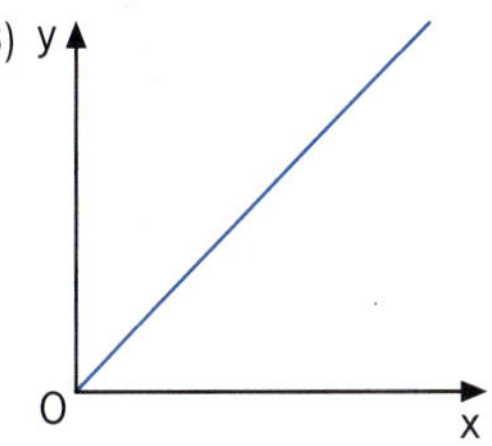

A
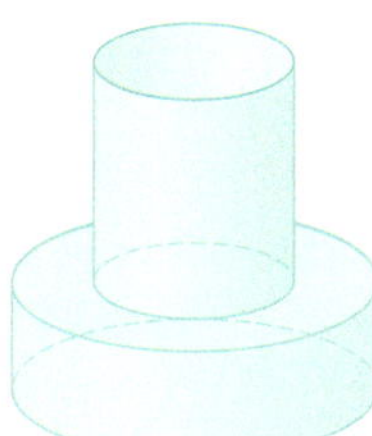

B

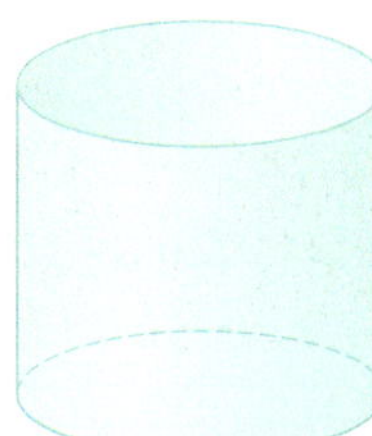

C

3 Wie könnte ein Gefäß aussehen, das zu dem Füllgraphen passt? Skizziere es.

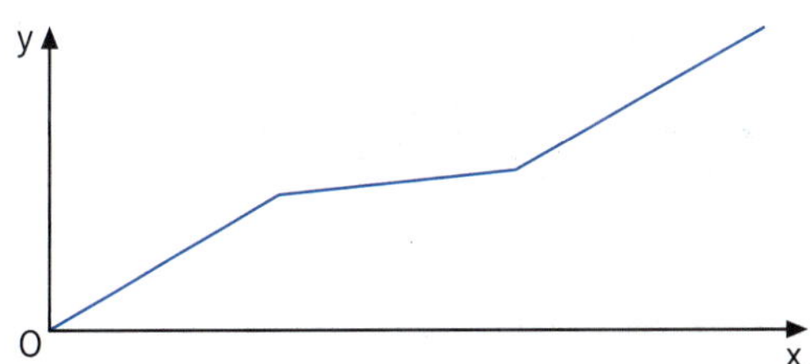

4 Wie nimmt die Füllhöhe beim gleichmäßigen Einfüllen von Wasser zu? Skizziere jeweils einen Graphen.

a)
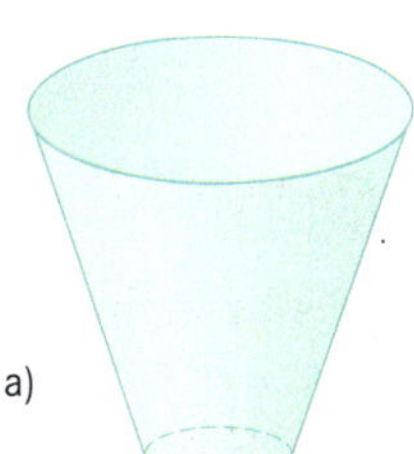

b)
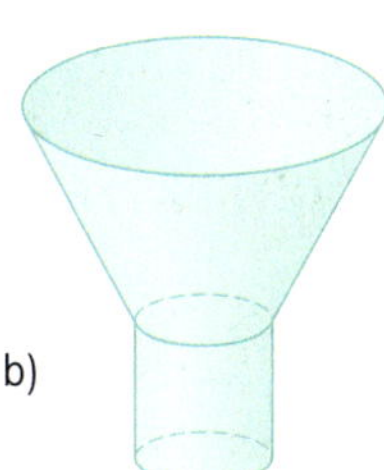

c)

1

Anzahl der Pedalumdrehungen	Weg in m
1	■
2	3,4
3	■
4	6,8
5	■
6	■

Max fährt im 1. Gang. Vergleiche die Anzahl der Pedalumdrehungen mit dem zurückgelegten Weg. Ergänze die Tabelle.

2 Paul fährt mit seinem Rad im 7. Gang. Die Tabelle zeigt, welchen Weg man jeweils der zugehörigen Pedalumdrehungszahl zuordnen kann.

Oben: 2 → 4: $\cdot 2$; 2 → ■: $\cdot 3$; 10 → 5: $\cdot \frac{1}{2}$; 10 → 16: ■

Anzahl der Pedalumdrehungen	2	4	■	10	5	16
Weg in m	7	■	21	35	17,5	■

Unten: 7 → ■: $\cdot 2$; 7 → 21: ■; 35 → 17,5: ■; 35 → ■: ■

Übertrage die Tabelle in dein Heft und ergänze die Platzhalter.

M **direkt proportional**

Verdoppelt (verdreifacht, halbiert, …) man die Anzahl der Pedalumdrehungen, so verdoppelt (verdreifacht, halbiert, …) sich auch der Weg.
Man sagt: „Die Pedalumdrehungszahl ist **direkt proportional** zum Weg."
Eine solche Zuordnung kann man auch mit Hilfe **geordneter Zahlenpaare** darstellen: (2|7); (4|14); …

Übungen

3 Die folgenden Zusammenhänge sind direkt proportional. Ergänze alle Platzhalter in deinem Heft. Eine Pedalumdrehungszahl kannst du frei wählen.

a)

Anzahl der Pedalumdrehungen	2	■	24	3	■
Weg in m	7	28	■	■	**35**

b) Erfinde eigene Zahlenpaare für die Anzahl der Pedalumdrehungen und den Weg in m.

c) (2|5); (■|10); (■|2,5); (6|■)

d) (■|13,5); (4|18); (7|■); (■|45)

1 Rechts siehst du die Tabelle aus Aufgabe 1 von Seite 156.

Anzahl der Pedalumdrehungen	2	3	4	5	6
Weg in m	3,4	5,1	6,8	8,5	10,2
$\frac{\text{Weg in m}}{\text{Anzahl Umdrehungen}}$	■	■	■	■	■

a) Bilde in deinem Heft den Quotienten aus dem Weg und der Anzahl der Pedalumdrehungen. Was stellst du fest?

b) Stelle den Weg in Abhängigkeit von der Anzahl der Pedalumdrehungen grafisch dar. Beschreibe die Lage der Punkte.

quotientengleich

Proportionalitätsfaktor

grafische Darstellung

M Die Zahlenpaare (2 | 7); (4 | 14); (6 | 21); …; (x | y) heißen **quotientengleich,** da $\frac{7}{2} = \frac{14}{4} = \frac{21}{6} = \ldots = \frac{y}{x} = \mathbf{3{,}5}$.

Der Quotientenwert 3,5 heißt **Proportionalitätsfaktor k.** Der Proportionalitätsfaktor k = 3,5 gibt hier die Maßzahl des Weges in Metern pro Pedalumdrehungen an.

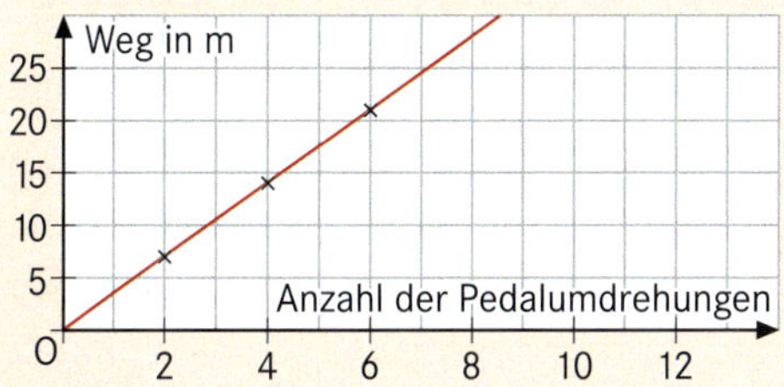

Bei der direkten Proportionalität liegen die Punkte auf einer **Halbgeraden** mit dem Anfangspunkt im Koordinatenursprung.

2 In der Technik bezeichnet man die Strecke, die bei einer Pedalumdrehung zurückgelegt wird, als **Entfaltung.** In unserem Beispiel ist die Entfaltung 3,50 m.

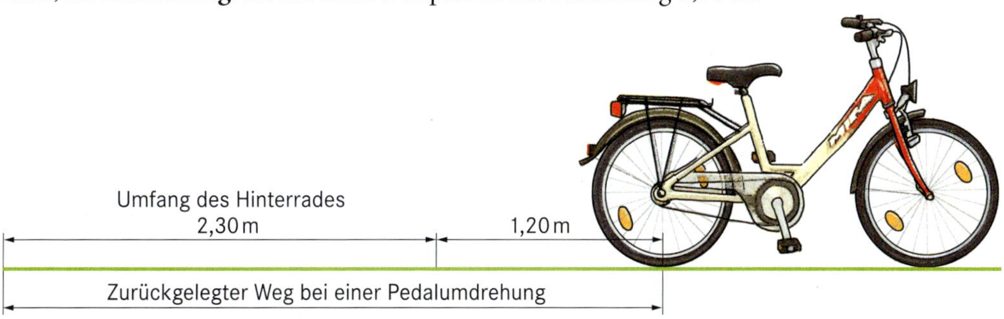

So wird bei Radrennen im Jugendbereich kontrolliert, ob die Übersetzungsbeschränkungen eingehalten werden:
Das Fahrrad wird auf den Boden gestellt. Ein Pedal ist unten. Darunter wird am Boden eine Markierung angebracht. Nun wird das Fahrrad eine gerade Strecke so lange rückwärts geschoben, bis das Pedal eine Umdrehung durchgeführt hat. Anschließend markiert man unter diesem Pedal am Boden. Nun misst man die Strecke zwischen den beiden Markierungen. Diese Strecke ist die Entfaltung. Sie darf im Jugendbereich 7 m nicht überschreiten.

a) Bestimmt im Schulhof mit einem Rad mit Gangschaltung die Entfaltungen für verschiedene Gänge.

b) Wie weit kommt man bei den verschiedenen Gängen bei 100 Pedalumdrehungen?

Übungen

3 Übertrage die Tabellen in dein Heft und ergänze die fehlenden Werte. Gib den Proportionalitätsfaktor an.

a)

Anzahl der Pedalumdrehungen	2	4		
zurückgelegter Weg in m	3,20		12,80	

b)

Anzahl der Pedalumdrehungen	2	4	5	
zurückgelegter Weg in m		28		63

4 Für zwei Radfahrer wurden der zurückgelegte Weg und die Zeit gemessen. Es liegt eine direkte Proportionalität vor.

(1)

Zeit in min	1	5	7	10
zurückgelegter Weg in km		2		

(2)

Zeit in min	1	3	5	9
zurückgelegter Weg in km		1,8		

a) Übertrage die Tabellen in dein Heft und ergänze die fehlenden Werte.
b) Gib den Proportionalitätsfaktor an.
c) Zeichne die zugehörigen Graphen in ein Gitternetz. Beschreibe die Graphen.
d) Lies aus dem Gitternetz jeweils den nach 6 Minuten zurückgelegten Weg ab.

5 Max fährt mit dem Rad von Unterhofen nach Zwischenhausen und weiter nach Oberhofen.
Von Unterhofen nach Zwischenhausen:

Zeit in min	2	3	5	6
zurückgelegter Weg in km	0,8	1,2	2	2,4

Von Zwischenhausen nach Oberhofen:

Zeit in min	1	3	4	6
zurückgelegter Weg in km	0,4	0,8	0,9	1,0

a) Liegt eine direkte Proportionalität vor?
Wenn ja, was sagt der Proportionalitätsfaktor aus?
b) Was vermutest du für einen Straßenverlauf zwischen Unterhofen und Zwischenhausen, bzw. zwischen Zwischenhausen und Oberhofen?

6 In Oberhofen angekommen, fühlt sich Max so fit, dass er noch zwei Berge erwandert.

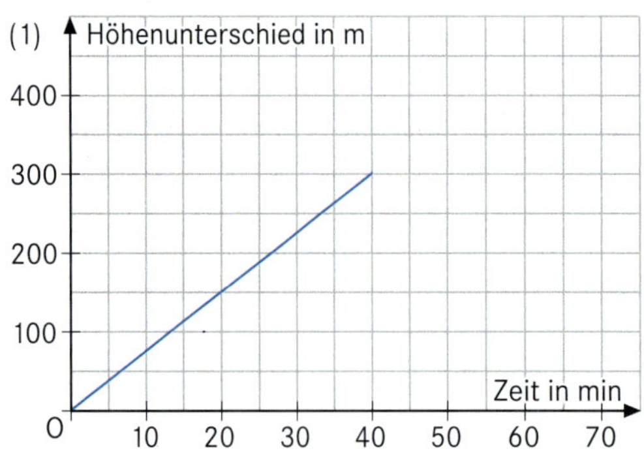

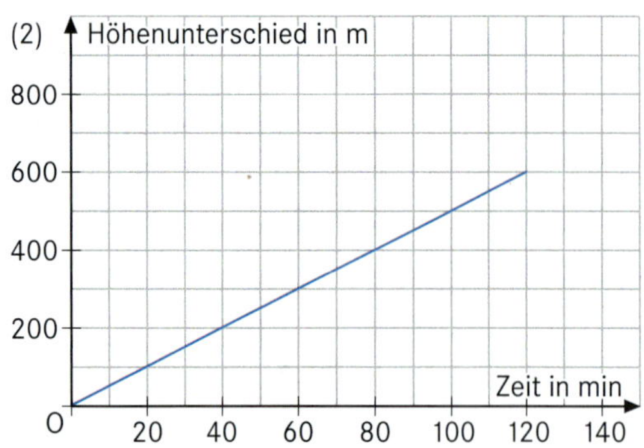

a) Liegt bei beiden Wanderungen eine direkte Proportionalität vor? Begründe.
b) Welcher Höhenunterschied wird jeweils in 10 Minuten überwunden?

1 Die folgenden Zahlenpaare gehören zu einer direkten Proportionalität. Vervollständige in deinem Heft:

a) {(2|8); (4|); (|2)} b) {(5|12); (|6); (7,5|)}

2 Überprüfe, ob hier eine direkte Proportionalität vorliegen kann.

a)

Stück	Preis (€)
2	3,00
10	15,00

b)

Stück	Preis (€)
3	1,50
12	6,00

c)

Stück	Preis (€)
2	1,80
6	3,60

d)

Stück	Preis (€)
15	9,00
3	1,80

e)

Stück	Preis (€)
21	14,00
3	2,50

f)

Stück	Preis (€)
32	6,40
8	1,80

Treppen-skizze zu a)

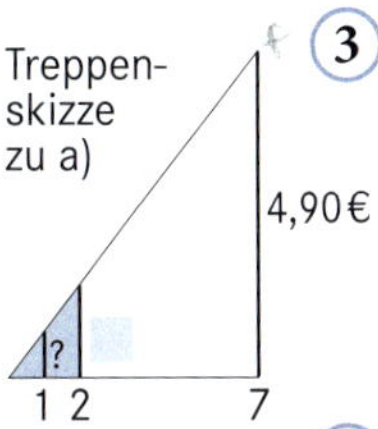

3 Berechne den Proportionalitätsfaktor k. Was gibt der Proportionalitätsfaktor an?

a) *Stückzahl ⟶ Preis*

Anzahl	Preis (€)
7	4,90
2	

b) *Telefoneinheiten ⟶ Gebühren*

Einheiten	Gebühr (€)
400	21,16
50	

c) *Personenzahl ⟶ Eintritt*

Anzahl	Eintritt (€)
4	26
3	

4 Zwischen x und y liegt direkte Proportionalität vor. Übertrage die Tabelle in dein Heft und ergänze die fehlenden Werte.

a)

x	6		40		60
y	1,5	5		45	

b)

x		2,5	7,5		11
y	2,5	6,25		22,5	

5 Fünf Liter Benzin kosten 6,50 €.

a) Erstelle eine Tabelle für die Kosten von 1 bis 10 Liter.
b) Stelle die Zuordnung *Preis → Anzahl Liter* grafisch dar.
c) Ergänze mit Hilfe des Diagramms die Platzhalter im Heft: (7,50 €|); (|8,5 l)
d) Überprüfe deine Ergebnisse von c) durch Rechnung.

6 Der 12-stündige Betrieb einer Lampe kostet 9,6 Cent.

a) Erstelle eine Tabelle für die Kosten für 1 bis 12 Stunden.
b) Stelle die Zuordnung *Kosten → Betriebsdauer* grafisch dar.
c) Ergänze mit Hilfe des Diagramms die Platzhalter im Heft: (Cent|7,5 Stunden); (6 Cent|)
d) Überprüfe deine Ergebnisse von c) durch Rechnung.

7 Die folgenden Zuordnungen sind direkt proportional. Übertrage die Tabelle in dein Heft und fülle sie aus. Trage die Zahlenpaare als Punkte in ein Gitternetz ein. Überprüfe, ob die eingetragenen Zahlenpaare auf einer Halbgeraden durch den Ursprung liegen.

a) *Zeit ⟶ Weg*

Zeit (h)	Weg (km)
3	240
6	
	160
9	

x-Achse: 1 cm ≙ 1 h
y-Achse: 1 cm ≙ 100 km

b) *Benzin ⟶ Fahrstrecke*

Volumen (*l*)	Strecke (km)
4	50
8	
	450
56	

x-Achse: 1 cm ≙ 10 *l*
y-Achse: 1 cm ≙ 100 km

c) *Fläche ⟶ Farbmenge*

Fläche (m^2)	Masse (kg)
8	5,6
	0,7
4	
	4,2

x-Achse: 1 cm ≙ 1 m^2
y-Achse: 1 cm ≙ 1 kg

8 Ein Skifahrer startet in A und fährt dann „Schuss“ von A nach B.
Skizziere ein Geschwindigkeits-Zeit-Diagramm im Heft.

9 Führe ein Experiment durch. Lege dazu einen Ski mit seinen beiden Enden auf zwei Holzklötze. Für die Biegung wird der Abstand von der Tischplatte zum Ski gemessen.

a) Lege geeignete Massestücke in die Bindung. (Du kannst auch einen Eimer mit Wasser füllen. Ein Liter Wasser hat eine Masse von 1 kg.) Ergänze die Tabelle im Heft:

Masse in kg	5,0	10,0	15,0						
Biegung in cm									

b) Was erwartest du für dein Körpergewicht in Bezug auf diese Bindung? Überprüfe im Versuch. Trage die Werte in die Tabelle ein.
c) Stelle die Wertepaare für den Ski grafisch dar. Beschreibe den Zusammenhang zwischen Masse und Biegung.

10 Ein 28-Zoll-Rad hat einen Reifenumfang von 2,20 m. Bei einem bestimmten Gang wird der zurückgelegte Weg in Abhängigkeit von der Anzahl der Pedalumdrehungen gemessen.
a) Ergänze die Tabelle in deinem Heft.

Weg in m	12,1			72,6
Anzahl der Pedalumdrehungen	2		3	

b) Mit welchem Gang wird der Versuch durchgeführt? Begründe.

Gang	8	9	21	24
Anzahl der Zähne beim Kettenblatt vorne	22	32	44	44
Anzahl der Zähne beim Ritzel hinten	11	32	16	11

(1) Vier Musiker spielen ein Musikstück in 4 min 40 s.
Benötigen drei Musiker für das gleiche Musikstück mehr Zeit? Begründe.

(2) Ein einjähriges Kind hat eine Körpergröße von 75 cm. Kannst du berechnen, wie groß das Kind mit zwei Jahren (vier Jahren, zehn Jahren) sein wird?

(3) In Lauras Klasse sind im 6. Jahrgang insgesamt 14 Mädchen. Kannst du berechnen, wie viele Mädchen die Klasse im 7. Jahrgang haben wird?

(4) Bei den Bundesjugendspielen läuft Stefanie 100 m in 16 Sekunden. Wie viel Meter legt sie bei diesem Tempo in sieben Sekunden zurück?

(5) Ein Ei wird hart gekocht, wenn es zehn Minuten in kochendem Wasser liegt. Wie lange muss Ralf fünfzehn Eier in kochendem Wasser lassen, damit sie hart gekocht werden?

(6) Anja hat für ihre letzte Mathematikarbeit vier Stunden geübt. In der Arbeit erhielt sie die Note 2. Für die nächste Mathematikarbeit will sie acht Stunden üben. Kannst du ihre Note vorhersagen?

(7) Aus einem alten Rechenbuch:

Von Pfeffer: Item 1 Sack Pfeffer wiegt 2 1/2 Zentner minus 9 Pfund und kostet je Pfund 8 Schilling minus 3 Heller, und muß für den Sack abschlagen 3 Pfund 3/4. Was kostet das alles?

(1 Zentner = 100 Pfund = 50 kg; 1 Gulden = 20 Schilling; 1 Schilling = 12 Heller)

a) Formuliere die Aufgabe in einer heute üblichen Form.
b) Was kann berechnet werden?

G — Seit Mitte des 15. Jahrhunderts gab es in größeren Handelsstädten Rechenmeister. In öffentlich geförderten Rechenschulen unterrichteten sie auch im Umgang mit dem Abakus, dem ältesten bekannten Rechengerät. Besonders bekannt geworden ist ADAM RIES (1492 – 1559). Er veröffentlichte insgesamt drei Rechenbücher. Allein vom 2. Rechenbuch geht man von über 100 Auflagen aus. Die Rechenaufgaben beschäftigten sich mit der Umrechnung von Maßen, Gewinn und Verlust, Abgaben, Kalkulationen, dem Verteilungsrechnen, dem Dreisatz.

c) Suche in dir zugänglichen Medien weitere Informationen zu den Rechenmeistern dieser Zeit.

1 Die Eckpunkte von Rechtecken liegen auf einer Halbgeraden.
a) Welcher Zusammenhang besteht zwischen der Länge und der Breite dieser Rechtecke?
b) Eines dieser Rechtecke ist 3 cm breit. Welche Länge hat es?
c) Ein Rechteck (ohne Abbildung) ist 24 cm lang. Welche Breite hat es?

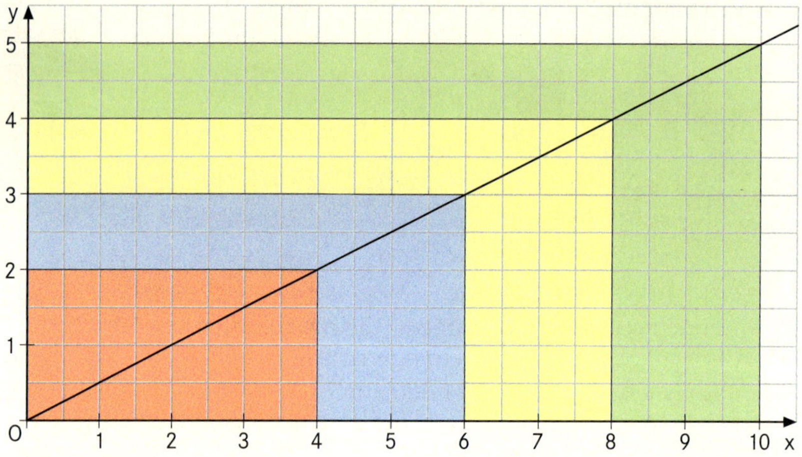

2

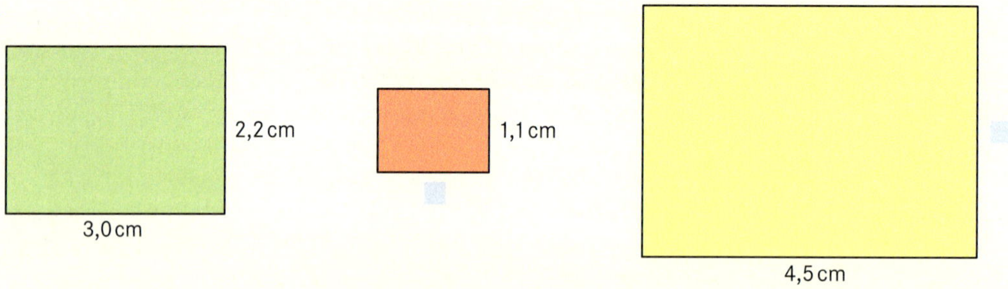

a) Betrachte die Abbildungen von links nach rechts.
Beschreibe die Veränderung. Gib für jede Veränderung den Proportionalitätsfaktor an. Berechne die fehlenden Seitenlängen. Zeichne die zugehörigen Halbgeraden.
b) Das Rechteck links kann man direkt auf das Rechteck rechts vergrößern.
Bestimme den zugehörigen Proportionalitätsfaktor. Vergleiche mit den Proportionalitätsfaktoren in a). Was stellst du fest?
c) Vergleiche die Flächeninhalte der Rechtecke. Versuche zu den in a) ermittelten Proportionalitätsfaktoren Zusammenhänge herzustellen.

3

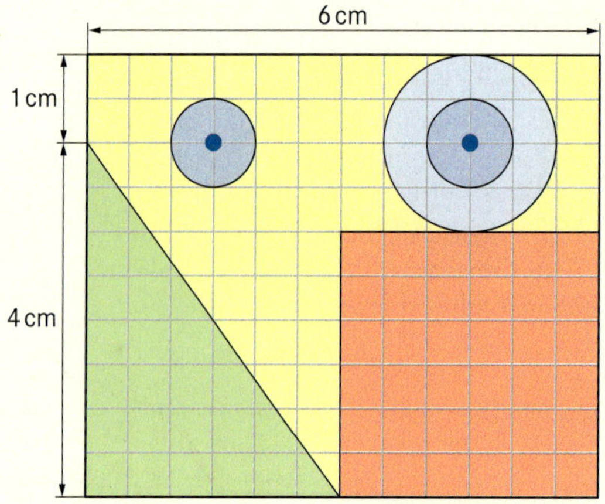

Das Bild soll vergrößert werden.
Strecken, die jetzt 6 cm lang sind, sollen dann eine Länge von 9 cm haben.
Die Form des Bildes darf nicht verändert werden.
Zeichne das neue Bild auf ein Blatt.

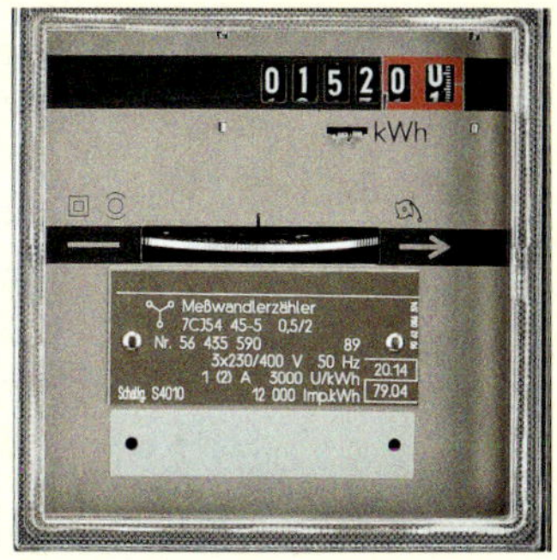

1 Beim Stromverbrauch stellt Familie Schnellinger fest, dass der Verbrauch wieder höher als im Vorjahr ist. (Hinweis: Der Stromverbrauch wird in Kilowattstunden (kWh) gemessen und jährlich am Elektrizitätszähler abgelesen.) Beim Kauf einer neuen Waschmaschine soll deshalb besonders auf die Stromkosten geachtet werden. Die beiden Maschinen haben zwar die Effizienzklasse A, ihr Energieverbrauch unterscheidet sich aber.

Waschautomat 2010
0,8 kWh pro Waschvorgang
777,99 €

Schleudergut 64x
1,2 kWh pro Waschvorgang
599,99 €

a) Berechne für beide Maschinen die Stromkosten pro Jahr. Nimm an, es wird fünf Mal in der Woche gewaschen und der Strompreis beträgt 25 Ct/kWh.
b) Welches Angebot würdest du Familie Schnellinger empfehlen? Begründe.
c) Finde heraus, welche Kosten für die Maschinen noch verschieden sein können.

2 Mit der Post erhielt die Familie Schnellinger die Abrechnung für den Wasserverbrauch und die Beseitigung von Abwasser (Kanalgebühren). Die Abwasserrechnung hängt direkt vom Wasserverbrauch ab. Wer z. B. 50 m³ Wasser von den Stadtwerken bezieht, muss auch für 50 m³ Abwassergebühren zahlen. Familie Schnellinger musste im vergangenen Jahr für den Verbrauch von 130 m³ Wasser 166,40 € und für Abwasser 205,40 € zahlen.
a) Wie viel ist in diesem Jahr zu zahlen, wenn der Wasserverbrauch 144 m³ betrug?
b) Für das nächste Jahr möchte Familie Schnellinger den Wasserverbrauch um $\frac{1}{8}$ senken. Wie viel Geld wird Familie Schnellinger bei diesem verminderten Wasserverbrauch in drei Jahren einsparen, vorausgesetzt die Gebühren bleiben gleich?

3 Auch beim Auto sollte gespart werden, schlägt Frau Schnellinger vor. Der Sohn erstellt ein Diagramm, das den Benzinverbrauch von zwei verschiedenen Autos darstellt.
(Pkw 1 ein Wagen der oberen Klasse, Pkw 2 ein Mittelklassewagen)
a) Lies aus dem Diagramm ab, wie viel Liter jedes Auto für 200 km Fahrstrecke verbraucht.
b) Wie groß ist der Unterschied im Verbrauch bei einer Strecke von 500 km?
c) Übertrage das Diagramm in dein Heft und zeichne die Halbgerade für den Verbrauch eines 3-Liter-Autos ein.
d) Wie weit kommt man mit einem 3-Liter-Auto mit einer Tankfüllung von 27 Litern höchstens? (Ein Autoatlas kann dir bei der Lösung helfen)
A Garmisch-Partenkirchen – Nürnberg
B Garmisch-Partenkirchen – Hamburg
C Garmisch-Partenkirchen – Hof

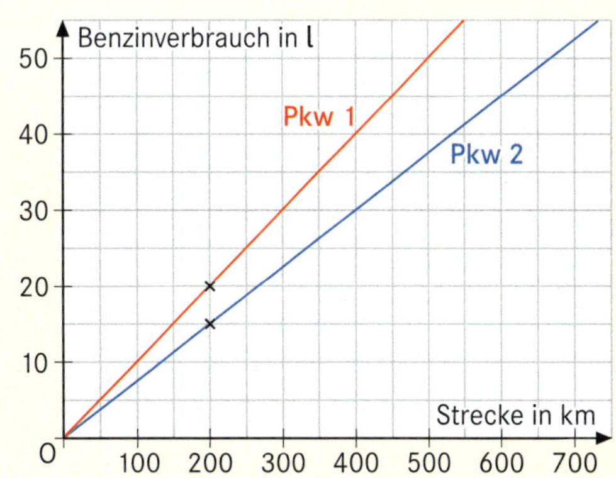

e) Wie weit kommt man mit dem Pkw 1 mit einem Tankinhalt von 27 Litern?

Grundwert
Prozentwert
Prozentsatz

M

In einer Klasse sind 25 Schülerinnen und Schüler.
Von den **25** Kindern können **21** schwimmen. Das sind $\frac{21}{25} = \frac{84}{100}$ = **84 %** der Klasse.

↓	↓	↓
Ganzes	Teil vom Ganzen	Anteil in Hundertstel
Grundwert GW	**Prozentwert PW**	**Prozentsatz p**

Übungen

1 Trage die Angaben aus jeder Aufgabe wie im Beispiel in eine Tabelle ein.

Julia bekommt 20 € Taschengeld. Sie gibt 6 € für Eis aus, das sind 30 % ihres Taschengeldes.

GW	PW	p %
20 €	6 €	30 %

a) Im Schwimmverein sind 60 Mitglieder. 36 Mitglieder sind Jugendliche, das sind 60 %.
b) Jan hat im letzten Monat 6 € von 30 €, also 20 %, sparen können.
c) 200 g Schokolade enthalten 64 g Fett, das sind 32 %.
d) Pia gab letzten Monat 8 € für Comics aus, das sind 40 % ihres Taschengeldes. Sie bekommt 20 € im Monat.
e) Ein Parkstreifen hat 40 Parkplätze. 30 Plätze, also 75 %, sind besetzt.

2

Haben Sie Übergewicht?

Körpergröße (in cm)	180
– 100 cm	– 100
= **Normalgewicht** (in kg)	80
– 10 % des Normalgewichts	– 8
= **Idealgewicht** (in kg)	72

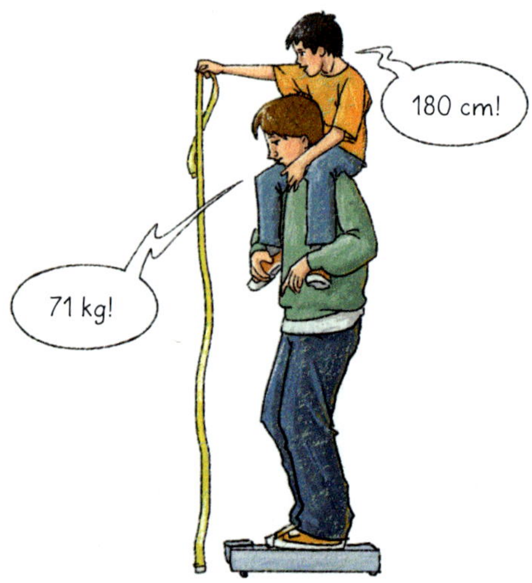

Das ideale Gewicht einer Person hängt von vielen Faktoren ab, z. B. vom Körperbau, aber auch vom persönlichen Wohlbefinden. Oft wird bei der Berechnung des Idealgewichts nur von einem Faktor ausgegangen, nämlich von der Körpergröße. Das oben angegebene Schema wurde lange Zeit verwendet.

a) Herr Groß hat eine Körpergröße von 2,00 m und ein Gewicht von 85 kg. Berechne sein Idealgewicht und vergleiche mit seinem tatsächlichen Gewicht.
b) Herr Klein ist 1,65 m groß und wiegt 60 kg. Schätze zuerst, ob sein Gewicht über oder unter dem Idealgewicht liegt und berechne dann.
c) Herr Heinrich misst 1,90 m und wiegt 78 kg. Um wie viel Prozent liegt sein Gewicht unter seinem Idealgewicht?
d) Bei den Frauen wird empfohlen, zur Berechnung des Idealgewichts 15 % vom Normalgewicht abzuziehen. Überlege dir, wie man im Kopf 15 % von 60 kg berechnen kann.
e) Frau Kern ist 1,70 m groß. Berechne ihr Idealgewicht.
f) Bei Frau Roth würden 20 % von ihrem Normalgewicht 10 kg ausmachen. Versuche ihre Körpergröße herauszufinden.
g) Finde heraus, wie heute das Idealgewicht berechnet wird.

1

Das gleiche Fahrradmodell wird von zwei Händlern angeboten. Für welches Angebot soll sich Lisa entscheiden? Begründe deine Antwort.

M

Prozentwert berechnen

In der Rudolf-Diesel-Realschule wird eine Schulsprecherwahl durchgeführt.
Von **700** Schülern haben **33** % Xaver gewählt. **Wie viele Schüler** sind das?

↓ **Grundwert (GW)** ↓ **Prozentsatz (p)** ↓ **Prozentwert (PW)**

1. Möglichkeit: **Dreisatz**

Berechne zunächst 1 % von 700 Schülern.
Teile dazu 700 Schüler durch 100. $700 : 100 = 7$

Bestimme nun 33 % von 700 Schülern.
Multipliziere dazu 7 Schüler mit 33. $7 \cdot 33 = 231$

2. Möglichkeit: **Treppenskizze**

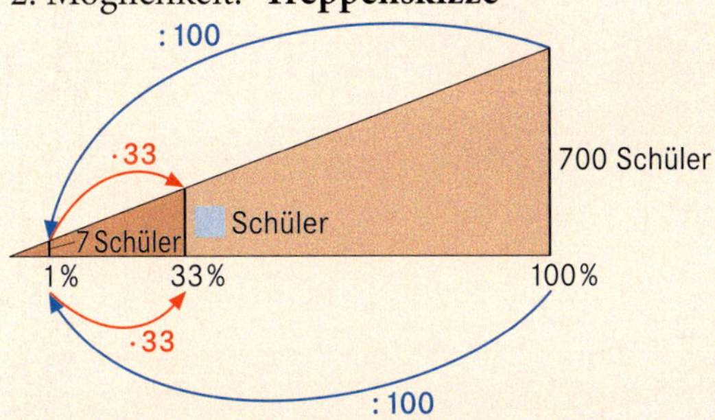

$700 \xrightarrow{:100} 7 \xrightarrow{\cdot 33} 231$

Ergebnis: 33 % von 700 Schülern sind 231 Schüler.

Übungen

2 Berechne 1 % von 400 m (3200 kg; 80 a; 520 €; 930 km; 2 m; 5 €).

3 Berechne den Prozentwert.

a)

3 % von
100 kg
400 kg
900 kg

b)

5 % von
700 g
2000 g
1300 g

c)

10 % von
720 €
560 €
110 €

d)

30 % von
600 km
220 km
1400 km

e)

50 % von
800 m^2
1320 m^2
180 m^2

4 Berechne den Prozentwert.

a) 7 % von 12 kg
7 % von 120 kg
7 % von 1200 kg
7 % von 12 000 kg

b) 4 % von 250 m^2
40 % von 250 m^2
4 % von 2500 m^2
40 % von 25 m^2

c) 20 % von 1500 km
2 % von 150 km
2 % von 15 km
0,2 % von 1500 km

1 Die Jugendherberge ist voll belegt. 20% der Gäste kommen aus nordbayerischen Schulen. Das sind 50 Schülerinnen und Schüler. Wie viele Gäste befinden sich insgesamt in der Jugendherberge?

Grundwert berechnen

M Im Parkhaus sind **80 %** der Plätze belegt, das sind **120** Stellplätze. **Wie viele Stellplätze** hat das Parkhaus?

↓ **Prozentsatz (p)** ↓ **Prozentwert (PW)** ↓ **Grundwert (GW)**

1. Möglichkeit: **Dreisatz**

Berechne zunächst 1 % von 120 Stellplätzen.
Teile dazu 120 Stellplätze durch 80. 120 : 80 = 1,5

Bestimme nun die Gesamtzahl der Stellplätze.
Multipliziere dazu 1,5 Stellplätze mit 100. 1,5 · 100 = 150

2. Möglichkeit: **Treppenskizze**

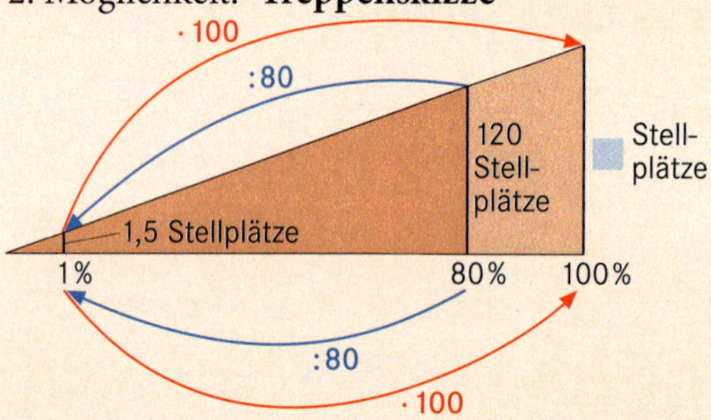

$120 \xrightarrow{:80} 1{,}5 \xrightarrow{\cdot 100} 150$

Ergebnis: In dem Parkhaus befinden sich insgesamt 150 Stellplätze.

Übungen

2 Berechne den Grundwert.

a)

p %	PW
1 %	4 km
2 %	50 g
5 %	31 €

b)

p %	PW
10 %	25 €
90 %	180 kg
4 %	12 m

c)

p %	PW
20 %	60 €
40 %	360 g
30 %	240 m²

d)

p %	PW
50 %	1,4 m
10 %	4,5 kg
8 %	96 €

3 Berechne den Grundwert. Kürze, wenn möglich.

a) 25 % ≙ 170 km; 2,5 % ≙ 170 km; 0,25 % ≙ 170 km; 25 % ≙ 1700 km; 2,5 % ≙ 1700 km

b) 60 % ≙ 12 €; 15 % ≙ 30 €; 40 % ≙ 100 €; 30 % ≙ 480 €; 90 % ≙ 63 €

c) 15 % ≙ 45 m; 45 % ≙ 18 m; 70 % ≙ 28 m; 55 % ≙ 660 m; 80 % ≙ 120 m

d) 30 % ≙ 150 kg; 40 % ≙ 168 kg; 35 % ≙ 105 kg; 22 % ≙ 660 kg; 15 % ≙ 75 kg

4 Berechne den Grundwert. Runde auf eine Stelle nach dem Komma.

a) 36 % = 270 € b) 18 % = 374 l c) 17 % = 5755 km d) 92 % = 147 €
e) 43 % = 320 a f) 67 % = 757 € g) 28 % = 7140 km h) 78 % = 746 kg

(1) Nach den Jahrgangsmeisterschaften soll entschieden werden, wer der sicherste Torhüter ist.

(M) **Prozentsatz berechnen**

Von **20** Elfmetern hat Sebastian **13** verwandelt. Wie hoch ist der Prozentsatz?

↓ **Grundwert (GW)** ↓ **Prozentwert (PW)** ↓ **Prozentsatz (p)**

1. Möglichkeit: **Dreisatz**

Berechne zunächst den prozentualen Anteil eines Elfmeters. Teile dazu 100 % durch 20. $100 : 20 = 5$

Bestimme nun den Anteil der verwandelten Elfmeter. Multipliziere dazu 5 % mit 13. $5 \cdot 13 = 65$

2. Möglichkeit: **Treppenskizze**

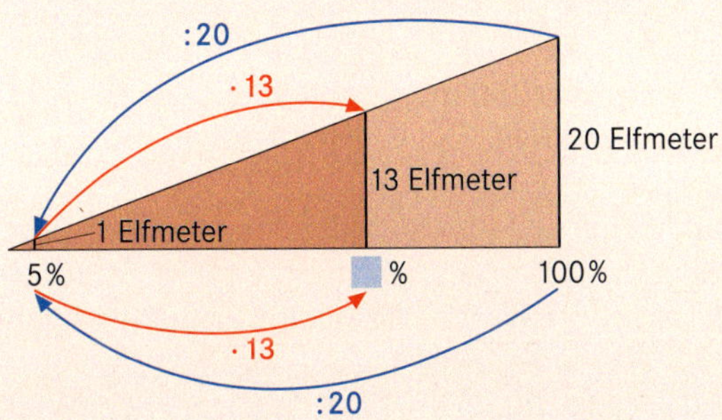

$100 \xrightarrow{:20} 5 \xrightarrow{\cdot 13} 65$

Ergebnis: Sebastian hat 65 % der Elfmeter verwandelt.

Übungen

(2) Berechne den Prozentsatz.

a) 50 km von 100 km; 50 km von 1000 km
b) 10 € von 20 €; 1 € von 20 €
c) 10 g von 100 g; 1 g von 10 g
d) 100 m von 10 m; 1000 m von 10 m
e) 150 a von 50 a; 150 a von 5 a
f) 15 € von 20 €; 1,50 € von 2,00 €
g) 7 g von 140 g; 70 g von 14 000 g
h) 15 kg von 45 kg; 1,5 kg von 450 kg

(3) Berechne den Prozentsatz.

a) 128 g von 800 g; 154 g von 700 g
b) 70 € von 280 €; 50 € von 450 €
c) 33 km von 220 km; 63 km von 350 km
d) 36 ha von 900 ha; 162 ha von 2700 ha
e) 12 m von 60 m; 30 m von 150 m
f) 324 € von 450 €; 63 € von 180 €

50 % = $\frac{1}{2}$
25 % = $\frac{1}{4}$
20 % = $\frac{1}{5}$
$33\frac{1}{3}$ % = $\frac{1}{3}$
10 % = $\frac{1}{10}$
5 % = $\frac{1}{20}$

1 Berechne die fehlende Größe im Kopf.

a) 50 % von 220 €
5 % von 120 €

b) 20 % von 350 m
1 % von 700 m

c) 25 % von 360 kg
4 % von 350 kg

d) 10 % von 470 *l*
40 % von 200 *l*

2 Johannes hat den Prozentwert mit Hilfe des Taschenrechners berechnet. Lisa überprüft sein Ergebnis mit Hilfe eines „einfachen Prozentsatzes“ und stellt fest, dass sein Ergebnis falsch sein muss.
Welche der angegebenen Ergebnisse sind mit Sicherheit falsch? Begründe deine Antwort.

a) 48 % von 197 € sind 114,26 €.
b) 27 % von 280 kg sind 75,6 kg.
c) 9 % von 1400 m sind 147,20 m.
d) 1,2 % von 1640 € sind 15,80 €.

3 Schätze den Prozentwert.

a) 11,5 % von 560 €
4,5 % von 980 €

b) 2,5 % von 630 cm
3,5 % von 125 *l*

c) 2,4 % von 50,75 m
6,2 % von 39,50 m

d) 4,1 % von 350 g
0,5 % von 13,5 *l*

4 Berechne die fehlende Größe. Schätze zunächst mit einem „einfachen Prozentsatz“.

> 208 € von 800 €
> $\frac{200}{800} = \frac{1}{4}$ $\frac{1}{4} = 25\,\%$

> 32 % ≙ 182,40 €
> $33\frac{1}{3}\,\% = \frac{1}{3}$ $\frac{1}{3}$ von 540 € sind 180 €.

a) 141 € von 600 €
44 € von 800 €
192 € von 600 €

b) 76 g von 400 g
182 g von 350 g
31,50 g von 750 g

c) 32 % ≙ 224 kg
25 % ≙ 122,8 kg
50,5 % ≙ 756 kg

d) 12,5 % ≙ 8,35 m
0,9 % ≙ 22,5 m
4,8 % ≙ 168,6 m

5 Schätze den Prozentsatz.

a) 27 kg von 160 kg
200 m von 260 m

b) 86 m von 250 m
35 *l* von 64 *l*

c) 35,5 *l* von 74 *l*
0,66 m von 6,1 m

d) 12,5 a von 75 a
22,5 g von 45,5 g

6 Die Krankenkasse von Frau Müller erstattet 80 % der entstandenen Arzt- und Materialkosten. Sie reicht eine Rechnung ihres Hausarztes ein und erhält daraufhin einen Betrag von 760 € von ihrer Krankenkasse überwiesen. Wie hoch war die Arztrechnung?

7 Für einen Orangensaft wird ein Fruchtgehalt von 60 % angegeben. Wie viel Kubikzentimeter reiner Fruchtsaft sind das bei folgenden Abfüllmengen? (1 Liter ≙ 1000 cm^3)

a) 1-Liter-Flasche b) 0,7-Liter-Flasche c) 0,25-Liter-Flasche

Lösungen zu 6 und 7: 150 420 600 950

8 Formuliere passende Prozentaufgaben und rechne.

a)

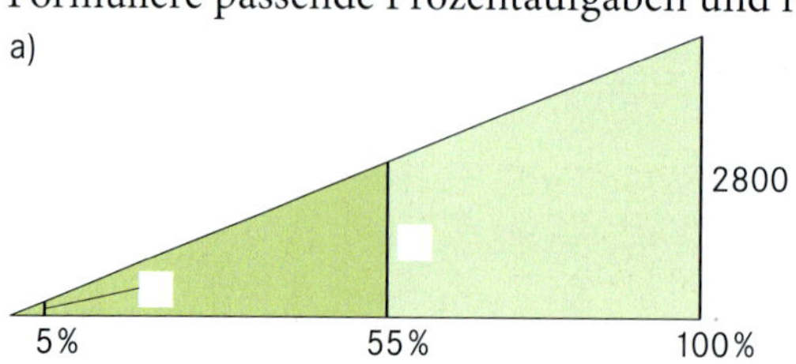

b)

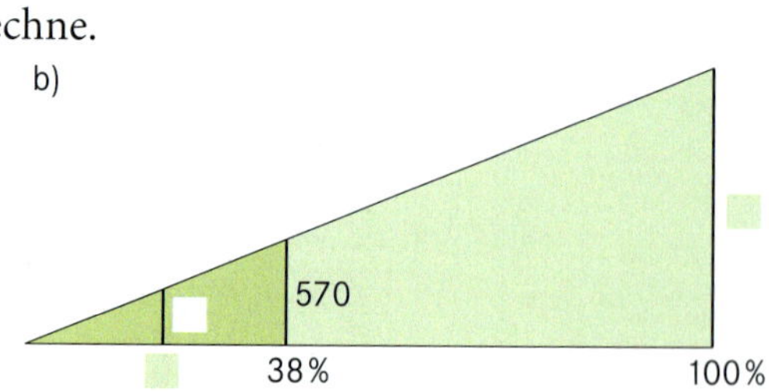

9 Der Reinerlös eines Schulfestes betrug 886,50 €. Davon sollen 20 % für den Kindergarten gespendet werden. Welche Summe erhält der Kindergarten?

10 Ein Pfahl steckt 69 cm tief im Boden. 70 % seiner Länge sind sichtbar. Wie lang ist der ganze Pfahl?

11 Die Klassen 6a, 6b, 6c und 6d schreiben den gleichen Deutschtest. In der 6a haben 10 von 28 Schülern weniger als 5 Fehler, in der 6b 8 von 28 Schülern, in der 6c 12 von 30 Schülern und in der 6d 10 von 27 Schülern.
Berechne jeweils die Prozentsätze. Runde auf eine Stelle nach dem Komma.

12 In der Autofirma Limosin wird für das kommende Jahr zwischen den Tarifparteien folgende Lohnerhöhung vereinbart: Alle Löhne steigen um 4 %, mindestens aber um 50 €.
a) Herr Ögung soll nun 80 € mehr bekommen. Wie viel hat er bis jetzt verdient?
b) Frau Oberg hat bisher 1800 € verdient. Wie viel erhält sie nun mehr?
c) Herr Unger musste bisher mit 1200 € zufrieden sein. Wie viel verdient er jetzt mehr?
d) Bis zu welchem Betrag beträgt die Lohnerhöhung 50 €?
e) Erkundige dich bei deinen Eltern, wie sich ihr Lohn zum letzten Jahr geändert hat.

13

a) Familie Sammer kauft für ihren Sohn Miguel neue Möbel.
Wie viel kostet die Einrichtung?
b) Wegen Umbau gewährt der Händler einen Preisnachlass von 391 €.
Wie viel Prozent Rabatt sind dies?

14 Herr Groß macht seiner Tochter folgendes Angebot: „Für die Anschaffung eines Computers sparst du dein monatliches Taschengeld von 25 €. Nach einem halben Jahr hast du 20 % des Kaufpreises angespart. Den restlichen Betrag gebe ich dir dazu."
a) Berechne den Kaufpreis des Computers.
b) Wie hoch ist die Summe, die Herr Groß seiner Tochter dazugibt?

15 Wegen Umbau werden alle Artikel im Preis herabgesetzt. Berechne den jeweiligen Prozentsatz der Preisreduzierung.

Artikel	alter Preis
Monitor	150 €
Drucker	80 €
Rechner	500 €

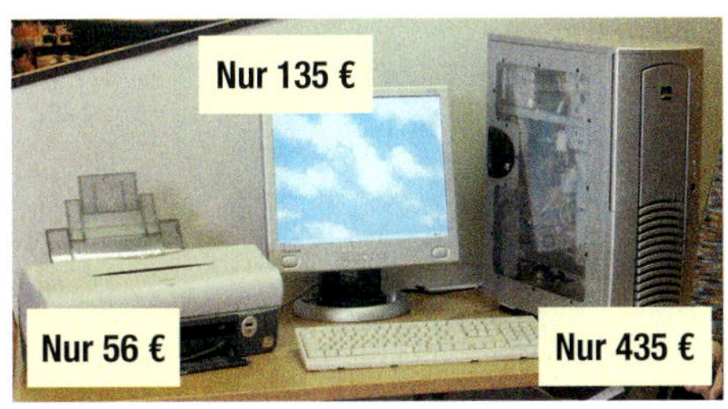

Lösungen zu 9 bis 15: 15; 10; 13; 20; 28,6; 30; 35,7; 37; 40; 50; 72; 177,30; 230; 600; 750; 1250; 2000; 1955

16 Das Schaubild zeigt die Ernteerträge eines landwirtschaftlichen Betriebs.
a) Um wie viel Prozent verringerte sich die Ernte im 2. Jahr?
b) Um wie viel Prozent müsste die Ernte vom 2. Jahr zum 3. Jahr ansteigen, damit wieder so viel wie im 1. Jahr geerntet werden würde?

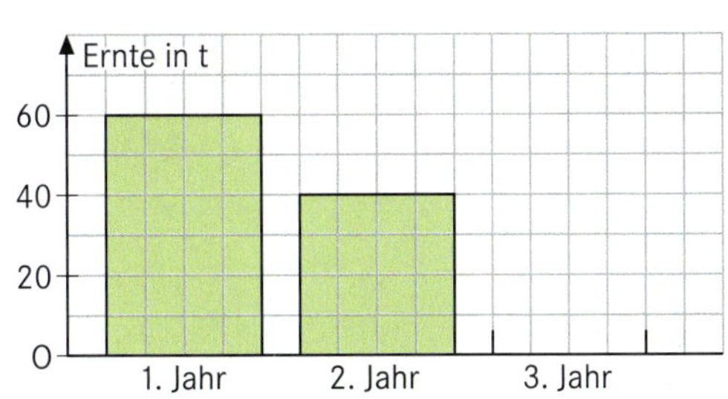

So kannst du die Grundaufgaben der Prozentrechnung mit Hilfe der Prozentformel lösen.

B Von 640 untersuchten Fahrrädern zeigten 40 % technische Mängel. Wie viele Fahrräder sind das?

Gegeben: GW = 640 Fahrräder
p % = 40 %

Gesucht: PW = x

Lösung: $\frac{x}{40} = \frac{640}{100}$ $\quad \frac{PW}{p} = \frac{GW}{100}$

$x = \frac{640 \cdot 40}{100}$ $\quad PW = \frac{GW \cdot p}{100}$

$x = 256$

Antwort: 256 Fahrräder hatten Mängel.

1 Von den 250 getesteten Fahrrädern einer Realschule wiesen 32 % Mängel auf. Wie viele Fahrräder waren dies?

B Von den 30 Schülerinnen und Schülern der Klasse 6a haben 12 Mädchen und Jungen das Silberne Schwimmabzeichen erworben. Wie viel Prozent sind das?

Gegeben: GW = 30 Schüler
PW = 12 Mädchen und Jungen

Gesucht: p % = x %

Lösung: $\frac{x}{12} = \frac{100}{30}$ $\quad \frac{p}{PW} = \frac{100}{GW}$

$x = \frac{100 \cdot 12}{30}$ $\quad p = \frac{100 \cdot PW}{GW}$

$x = 40$

Antwort: 40 % in der Klasse 6a haben das Silberne Schwimmabzeichen.

2 Eine Fußballmannschaft verlor von 35 Spielen in der vergangenen Saison 14 Spiele. Wie viel Prozent sind das?

B In einem Sportverein sind 42 Jugendliche. Das sind 35% aller Mitglieder. Wie viele Mitglieder hat der Verein insgesamt?

Gegeben: PW = 42 Jugendliche
p % = 35 %

Gesucht: GW = x

Lösung: $\frac{x}{100} = \frac{42}{35}$ $\quad \frac{GW}{100} = \frac{PW}{p}$

$x = \frac{42 \cdot 100}{35}$ $\quad GW = \frac{PW \cdot 100}{p}$

$x = 120$

Antwort: Der Verein hat 120 Mitglieder.

3 In der Jahrgangsstufe 6 einer Realschule nehmen 45 Schülerinnen und Schüler am Werkunterricht teil. Das sind 30 % aller Schülerinnen und Schüler des Jahrgangs. Wie viele Schülerinnen und Schüler sind insgesamt in den sechsten Klassen?

1 Schülerinnen und Schüler der 6. Klassen wurden nach ihrer Lieblingssportart gefragt. Die Anzahlen und die prozentualen Anteile wurden in der Tabelle zusammengefasst.

Sportart	Mannschafts-ballspiele	Schwimmen	Turnen, Tanz Gymnastik	Leichtathletik	Tennis	Golf
Anzahl	21	8	11	6	3	1
Anteil in Prozent	42 %	16 %	22 %	12 %	6 %	2 %

So kannst du das Ergebnis der Umfrage in einem Streifendiagramm (Blockdiagramm) graphisch darstellen.

B

(1) Wähle für den Streifen eine geeignete Gesamtlänge.

Gesamtlänge: 15 cm

(2) Berechne wie im Beispiel zu jedem Prozentsatz die Länge des zugehörigen Abschnitts.

Mannschaftsballspiele: 42 %
Länge des Abschnitts:
$15\text{ cm} \cdot \frac{42}{100} = 6{,}3\text{ cm}$

(3) Unterteile den gesamten Streifen in einzelne Abschnitte und beschrifte diese.

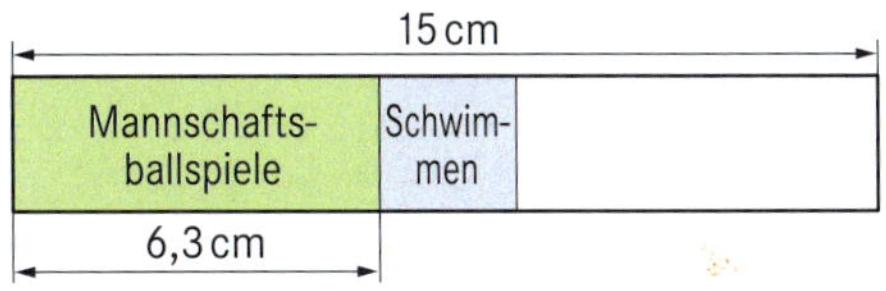

a) Zeichne das vollständige Streifendiagramm in dein Heft.
b) Wähle für das Streifendiagramm eine Länge von 10 cm. Was stellst du fest?

2 Eine Gruppe von Schülerinnen der 6a fragt Schülerinnen und Schüler der 6. Klassen nach ihrem Lieblingshaustier.
a) Übertrage die Tabelle in dein Heft und vervollständige sie.
b) Stelle das Ergebnis in einem Streifendiagramm dar (Gesamtlänge 10 cm).

Tierart	Anzahl	Anteil in Prozent
Nagetiere	22	
Zierfische	11	
Hunde	23	
Katzen	11	
Ziervögel	13	

3 Umweltschäden einer Stadt mit 100 000 Einwohnern: 90 Mio € jährlich.

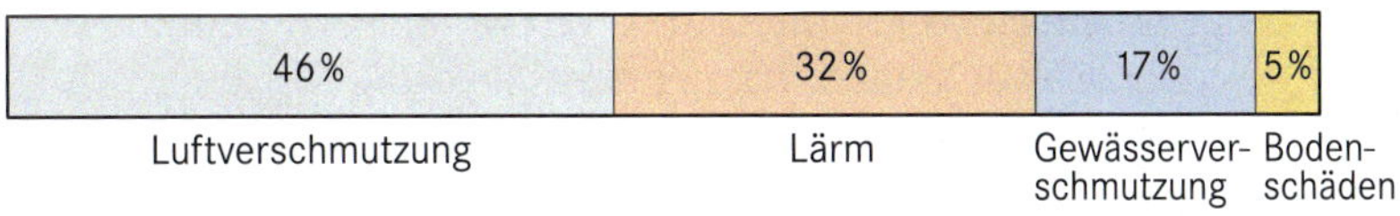

Wie hoch sind die Schäden durch die einzelnen Ursachen?

4 Das Streifendiagramm zeigt das Ergebnis einer Klassenarbeit in einem 6. Jahrgang.
a) Berechne die Anzahl der Klassenarbeiten in den einzelnen Notenstufen bei einer Gesamtzahl von 90 Arbeiten im Schuljahr 2010/2011.
b) Der gleiche Test hatte im Schuljahr 2009/2010 das nebenstehende Ergebnis. Zeichne ein Streifendiagramm und vergleiche.

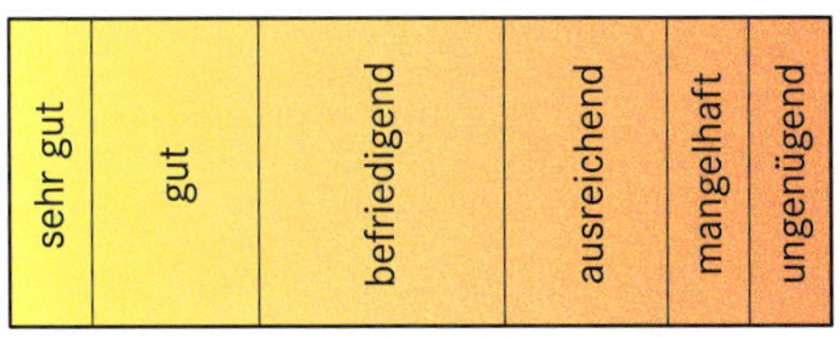

Mathematikarbeit Nr. 3 6. Jahrgang 2009/2010

sehr gut	gut	befr.	ausr.	mang.	ung.
10	20	16	24	8	2

(1) Die Schüler der Klasse 6b untersuchen, wie häufig die unterschiedlichen Fahrzeugarten im Straßenverkehr vorkommen. Eine Schülergruppe beobachtet dazu an einer stark befahrenen Kreuzung 500 Fahrzeuge.

Fahrzeugart	Pkw	Lkw	Motorräder/Mofas	Omnibusse/andere Kfz
Anzahl	302	118	59	21
Anteil in Prozent	60 %	24 %	12 %	4 %

So kannst du die in der Tabelle aufbereiteten Daten in einem Kreisdiagramm grafisch darstellen.

B

(1) Wähle einen geeigneten Radius und zeichne einen Kreis.

(2) Berechne zu jedem Prozentsatz den zugehörigen Winkel.

(3) Zeichne die Winkel im Kreis ein und beschrifte sie.

Radius: 5 cm

Pkw: 60 % 100 % ≙ 360°

1 % ≙ 3,6°

60 % ≙ 60 · 3,6° = 216°

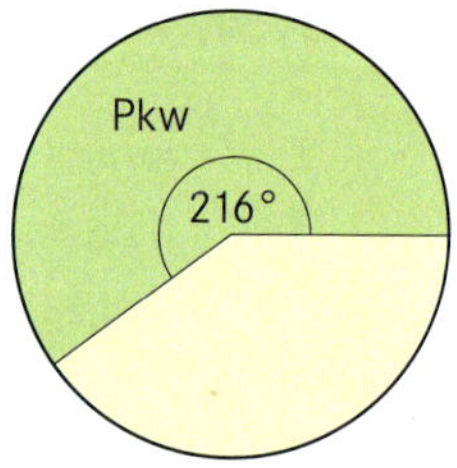

Zeichne das vollständige Kreisdiagramm in dein Heft.

(2) Fahrradhändler Platte verkaufte 420 Fahrräder.
Die verschiedenen Fahrradarten sind in einem Kreisdiagramm dargestellt: rot: Mountain Bikes, grün: City Bikes, lila: Damen Trekking Bikes, grau: Kinderräder, gelb: Herren Trekking Bikes, blau: Jugend Bikes

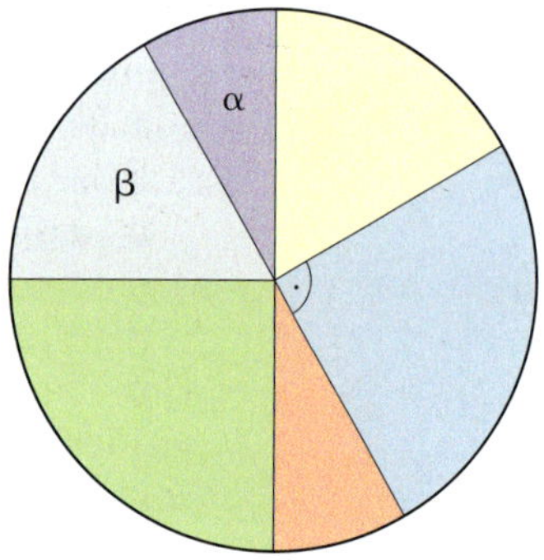

a) Der Winkel α hat das Maß 36°. Berechne nun den Anteil der Kreisfläche in Prozent, der rot gefärbt ist.
b) Der Anteil des grau gefärbten Kreissektors an der gesamten Kreisfläche beträgt 15 %. Berechne das Maß des Winkels β.
c) Welcher Prozentanteil und welche Stückzahl entfallen jeweils auf Damen und Herren Trekking Bikes, auf Jugend Bikes und Kinderräder?

(3) a) Zu welchem Zweck könnnte das Kreisdiagramm erstellt worden sein?
b) Welche Informationen kannst du dem Diagramm entnehmen?
c) Finde die Fehler im Diagramm und zeichne ein richtiges Kreisdiagramm.
d) Ermittle die Anzahl der Personen, die zu Fuß sowie mit Bahn und Bus unterwegs sind.

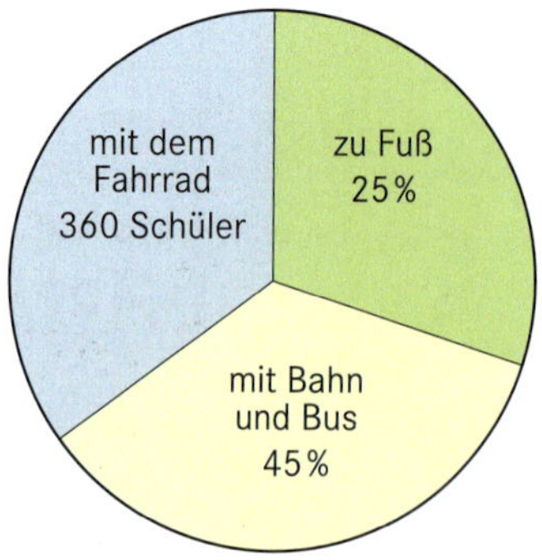

1 Aus Rechtecken werden Werkstücke gestanzt. Berechne den Verschnitt (blau) in Prozent.

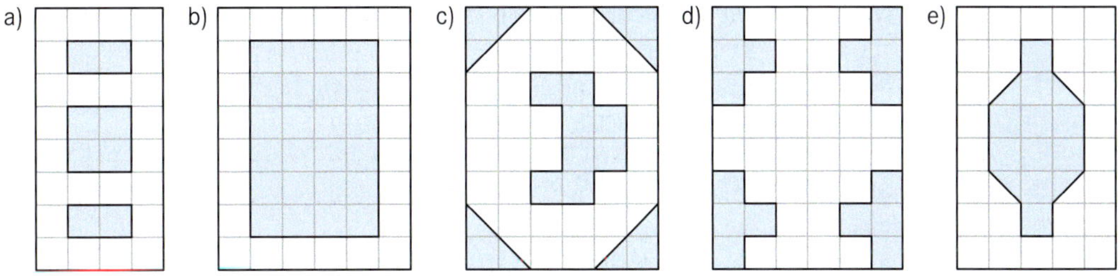

2
a) Von 200 Apfelsinen waren 8 faul.
b) Björn bekommt 25 € Taschengeld. Davon spart er 5 €.
c) Von 24 Schülern können 18 schwimmen.
d) In einer Realschule benutzen 20 % der 980 Schüler das Fahrrad für den Schulweg.
e) Sascha erhält von seinem Onkel 50 €. Davon bringt er 30 € zur Sparkasse.
f) Ein TV-Gerät wird 6 % billiger angeboten. Das entspricht 21 €.
g) Getränkepulver enthält 20 % Zucker. Das sind bei einer Packung 160 g.

3

Aus 10 Gutscheinen mit je 10 % Rabatt macht die Werbung 100 % Rabatt.
a) Was würde eine Packung des Waschmittels bei 100 % Rabatt kosten, wenn sie ohne Rabatt 5 € kostet?
b) Frau Blütenweiß kauft 10 Packungen des Waschmittels aus a) und setzt 10 Rabattkarten ein. Was muss sie bezahlen?

4 In einem Forstrevier sind Bäume neu angepflanzt worden. Nach einem Jahr kontrolliert der Förster den Anwuchs.
Von den 550 Fichten sind 22 nicht angewachsen.
Von den 300 Buchen sind 24 ausgetrocknet.
Von den 200 Eichen sind 6 abgefressen worden.
Von den 150 Lärchen sind 18 erfroren.

5 Die Luft setzt sich aus etwa 21 % Sauerstoff, 78 % Stickstoff und 1 % Edelgasen zusammen. Wie viel Kubikmeter der einzelnen Gase sind in einem Klassenraum von 192 m^3 Rauminhalt enthalten?

6 In einer Realschule werden die Schulwegzeiten ermittelt. Bei einer Schülerzahl von insgesamt 800 Schülern verteilen sich die Schüler wie folgt:

Zeit für Schulweg	bis 20 Minuten	über 20 bis 40 Minuten	mehr als 40 Minuten
Prozentsatz p %	35 %	42 %	23 %

a) Berechne die Anzahl der Schüler in den jeweiligen Gruppen.
b) Stelle die Verteilung in einem Kreisdiagramm dar.

7 Vor vier Jahren bekam die Partei X bei der Wahl 50 % der Stimmen, auf die Partei Y entfielen 30 % und die Partei Z 20 %.
Nach den bisherigen Meinungsumfragen würde die Partei X 40 % der Stimmen verlieren. Die Partei Y würde ein Viertel davon gewinnen und der Rest würde auf die Partei Z entfallen. Welche Antwort ist richtig?

A Die Partei X bleibt stärkste Partei.
B Die Partei Y wird stärkste Partei.
C Die Parteien Y und Z werden gleich stark.
D Die Partei Z wird stärkste Partei.

Partei X
Nieder mit den Alpen!
Freie Sicht bis zum Mittelmeer.

Partei Y
Zusätzliche Mathestunden!!
Bildungspartei

Partei Z
Aufschwung statt Abschwung!

8

VORTEILS-COUPON
15 % Preisvorteil
auf einen Artikel nach Wahl
Gültig bis 30. September

VORTEILS-COUPON
10 % Preisvorteil
auf einen Einkauf
Gültig bis 30. September

Regentonne	19,99 €
Blumenerde	4,29 €
Rindenmulch	1,69 €
Pflanztopf	1,90 €
Farbe	49,98 €
Gewebeband	1,49 €
Dünger	4,98 €
Pflanzen	7,98 €
Ungezieferköder	6,99 €
Rasensamen	19,99 €

Familie Strauch hat im Baumarkt eingekauft. Sie möchten für ihren Einkauf einen Vorteilscoupon aus der Werbung nutzen. An der Kasse überlegen sie, welcher Vorteilscoupon günstiger ist: „10 %-Preisvorteil" auf alles oder „15 %-Preisvorteil" auf den teuersten Artikel. Welche Empfehlung würdest du geben? Begründe.

9

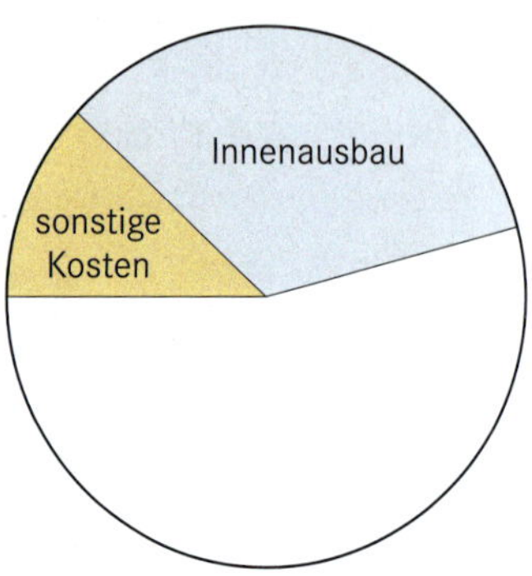

Die Gesamtkosten für ein Haus betragen 480 000 €.
Das Diagramm zur Verteilung der Kosten ist noch nicht ganz fertig.

a) Der Rohbau verschlang 30 % der Gesamtkosten. Übertrage das Diagramm in dein Heft und ergänze den entsprechenden Sektor.
b) Bestimme den prozentualen Anteil des Innenausbaus und berechne die Kosten.
c) Welche Kosten könnten dem letzten Sektor zugeordnet werden? Wie hoch sind sie?

10 Auf die Frage seines Lehrers nach seinem Berufswunsch antwortet Sebastian: „Börsenspekulant, weil man da 1000 % Gewinn machen kann, aber nur 100 % Verlust." Ist so etwas möglich? Begründe.

1 Die Verkehrsschilder sind euch sicher schon aufgefallen. Was bedeuten die Angaben?

2 

Ein ICE 3 kann höchstens eine Steigung von 4 % bewältigen.
Die **Steigung** gibt an, welcher Höhenunterschied im Verhältnis zur waagerechten Entfernung überwunden wird.

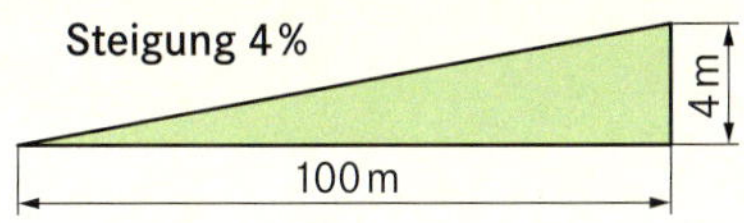

a) Stell dir vor, der ICE müsste eine Höhe überwinden, die der dritten Etage deiner Schule entspricht.
In welcher Entfernung von der Schule müsste der ICE losfahren, damit er diese Höhe erreichen kann?
b) Ermittelt die Steigung einer Treppe in eurem Schulhaus.
c) Informiere dich über das Steigungsvermögen eines Pkw. Veranschaulicht das Steigungsvermögen in der Klasse.

3 Das Stilfser Joch ist eine beliebte Strecke für Radfahrer, die ihre Kondition auf der kurvenreichen Strecke testen wollen.
a) Bei der Auffahrt über die Ostrampe wird bei einer horizontalen Entfernung von 27,5 km eine Höhe von 1972 m überwunden. Berechne die prozentuale Steigung.
b) In einem Prospekt wird die maximale Steigung mit 15 % angegeben. Vergleiche mit deinem Ergebnis.
c) Die durchschnittliche Steigung der Westrampe ist in der Skizze angegeben. Welcher Höhenunterschied wird überwunden?

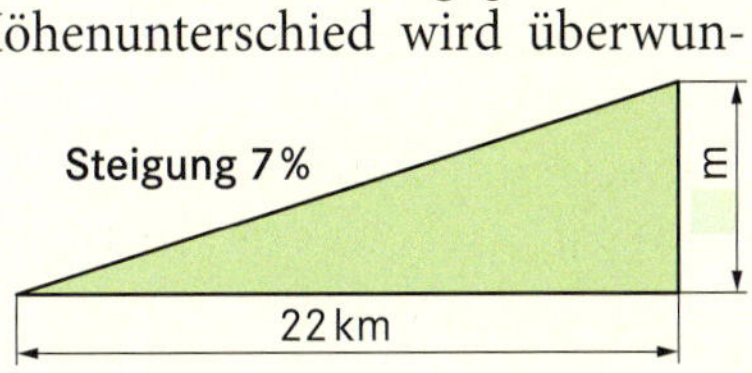

Ostrampe Stilfser Joch

1 Die Schüler der Klasse 6c führen einen Schultaschencheck durch. Die Ergebnisse der Messungen tragen sie in den Fragebogen rechts ein. Zur Auswertung der Daten verwenden sie ein Tabellenkalkulationsprogramm.
In der Tabelle unten siehst du einen Teil der Auswertung der in der Klasse 6c erfassten Daten.

a) Gib die Formeln für die Zellen C18, C20, C22, C24 und D8 an.
b) In den Zellen D7 bis D16 sind die Werte gerundet. Warum wird in D22 kein Modalwert angezeigt?

Schultaschen - Check

Name:
Klasse: Körpergewicht: kg

	Mo	Di	Mi	Do	Fr	Durchschnitt Mo-Fr
1.Woche						
2.Woche						
Durchschnitt pro Tag						

In die Tabelle das Gewicht der vollständig gepackten Schultasche in Gramm eintragen (incl. Frühstück).

Schultaschen-Check der Klasse 6c

	A	B	C	D	E	F	G	H
5	Name Mädchen	Körpergewicht (KG) in kg	Schultaschengewicht in kg	% vom KG	Schultaschengewicht in kg	% vom KG	Schultaschengewicht in kg	% vom KG
6			Montag		Dienstag		Mittwoch	
7	Leonie	40	4,5	11,3				
8	Lena	39	3,8	9,7				
9	Froni	43	3,5	8,1				
10	Afife	41	4,2	10,2				
11	Marie	34	3,9	11,5				
12	Sophie	35	4,2	12,0				
13	Julia	36	4,1	11,4				
14	Afet	37	3,7	10,0				
15	Simone	35	4,0	11,4				
16	Laura	42	4,2	10,0				
17								
18	Arithmetisches Mittel:	38,2	4,01	10,6				
19								
20	Zentralwert:	38,0	4,05	10,7				
21								
22	Modalwert:	35,0	4,2					
23								
24	Spannweite:	9,0	1	3,9				

=C7/B7*100 (D7)
= Mittelwert (B7:B16) (B18)
= Median (B7:B16) (B20)
= Modalwert (B7:B16) (B22)

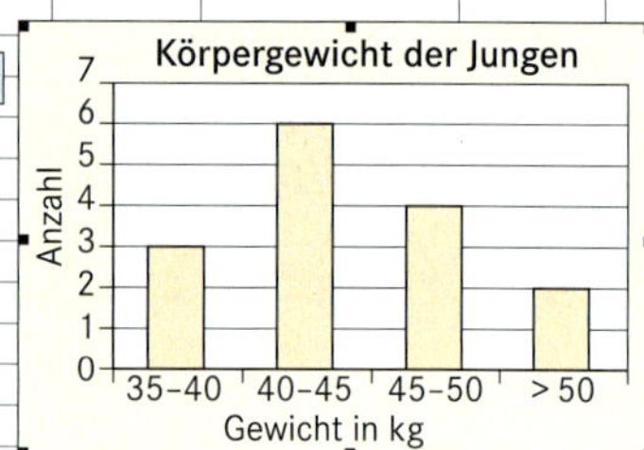

c) Erstelle für das Körpergewicht der Mädchen eine Grafik ähnlich der für die Jungen.
d) Führt in eurer Klasse einen Schultaschencheck durch. Wertet mit einem Tabellenkalkulationsprogramm aus.

2 Die Umfrage für das Ziel des nächsten Wandertages in der Klasse 6e ist in der Tabelle dargestellt.

Ziel	Zoo	Freizeitpark	Museum	Wandern
Zahl der Stimmen	10	14	3	5

a) Übertrage die Tabelle in dein Kalkulationsprogramm und berechne auch die relative Häufigkeit.
b) Erstelle ein Balken- und ein Kreisdiagramm.
c) Führe eine ähnliche Umfrage in deiner Klasse durch und werte sie am Computer aus.

Wandertag der Klasse 6e

	A	B	C	D	E
1	Ziel	Zoo	Freizeitpark	Museum	Wandern
2	Zahl der Stimmen				
3	relative Häufigkeit				
4					

10 Die Menge $\mathbb{Z}$ der ganzen Zahlen

Beschreibe, was du auf den Bildern siehst.

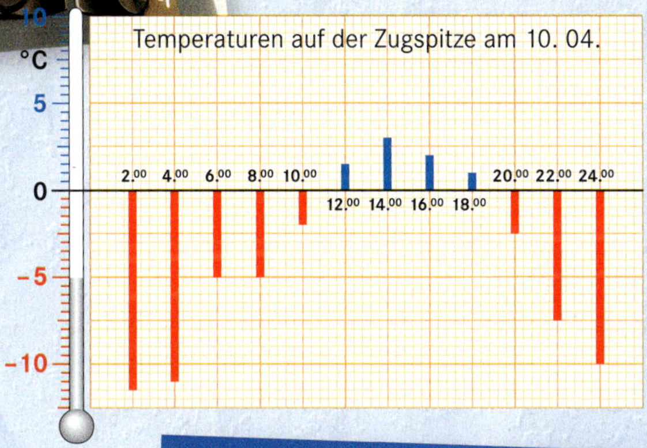

Wetterstation auf der Zugspitze

In den Bildern findest du Zahlen, mit denen du bis jetzt in der Mathematik noch nicht gerechnet hast. Wo begegnen uns diese Zahlen im Alltag noch?

①
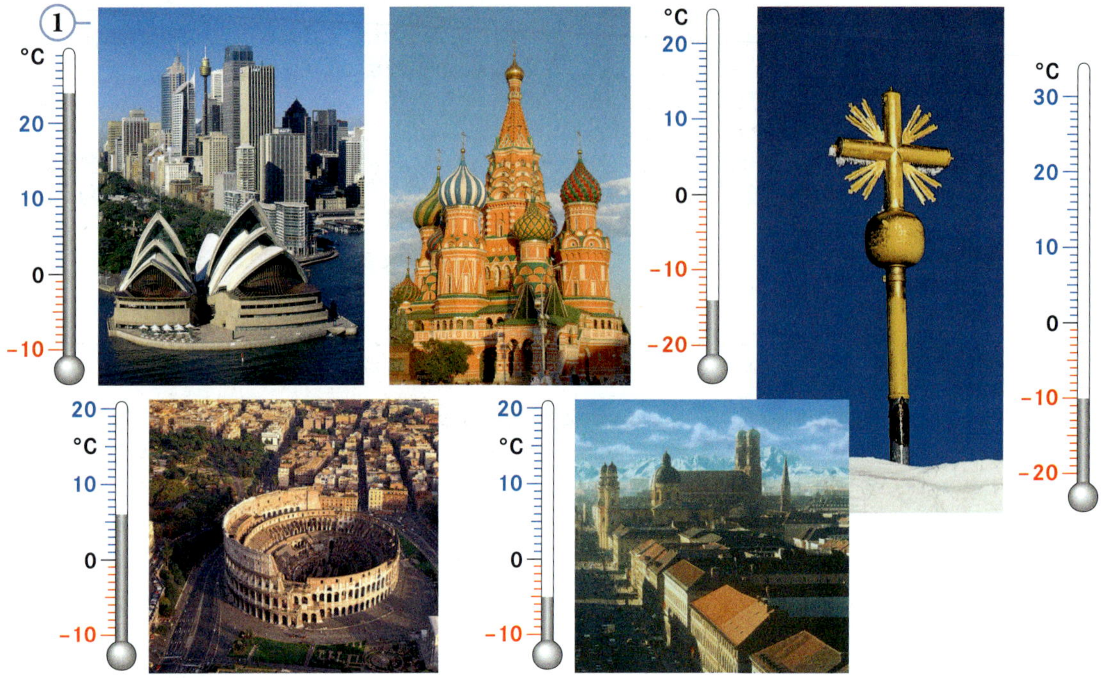

a) Wie heißen die Orte auf den Bildern?
b) Lies an den Thermometern die Temperaturen für die einzelnen Orte ab.
c) Übertrage das Thermometer in dein Heft und markiere die Temperaturen. Temperaturen über Null Grad Celsius werden dabei mit dem Vorzeichen „+" und Temperaturen unter Null Grad Celsius mit dem Vorzeichen „–" gekennzeichnet.
(1) – 15 °C; – 13 °C; – 6 °C; + 6 °C; – 1 °C; – 3 °C
(2) 15 °C; – 11 °C; – 7 °C; 8 °C; – 9 °C; – 16 °C
(3) – 2 °C; – 14 °C; – 8 °C; 12 °C; – 4 °C; – 7 °C

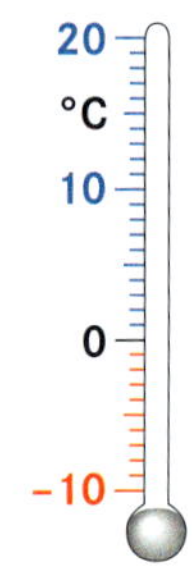

② Im folgenden Bild sind die Durchschnittstemperaturen einiger Monate auf der Zugspitze dargestellt.

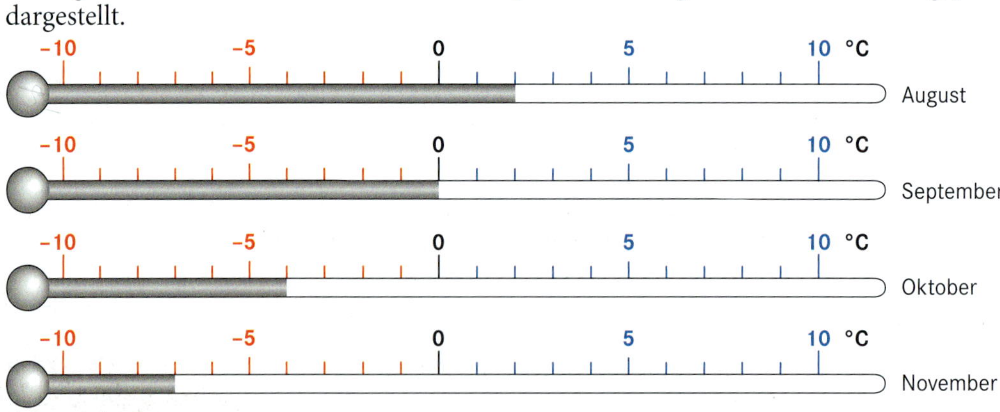

Welcher ist der kälteste (wärmste) Monat? Woran erkennst du das?

③ Vergleiche die Temperaturen. Setze in deinem Heft für den Platzhalter < oder > ein.

a)	b)	c)	d)
– 4 °C ▢ – 7 °C	0 °C ▢ – 4 °C	– 7 °C ▢ – 10 °C	– 11 °C ▢ – 8 °C
+ 2 °C ▢ 0 °C	+ 18 °C ▢ – 18 °C	– 7 °C ▢ 0 °C	– 13 °C ▢ – 15 °C
– 16 °C ▢ – 27 °C	– 13 °C ▢ – 7 °C	– 1 °C ▢ 3 °C	– 3 °C ▢ – 11 °C
+ 13 °C ▢ – 20 °C	+ 13 °C ▢ – 8 °C	+ 8 °C ▢ – 4 °C	– 15 °C ▢ – 7 °C

M

Ganze Zahlen

Die Zahlen + 1; + 2; + 3; … sind **positive ganze Zahlen** oder natürliche Zahlen.
Die Zahlen − 1; − 2; − 3; … sind **negative ganze Zahlen.**
Die positiven ganzen Zahlen, die Null und die negativen ganzen Zahlen bilden die **Menge der ganzen Zahlen $\mathbb{Z}$.**
$\mathbb{Z} = \{…; -3; -2; -1; 0; +1; +2; +3; …\}$

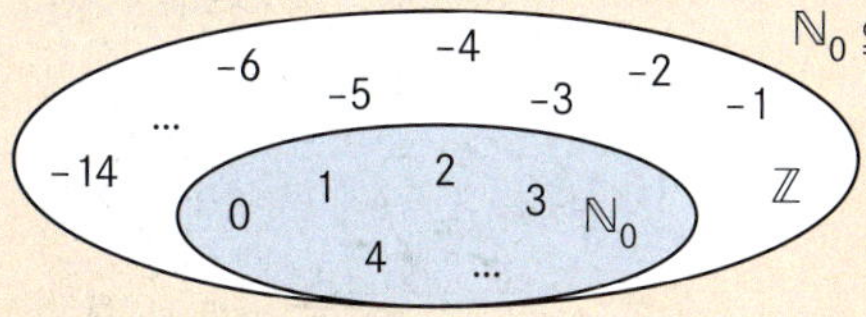

Zahlengerade

Die ganzen Zahlen lassen sich auf der **Zahlengeraden** anordnen.

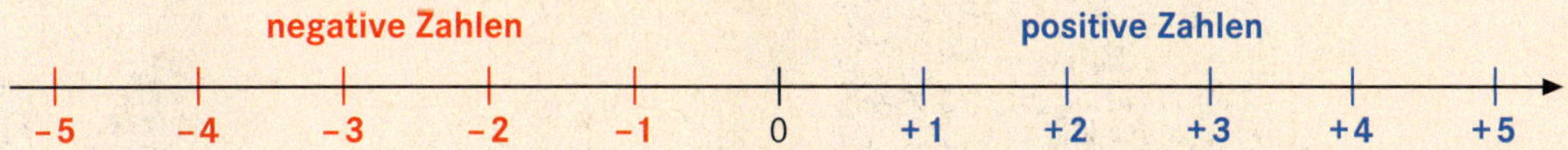

Auf der Zahlengeraden liegt der Bildpunkt

zur Zahl − 4 links von dem zur Zahl − 1
$-4 < -1$

zur Zahl − 1 rechts von dem zur Zahl − 4
$-4 > -1$

Übungen

4 Setze für den Platzhalter das richtige Zeichen $\in$ oder $\notin$ ein.

a) + 3 ■ $\mathbb{Z}$; 0,75 ■ $\mathbb{Z}$; − 4 ■ $\mathbb{N}_0$
b) 4 ■ $\mathbb{Z}$; $\frac{1}{2}$ ■ $\mathbb{Z}$; 0 ■ $\mathbb{N}$
c) − 11 ■ $\mathbb{Z}$; 5,5 ■ $\mathbb{N}$; 2 ■ $\mathbb{Z}$
d) 16 ■ {…; − 4; − 2; 0; 2; 4; …}; 18 ■ {…; − 5; − 3; − 1; 0; 1; 3; …}; 65 ■ {…; − 15; − 10; − 5; 0; 5; 10; …}

5 Übertrage die Tabelle in dein Heft und fülle sie aus.

a)

Vorgänger	Zahl	Nachfolger
■	− 1	■
− 13	■	■
■	■	0

b)

Vorgänger	Zahl	Nachfolger
− 569	■	■
■	− 100	■
■	■	− 350

6 Lies an den folgenden Zahlengeraden ab, wie die markierten Zahlen heißen.

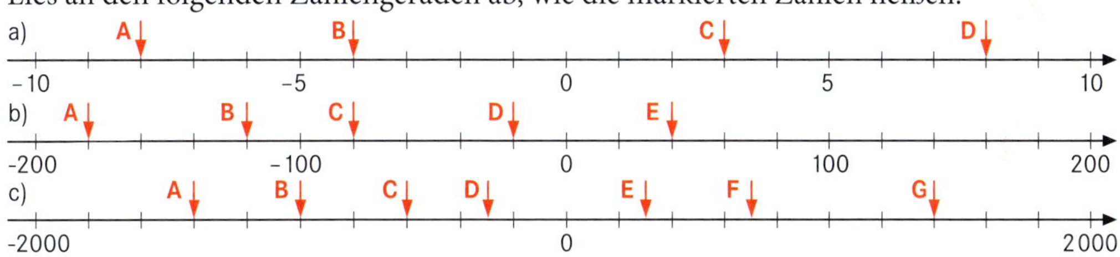

7 Vergleiche die Zahlen. Setze in deinem Heft für den Platzhalter die Zeichen < oder > oder Zahlen so ein, dass eine wahre Aussage entsteht.

a) − 5 ■ + 1; + 4 ■ − 5
b) − 3 ■ − 2; − 1 ■ − 3
c) − 29 ■ 23; − 45 ■ − 43
d) − 18 ■ − 13; − 37 ■ − 20
e) ■ < − 14 < ■; ■ < − 75 < ■

8 Alina soll folgende Zahlen an der Tafel der Größe nach ordnen:
− 4; − 2; + 1; 0; − 10; − 1; − 5; + 3

a) Beurteile Alinas Lösungsversuch und ihre Begründung. Versuche selbst das Ordnen negativer Zahlen mit Hilfe von Temperaturen zu erläutern.
b) Ordne die Zahlen der Größe nach. Beginne mit der kleinsten Zahl.

9 Zeichne eine Zahlengerade und trage darauf die folgenden Zahlen ein.
Wähle eine geeignete Längeneinheit.
Ordne anschließend nach der Beziehung „ist kleiner als".

a) 0; – 12; 3; – 5; – 9; 6; – 7; 11; – 13
b) – 17; – 11; 3; – 24; 4; – 13; – 15; – 19
c) 35; – 30; – 20; 25; – 60; – 15; – 55; – 5
d) – 75; – 110; 30; – 45; 60; – 130; – 125
e) – 85; – 105; 20; – 70; 5; – 35; – 50; – 90
f) – 600; 750; – 550; 300; – 250; – 100

10

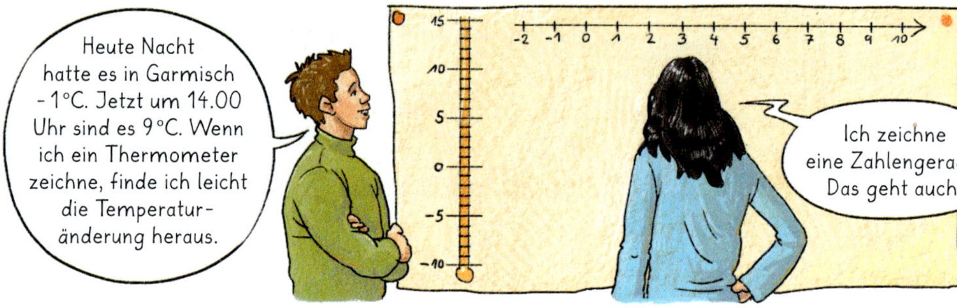

	a)	b)	c)	d)	e)
Anfangstemperatur in °C	8	– 1	– 2		
Temperaturänderung in °C		12 Abnahme		6 Zunahme	
Endtemperatur in °C	– 2		5	– 5	

Wie hat sich die Temperatur in Garmisch geändert?
Welche Werte fehlen in der Tabelle? Zeichne dir ein Thermometer wie Luca oder eine Zahlengerade wie Joy.

11 Springe auf der Zahlengeraden dreimal vorwärts bzw. dreimal rückwärts. Wo landest du?

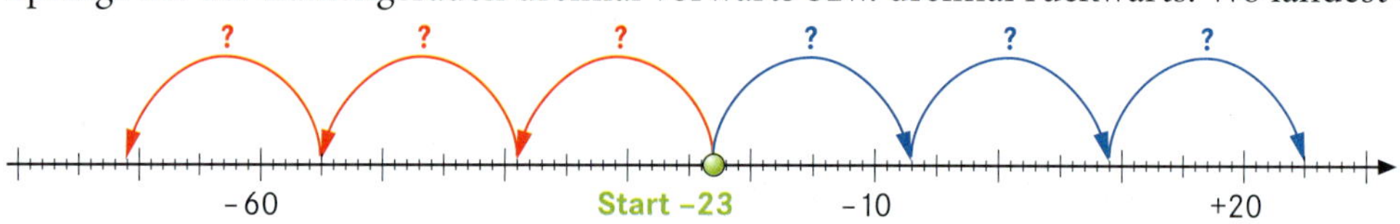

a) Gib eine mögliche Sprungweite für das Bild oben an. Begründe.
b) Start: – 3 Sprungweite: 12 (24, 36)
c) Start: – 110 Sprungweite: 69 (46, 23)
d) Springe mit 5 (10, 15) Sprüngen von der Zahl – 34 zur Zahl – 109. Wie groß ist die Sprungweite?
e) Erfinde selbst eine Sprungaufgabe.

12 Wie findest du die Zahl? Wie heißt die Zahl?
a) Sie liegt genau in der Mitte zwischen – 14 und – 4?
b) – 1 liegt genau in der Mitte zwischen – 16 und dieser Zahl.
c) 23 liegt genau in der Mitte zwischen dieser Zahl und 79.

13 a) Was würdest du als Kandidat antworten?
b) Bist du mit der Fragestellung einverstanden? Begründe.

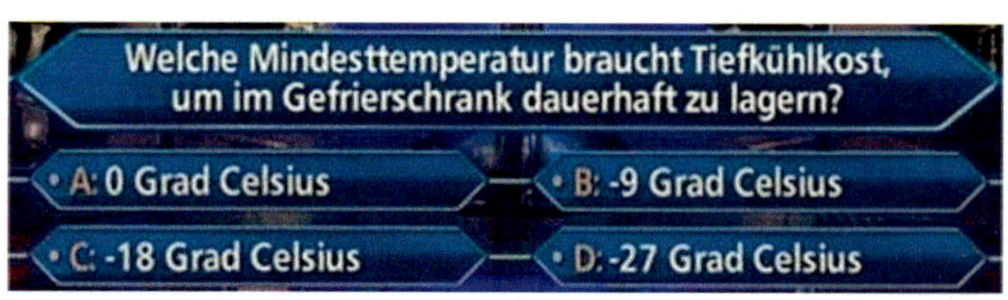

1 Wie viel Schulden haben Steffi und Leon?

2 Nenne zu jeder markierten Zahl die Zahl, deren Bildpunkt auf der Zahlengeraden die gleiche Entfernung vom Nullpunkt hat wie der Bildpunkt der markierten Zahl.
Beispiel: A; + 30

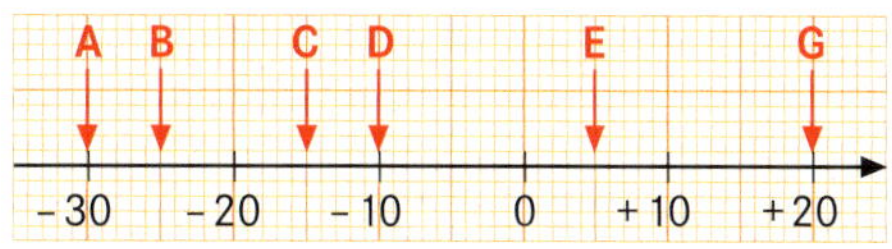

M

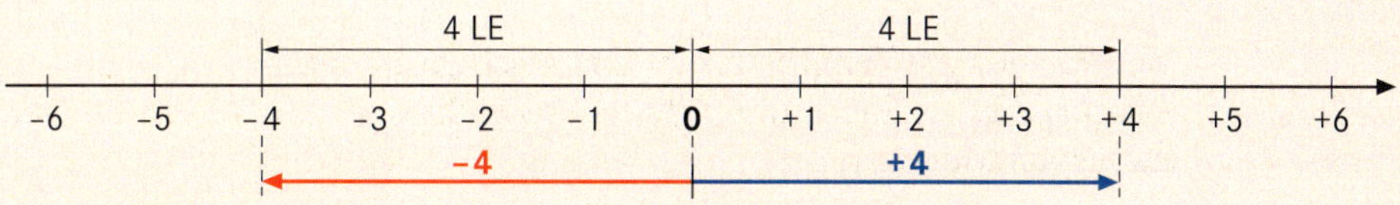

Betrag
Gegenzahl

Die zu den Zahlen + 4 und – 4 zugehörigen Zahlenpfeile haben entgegengesetzte Richtung, aber die gleiche Länge **4** LE.
Die Maßzahl **4** der Länge der Zahlenpfeile ist der **Betrag** der Zahlen + 4 und – 4.
Die Zahlen + 4 und – 4 nennt man **Gegenzahlen.** Gegenzahlen haben den gleichen Betrag, aber verschiedene Vorzeichen.
Der Betrag einer Zahl wird mit Betragsstrichen geschrieben.
$|-4| = 4$ *lies:* Betrag von – 4 ist 4; $|+4| = 4$ *lies:* Betrag von + 4 ist 4

Übungen

3 a) Gib jeweils den Betrag und die Gegenzahl an: – 3; + 15; + 3; – 1; – 17; + 125; – 1 905
b) Finde drei positive und drei negative Zahlen, deren Betrag zwischen 5 und 11 liegt.
c) Finde drei Zahlen kleiner als Null, deren Betrag größer als 10 ist.

4 Bestimme den Platzhalter.

a) $|-8| = \square$; $|+95| = \square$; $|-20| = \square$
b) $|-3| = \square$; $|-55| = \square$; $|+22| = \square$
c) $|\square| = 7$; $|\square| = 48$; $|\square| = 123$
d) $|-765| = \square$; $|\square| = 209$; $|+189| = \square$
e) $|-1\,464| = \square$; $|\square| = 1\,917$; $|\square| = 6\,981$

5 Setze in deinem Heft für den Platzhalter die Zeichen < oder > oder = oder eine ganze Zahl so ein, dass jeweils eine wahre Aussage entsteht.

a) $-5 \;\square\; -3$; $|-5| \;\square\; |-3|$; $|-5| \;\square\; -3$; $-5 \;\square\; |-3|$
b) $+6 \;\square\; -6$; $|+6| \;\square\; |-6|$; $+6 \;\square\; |-6|$; $|-6| \;\square\; -6$
c) $-1 \;\square\; -4$; $|-1| \;\square\; |-4|$; $|-1| \;\square\; -4$; $-1 \;\square\; |-4|$
d) $|-3| + \square = 7$; $2 \cdot \square - |-8| = 4$; $|-6| + 3 \cdot \square = 24$; $\square - 4 \cdot |+2| = 5$

1 Die Wetterfee zeigt ihrem Lehrling Tunichtgut, wie er die Temperatur der Luft auf der Erde überwachen kann.

a) Tunichtgut ist nicht der schlaueste Lehrling und tut sich mit vielen Dingen schwer. Erkläre ihm noch einmal den Zweck der warmen und kalten Blasen.
b) Lehrling Tunichtgut ist etwas tollpatschig. Als er in die 10 °C warme Luft zwei warme Blasen werfen soll, fallen ihm sechs warme Blasen hinunter. Wie kann er mit Hilfe der kalten Blasen dennoch die gewünschte Lufttemperatur bekommen?
c) Die Wetterfee möchte die Lufttemperatur auf der Erde ändern. Zunächst soll die 3 °C warme Luft in der Nacht auf – 4 °C abgekühlt werden. Danach muss sie für den Tag wieder auf 12 °C erwärmt werden. Welche Blasen muss sie jeweils hinunterwerfen?
d) Überlege dir ähnliche Aufgabenstellungen wie in c) und stelle sie deinem Nachbarn.

2 Die Wetterfee möchte ihren Lehrling in Zukunft auch einmal mit der Regulierung der Lufttemperatur alleine lassen. Um sicher zu sein, dass Tunichtgut auch keine Fehler macht, stellt sie ihrem Lehrling Rechenaufgaben.
Wie hoch ist jeweils die Lufttemperatur?

Text	Bild	Term
Die Luft hat eine Anfangstemperatur von – 6 °C. Es werden drei warme Blasen hinuntergeworfen.	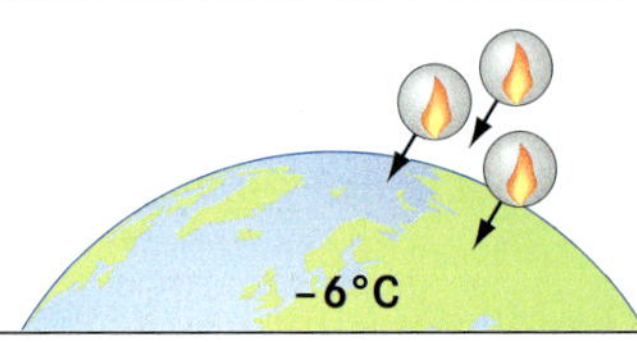	(– 6) + (+ 3) =
Die Luft hat eine Anfangstemperatur von + 2 °C. Es werden acht kalte Blasen hinuntergeworfen.	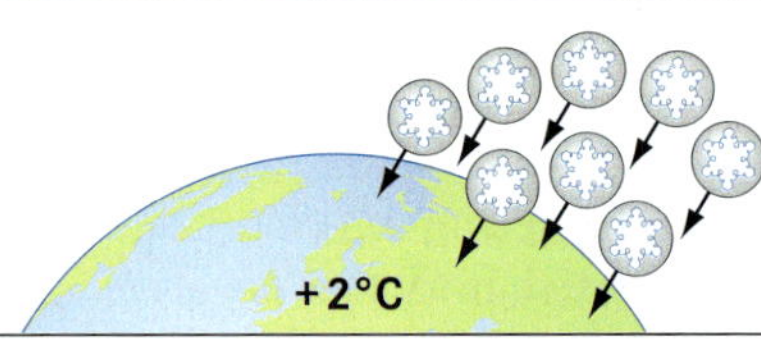	(+ 2) + (– 8) =

a) Erkläre, wie die Terme mit dem dazugehörigen Text und dem Bild zusammenhängen.
b) Übertrage die Tabelle in dein Heft und löse die Aufgaben.

3 Schreibe zu den Angaben die passenden Rechnungen und löse sie.

	Anfangs-temperatur	hinuntergeworfene Blasen
a)	– 2 °C	9 warme
b)	– 7 °C	7 kalte
c)	– 12 °C	4 warme
d)	4 °C	6 kalte
e)	5 °C	9 kalte

4 Du kannst die Addition ganzer Zahlen auch durch das Zahlenpfeilmodell darstellen:

Spitze – Fuß – Kopplung

Du setzt beim Zeichnen an die Spitze des ersten Pfeils den Fuß des zweiten Pfeils.

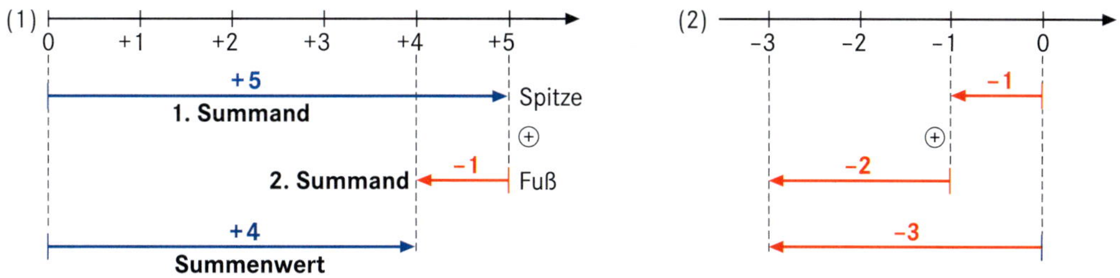

a) Welcher Text passt zu (1), welcher zu (2)? Nenne jeweils das Ergebnis der Addition.
b) Wodurch unterscheiden sich die Zahlenpfeile für eine positive und eine negative Zahl?
c) Wo beginnt immer ein Zahlenpfeil, der den Summenwert angibt? Wo endet er immer?

5 Bei den dargestellten Additionen ist der Zahlenpfeil für den Summenwert falsch eingezeichnet. Zeichne diesen Pfeil richtig ein. Übertrage dazu die Aufgaben in dein Heft. Schreibe jeweils eine passende Temperaturgeschichte dazu.

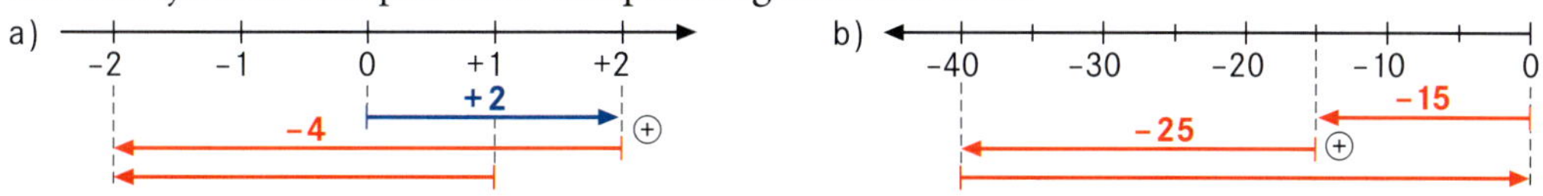

6

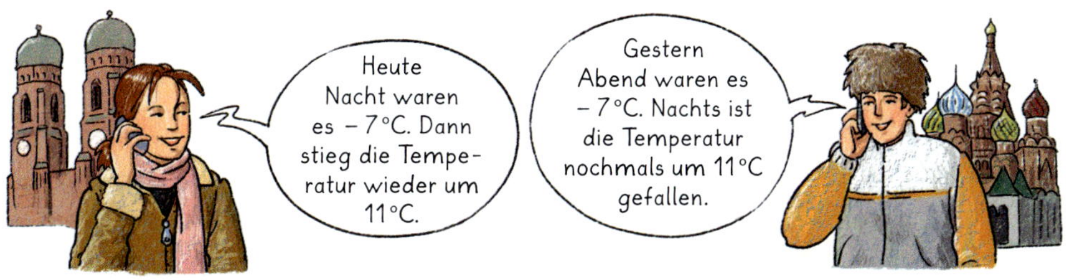

Ordne den Aussagen von Mia und Igor jeweils die richtige Aufgabe zu und löse sie mit dem Zahlenpfeilmodell. Wähle für deine Zahlenpfeile eine geeignete Einheit.

A (− 7) + (− 11) = ☐ **B** (+7) + (− 11) = ☐ **C** (− 7) + (+11) = ☐

M

Addition

Vorzeichen

(+ 7) + (− 8)

Rechenzeichen

Addition ganzer Zahlen mit gleichen Vorzeichen

(+ 13) + (+ 9) = + 22
(− 13) + (− 9) = − 22

Du setzt das gemeinsame Vorzeichen und addierst die Beträge.

Addition ganzer Zahlen mit verschiedenen Vorzeichen

(− 13) + (+ 9) = − 4
(+ 13) + (− 9) = + 4

Du setzt das Vorzeichen der Zahl mit dem größeren Betrag und subtrahierst den kleineren vom größeren Betrag.

Übungen

7 Welches Vorzeichen hat das Ergebnis? Berechne anschließend.

a)	b)	c)	d)
$(+3) + (+8)$	$(-18) + (-7)$	$(+33) + (-42)$	$(+74) + (+99)$
$(-3) + (+8)$	$(-18) + (+7)$	$(+33) + (+42)$	$(-74) + (-99)$
$(+3) + (-8)$	$(+18) + (+7)$	$(-33) + (-42)$	$(+74) + (-99)$
$(-3) + (-8)$	$(+18) + (-7)$	$(-33) + (+42)$	$(-74) + (+99)$

8 Der Lehrling Tunichtgut musste wieder einmal die Lufttemperatur auf der Erde überwachen.

a) Was kann Tunichtgut tun, damit die Temperatur auf 4 °C ansteigt?
b) Der tollpatschige Tunichtgut hat die Lufttemperatur auf der Erde von 6 °C auf – 13 °C sinken lassen. Die Lufttemperatur soll aber nur – 7 °C sein. Nenne zwei Möglichkeiten, wie Tunichtgut seinen Fehler wieder gut machen kann.
c) Tunichtgut möchte die Lufttemperatur auf der Erde ändern. Zunächst soll die 8 °C warme Luft in der Nacht auf – 2 °C abgekühlt werden. Danach muss sie für den Tag wieder auf 15 °C erwärmt werden. Welche Blasen muss er jeweils wegnehmen?
d) Überlege dir ähnliche Aufgabenstellungen wie in c) und stelle sie deinem Nachbarn.

9 Du kannst die Subtraktion ganzer Zahlen durch das Zahlenpfeilmodell darstellen:

Spitze - Spitze - Kopplung
Du setzt beim Zeichnen an die Spitze des ersten Pfeils die Spitze des zweiten Pfeils.

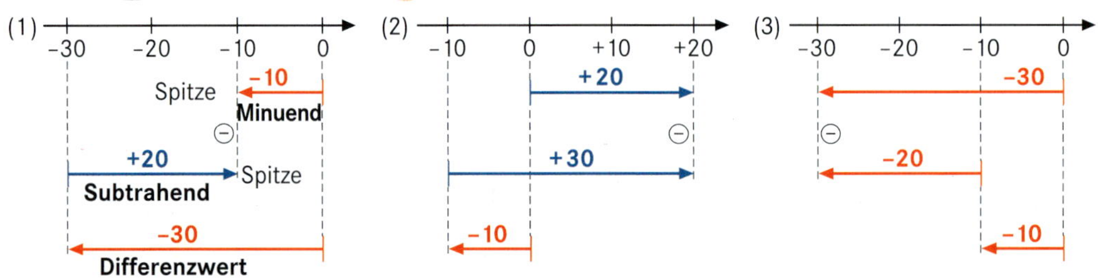

a) Welcher Text passt zu welchem Zahlenpfeilmodell. Nenne jeweils das Ergebnis.
b) Wo beginnt und wo endet ein Zahlenpfeil, der den Differenzwert darstellt?

10 Schreibe jeweils eine passende Temperaturgeschichte und zeichne die zugehörigen Zahlenpfeilmodelle. Nenne das Ergebnis.
a) $(+5) - (+3)$ b) $(+3) - (+5)$ c) $(-3) - (+5)$ d) $(-5) - (-3)$ e) $(+3) - (-5)$

11 Damit nicht so viele Fehler bei der Temperatur auf der Erde passieren, muss Tunichtgut einige Rechenaufgaben üben.
Schreibe zu den Angaben die passenden Rechnungen. Wie hoch ist die neue Temperatur? Was fällt dir auf?

	Anfangs-temperatur	hinzukommende Blasen	weggenommene Blasen
a)	− 4 °C		9 warme
b)	+ 23 °C	35 kalte	
c)	− 12 °C	18 warme	
d)	− 4 °C	9 kalte	
e)	− 9 °C		9 kalte
f)	+ 23 °C		35 warme
g)	− 9 °C	9 warme	
h)	− 12 °C		18 kalte

M

Subtraktion

Subtraktion ganzer Zahlen

(+ 17) − (+ 12) = (+ 17) + (− 12) = + 5
(− 7) − (+ 14) = (− 7) + (− 14) = − 21
(+ 25) − (− 8) = (+ 25) + (+ 8) = + 33
(− 15) − (− 13) = (− 15) + (+ 13) = − 2

Du subtrahierst eine ganze Zahl, indem du die Gegenzahl addierst.

Übungen

12 Schreibe jeweils die dazugehörige Additionsaufgabe und berechne.

(− 12) − (+ 17) = (− 12) + (− 17) = − 29

a) (+ 4) − (+ 7)
(− 4) − (+ 7)
(+ 4) − (− 7)
(− 4) − (− 7)

b) (− 28) − (− 9)
(− 28) − (+ 9)
(+ 28) − (+ 9)
(+ 28) − (− 9)

c) (+ 36) − (− 44)
(+ 36) − (+ 44)
(− 36) − (− 44)
(− 36) − (+ 44)

d) (+ 64) − (+ 89)
(− 64) − (− 89)
(+ 64) − (− 89)
(− 64) − (+ 89)

13 Übertrage die Tabelle in dein Heft und ergänze. Was fällt dir auf?

a	b	c	(a + b) + c	a + (b + c)	a + c + b
+ 5	− 4	+ 7			
− 3	− 5	− 9			
+ 15	+ 37	− 25			

M

Kommutativgesetz

Assoziativgesetz

Kommutativgesetz der Addition

(− 3) + (+ 7) = (+ 7) + (− 3)

a + b = b + a

a; b ∈ ℤ

Assoziativgesetz der Addition

(+ 7) + [(− 3) + (+ 4)] = [(+ 7) + (− 3)] + (+ 4)
= (+ 7) + (− 3) + (+ 4)

a + (b + c) = (a + b) + c = a + b + c

a; b; c ∈ ℤ

Übung

14 Vertausche, falls nötig, die Zahlen so, dass du vorteilhaft rechnen kannst.

(− 147) + (+ 74) + (− 53) = (− 147) + (− 53) + (+ 74) = (− 200) + (+ 74) = − 126

a) 44 + (− 78) + 66
b) (− 68) + (− 99) + (− 32)
c) (− 428) + (− 248) + 428
d) 349 + (− 7) + 51
e) (− 195) + (− 94) + (− 56)
f) (− 843) + 733 + (− 731)
g) (− 79) + 58 + 29
h) (− 98) + (− 127) + (− 72)
i) 636 + (− 327) + (− 523)

Lösungen: 8; 32; − 199; − 214; − 248; − 297; − 345; 393; − 841

Mit einem selbst gebastelten Rechenstreifen kannst du ganze Zahlen leicht addieren und subtrahieren.
Beachte bei der Herstellung deines Rechenstreifens die folgende Bauanleitung.

Du brauchst dazu:
1 Pappstreifen, 29 cm lang, 6 cm breit,
2 Pappstreifen, 29 cm lang, 2 cm breit,
1 Pappstreifen, 29 cm lang, 3,5 cm breit,
Schere, Hefter mit 10 Heftklammern.

1. Runde die Ecken des 3,5 cm breiten Streifens mit einer Schere ab. Schneide an den kurzen Seiten aus dem 6 cm breiten Streifen jeweils eine Aussparung.

2. Zeichne auf einem 2 cm breiten Streifen eine Skala von – 14 bis 14 (**Skala A**) und auf den 3,5 cm breiten Streifen eine Skala von – 14 bis 14 (**Skala B**).

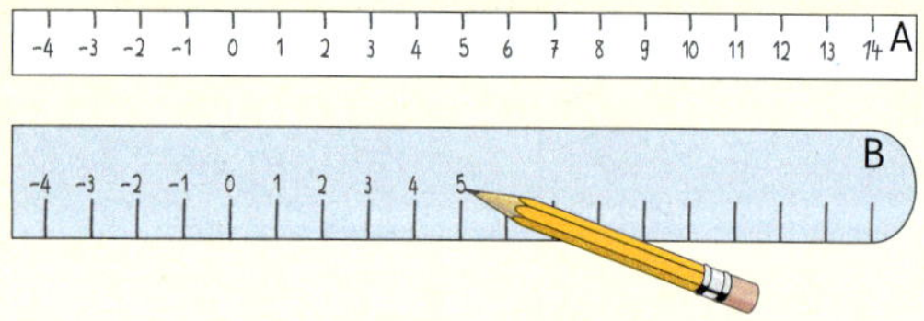

3. Hefte die 2 cm breiten Streifen wie abgebildet auf den 6 cm breiten Streifen.

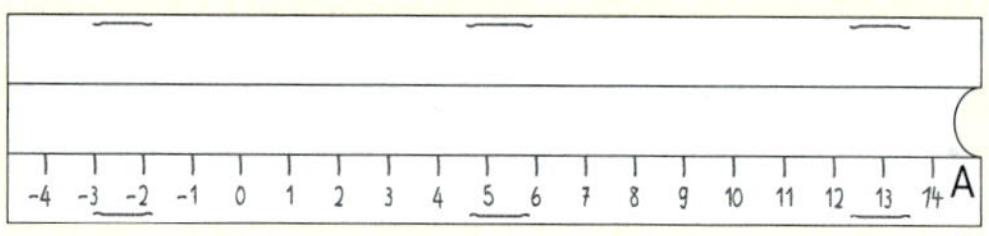

4. Schiebe nun den 3,5 cm breiten Streifen unter die aufgehefteten Streifen.

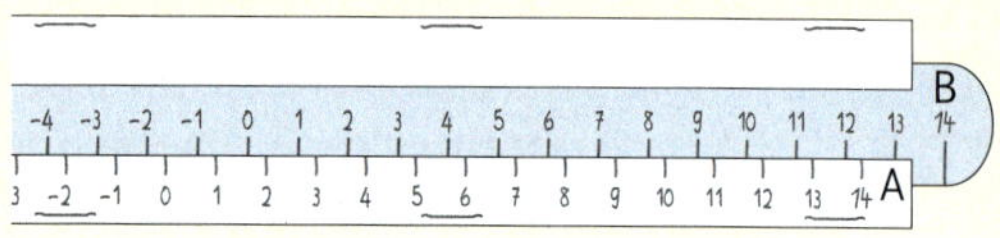

Addition ganzer Zahlen

1. Suche auf der **Skala A** den ersten Summanden. Schiebe die Null der **Skala B** über den ersten Summanden.
Beispiel: (+ 4) + (+ 7) = ▢

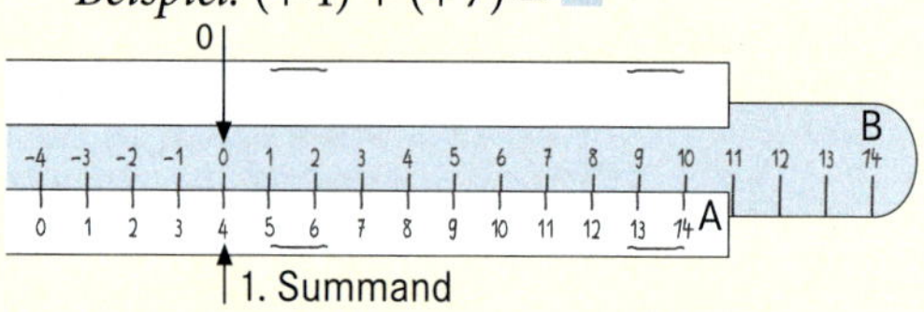

2. Suche auf der **Skala B** den zweiten Summanden. Lies das Ergebnis auf der **Skala A** unter dem zweiten Summanden ab.

Vergleiche mit dem Zahlenpfeilmodell.

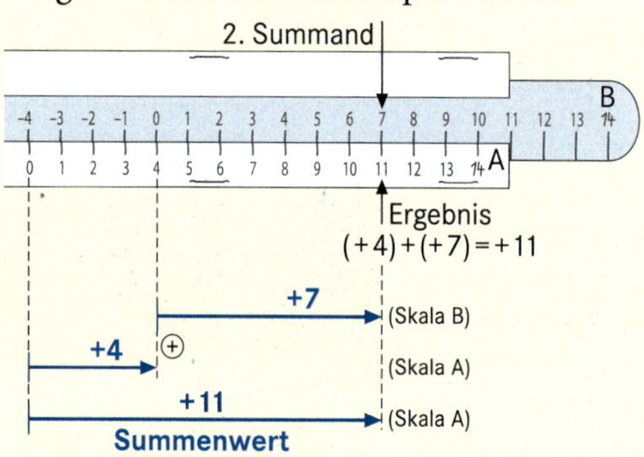

Subtraktion ganzer Zahlen

1. Suche auf der **Skala A** den Minuenden. Schiebe den Subtrahenden auf der **Skala B** über den Minuenden.
Beispiel: (+ 9) – (+ 7) = ▢

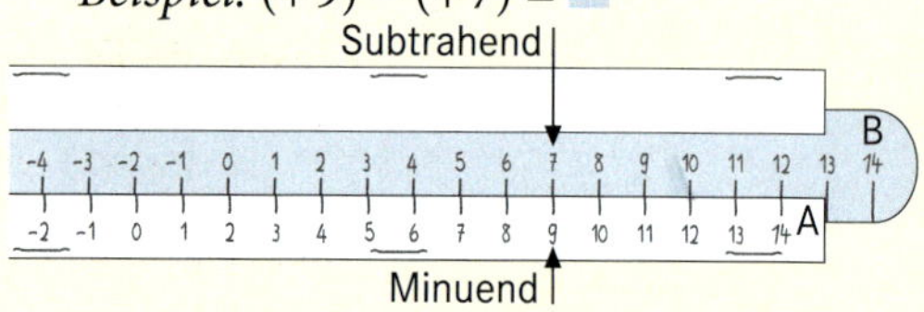

2. Suche auf der **Skala B** die Null.
Lies das Ergebnis auf der **Skala A** unter der Null ab.

Vergleiche mit dem Zahlenpfeilmodell.

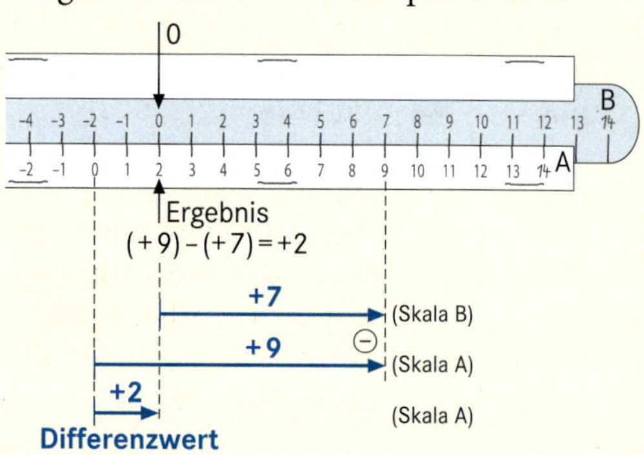

1 Springe auf der Zahlengeraden sechsmal. Schreibe alle Zahlen auf, bei denen du landest.

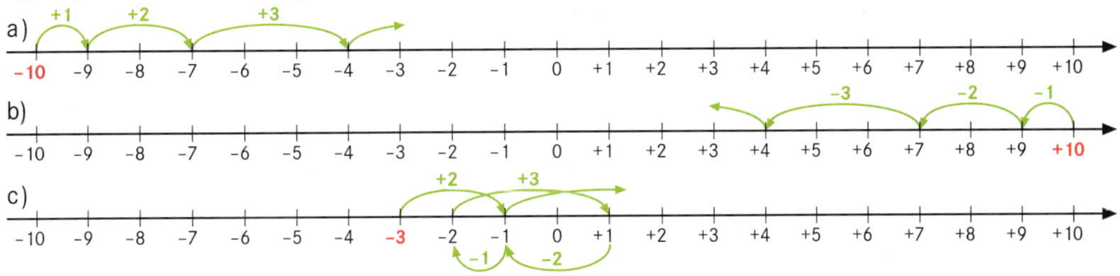

2 Setze in deinem Heft + oder – für die Platzhalter, damit die Aufgabe richtig ist.
Finde bei Teilaufgabe c) jeweils zwei Möglichkeiten.

a)	b)	c)
(+18) + (− 14) = □ 4	(□ 19) − (□ 30) = 49	(□ 12) − (□ 9) = □ 21
(− 9) − (− 13) = □ 4	(□ 19) + (□ 30) = 11	(□ 12) + (□ 9) = □ 21
(□ 17) − (+21) = □ 4	(□ 19) − (□ 30) = − 49	(□ 37) + (□ 16) = □ 21
(− 15) + (□ 11) = □ 4	(□ 19) + (□ 30) = − 11	(□ 37) − (□ 16) = □ 21

3 Berechne.

a)	b)	c)
(+25) − (+38) − (−22)	(+35) − (−18) + (−33)	(+35) + (−26) − (+71) − (−62)
(−35) − (−25) − (+19)	(+86) + (−114) − (−45)	(+75) − (−32) − (+27) − (+23)
(+47) − (+33) − (−42)	(+129) + (−251) − (−75)	(−61) + (+28) + (−54) − (−77)
|−55| − (+43) − (+61)	(−78) − |+81| + (+145)	(−7) + (−202) − (+35) − |−244|

4 Stelle einen Term auf und berechne.
a) Der Minuend ist 36, der Subtrahend – 125. Wie groß ist der Differenzwert?
b) Der erste Summand ist 180, der zweite um 250 kleiner. Berechne den Summenwert.
c) Addiere den Nachfolger von – 101 zum Vorgänger von – 191.
d) Subtrahiere vom Vorgänger der Zahl 1 011 den Nachfolger der Zahl – 989.

5

Welche Zahlen von – 6 bis 4 erhältst du als Ergebnis, wenn du die drei Zahlen jeweils nur einmal verwenden darfst.

6 Frau Knoke hat auf ihrem Konto ein Guthaben von 1 180,55 €. Im Kaufhaus hat sie mit ihrer EC-Karte 285 € bezahlt. Weiter wurden eine Rechnung über 588,50 € und die Miete von 505,80 € abgebucht. Die Telefonrechnung beträgt 48,85 €. Eine Gutschrift ihrer Autoversicherung in Höhe von 265,40 € geht zum Monatsende ein. Berechne den Kontostand am Ende des Monats.

1180,55 €
= 118 055 Ct

7 Im Bild siehst du die alte Saline in Bad Reichenhall. Dort wurde bis 1926 Sole verarbeitet, das ist Salzwasser mit 26,5 % Salzgehalt. Bad Reichenhall liegt 473 m über dem Meeresspiegel, 500 m darunter wurden noch Salzvorkommen nachgewiesen. Wie tief unter dem Meeresspiegel liegen diese Vorkommen?

1 a) Nimm Stellung zu den Aussagen der vier Kinder.
b) Die Lufttemperatur fällt um 4 °C, 5 °C, 6 °C u.s.w.
Ergänze die Reihen jeweils um vier weitere Aufgaben und berechne.

$(-2)-(+3)$	$(-2)+(-3)$	$-2-3$
$(-2)-(+4)$	$(-2)+(-4)$	$-2-4$
$(-2)-(+5)$	$(-2)+(-5)$	$-2-5$
$(-2)-(+6)$	$(-2)+(-6)$	$-2-6$
…	…	…

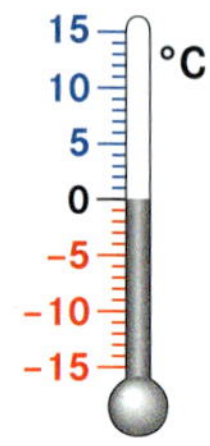

c) Ergänze die Reihen jeweils um sechs weitere Aufgaben und berechne.

…	…	…
$(-2)-(-2)$	$(-2)+(+2)$	$-2+2$
$(-2)-(-1)$	$(-2)+(+1)$	$-2+1$
$(-2)-(+0)$	$(-2)+(-0)$	$-2-0$
$(-2)-(+1)$	$(-2)+(-1)$	$-2-1$
$(-2)-(+2)$	$(-2)+(-2)$	$-2-2$

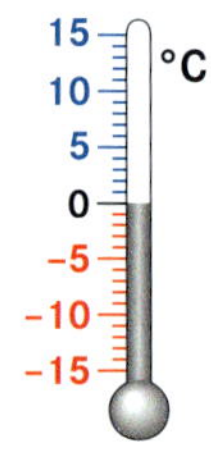

Auflösen von Klammern
$+(+)\rightarrow +$
$+(-)\rightarrow -$
$-(+)\rightarrow -$
$-(-)\rightarrow +$

M Summen und Differenzen kannst du auch ohne Klammern schreiben.

„+“ vor der Klammer

$(-8)+(+13)=-8+13$
$(-8)+(-13)=-8-13$

Das Zeichen der Zahl in der Klammer bleibt.

„−“ vor der Klammer

$(-8)-(-13)=-8+13$
$(-8)-(+13)=-8-13$

Das Zeichen der Zahl in der Klammer wird umgedreht.

Übung

2 Löse die Klammern auf und setze < oder > oder = ein.
a) $7+(-4)$ □ $7+(+4)$ b) $7-(+4)$ □ $7+(-4)$ c) $7+(+4)$ □ $7-(-4)$
d) $7-(-4)$ □ $7-(+4)$

M Ganze Zahlen addieren und subtrahieren

Gleiche Zeichen
$+3+8=+(3+8)+11$
$-3-8=-(3+8)-11$

Du setzt das gemeinsame Zeichen und addierst die Beträge.

Verschiedene Zeichen
$+3-8=-(8-3)=-5$
$-3+8=+(8-3)=+5$

Du setzt das Zeichen der Zahl mit dem größeren Betrag und subtrahierst den kleineren vom größeren Betrag.

Übung

3 Schreibe die Aufgabe ohne Klammern und berechne.

$(-12)-(-7)=-12+7=-5$
$(-23)+(-14)=-23-14=-37$

a)	b)	c)	d)
$(-9)+(+5)$	$(-2)-(-4)$	$(-9)+(-3)$	$(-18)-(+5)$
$(-4)+(+7)$	$(+5)-(-7)$	$(-4)+(-8)$	$(-4)-(+11)$
$(+3)+(+8)$	$(+9)-(-6)$	$(+7)+(-3)$	$(+15)-(+6)$
$(-5)+(+6)$	$(-1)-(-3)$	$(-4)+(-7)$	$(+3)-(+9)$

4 Schreibe die Aufgabe ohne Klammern und berechne.

a)	b)	c)	d)
(+67) − (−43)	(+109) − (−216)	(−44) − (−51)	(+45) − (+37)
(−72) − (+19)	(−76) − (+135)	(+26) − (+22)	(−157) − (−257)
(−37) − (−17)	(−112) − (−178)	(−75) − (−225)	(+79) − (+185)
(+86) − (+35)	(+45) − (+88)	(+25) − (+86)	(−2375) − (+735)

5 Bestimme jeweils das fehlende Vorzeichen.

a)	b)	c)	d)
8 − 9 = □ 1	−14 − 7 = □ 21	−23 + 18 = □ 5	31 − 28 = □ 3
−7 + 13 = □ 6	19 + 6 = □ 25	14 − 41 = □ 27	−17 − 32 = □ 49

6 Berechne.

a)	b)	c)	d)	e)
24 + 35	41 − 28	17 − 12	−46 + 46	−46 + 62
24 − 35	−41 − 28	−15 + 56	45 + 25	23 − 45
−24 + 35	−41 + 28	−75 + 47	54 − 32	−34 + 56
−24 − 35	41 + 28	−56 − 12	−39 + 27	12 − 56

7 Verbinde die Zahlen auf den Ziffernkärtchen so mit den Rechenzeichen + und −, dass
a) das Ergebnis möglichst groß (klein) ist.
b) das Ergebnis möglichst nahe bei Null liegt.
c) das Ergebnis 9 (−5) ist.

4 **−6** **−8** **9**

G

Der Mathematiker L. Euler (1707–1783) erblindete im Jahre 1766 nach einer schweren Krankheit. Sein erstes großes Werk nach diesem Schicksalsschlag wurde die „Algebra“. Aus diesem Buch ist hier ein kleiner Absatz aus dem 2. Kapitel wiedergegeben:

18. Da nun die negativen Zahlen als Schulden betrachtet werden können, insofern die positiven Zahlen den wirklichen Besitz angeben, so kann man sagen, dass die negativen Zahlen weniger sind als Nichts; also wenn Jemand Nichts im Vermögen hat, und noch dazu 50 Thl. schuldig ist, so hat er wirklich 50 Thl. weniger als Nichts; denn, wenn man ihm 50 Thl. schenken würde, um seine Schulden zu bezahlen, so würde er alsdann erst Nichts haben, während er doch jetzt mehr hat als vorher. (Thl. – Taler)

278,50 € = 27 850 Ct

8 Herrn Breitenbachs alter Kontostand war 278,50 €.
Auf seinem neuen Kontoauszug findet er folgende Buchungen:
Kfz-Steuer 197,80 €, Miete 365,30 €, Telefonrechnung 48,80 €.
Bestimme seinen aktuellen Kontostand.

9 Übertrage die magischen Quadrate in dein Heft und vervollständige sie. Gib jeweils die magische Zahl an.

Die Summe der Zahlen in jeder Zeile, jeder Spalte und den Diagonalen ist gleich.

a)

−4	0	□
□	2	□
□	□	8

b)

□	−5	□
23	−2	□
□	1	□

c)

19	□	□
−18	−3	12
□	□	□

10 Sophia und Carlotta haben unterschiedliche Lösungswege gefunden.
Für welchen Lösungsweg würdest du dich entscheiden? Begründe deine Antwort.

11 Ordne zuerst und fasse dann zusammen.

a) $-14 + 12 - 13 + 34 - 45 + 10 + 21 - 11$
b) $-4 + 112 - 53 + 134 - 5 + 15 + 25 - 11$
c) $34 - 23 + 67 - 65 + 21 - 8 + 34$
d) $84 - 523 + 167 - 65 + 51 - 18 + 94$
e) $-45 - 90 - 34 + 12 - 97 + 3 - 12 + 11$
f) $41 - 190 - 4 + 102 - 39 + 13 - 2 + 51$
g) $-123 + 74 - 234 - 12 + 98 - 39$
h) $-123 - 234 - 74 - 22 + 198 - 79 + 48$

13 Erstelle einen passenden Term und berechne anschließend den Termwert.

a) Subtrahiere die Differenz der Zahlen -34 und -78 von 105.
b) Addiere zur Summe der Zahlen -176 und -24 die Gegenzahl von -100.
c) Addiere zum Betrag der Summe aus -27 und 23 die Gegenzahl von 14.
d) Addierst du zu einer Zahl die Zahl -75, so erhältst du 35.
e) Subtrahiere von der Gegenzahl der Differenz der Zahlen -25 und -11 die Summe aus -99 und -63.

14
1
$1 - 2$
$1 - 2 + 3$
$1 - 2 + 3 - 4$
$1 - 2 + 3 - 4 + 5$
…

a) Beschreibe den Aufbau der Zahlenreihe. Schreibe die vier folgenden Terme auf.
b) Berechne. Was fällt dir auf?
c) Gib das Ergebnis für die 20. Zeile (101. Zeile) an, ohne zu rechnen.

15 Das Haus vom Nikolaus kannst du in einem Zug nachfahren.

a) Fahre die Figur nach. Du darfst jede Linie nur einmal benutzen. Addiere die Zahlen auf deinem Weg. Deine Start- und Endzahl musst du auch berücksichtigen.
b) Finde weitere Wege durch das Haus vom Nikolaus und berechne die Summe. Was fällt dir auf? Begründe.

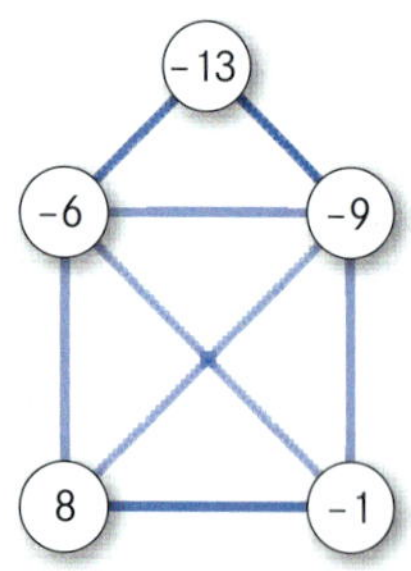

1 Die Zahlen gehören zu Zahlenfolgen. Suche die Regel und schreibe sie in dein Heft. Ergänze um vier Zahlen nach rechts und nach links.

a) …; 1; 2; 4; 7; … b) …; −5; −3; −1; 1; … c) …; −22; −33; −43; −54; …
d) …; −3; −2; −4; −3; −5; … e) …; −6; −3; −8; −5; −10; … f) …; −13; −20; −9; −16; −5; …

2 Welche Terme ergeben den Wert −9?

A −(−4 − 5) **B** −4 + 5 **C** −5 − 4
D 4 − (−5) **E** −14 +5 **F** −5 − (−4)

3 Setze in deinem Heft Klammern so, dass die Rechnung stimmt. Wie gehst du vor?

a) −17 − 9 − 21 = −5 b) 16 − 13 + 6 − 18 = −21
c) 47 − 17 + 59 = −29 d) 94 + 85 − 112 + 87 = −20
e) −56 + 98 − 36 = −118 f) −58 − 69 − 34 + 93 = 0

4 Bestimme für jedes gelbe Feld die Summe der vier Zahlen in den angrenzenden blauen Feldern.

	5	
−7	−4	−8
	6	

−7 + 6 − 8 + 5 = −4

		A	B	C	D	E	F	G	H	
		−3		0		−12		0		
1	−2		5		−7		45		−37	
2		4		−9		−3		−8		−44
3	−8		11		22		−30		−19	
4		−6		−7		−28		−19		−7
5	12		−10		8		−15		45	
6		−15		−23		34		−37		−12
7	22		20		−19		16		−31	
		−13		14		−21		−40		

5 Du hast folgende Ziffernkarten zur Wahl.

−6 **0** **9** **3** **−4**

a) Welche Ziffernkarte musst du in den Platzhalter legen, damit das Ergebnis am kleinsten ist?
−( ) + 2

b) Welche Ziffernkarten musst du in die Platzhalter legen, damit das Ergebnis am größten wird? Begründe deine Entscheidung.
( ) − ( )

6 a) $-187 - 63 + [64 - (87 + 11)] - 1000$ b) $576 - [-89 - (165 - 54)] + 16^2$
c) $|-83| - 123 - |+500| + 68 \cdot 1{,}5$ d) $273 - |75 - 169| - 188 + 12 : 0{,}04$
e) $-219 - [-49 + (91 - 1001)] + 3^3$ f) $215 - [-65 + |-58| - (76 - 83)] + 3{,}3 : 0{,}1$

7 a) $x - 159 - 283 = -759 - 68 + |-117|$ b) $x + [-149 - (67 + 83)] = 17^2 - 19$
c) $x - (187 - 276) = 15 \cdot (14^2 - 196)$ d) $x + (-155 + 65) = |-69 + 14| + 13^2$
e) $-517 - 83 + x = 3 - (89 - 111) + 197$ f) $x - (-49 + 7^2 + 3^4) = 2^5 - 31 + |-64|$

Lösungen zu 6, 7: 822; 146; 314; 569; −89; −268; −1284; −438; 1032; 291; 248; 767

Bei einem regelmäßigen Sechseck wird jeder zweite Eckpunkt zum Mittelpunkt M gefaltet. Welche Faltfigur entsteht?

A Zwölfeck **B** Sechseck **C** Dreieck **D** Quadrat

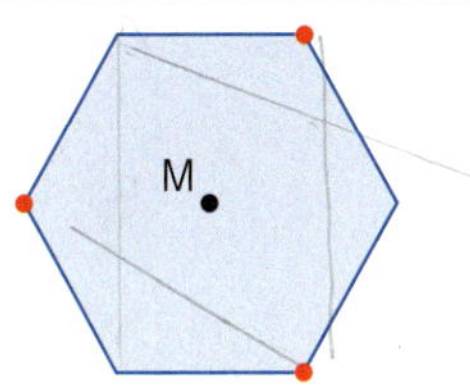

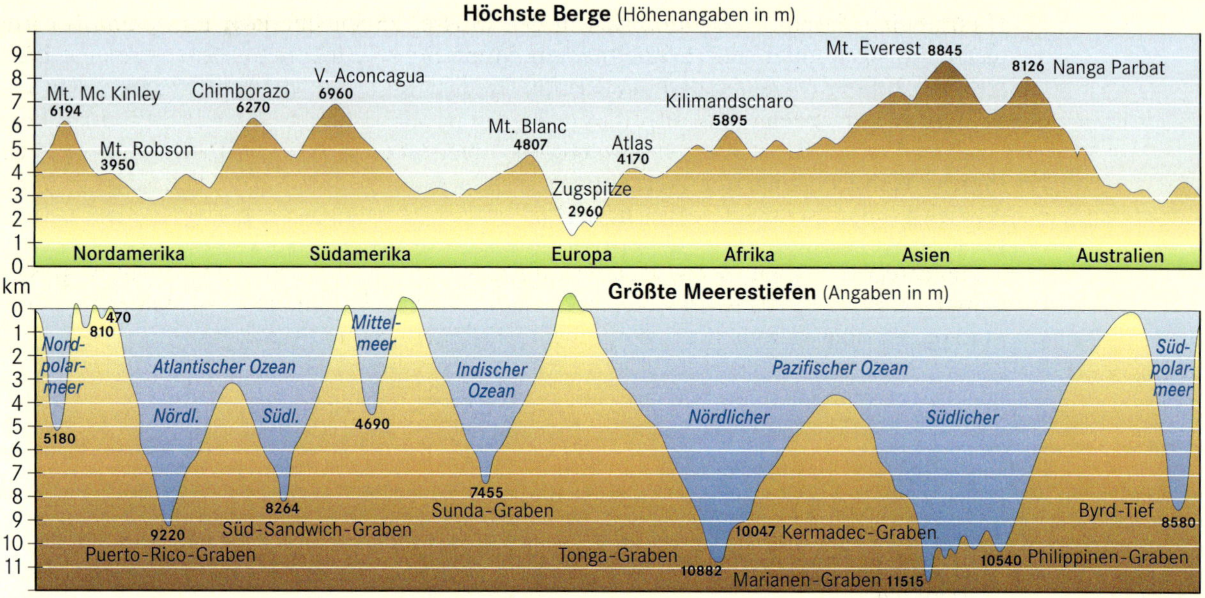

Normalnull (NN) ist die für die Höhenmessung auf der Erde verwendete Bezugsfläche. Sie bezeichnet die durchschnittliche Höhe des Meeresspiegels.

1 a) Ein Ballon steigt in der Nähe der Zugspitze aus 700 m Höhe auf eine Höhe von 1600 m. Anschließend sinkt er 70 m und noch einmal 40 m ab. Wie weit müsste er nun aufsteigen, um die Höhe der Zugspitze zu erreichen?

b) Ein U-Boot befindet sich im Mittelmeer 4650 m über der tiefsten Stelle. Es taucht zunächst 20 m und anschließend 70 m tiefer. Nun steigt es 60 m. Wie weit hätte es jetzt noch bis zur Wasseroberfläche?

c) In 32 500 ft (1 ft = 30,48 cm) Höhe fliegt ein Flugzeug. Überlege dir mindestens fünf verschiedene Aufgaben.

2 Sebastians älterer Bruder plant eine Radtour durch Israel.
Er stellt dabei fest, dass die Oberfläche des Toten Meeres 397 m unter dem Meeresspiegel (Normalnull) liegt.

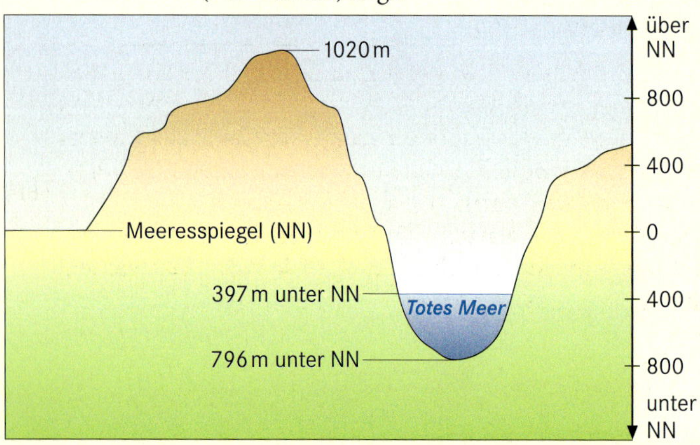

a) Suche auf dem Kartenausschnitt die eingezeichneten Höhenangaben heraus und notiere sie zusammen mit dem entsprechenden Ort.

b) Welche Höhenunterschiede wird Sebastians Bruder auf einer Fahrt von Jerusalem über Bethlehem und Hebron zum Toten Meer überwinden müssen?

c) Wie tief ist das Tote Meer?

1 Beim Spiel „Riskant“ befinden sich in der „Kasse“ 25 Spielmarken. Emily und Ricardo haben je ein Kapital von 15 Spielmarken. Wer beim Würfeln mit einem normalen Würfel die größere Augenzahl hat, bekommt aus der „Kasse“ so viele Spielmarken, wie sein Würfel Augen anzeigt. Der oder die andere muss so viele Spielmarken an die Bank zahlen, wie der Verliererwürfel Augen anzeigt. Das Spiel endet nach fünf Würfen oder wenn ein Spieler keine Spielmarken mehr hat. Sieger ist, wer am Schluss mehr Spielmarken hat. Bei Gleichstand entscheidet der nächste Wurf.

Hat Emily z. B. im ersten Wurf eine 5 und Ricardo eine 3, so bekommt Emily 5 Spielmarken aus der „Kasse“ und Ricardo muss 3 Spielmarken an die Kasse zahlen.
In der Tabelle schreiben wir vereinfacht bei Emily + 5 und bei Ricardo − 3.

Spielt dieses Spiel.

	1. Wurf	2. Wurf	3. Wurf	4. Wurf	5. Wurf
Emily	+5	−1	+4	−5	−4
Rechnung		+5 − 1			
Gewinn +/Verlust −	**+5**	**+4**			
Ricardo	−3	+2	−2	+6	+5
Rechnung		−3 + 2			
Gewinn +/Verlust −	**−3**	**−1**			

Übertrage die Tabelle ins Heft und ergänze sie. Wie viele Spielmarken hat der Sieger?

2 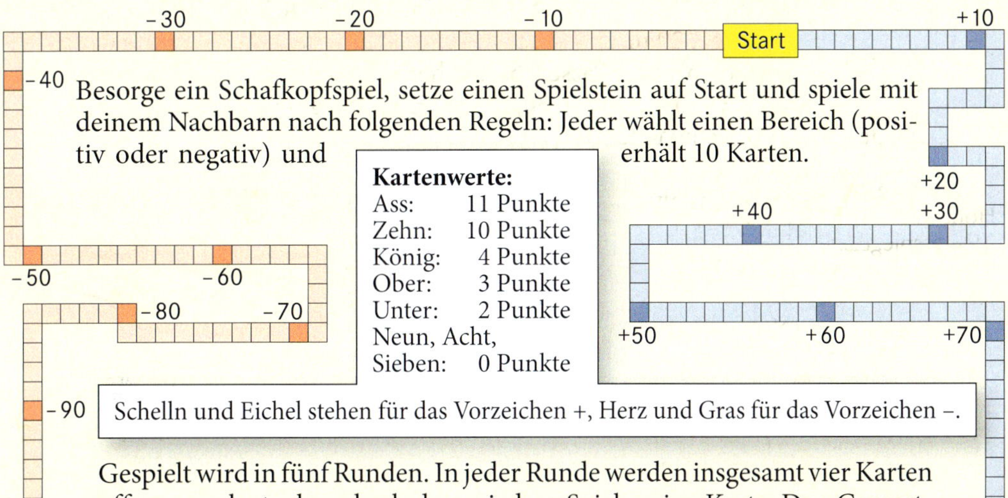

Besorge ein Schafkopfspiel, setze einen Spielstein auf Start und spiele mit deinem Nachbarn nach folgenden Regeln: Jeder wählt einen Bereich (positiv oder negativ) und erhält 10 Karten.

Kartenwerte:
Ass: 11 Punkte
Zehn: 10 Punkte
König: 4 Punkte
Ober: 3 Punkte
Unter: 2 Punkte
Neun, Acht, Sieben: 0 Punkte

Schelln und Eichel stehen für das Vorzeichen +, Herz und Gras für das Vorzeichen −.

Eine Spielvorlage erhältst du von deinem Lehrer oder deiner Lehrerin.

Gespielt wird in fünf Runden. In jeder Runde werden insgesamt vier Karten offen ausgelegt, abwechselnd von jedem Spieler eine Karte. Den Gesamtwert errechnet man nach der Vorschrift: a + a − b + c − d − d
Dabei steht a für den Wert der 1. Karte, b für den Wert der 2. Karte usw. Dann wird der Spielstein um den errechneten Wert je nach Vorzeichen nach rechts oder links gezogen. Nun beginnt der andere Spieler. Sieger ist derjenige, in dessen Bereich sich der Spielstein am Ende befindet.

Spielt auch dieses Spiel.

Hannah entscheidet sich für den negativen, Mike für den positiven Bereich.
Hannah legt den Eichel Ober. a = + 3
Mike legt das Schelln Ass. b = + 11
Hannah legt den Gras König. c = − 4
Mike legt den Herz Unter. d = − 2
Somit ergibt sich der Gesamtwert:
3 + 3 − 11 + (− 4) − (− 2) − (− 2) = − 5
Der Spielstein rückt 5 Felder nach links.

a) In der zweiten Runde beginnt Mike. Es werden der Reihe nach folgende Karten gelegt: Herz Acht, Schelln Zehn, Eichel König und Schelln Unter. Auf welches Feld kommt nun der Spielstein?
b) Findet eine Kartenkombination, bei der der Spielstein nach der ersten Runde auf das Feld der Zahl +14 gesetzt wird.

1

a) Zeichne die Figur in dein Heft und vervollständige sie zu einem magischen Quadrat.
Bei einem magischen Quadrat ist die Summe der Terme jeder einzelnen Zeile, Spalte und Diagonale gleich.

b) Überprüfe das ergänzte magische Quadrat für a = – 6.

$a-2$		$a+1$
	a	
		$a+2$

4

Auf deinem Mathematik-Schulheft findest du vielleicht den Vermerk 80 g/m^2. Das bedeutet, dass ein Quadratmeter von diesem Papier ein Gewicht von 80 Gramm hat. Man spricht von einem „80-Gramm-Papier".

a) Julian behauptet: „Ein DIN-A4-Blatt hat eine Fläche von $\frac{1}{16}$ m^2. Hat Julian recht?

b) Berechne das Gewicht eines DIN-A4-Blattes aus einem „80-Gramm-Papier".

c) Vergleiche dein Ergebnis in b) durch Messung mit einer Briefwaage. Lege beim Wiegen zehn DIN-A4-Blätter auf die Waage.

d) In dem Graphen rechts ist der Zusammenhang zwischen der Fläche und dem Gewicht bei einem Papier dargestellt, das häufig für Zeichenblöcke verwendet wird. Ermittle mit Hilfe der grafischen Darstellung, wie viel Gramm bei diesem Papier 1 m^2 wiegt.

e) Bestimme durch Rechnung oder mit Hilfe des Graphen aus d) das Gewicht eines DIN-A3-Blattes aus einem Zeichenblock. Die Fläche des Blattes beträgt $\frac{1}{8}$ m^2. Überprüfe dein Ergebnis durch Wiegen.

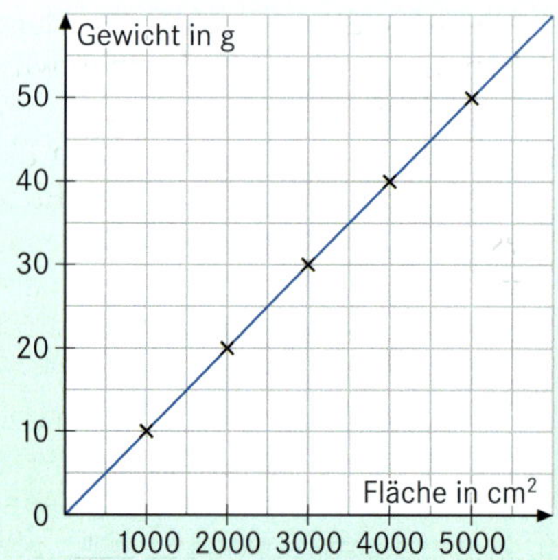

2 Der Sultan Mudulla besitzt einen fliegenden Teppich, dessen Muster aus 16 Rechtecken besteht. Vier Rechtecke zusammen ergeben ein großes Rechteck. Die Summe der Zahlen im großen Rechteck hat immer den gleichen Wert. Welche Zahlen werden vom Sultan verdeckt?

3 Der 18-Loch-Golfplatz von Maxlwang hat den „Platzstandard“ 72. Benötigt zum Beispiel der Profi Sepp Murx insgesamt 74 Schläge für die 18 Löcher, so ist er 2 Schläge über dem Platzstandard geblieben. In der Tabelle schreiben wir + 2. Bei John Tiger mit 64 Schlägen notieren wir – 8, da er 8 Schläge unter dem Platzstandard den Platz verlassen hat. Ebenso gibt es für jedes der 18 Löcher eine Standardvorgabe. Diese ist z. B. 4 bei Loch 10, d. h. der Ball soll mit 4 Schlägen ins Loch 10 befördert werden.

Folgendes Ergebnis ergab sich beim Profiturnier:

	Murx	Tiger	Lang	Higg	Stüve	Reagan
über/unter Platzstandard	+ 2	– 8	+ 4	– 12	– 1	+ 1

a) Erstelle eine Rangliste für die in der Tabelle aufgeführten Spieler.

b) Der Profi Ballaro braucht 6 Schläge bei Loch 10. Zusätzlich weicht er bei den in der folgenden Tabelle angegebenen Löchern von der Standardvorgabe ab:

Loch	5	9	14	16	17	18
über/unter Standardvorgabe	– 2	+ 1	– 2	– 2	– 1	– 1

Kommt Ballaro noch unter die ersten drei?

Brüche

1 Welcher Bruchteil vom Ganzen ist farbig markiert?

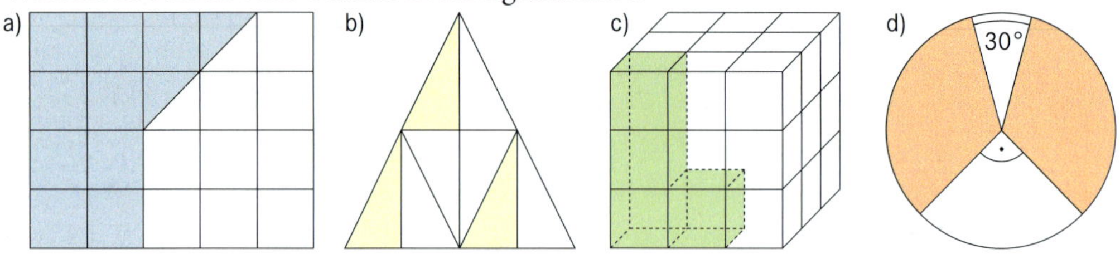

2 Bestimme den Platzhalter.

a) $\frac{3}{8}$ von 24 kg sind □ b) $\frac{3}{8}$ von □ kg sind 24 kg c) $\frac{5}{12}$ von □ km sind 40 km

3 Kürze soweit wie möglich. a) $\frac{18}{45}$ b) $\frac{36}{84}$ c) $\frac{72}{108}$ d) $\frac{140}{98}$

4 Finde einen Bruch, der in der Mitte zwischen $\frac{1}{4}$ und $\frac{1}{5}$ liegt.

5 Ergänze die Platzhalter in deinem Heft.

Dezimalschreibweise	0,2	0,08	□	□	□	□	0,375	□
Bruchschreibweise (vollständig gekürzt)	□	□	□	$\frac{7}{20}$	□	$\frac{5}{8}$	□	□
Prozentschreibweise	□	□	40%	□	45%	□	□	5%

6 Ordne der Größe nach. Beginne mit dem kleinsten Wert.

a) $\frac{11}{15}$; $\frac{1}{2}$; $\frac{2}{3}$; $\frac{5}{6}$; $\frac{3}{4}$ b) 4,3; 4,39; 4,039; 4,3091 c) 0,45; $\frac{9}{25}$; 46 %; $\frac{84}{200}$

7 Gib den kleinsten und größten Dezimalbruch mit zwei Stellen nach dem Komma an, der gerundet 20,8 ergibt.

8 Finde den Dezimalbruch mit zwei Nachkommastellen mit folgenden Eigenschaften: Die Ziffer an der Zehntelstelle hat den dreifachen Wert der Ziffer an der Hundertstelstelle und der Wert des Dezimalbruchs liegt zwischen $\frac{1}{2}$ und $\frac{2}{3}$.

9 Ergänze den Platzhalter in deinem Heft.

a) 0,6t = □ kg; 0,06 kg = □ g
b) 15 min = □ h; 55 s = □ min
c) 0,36 m = □ dm; 0,36 m^2 = □ dm^2
d) 0,05 l = □ ml; 500 cm^3 = □ dm^3

10 Herr Massl wurde in Unterhofen mit 55% der abgegebenen Stimmen zum Bürgermeister gewählt.
Das Diagramm zeigt das Wahlergebnis in Oberbergen. Wer hat besser abgeschnitten, Herr Massl in Unterhofen oder Herr Gassl in Oberbergen? Begründe.

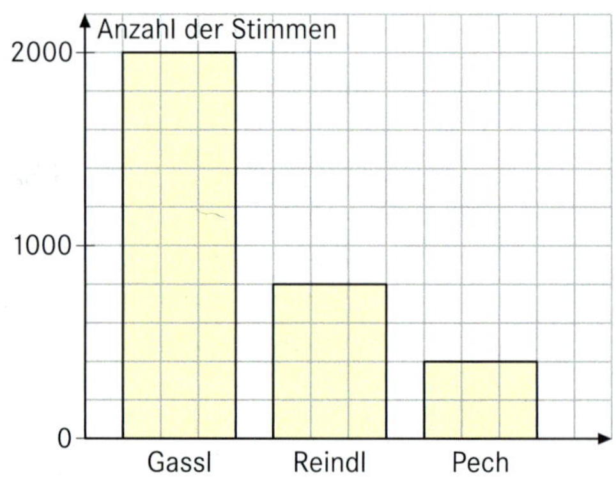

Beachte: Die Ergebnisse sollten immer so weit wie möglich gekürzt sein.

Rechnen mit Brüchen

1. a) $\frac{3}{4}+\frac{5}{8}$ b) $\frac{7}{4}-\frac{7}{12}$ c) $1\frac{4}{5}+\frac{7}{10}$ d) $2\frac{1}{4}-\frac{5}{6}$ e) $\frac{7}{5}-\frac{5}{7}$

2. a) $\frac{14}{15}\cdot\frac{5}{7}$ b) $\frac{8}{21}\cdot 1\frac{1}{6}$ c) $\frac{5}{9}:\frac{5}{3}$ d) $1\frac{1}{3}:\frac{2}{5}$ e) $4:\frac{1}{4}$

3. a) $\frac{1}{3}+\frac{3}{5}-\frac{7}{10}$ b) $\frac{7}{9}+\frac{7}{3}-\frac{7}{6}$ c) $\frac{4}{5}-\left(\frac{8}{15}-\frac{2}{5}\right)$ d) $4\frac{1}{2}-\left(1\frac{1}{3}+\frac{5}{6}\right)$

4. Setze für den Platzhalter im Heft richtig ein.
   a) $\frac{5}{6}\cdot\square=\frac{15}{36}$ b) $\square\cdot\frac{2}{3}=\frac{10}{27}$ c) $\frac{3}{8}:\square=\frac{3}{16}$ d) $\frac{1}{2}:\square=\frac{5}{2}$

5. a) $\frac{3}{4}\cdot\frac{7}{8}\cdot\frac{4}{5}\cdot\frac{5}{9}$ b) $\frac{14}{99}\cdot\frac{51}{42}\cdot\frac{33}{34}$ c) $\frac{54}{39}\cdot\frac{65}{81}\cdot\frac{24}{25}$ d) $3\frac{1}{5}\cdot 6\frac{3}{4}\cdot 1\frac{1}{9}$

6. a) $3\cdot\frac{2}{5}-\frac{2}{5}$ b) $\left(\frac{2}{3}+1\right)\cdot\frac{1}{5}$ c) $6\cdot\left(\frac{1}{6}+\frac{2}{3}:2\right)$ d) $\frac{3}{4}+\frac{5}{8}\cdot\left(1\frac{1}{2}-\frac{5}{6}\right)$

7. Vater und Mutter Hanke trinken zusammen mit ihren zwei Kindern täglich zum Frühstück $1\frac{3}{4}\,l$ Orangensaft.
   a) Wie viel Liter Orangensaft muss Frau Hanke in einer Woche kaufen?
   b) Kann jedes Familienmitglied täglich mindestens einen Becher mit $\frac{2}{5}$ Liter Saft trinken?

Rechnen mit Dezimalbrüchen

1. Runde die Dezimalbrüche 7,1459; 0,5548 und 0,05388
   a) auf Zehntel, b) auf Hundertstel, c) auf Tausendstel.

2. a) 421,8 + 39 + 0,051 b) 47,98 – 18 – 0,031 c) 20 – 1,435 – 0,8 + 12

3. a) 7,82 · 10 b) 5,5 · 100 c) 0,3 · 0,2 d) 6,9 · 17,8 e) 0,007 · 29,7
   f) 36,45 : 10 g) 8,9 : 100 h) 0,4 : 0,2 i) 12,3 : 0,5 j) 1,56 : 1,2

4. Bestimme den Platzhalter im Heft.
   a) 4,563 + ☐ + 204,6 + 8,77 = 400,5 b) 0,6 · ☐ = 0,18
   c) 50,11 – 4,811 – ☐ = 23,33 d) 0,084 : ☐ = 0,7

5. Berechne. Überschlage zuerst.
   a) 0,6 · 3,4 – 2,4 · 0,5
   0,8 · 2,9 – 1,8 · 0,7
   b) 8 – 3,5 · 2,25 + 0,65
   26,7 – 6,2 · 3,5 + 2,025
   c) 40,5 – 27 : 0,9 + 6,5
   30,05 – 48 : 1,6 + 0,6

6. Ein Quader ist 4,4 m lang, 2,1 m breit und 1,5 m hoch.
   Berechne Volumen und Oberflächeninhalt.

7. Schreibe als Term und berechne.
   a) Multipliziere die Differenz aus 12,8 und 3,9 mit 2,5.
   b) Dividiere die Summe aus 13,8 und 34,7 durch 0,5.
   c) Bilde das Produkt aus der Differenz von 6,8 und 5,9 und der Summe von 0,06 und 0,006.

8. Bei einer Umfrage wurde nach der Länge des Schulweges gefragt.
   4 km; 6,5 km; 100 m; 15 km; 1,5 km; 3 km; 4 km; 10 km; 50 m; 7,5 km
   Berechne das arithmetische Mittel und gib die Spannweite an.

Geometrische Grundbegriffe

1 a) Zeichne die Gerade AB mit A (3|4), B (19|12) und P (3|14), Q (18|4) in ein Gitternetz ein. Verwende als Längeneinheit 0,5 cm.
b) Konstruiere die Lote von P und Q auf die Gerade AB. Miss die Abstände und gib die x- und y-Werte der Lotfußpunkte an.
c) Bestimme die Maße der Winkel PAB und QBA.

2

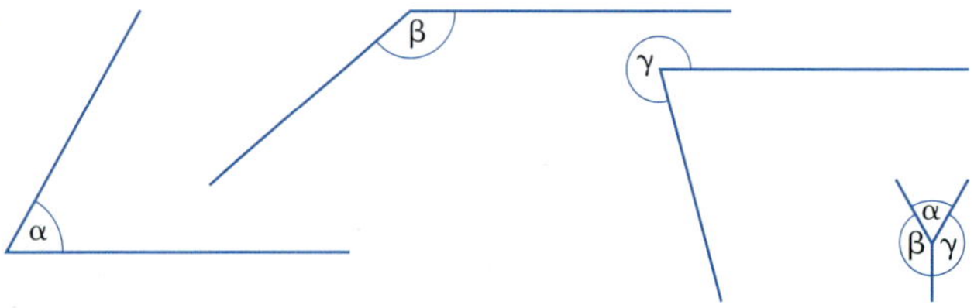

a) Bestimme durch Messen die Maße der drei Winkel und bilde ihre Summe.
b) Im Buchstaben Y gibt es drei Winkel. Wie groß ist ihre Summe?
Welches Maß haben β und γ, wenn $\alpha = 60°$?

3 Der Nebenwinkel zu α ist um 54° größer als der Winkel α. Berechne das Maß von α.

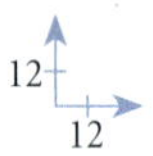

4 a) Zeichne um die Punkte A (1|2) und B (6|7) die Kreise k_1 und k_2 mit r = 5 LE.
b) Bestimme die Schnittpunkte der Kreise. Wie musst du den Radius der Kreise wählen, damit du genau einen (keinen) Schnittpunkt erhältst?

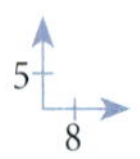

5 Zeichne den Winkel BAC mit dem Maß 125°. Es gilt A (4|1), B (8|3).

Achsenspiegelung

1 Übertrage die Figur in dein Heft und spiegele sie an der Spiegelachse s.

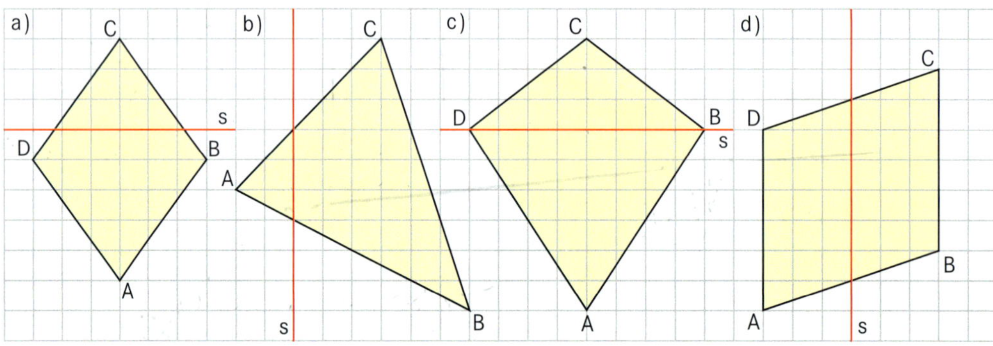

2 Das Dreieck ABC wird durch Spiegelung an s auf das Dreieck A′B′C′ abgebildet. Bekannt sind nur noch A (1|6), B (6|2), B′ (10|6) und C′ (2|2). Vervollständige.

3 In den Bildern (1) bis (3) ist stets die Gerade s Spiegelachse. Welche der Geraden sind Fixgeraden der Abbildung?

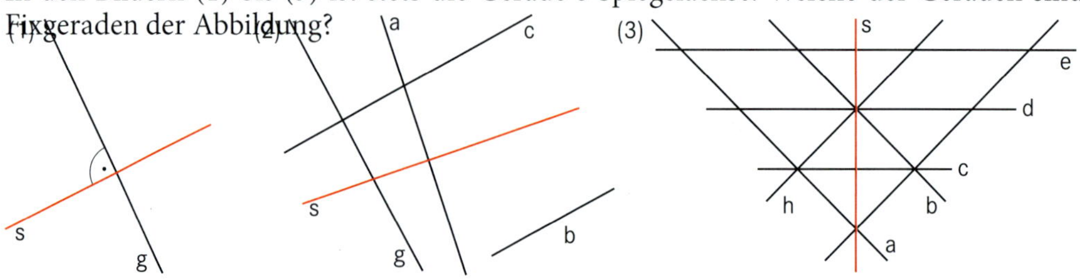

4 Welche Vierecke haben
a) vier gleich lange Seiten,
b) zwei gleich lange Diagonalen,
c) gleich lange Seiten und gleich große Winkel?

Proportionalität – Prozentrechnung

① Welche Füllkurve gehört zum abgebildeten Gefäß?

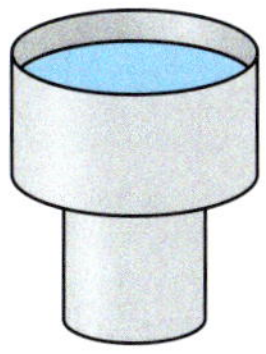

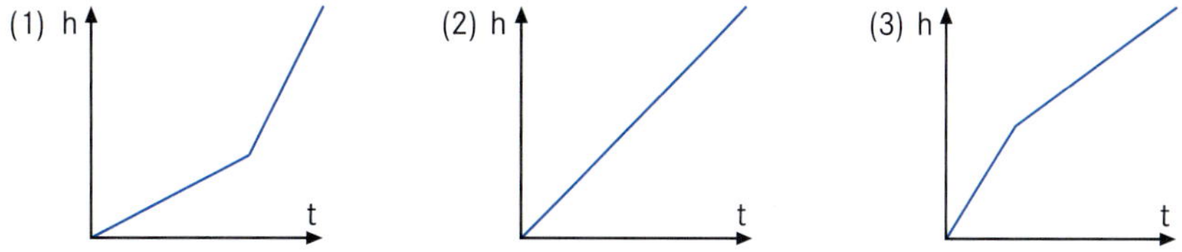

② Die Zuordnung: Arbeitszeit → Verdienst ist proportional.

a) Vervollständige die Tabelle.

Arbeitszeit in h		2		5	7	
Verdienst in €	13		39	65		117

b) Zeichne den Graphen der Zuordnung (x-Achse: 1 cm ≙ 1 h; y-Achse: 1 cm ≙ 10 €).

c) Ermittle anhand des Graphen: Wie viel € werden nach 6 Arbeitsstunden verdient? Wie lange muss gearbeitet werden, um 104 € zu verdienen?

③ In einem Atlas beträgt die Entfernung Luftlinie von München nach Augsburg 3,5 cm. Wie groß ist die Entfernung in Wirklichkeit, wenn der Maßstab mit 1:1 500 000 angegeben ist?

④ Ein Geschäft wirbt damit, dass alle CDs den selben Preis haben. Monika kauft 7 CDs und zahlt dafür 18,20 €.

a) Rolf findet nur 3 CDs interessant. Wie viel € muss er für die CDs bezahlen?

b) Arieta kauft für 10,40 € CDs. Wie viele bekommt sie?

⑤ Ein senkrecht aufgestellter Stab von 2,70 m Länge wirft bei Sonnenschein einen 3,20 m langen Schatten. Wie hoch ist ein Kirchturm, der zur gleichen Zeit einen Schatten von 30,40 m Länge wirft?

⑥ 0,5 l einer Flüssigkeit wiegen 560 g. Wie viel wiegen $\frac{3}{4}$ *l* derselben Flüssigkeit?

⑦ Berechne den Prozentwert.

a) 50 % von 640 m^2 b) 25 % von 220 kg c) 1 % von 3000 ha d) 10 % von 2500 m

⑧ Berechne den Prozentsatz.

a) 56 kg von 80 kg b) 24 € von 60 € c) 18 m^2 von 90 m^2 d) 23 m von 92 m

⑨ Berechne den Grundwert.

a) 8 % ≙ 34 € b) 28 % ≙ 651 m^2 c) 67 % ≙ 22,78 kg d) 92 % ≙ 15,64 €

⑩ Ein Angestellter hat ein Gehalt von 1800 €. Sein Gehalt wird um 45 € erhöht. Wie viel Prozent beträgt die Erhöhung?

⑪ Nach einem Arbeitsplatzwechsel erhält eine teilzeitbeschäftigte Angestellte 3 % mehr Lohn, das sind 45 €. Wie hoch war ihr ursprünglicher Lohn?

⑫ In den letzten Sommerferien hat ein Schüler 850 € verdient. In diesen Sommerferien findet er einen Ferienjob, bei dem er 5 % mehr verdient. Wie viel verdient er jetzt mehr?

⑬ Bei einer Befragung von 3000 Schülern wurden die beliebtesten Sportarten ermittelt. Schwimmen: 21 %; Fußball: 20 %; Radfahren: 8 %; Reiten: 12 %; Tischtennis: 6 %; Inline Skating: 10 %; Sonstige: 23 %
Stelle die Ergebnisse der Umfrage in einem Kreisdiagramm dar.

Terme – Gleichungen

1 Gegeben ist der Term $T(x) = 4 \cdot x + 1$.

a) Vervollständige die Wertetabelle, die zu diesem Term gehört.

x	☐	2	☐	19
$T(x) = 4 \cdot x + 1$	5	☐	25	☐

b) Welcher der folgenden Zäune passt zum Term $T(x)$?

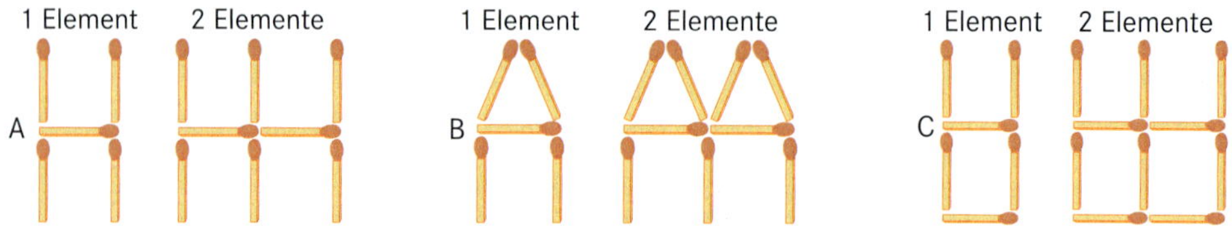

2 Überprüfe die Äquivalenz der Terme in $\mathbb{G} = \{1; 5\}$

a) $3 \cdot x + 6 \cdot x$ und $3 \cdot (x + 2 \cdot x)$
b) $5 \cdot x + 2 + 8 \cdot x$ und $x \cdot (5 + 2) + 8 \cdot x$

3 Löse die Gleichungen in der vorgegebenen Grundmenge.

a) $1 + 0{,}5 \cdot x = 9$ $\quad \mathbb{G} = \mathbb{N}$
b) $8 - 6 \cdot x = 2$ $\quad \mathbb{G} = \{2; 3; \dots 8\}$
c) $\frac{1}{3}x + 1 = 1{,}5$ $\quad \mathbb{G} = \mathbb{Q}_0^+$
d) $0{,}6 \cdot x - 0{,}8 = 0{,}2^2$ $\quad \mathbb{G} = \mathbb{Q}_0^+$

4 Das Paket der Größe L wird wie in der Abbildung gezeigt mit Klebeband umwickelt.
Dazu ist ein 4,40 m langer Streifen erforderlich.
Berechne die Breite x cm des Pakets.

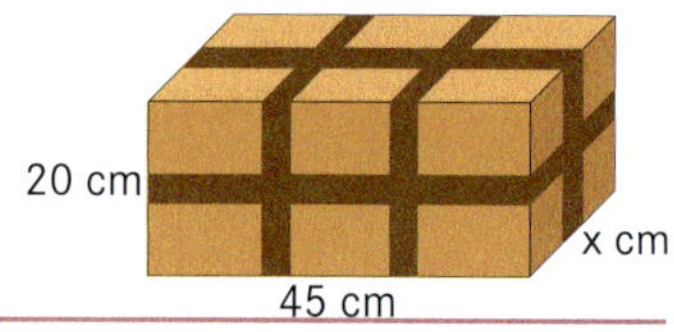

Ganze Zahlen

1 Vergleiche die Zahlen. Setze in deinem Heft <, > oder = ein.

a) 3 ☐ −4
−7 ☐ −2
14 ☐ −16

b) 21 ☐ −21
−95 ☐ −12
−183 ☐ −187

c) $-3 + |8|$ ☐ -7
$-|-4|$ ☐ -5
$|-7| - |-3|$ ☐ 4

2 Wie heißt die Zahl?

a) Die Zahl liegt genau in der Mitte zwischen −7 und −1.
b) −3 liegt genau in der Mitte zwischen der Zahl und 9.

3 Ordne die Zahlen der Größe nach. Beginne mit der kleinsten.
−43; 34; −9; −28; 79; −11; −17; −71; −23

4 Berechne.

a) $(+50) + (-34)$
b) $(-27) + (-14)$
c) $-123 + 77 - 56$
d) $-139 - 39 + 47$
e) $-74 + 62 - 26 + 78$
f) $195 - 283 - 317 + 405$

5 Berechne.

a) $-34 + (-27 - 84 + 62) - 91$
b) $45 - (-39 + 45) - (38 - 56 + 47)$
c) $-345 - (-224 + 456 - 237)$
d) $-(-25 - 34 + 41) + (-75 - 67 + 124)$

6 Herr Voll hat 340 € auf seinem Konto. Er muss fünf Rechnungen über 36 €, 62 €, 92 €, 41 € und 184 € begleichen.

a) Welche Rechnungen kann er überweisen, ohne sein Konto zu überziehen?
b) Berechne seinen Kontostand, wenn er alle fünf Rechnungen überweist.

zu Seite 6 Natürliche Zahlen

1 **A** 2010 **B** 2080 **C** 2110

2 42 45 (Regel: · 2; + 3)

3 Richtig: **C** 488
Hinweis: Eine Skizze hilft dir weiter.

4 110; 101; 200

5 **B** 55 601

6 Insgesamt wurden 600 (= 300 + 200 + 100) Personen befragt.
Davon sind sich 300 (also die Hälfte) sicher, dass schon einmal Außerirdische auf der Erde waren.

---

zu Seite 6 Einfache Zufallsexperimente

1 a) 1/1 2/2 3/3 4/4 5/5 6/6
b) 1/2/Blatt; 1/5/Blatt; 2/1/Blatt; 2/5/Blatt; 5/1/Blatt; 5/2/Blatt c) 3; 6

2 a) den normalen Würfel, denn hier habe ich nur fünf Möglichkeiten, keine sechs zu würfeln, beim 8er-Würfel sind es 7 Möglichkeiten.
b) den 8er-Würfel, denn die Hälfte aller Wurf-Möglichkeiten ergibt eine Augenzahl größer als vier. Beim normalen Würfel sind es nur ein Drittel aller Möglichkeiten.

3 a) 6 b) 12

---

zu Seite 7 Addieren und Subtrahieren

1 a) 351 + 189 = 540 b) 175 – 49 = 126 c) 388 + 1062 = 1450 d) 999 – 16 = 983

2 a) Der Summenwert wird um 2 größer. b) Der Differenzwert wird um 10 größer.

3 Summe: 868 Differenz: 594 (Summe: 11110 Differenz: 8532)

4 a) 94 b) 64 c) 159 d) 109

5 a) 98 – (62 – 15) = 51 b) 23 + 54 – (55 – 18) = 40 c) 67 – (38 + 28) = 1 d) 95 – (43 + 19 + 12) = 21

6 a) 17 + 83 + 65 = 165 b) 71 + 29 + 27 + 43 = 170 c) 193 + 107 + 403 = 703 d) 576 + 148 + 52 + 76 = 852

7 a) 2602 b) 846 c) 499 200 d) 17 511 e) 13 878 f) 89

8 a) 69 b) 173 c) 240 d) 47

9 Im Jahr 2008 waren es 35 900 Besucher.

---

zu Seite 8 Multiplizieren und Dividieren

1 a) 3 · (96 : 3) = 96 b) 12 · 9 : 18 = 6

2 a) Der Produktwert verdoppelt sich. b) Der Quotientenwert wird geviertelt.

3 a) 20 · 5 · 19 = 1900 b) 125 · 4 · 5 · 2 = 5000 c) 14 · 25 · 4 = 1400
d) 0 e) 8 · 25 · 6 = 1200 f) 125 · 8 · 20 · 5 = 100 000

4 a) 54 b) 8 c) 129 d) 42 e) 63 f) 41 g) 5 h) 71

5 a) 17 b) 18 c) 280 d) 130 e) 115 f) 246

6 a) (150 : 15 – 5) · 2 = 10 b) (46 + 26) : (14 – 8) = 12 c) 130 – 24 · (44 – 39) = 10 d) 325 : (13 + 2 · 6) = 13

7 Es stehen 18 Stühle in einer Reihe.

8 a) 25 916 b) 102 623 c) 665 676 d) 141 778 e) 307 188 f) 2 884 545

9 a) 283 b) 5938 c) 79 d) 6521 e) 123 f) 1956

10 a)
```
4168 · 32
 12504
   8336
 133376
```
b)
```
884 : 26 = 34
-78
 104
-104
   0
```

zu Seite 9
Größen

1 a) 5 kg b) 95 000 mg c) 237 000 kg d) 15 000 g e) 480 s f) 180 min g) 4 d h) 3600 s

2 a) 100 m oder 400 m b) etwa 5 kg c) rund 10 *l* d) 70 a bis 1 ha

3

	Flugstrecke	Abflug	Dauer	Ankunft
a)	München–Berlin	6:55	1 h 5 min	8:00
b)	Frankfurt–Madrid	8:30	1 h 55 min	10:25
c)	Frankfurt–Paris	13:50	1 h 20 min	15:10
d)	Hamburg–Tunis	4:55	3 h 25 min	8:20

4 a) 78 € b) 104 € c) 4 d) 112 € e) 5 kg f) 96 mg g) 25 km h) 480 t i) 296 cm k) 4

5

zul. Gesamtgewicht	1560 kg
Leergewicht	− 1175 kg
Lisa	− 58 kg
Bruder	− 65 kg
Eltern	− 158 kg
	= 104 kg

Die Koffer dürfen noch etwa 100 kg wiegen.

6 a) Preis einer Karte 32,05 € : 5 = 6,50 €
Laura kauft 3 Karten 6,50 € · 3 = 19,50 €

b) 52 € : 6,50 € = 8 Emily kauft 8 Karten.

7 a) *Rechnung:* 7 Packungen 1260 g
1 Packung 1260 g : 7 = 180 g
3 Packungen 180 g · 3 = 540 g

Treppenskizze:

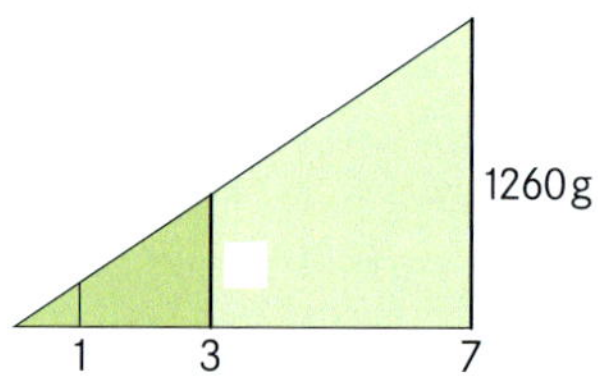

b) *Text:* z. B. 8 Tafel Schokolade kosten 6,40 €. Was kosten 3 Tafeln?
Rechnung: 6,40 € : 8 = 0,80 € 3 · 0,80 € = 2,40 €

c) *Text:* z. B. Timo sägt aus einer 80 cm langen Leiste 5 gleiche Stücke. Wie lang muss eine Holzleiste mindestens sein, aus der er 14 genau so lange Teile sägen kann? *Treppenskizze:*

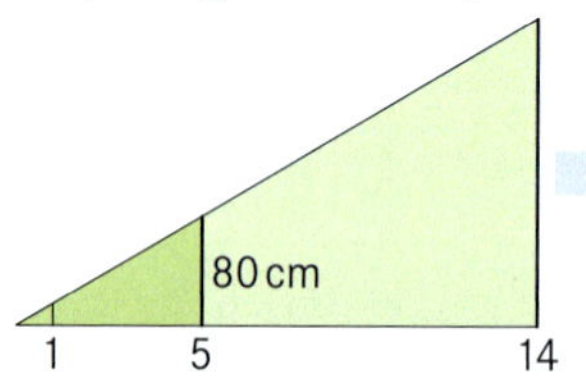

---

zu Seite 10
Geometrische Grundbegriffe

1 $\overline{BC}$ = 2,5 m

2 a)

b)

c)

3
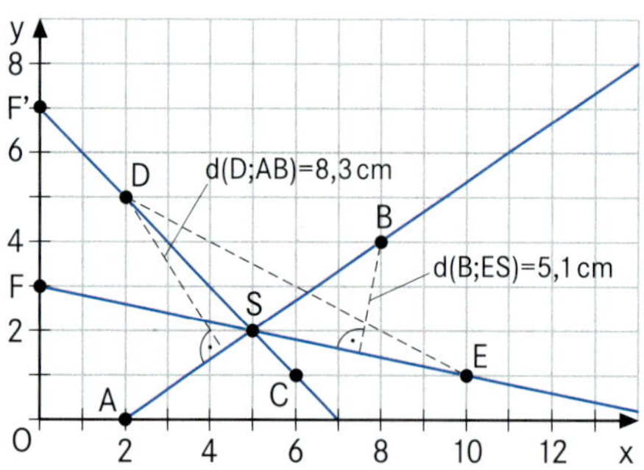

zu b) S (5|2)
zu c) F (0|7)
zu d) $\overline{FS}$ = 10,2 cm; $\overline{ED}$ = 17,9 cm

4 a)

b)
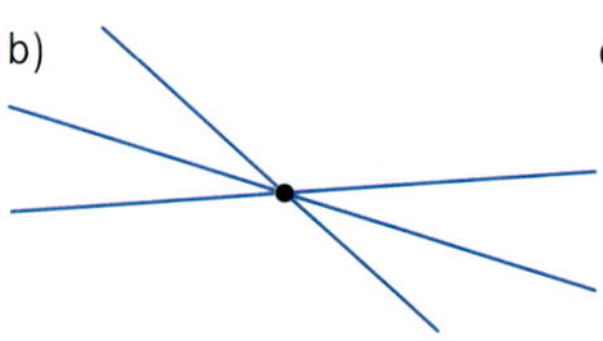

c)
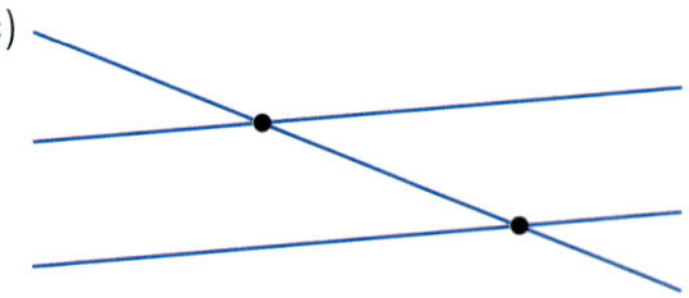

5 a)

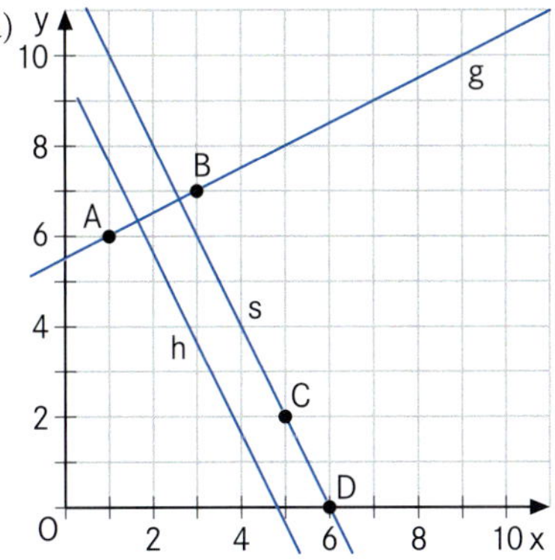

b) h ⊥ g
c) D (6 | 0)

6

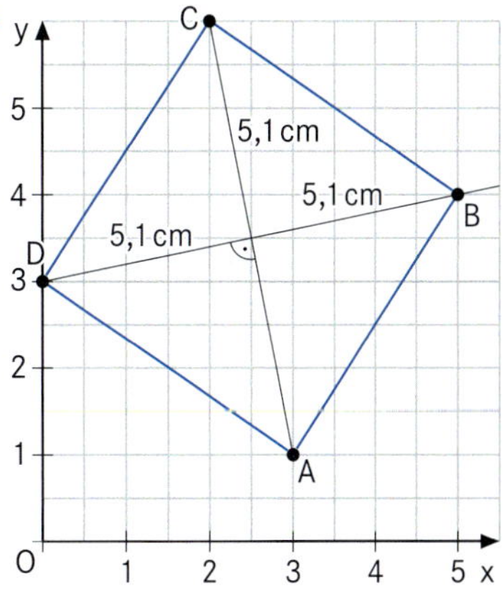

7

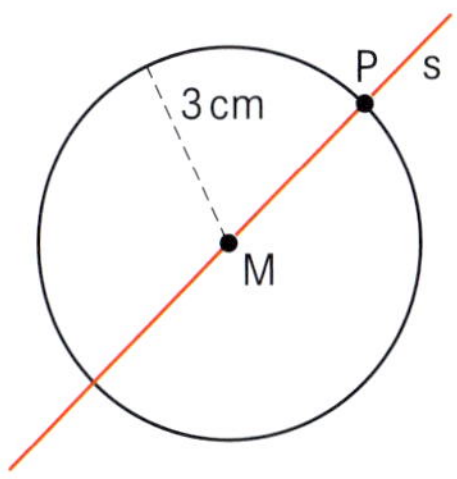

Der Kreis hat unendlich viele Symmetrieachsen.

8 18 gleichschenklig – rechtwinklige Dreiecke, 4 Rechtecke, davon 3 Quadrate, 2 Parallelogramme

zu Seite 11 Terme – Gleichungen

1 a)

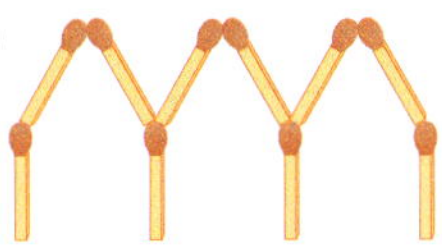

b)

Figur	1	2	3	x
Anzahl der Hölzchen	4	7	10	$3 \cdot x + 1$

c) $3 \cdot 23 + 1 = 70$

2 a) $\mathbb{L} = \{73\}$ b) $\mathbb{L} = \{35\}$ c) $\mathbb{L} = \{564\}$

3 a) $\mathbb{L} = \{15\}$ b) $\mathbb{L} = \{12\}$

4 a) $\mathbb{L} = \{12; 13; 14\}$ b) $\mathbb{L} = \emptyset$

zu Seite 11 Teilbarkeit

1 Primzahlen sind 23, 31, 67, 101, 1001

2 a) $36 = 2 \cdot 2 \cdot 9 = 2 \cdot 2 \cdot 3 \cdot 3$
b) $60 = 3 \cdot 4 \cdot 5 = 3 \cdot 2 \cdot 2 \cdot 5$
c) ist schon zerlegt

3 100 ist teilbar durch 2, 4, 5, 10, 20, 25, 50
226 ist teilbar durch 2, 113
1325 ist teilbar durch 5, 25, 53 und 265
142 ist teilbar durch 2 und 121
1204 ist teilbar durch 2, 4, 301 und 602
123 ist teilbar durch 3, 41
3334 ist teilbar durch 2, 1667
4122 ist teilbar durch 2, 3, 6, 9, 452, 687, 1374, 2061
9012 ist teilbar durch 2, 3, 4, 2253, 3004, 5406

4 Die Fehler sind
a) $3 \mid 787$
b) $9 \nmid 1809$
c) $9 \nmid 5409$ und $3 \mid 1004$

5 a) ggT (56; 196) = 28
ggT (96; 216) = 24
b) ggT (168; 560) = 56
ggT (200; 500) = 100
c) ggT (192; 432) = 48
ggT (392; 560) = 56

6 a) kgV (80; 100) = 400
kgV (72; 324) = 648
b) kgV (192; 144) = 576
kgV (84; 126) = 252
c) kgV (120; 450) = 1800
kgV (189; 441) = 1323

zu Seite 12 Rechteck und Quadrat

1 a) $15\ cm^2 = 0{,}0015\ m^2 = 0{,}15\ dm^2 = 1\,500\ mm^2$
b) $2\,500\ m^2 = 0{,}25\ ha = 250\,000\ dm^2 = 2\,500\,000\,000\ mm^2$

2

a	A	u
6 m	36 m^2	24 m
8 cm	64 cm^2	32 cm
15 m	225 m^2	60 m
4 dm	16 dm^2	16 dm
18 mm	324 mm^2	72 mm

3

A	a	u
49 cm^2	7 cm	28 cm
36 mm^2	6 mm	24 mm
196 dm^2	14 dm	56 dm

4

u	a	A
48 cm	12 cm	144 cm^2
100 mm	25 mm	625 mm^2
84 dm	21 dm	441 dm^2

5 8 cm

6 Verdopplung von a $\Rightarrow$ Vervierfachung von A
Verdreifachung von a $\Rightarrow$ Verneunfachung von A
Vervierfachung von a $\Rightarrow$ Versechzehnfachung von A

7

u	A
17 cm	18 cm^2
1,8 m	0,18 m^2
4 dm	0,96 dm^2
1,38 m	0,054 m^2

8 A = 28 m^2 z. B.: (1) 2 m und 14 m, (2) 7 m und 4 m, (3) 28 m und 1 m
A = 14 mm^2 z. B.: (1) 1 mm und 14 mm, (2) 4 mm und 3,5 mm, (3) 2 mm und 7 mm
A = 1 ha z. B.: (1) 500 m und 20 m, (2) 40 m und 250 m, (3) 25 m und 400 m

9 u = 15 dm z. B.: (1) 5 dm und 2,5 dm, (2) 2 dm und 5,5 dm, (3) 4 dm und 3,5 dm
u = 20 m z. B.: (1) 3 m und 7 m, (2) 4 m und 6 m, (3) 2,5 m und 7,5 m
u = 140 cm z. B.: (1) 20 cm und 50 cm, (2) 25 cm und 45 cm, (3) 15 cm und 55 cm

10 z. B.

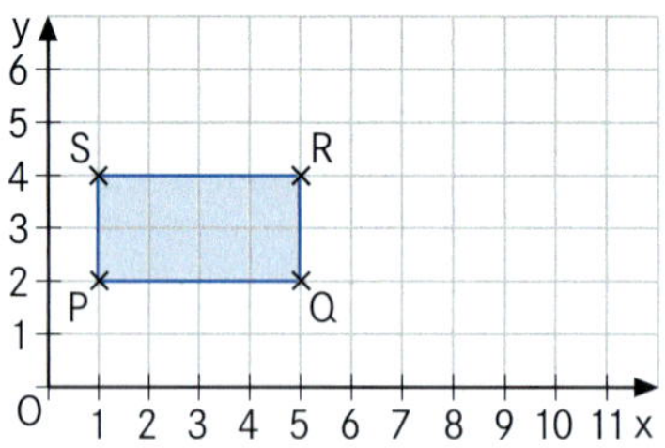

u = 12 cm Q (5 | 2), R (5 | 4), S (1 | 4)

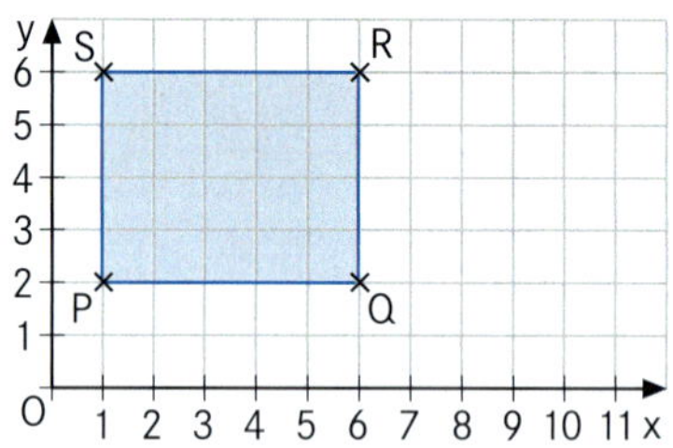

u = 18 cm Q (6 | 2), R (6 | 6), S (1 | 6)

11 a) A = 698 cm^2; u = 112 cm b) A = 356 cm^2; u = 132 cm

---

zu Seite 13 Quader und Würfel

1 a) 80 cm^3 = 0,08 dm^3 = 80 000 mm^3 = 0,08 *l* = 80 ml
b) 15 m^3 = 15 000 *l* = 15 000 dm^3 = 15 000 000 cm^3

2 a) – b) V = 27 cm^3 ; O = 54 cm^2 c) 36 cm

3 2 dm (5 mm; 4 m)

4 a) 12 Würfel b) 324 cm^3 c) 52 Würfel d) 72 Würfel, 1098 cm^2

5 a) V = 5 cm^3; O = 19 cm^2 b) V = 9 cm^3; O = 28,5 cm^2

6

	a)	b)	c)	d)
V	40 dm^3	1800 cm^3	6,125 m^3	2,88 cm^3
O	76 dm^2	900 cm^2	25,9 m^2	13,44 cm^2

7 z. B.: 5 cm, 15 cm und 20 cm
(Sie dürfen zusammen noch 20 cm lang sein)

8 2625 *l*

9 Der Mann wird mit 1,80 m angenommen, und davon ausgehend der Container auf 2,50 m x 2,50 m x 6 m geschätzt. Dann beträgt das Volumen V = 37,5 m^3
Tatsächliche Maße: 20-Fuß-Container
Länge 20 Fuß = 6,05 m; Breite 8 Fuß = 2,438 m; Höhe 8 Fuß 6 Zoll = 2,591 m; V = 38,268 m^3

---

zu Seite 196 Brüche

1 a) $\frac{10}{20}$ oder $\frac{1}{2}$ b) $\frac{3}{8}$ c) $\frac{4}{27}$ d) $\frac{2}{3}$

2 a) 9 kg b) 64 kg c) 96 kg

3 a) $\frac{2}{5}$ b) $\frac{3}{7}$ c) $\frac{2}{3}$ d) $\frac{10}{7} = 1\frac{3}{7}$

4 $\frac{1}{4} = \frac{10}{40}$; $\frac{1}{5} = \frac{8}{40}$; $\frac{1}{5} < \frac{9}{40} < \frac{1}{4}$

5

Dezimalschreibweise	0,2	0,08	0,4	0,35	0,45	0,625	0,375	0,05
Bruchschreibweise (vollständig gekürzt)	$\frac{1}{5}$	$\frac{2}{25}$	$\frac{2}{5}$	$\frac{7}{20}$	$\frac{9}{20}$	$\frac{5}{8}$	$\frac{3}{8}$	$\frac{1}{20}$
Prozentschreibweise	20 %	8 %	40 %	35 %	45 %	62,5 %	37,5 %	5 %

6 a) $\frac{1}{2} < \frac{2}{3} < \frac{11}{5} < \frac{3}{4} < \frac{5}{6}$ $\left(\frac{30}{60} < \frac{40}{60} < \frac{44}{60} < \frac{45}{60} < \frac{50}{60}\right)$ b) 4,039 < 4,3 < 4,3091 < 4,39

c) $\frac{9}{25} < \frac{84}{200} < 0{,}45 < 46\,\%$ $\left(\frac{36}{100} < \frac{42}{100} < \frac{45}{100} < \frac{46}{100}\right)$

7 kleinster Dezimalbruch 20,75
größter Dezimalbruch: 20,84

8 0,62

9 a) 600 b) $\frac{1}{4}$ c) 3,6 d) 50
60 $\frac{55}{60}$ 36 0,5

10 Gesamtzahl der Stimmen: 2000 + 800 + 400 = 3200
Anteil von Herrn Gassl: $\frac{2000}{3200} = \frac{5}{8} = 0{,}625 = 62{,}5\,\%$
Herr Gassl hat ein besseres Wahlergebnis erreicht.

---

zu Seite 197 Rechnen mit Brüchen

1 a) $1\frac{3}{8}$ b) $1\frac{1}{6}$ c) $2\frac{1}{2}$ d) $1\frac{5}{12}$ e) $\frac{24}{35}$

2 a) $\frac{2}{3}$ b) $\frac{4}{9}$ c) $\frac{1}{3}$ d) $3\frac{1}{3}$ e) 16

3 a) $\frac{7}{30}$ b) $1\frac{17}{18}$ c) $\frac{2}{3}$ d) $2\frac{1}{3}$

4 a) $\frac{1}{2}$ b) $\frac{5}{9}$ c) 2 d) $\frac{1}{5}$

5 a) $\frac{7}{24}$ b) $\frac{1}{6}$ c) $1\frac{1}{15}$ d) 24

6 a) $\frac{4}{5}$ b) $\frac{1}{3}$ c) 3 d) $1\frac{1}{6}$

7 a) $12\frac{1}{4}\,l$ b) $1\frac{3}{4}\,l : \frac{2}{5}\,l = 4\frac{3}{8}$ Ja, es wird sogar mehr getrunken.

---

zu Seite 197 Rechnen mit Dezimalbrüchen

1 a) 7,1 b) 7,15 c) 7,146
0,6 0,55 0,555
0,1 0,05 0,054

2 a) 460,851 b) 29,949 c) 29,765

3 a) 78,2 b) 550 c) 0,06 d) 122,82 e) 0,2079 f) 3,645 g) 0,089 h) 2 i) 24,6 j) 1,3

4 a) 182,567 b) 0,3 c) 21,969 d) 0,12

5 a) 0,84 1,06 b) 0,775 7,025 c) 17 0,65

6 $V = 13{,}86\ m^3$ $O = 37{,}98\ m^2$

7 a) (12,8 − 3,9) · 2,5 = 22,25 b) (13,8 + 34,7) : 0,5 = 97 c) (6,8 − 5,9) · (0,06 + 0,006) = 0,0594

8 Arithmetisches Mittel: 5,165 km; Spannweite: 14,95 km

---

zu Seite 198 Geometrische Grundbegriffe

1 b) Lot [PF] mit F (7|6) und $\overline{PF}$ = 4,4 cm
Lot [QE] mit E (15|10) und $\overline{QE}$ = 3,3 cm
c) Winkel PAB = 297°, Winkel QBA = 57°

2 a) Summe 485° b) Summe 360; β = γ = 150°

3 α + (α + 54°) = 180°; α = 63°

5

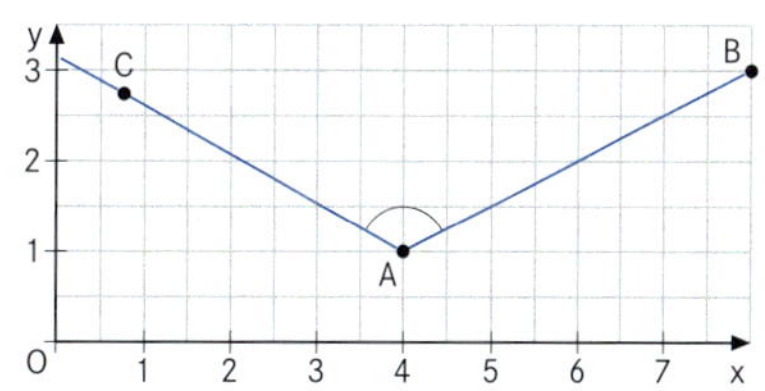

4 b) S_1 (6|2), S_2 (1|7) Ein Schnittpunkt, wenn r = 0,5 $\overline{AB}$, kein Schnittpunkt, wenn r < 0,5 $\overline{AB}$

---

zu Seite 198 Achsenspiegelung

1

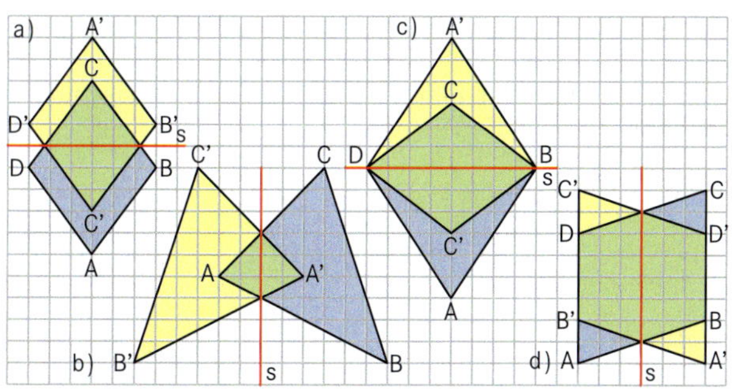

2 C (10|10); A' = (6|11),
s verläuft durch (0|12) und (12|0)

3 (1) g (2) a (3) c d e

4 a) Quadrat, Raute
b) Quadrat, Rechteck, gleichschenkliges Trapez
c) Quadrat

zu Seite 199
Proportionalität – Prozentrechnung

1 (3)

2 a)

Arbeitszeit in h	1	2	3	7	9
Verdienst in €	13	26	39	91	117

zu 2 b)

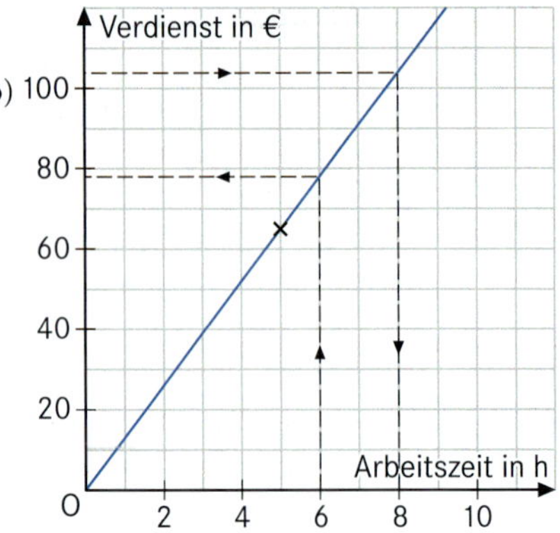

c) Nach 6 Stunden werden 78 € verdient.
Um 104 € zu verdienen, muss 8 h gearbeitet werden.

3 b) $\frac{x}{3{,}5\text{ cm}} = \frac{1\,500\,000\text{ cm}}{1}$ $\quad x = 52{,}5$ km

oder $\quad 1\text{ cm} \mathrel{\hat{=}} 1\,500\,000\text{ cm}$
$\quad 3{,}5\text{ cm} \mathrel{\hat{=}} 5\,250\,000\text{ cm} = 52{,}5\text{ km}$

4 a) $\frac{18{,}20\text{ €}}{7} = \frac{x}{3}$ $\quad$ b) $\frac{x}{10{,}40\text{ €}} = \frac{7}{18{,}20\text{ €}}$

$x = 7{,}80$ € $\quad$ $x = 4$ (Stück)

5 $\frac{x}{30{,}40\text{ m}} = \frac{2{,}70\text{ m}}{3{,}20\text{ m}}$ $\quad x = 25{,}65$ m

6 $\frac{x}{0{,}75\,l} = \frac{560\text{ g}}{0{,}5\,l}$ $\quad x = 840$ g

7 a) 320 m^2 b) 55 kg c) 30 ha d) 250 m

8 a) 70 % b) 40 % c) 20 % d) 25 %

9 a) 425 € b) 2325 m^2 c) 34 kg d) 17 €

10 $\frac{x}{45} = \frac{100}{1800}$ $\quad x = 2{,}5$
Antwort: Erhöhung um 2,5 %

11 $\frac{x}{100} = \frac{45}{3}$ $\quad x = 1500$
Antwort: Ursprünglicher Lohn war 1500 €

12 $\frac{x}{5} = \frac{850}{100}$ $\quad x = 42{,}5$
Antwort: Er verdient 42,50 € mehr. (Insgesamt 892,50 €)

13

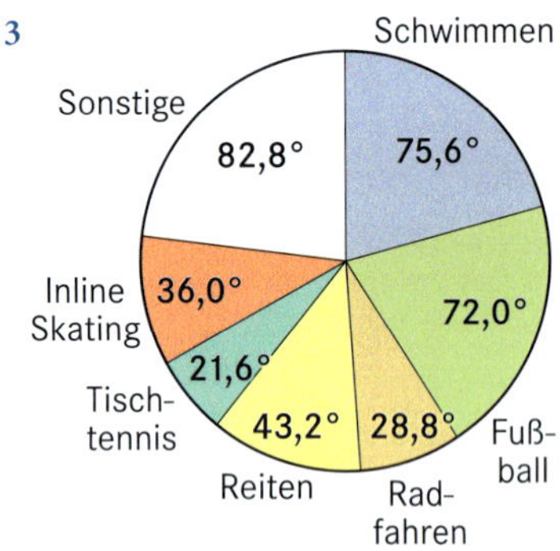

---

zu Seite 200
Terme – Gleichungen

1 a)

x	1	2	6	19
T(x) = 4 · x + 1	5	9	25	77

b) Zaun B

2 a) x = 1 $\quad$ 9 = 9 w
x = 5 $\quad$ 45 = 45 w
Die Terme sind äquivalent.

b) x = 1 $\quad$ 15 = 15 w
x = 5 $\quad$ 67 = 75 f
Die Terme sind nicht äquivalent.

3 a) $x = 16$; $\mathbb{L} = \{16\}$ $\quad$ b) $x = 1$; $\mathbb{L} = \varnothing$ $\quad$ c) $x = 1{,}5$; $\mathbb{L} = \{1{,}5\}$ $\quad$ d) $x = 1{,}4$; $\mathbb{L} = \{1{,}4\}$

4 $6 \cdot 20 + 4 \cdot 45 + 4 \cdot x = 440$ $\quad x = 35$; $\mathbb{L} = \{35\}$ Das Paket ist 35 cm breit.

---

zu Seite 200
Ganze Zahlen

1 a) $3 > -4$ $\quad$ b) $21 > -21$ $\quad$ c) $-3 + |8| > -7$
$-7 < -2$ $\quad$ $-95 < -12$ $\quad$ $-|-4| > -5$
$14 > -16$ $\quad$ $-183 > -187$ $\quad$ $|-7| - |-3| > -7$

2 a) –4 $\quad$ b) –15

3 $-71 < -43 < -28 < -23 < -17 < -11 < -9 < 34 < 79$

4 a) 16 b) –41 c) –102 d) –131 e) 40 f) 0

5 a) –174 b) 10 c) –340 d) 0

6 a) Alle Rechnungen bis auf die Rechnung über 92 € $\quad$ b) 75 € im Minus.

Mengen

$\mathbb{N}$	Menge der natürlichen Zahlen
$\mathbb{Q}_0^+$	Menge der positiven rationalen Zahlen
$\mathbb{Z}$	Menge der ganzen Zahlen
$\mathbb{G}$	Grundmenge
$\mathbb{L}$	Lösungsmenge
$\emptyset$	Leere Menge
$\mathbb{N}_0$	Menge der natürlichen Zahlen einschließlich der Null
$\{a; b; c\}$	aufzählende Form der Mengendarstellung „Menge mit den Elementen a, b und c“

$\in$	„… Element von …“
$\subseteq$	„… Teilmenge von …“
$\notin$	„… nicht Element von …“
$\nsubseteq$	„… nicht Teilmenge von …“

Beziehungen zwischen Zahlen

$=$	„… gleich …“
$>$	„… größer als …“
$\geqq$	„… größer oder gleich …“
$\neq$	„… nicht gleich …“
$<$	„… kleiner als …“
$\leqq$	„… kleiner oder gleich …“

$a \mid b$	„a ist Teiler von b“
$\approx$	„… ungefähr gleich …“
$\triangleq$	„… entspricht …“
$\lvert a \rvert$	Betrag der Zahl a
$a \nmid b$	„a ist nicht Teiler von b“
a^n	Potenzschreibweise für $\underbrace{a \cdot a \cdot a \ldots \cdot a}_{n \text{ Faktoren}}$

Geometrie

A, B, C …	Punkte
$[AB]$	Strecke mit den Endpunkten A und B
$\overline{AB}$	Länge der Strecke $[AB]$
$k(M; r)$	Kreis mit dem Mittelpunkt M und dem Radius r
⊾	zwei Geraden schneiden sich unter einem rechten Winkel
α, β, γ	Winkel und Winkelmaß
$\sphericalangle$ ASB	Winkel
$\sphericalangle$ (a, b)	Winkel
$A \overset{s}{\mapsto} A'$	Spiegelung von Punkt A an der Achse s auf Bildpunkt A′
$P(3 \mid 4)$	Punkt im Gitternetz mit dem x-Wert 3 (Rechtswert) und dem y-Wert 4 (Hochwert)
[AB	Halbgerade durch B mit dem Anfangspunkt A
AB	Gerade durch die Punkte A und B
g, h …	Geraden
$g \parallel h$	g ist parallel zu h
$g \perp h$	g ist senkrecht zu h

Verknüpfungen von Zahlen

$a + b$	Summe (*lies:* a plus b)
$a - b$	Differenz (*lies:* a minus b)
$a \cdot b$	Produkt (*lies:* a mal b)
$a : b$	Quotient (*lies:* a geteilt durch b)

Rechengesetze

Kommutativgesetz

$a + b = b + a$ $\qquad$ $a \cdot b = b \cdot a$

Assoziativgesetz

$a + (b + c) = (a + b) + c$ $\qquad$ $a \cdot (b \cdot c) = (a \cdot b) \cdot c$

Distributivgesetz

$a \cdot (a + b) = a \cdot b + a \cdot c$ $\qquad$ $a \cdot (b - c) = a \cdot b - a \cdot c$

Bildquellenverzeichnis

actionpress GmbH & Co. KG, Hamburg: 22.1 (von der Laage); adpic Bildagentur, Bonn: 60.1 (J.Grigorieva), 60.2 (E.Wodicka); Architektur-Bilderservice Kandula, Witten: 14.2, 151.1-2; Armin Floreth, Limburg/Offheim: 173.1; Bernd Liebau, Leibzig: 84.2, 92.1; Bildagentur Huber, Garmisch-Partenkirchen: 178.3; Bildarchiv Preußischer Kulturbesitz, Berlin: 189.1; Bridgeman Berlin: 66.1; Caro Fotoagentur, Berlin: 72.3 (Joerg Oberheide), 73.2 (Rupert Oberhaeuser); Christa Englmaier, Trostberg: 65.1, 78.1, 110.1-2, 116.1, 152.1; Deutsche Bahn, Berlin: 123.1-2; Dieter Rixe, Braunschweig: 21.1, 35.1; DJA, Landesverband Hannover: 166.1; Fotostudio Druwe & Polastri, Weddel: 15.1, 17.1, 20.1, 23.1, 38.1, 57.1-2, 68.2, 72.1-2, 75.1, 91.1, 91.3, 98.1, 104.1, 107.1, 111.1, 112.2, 117.1, 142.1, 156.1, 167.1, 169.1, 177.1, 181.1; Franz-Josef Götz, Weilersbach: 22.2-3, 112.1, 132.3, 133.1, 140.1, 150.1-2; Fotex, Hamburg: 56.2 (Thomas Lauterbach); F1 Online, Frankfurt: 178.5 (W.Otto); gettyimages.com (Stock Image): 73.1, 154.1-2, 154.5-7, 154.9; H. Bachmann, Hamburg: 116.2; Helga Lade, Frankfurt/M.: 113.2 (H. R. Bramaz); Jalens-Joachim Affeldt, Mettmann: 13.1-2; Jochen Eckel, Berlin: 175.1; Josef Widl, Vogtareuth: 62.1-2, 155.1, 160.1; Galleria dell' Academia, Venedig: 80.2; mauritius images, Mittenwald: 14.3 (Lehn), 35.2, 80.1 (Busse Yankushev), 85.1, 87.1 (André Pöhlmann), 177.4, 178.5; Michael Fabian, Hannover: 6, 77.1; Öhringer Schulmöbelfabrik: 21.2; Okapia KG, Frankfurt/M.: 113.1 (Helfried Weyer), 178.4, 195.1 (T. McHugh); photothek.net, Radevormwald, 56.1 (Thomas Imo), ; picture alliance GmbH, Frankfurt/M.: 32.1 (Rainer Jensen), 33.1 (ZB), 77.2, 98.2, 102.1 (Werek), 113.3, 158.1; Saba Laudanna/sabalaudanna.de: 178.2; Sarbach Fotografie, Bremen: 108.2; Siemens, Erlangen: 161.1; Toni Angermayer, Holzkirchen: 35.3, 154.3-4, 154.8; vario images, Bonn: 14.1, 108.1; VG Bild-Kunst, Bonn: 69.1; VISUM, Hamburg: 178.1 (Wildlight); 2waytraffic/Endemol: 180.1; Westend61, Fürstenfeldbruck: 175.2 (Franz Faltermaier); wikipedia.org: 36.1 (André Karwath: Lizenziert unter Creative Commons CC-BY-SA 3.0), 121.1 (Sebastian Terfloth: Lizenziert unter Creative Commons CC-BY-SA 2.5)

Hinweis: Trotz entsprechender Bemühungen ist es nicht in allen Fällen gelungen, den Rechtsinhaber ausfindig zu machen. Gegen Nachweis der Rechte zahlt der Verlag für die Abdruckerlaubnis die gesetzlich geschuldete Vergütung.

Lösungen zum Kopfrechentraining

Innendeckel vorn:

linke Seite: 4; 2; $1\frac{1}{2}$; $\frac{1}{6}$; $\frac{1}{4}$; $\frac{1}{6}$; 7; $\frac{2}{5}$; $1\frac{3}{5}$; 10; 3; 40; $\frac{1}{2}$

rechte Seite: 5; 30; 25; 16; 4; 8; 3,1; 0,35; 0,6; 3; 2,5; 9; 1

So arbeiten wir am Stationszirkel „Team 6 auf Mathe-Tour"

Der Zirkel besteht aus mehreren Stationen.

Die Stationen findest du an den Tischen im Klassenzimmer.

Gleiche Stationen können auch öfters aufliegen, müssen aber nur einmal bearbeitet werden.

Du arbeitest allein, mit deinem Partner oder mit deiner Gruppe.

Die Reihenfolge der Stationen könnt ihr selbst festlegen.
Gebt nicht auf, wenn ihr mit der gestellten Aufgabe nicht zurechtkommen solltet.
Vielleicht bringt euch ein Nachschlag an geeigneter Stelle im Buch weiter.

Notiert die Ergebnisse auf dem Laufzettel, den ihr von eurem Lehrer bekommt.

Lösungsstrategien

1

Lösungsstrategie: Skizze (oder **informative Figur**)
- Ordne die Informationen in der Aufgabenstellung.
- Fertige eine Skizze an.

Maxi verteilt Bonbons. Sophie erhält die Hälfte der Bonbons, Felix die Hälfte des Restes. Für Anna bleiben noch 6 Bonbons übrig. Wie viele Bonbons hatte Maxi am Anfang?

Aus der Skizze ist nun ersichtlich, dass Felix ebenfalls wie Anna 6 Bonbons erhält. Sophie bekommt soviel wie beide zusammen, also 12 Bonbons.
Am Anfang hatte Maxi somit 24 Bonbons.

2

Lösungsstrategie: Probieren
- Denke dir Werte aus und probiere sie aus.
- Überprüfe, ob sie zu groß oder zu klein sind.

Die Bonbonaufgabe oben kannst du auch durch Probieren lösen.
Nimm z. B. 20 Bonbons als Gesamtzahl. Dann erhält Sophie 10, Felix 5 und Anna ebenfalls 5 Bonbons. Das ist für Anna zu wenig. Erhöhe nun die Anfangszahl und probiere wieder.

3

Lösungsstrategie: Rückwärtsarbeiten
- Versuche vom Ergebnis auszugehen.
- Arbeite dich von dort schrittweise in Richtung Ausgangslage.

Bei der Bonbonaufgabe oben bekommt Anna zum Schluss 6 Bonbons, ebenso viele erhält Felix. Zusammen sind das 12 Bonbons. Die 12 Bonbons machen die Hälfte aller Bonbons aus. Somit beträgt die Gesamtzahl der von Maxi verteilten Bonbons 24.